[개정판]

농업투자분석론

- 이론과 실제 -

임재환 · 구승모

충남대학교출판문화원

농업투자분석론 -이론과 실제 [개정판]

발행일 2012년 3월 22일 발행인 정상철 지은이 임재환, 구승모
편낸곳 충남대학교출판문화원 주소 대전광역시 유성구 대학로 99
전화 042-821-6045 홈페이지 http://cnupress.cnu.ac.kr E-mail cnupress@cnu.ac.kr

ISBN 978-89-7599-436-4 93520
정가 20,000원

[개정판]

농업투자분석론

– 이론과 실제 –

서 문

무한한 인간의 욕망을 충족시켜줄 수 있는 상품과 용역을 만드는데 필요한 노동, 토지 및 자본은 희소할 뿐만 아니라 한정되어 있다. 한정된 자원을 효율적으로 배분하기 위해서는 경제적 효율(Economic Efficiency)이 큰 사업에 우선적으로 배분되어야 할 것이다. 그렇지 않고서는 경제성장을 기할 수 없을 뿐만 아니라 국민의 복지를 증진시키는 데에 있어서도 많은 어려움이 있게 된다. 경제가 성장하고 인류의 역사가 발전해 갈수록 자원의 부존양은 점점 희소해져 간다. 이러한 의미에서 대체적사업의 경제적 타당성 평가와 더불어 투자수익률에 따른 사업의 우선순위결정과 희소자원의 합리적 배분은 더욱 그 중요성이 요청된다. 본 저서가 이러한 측면에서 조금이나마 공헌 할 수 있다면 저자는 더 이상의 바람이 없겠다.

농업투자분석론은 1981년 충남대학교 농과대학 농업경제학과에 처음 부임하면서 전공필수과목으로 개설하여 지금까지 강의를 해왔으며 그동안 모아진 강의 노트와 현지경험을 통하여 얻어진 지식을 총 정리하여 출간하게 된 것인데 그 이면에는 다음과 같은 저자의 현실 경험을 바탕으로 하였다.

본 저서는 저자가 1965년 이후 1978년까지 농어촌진흥공사에 근무하면서 외국 차관사업에 의한 대단위 농업종합개발사업의 타당성 조사분석과 세계은행의 전문가들과의 공동연구를 통하여 얻은 지식, 1978년부터 1981년까지 한국개발연구원 투자분석실의 주임연구원으로 있으면서 체험한 학술적 실제적 체험, 1985년의 세계은행 경제개발연구소(IBRD EDI)가 주최한 농업금융 및 투자분석 워크숍에 참석하여 배운 지식과 1992년 말레이시아 뜨렝가누 농촌종합개발 제2단계사업의 타당성분석을 위한 ADB 컨설턴트단장 역할을 통한 국제적인 현실체험은 본 졸저를 탄생시키는데 큰 도움이 되었다.

농업투자분석론은 학문적으로는 미시경제학에 속하며 후생경제학의 한 부문으로 경제학의 이론을 실현화시키는 학문이며 농업경제학도가 배운 모든 학문분야를 종합하여 현실에 적용시키는 종합학문이다. 우리나라는 1960년대 이후 오늘날까지 경제개발 5개년계획과 근대화를 위한 경제정책을 성공적으로 추진해온 결과 국민소득 2만불 시대를 맞이함으로서 국제적위상이 높아졌고 UN관련기구에서 중요한 역할을 담당하게 되었다. 이제 한국은 외국의 원조를 받는 나라에서 이제는 주는 나라로 바뀌고 있고 KOICA와 EDCF가 그 역할을 담당하고 있다. 이러한 측면에서 볼 때 본 졸저는 후진국의 경제개발을 위한 농촌개발사업의 기술지원 및 경제적 타당성분석에 크게 공헌하리라고 생각되고 특히 WTO체제하에서 추진되고 있는 국내의 모든 농업 및 농촌관련개발사업의 투자분석에 미력이나마 지침서로 사용될 것으로 기대된다.

본 저서의 목차구성은 제1장에서 투자분석의 경제적 기초개념을 설명하였고, 제2장에서는 사업평가분석의 의의를 제3장에서는 화폐의 시간적 가치를 검토하였으며, 제4장에서는 투자의사결정기준을 설명하였고, 제5장에서는 사업평가의 제 측면을 설명하였다. 제6장에서는 적정투자결정원리를 이론을 중심으로 검토하였으며, 제7장에서는 농업발전과 자본제한이론을 약술하였고, 제8장에서는 사업생산물의 수요예측모형을 다루었다.

제9장에서는 사업의 자산평가방법을 명기하였고, 제10장에서는 내구자산의 감가상각방법을 총 정리하였다. 제11장에서는 사업비의 구성요소를 제시하였고 제12장에서는 현금유동표의 작성과 투자분석사례를 설명하였고 제13장에서는 재무분석과 농가수지분석과정을 살펴보였다. 제14장에서는 투입-산출물의 잠재가격결정원리를 설명하였고 제15장에서는 경제분석과 국민경제적 모수에 대하여 이론과 실제적인 추정과정을 제시하였다.

제16장에서는 경제분석과 재무분석의 차이점을 정리하였고 제17장에서는 다목적 사업의 비용배분방법을 제시하였다. 제18장에서는 환경과 투자분석을 이론과 더불어 실예를 들었고, 제19장에서는 농업 및 농가경제조사기준을 제시하였으며, 제20장에서는 농업용수의 수요공급이론과 더불어 농업용수의 가격분석을 하였고 제21장에서는 농지확대개발을 위한 투자정책방향을 논하였다. 끝으로 농업관련사업의 보고서작성요령과 가쉬표 및 환경기준을 부표로 첨부하여 공공사업의 투자분석에 이용토록 하였다.

이 책은 1997년 선진문화사가 초판을 발행해 준 덕분에 지금까지 대학교재로 사용해 올 수 있었다. 충남대학교 농업경제학과에서 강의를 해 오는 동안 발견한 많은 오타와 누락분을 수정 보완하였고 학생들의 요구에 따라 한문으로 된 투자분석용어를 모두 한글로 바꾸어 2005년 충남대학교출판부에서 초판을 발행하였고, 재보완 작업을 거쳐 구승모 교수와 더불어 2011년 재판을 내게 됨을 매우 기쁘게 생각하는 바이다. 본 졸서가 나오기 까지는 많은 분들의 도움이 있었다. 우선 본 과목을 개설해서 강의를 할 수 있게 해준 학과의 교수님들께 감사하고 평소에 이 분야에 대한 강의와 기법을 전달해 주신 김문식 스승님과 주봉규 스승님께 감사드린다. 특히 문팔용 박사님께서는 대학졸업 후 RDC와 KDI의 투자분석실에 근무할 때 까지 오래도록 공적 또는 사적으로 농업투자분석에 대한 학문상의 이론과 실제적인 기법을 전수해 주신 분으로 더욱 고마움을 표한다.

이 책자의 재판원고가 나오기 까지 컴퓨터처리, 정리 및 교정을 해준 홍은미, 강일택 조교에게도 고마움을 표한다. 또한 평생을 동거 동락하면서 내조를 아끼지 않은 유명자 아내에게도 심심한 감사의 뜻을 전하고 아버지로서 세심하게 보살펴 주지 못한 수진, 효진, 성진, 현정, 성현에게도 감사한다. 끝으로 본서의 수정 본을 한글로 다시 간행 할 수 있도록 허락해 주신 충남대학교출판문화원 관계자 여러분께 심심한 사의를 표하는 바이다.

2011년 11월

계룡산변 궁동 상록 연구실에서

저 자

목　　차

제 1 장 투자분석의 경제학적 기초

제 2 장 사업평가분석의 의의

제 3 장 화폐의 시간적 가치

제 6 장 적정투자결정원리

제 7 장 농업발전과 자본제한

제 8 장 수요예측모형의 선정

제 9 장 자산평가 방법

제 10 장 감가상각법

제 11 장 사업비용의 구성요소

제 12 장 현금유동표의 작성과 투자분석 실례

제 13 장 재무분석 및 농가수지

제 14 장 투입산출물의 잠재가격결정

제 15 장 경제분석과 국민경제적 모수

제 16 장 재무분석과 경제분석의 차이점

제 20 장 농업용수의 한계편익 및 한계비용

제 21 장 농업기반조성을 위한 투자정책방향

제 22 장 농업 및 농가경제조사기준

[부 록]

제 1 장

투자분석의 경제학적 기초

제 1 절 경제학이란 무엇인가?

인간은 자기의 복지(Wellbeing)를 극대화하는 방향으로 합리적인 경제활동을 수행한다. 이러한 복지는 무한한 인간의 욕망을 충족시킴으로부터 얻어진다. 인간이 추구하는 사회경제적 욕망은 (1) 생활 필수조건의 충족욕망, (2) 자기표현과 발전에 관한 욕망, (3) 타인으로부터 인정받기를 원하는 욕망, (4) 권력에 대한 욕망 및 (5) 타인의 복리증진을 위한 사회사업에 관한 욕망으로 구분된다.

이중에서 경제학의 관심분야가 되는 것은 첫 번째의 생활 필수조건의 충족욕망으로써 이는 인간이 생활하는데 없어서는 안 될 3대 필수요소로써 의 · 식 · 주를 들고 있으며, 여기에 교육과 교통을 추가하여 5대 필수요소라고 한다. 인간은 이러한 무한한 욕망을 충족시키기 위하여 효율적으로 행동하여왔고 경제학은 이러한 인간의 합리적인 행태를 구명하는 방향에서 발전되어 왔다.

우리가 경제학을 연구하는데 있어 늘 생각하여야 하는 4가지의 경제학적 교리[1]가 있는데 그것을 우리는 4가지 기본적 생각(Four Basic Notions in Economics)이라 한다.

1) 인간의 무한한 욕망(Unlimited Human Wants)
2) 제한된 자원(Limited Resources)
3) 자원의 배분(Allocation of Resources)

[1] Milton M. Snodgrass & L. T. Wallace, Agriculture, Economics, and Resource Management.

4) 지정된 시기(Time Period)

"경제학이란 무엇을 연구하는 학문인가?" 라고 묻는다면 경제학은 다음과 같은 문제를 해결하기 위한 인간행위에 관하여 연구[2]하는 학문이라고 말 할 수 있다.

첫째, 어떻게 사람들이 생을 영위 하고 있는가?
둘째, 어떻게 사람들은 상품과 용역을 생산하고 있는가?
셋째, 어떻게 사람들은 상품과 용역을 교환하고 있는가?
넷째, 어떻게 사람들은 부를 획득하는가?

따라서 경제학을 어떻게 정의[3]해야 하는 지를 옳은가? 살펴보면 다음과 같다.

경제학은 사람들이 개인적 또는 집단적으로 희소자원을 그들의 만족을 극대화하기 위한 경쟁적 욕망들 간에 어떻게 배분시키느냐를 연구하는 학문이다(Economics is a study of how people, individually and in groups, allocate scarce resources among competing wants to maximize satisfaction over time for each and for the group).

또한 우리는 일상생활을 하면서 "경제적이다" 라는 말을 자주 사용한다. 그렇다면 "경제적이다" 또는 "경제화과정(Economizing Process)[4]이다"라고 하는 말은 어떤 의미를 가지고 있는가를 살펴보자.

1. 투입물의 양을 고정시킨 상태에서 보다 많은 산출량을 얻는 경우(Getting more from the same amount of resources by holding inputs constant and increasing output).
2. 투입물의 양을 감소시키면서 동일한 양의 산출량을 얻을 경우(Getting the same amount of product but using less resources by decreasing inputs while holding output constant).
3. 상대적으로 적은 자원으로 많은 산출량을 얻을 경우 또는 투입물의 양을 증가시켜 상대적으로 많은 산출량을 얻을 경우(Getting more product by using relatively less resources by increasing input while increasing output relatively more)를 가리킨다.

---

[2] [3], [4] Milton M. Snodgrass & L. T. Wallace, Agriculture, Economics, and Resource Management.

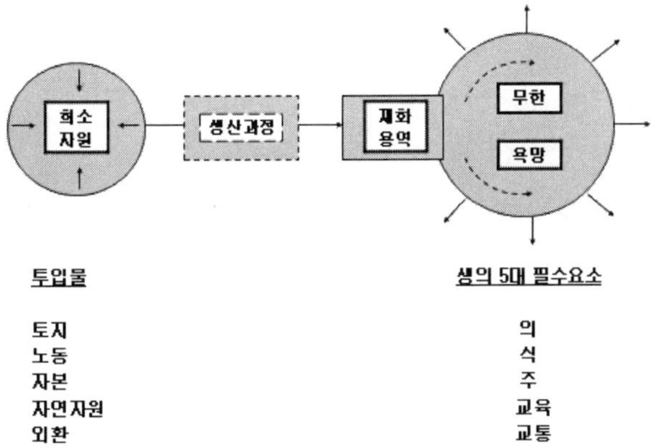

〈그림 1-1〉 희소자원과 인간욕망의 본질

제 2 절　농업경제학과 현대농업의 범주

농업경제학은 경제학의 주요 분석방법들을 농업의 경제적 문제를 해결하는데 사용하는 응용 사회과학이다(Agricultural economics is an applied social science in which the principles and analytical methods of economics are used to seek solutions to the economic problems in agriculture)[5].

현대농업은 식물을 재배하고 가축을 사양하는 전통적인 협의의 농업과 농업용품공급 및 농산물가공 산업까지 포함하는 광의의 농업개념을 포함하고, 우선 현대농업의 범주(Scope of Modern Agriculture)[6]를 살펴보면 다음과 같다.

1. 농업생산부문 : 식물을 재배히고 가축을 사육하는 경제적인 생산 활동
2. 농기업부문(Agri-Business)
   - 농업용품 공급산업 : 사료, 종자, 비료, 신용, 보험, 유류, 농기계, 농약, 수의, 건축
   - 농산물가공 및 분배산업 : 농산물가공, 식품수송, 식품저장, 식품 소매업, 음식점
3. 농업관련 서비스업 : 교육, 통신, 연구개발, 정부의 농업관련 제 업무

[5], [6] Milton M. Snodgrass & L. T. Wallace, Agriculture, Economics, and Resource Management.

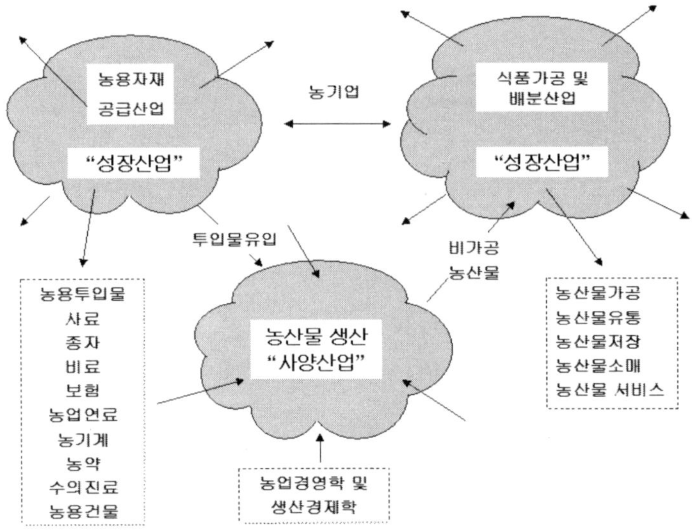

〈그림 1-2〉 현대농업의 범주

우리나라의 경제는 최근에 들어 성숙화 되었고 탈산업화와 정보화 사회로의 진전에 따라 전통적 산업구조방식의 산업분류는 대표성을 상실하게 되었다. 농업정책도 식물을 재배하고 가축을 사육하는 전통적의미의 농업에 국한되지 않고 전후방연관산업을 합친 종합농정으로 방향이 전환되고 있다.

GDP에 대한 전통적 농업의 비중은 낮아지고 있으나 연관산업을 포함한 비중은 여전히 높은 수준에 있어 이의 추계가 요구됨으로 농림수산식품부는 우리나라와 산업구조 및 국민경제의 운용방식이 유사한 일본의 분류방식을 고려하고 우리 실정에 맞도록 다음과 같이 범위를 설정하여 추계하였는데 그 내역은 다음 〈표 1-1〉과 같다.

생산관련 산업분야와 생산외 관련분야로 분류

- 생산관련 산업분야
  - 농림수산생산업 : 농업, 임업, 수산업(전통적 산업분야)
  - 농업투입재산업 : 종자, 비료, 농약, 농기계, 배합사료
  - 농업경영지원산업 : 경영컨설팅, 금융, 정보처리, 기술개발, 수의업, 위탁영농, 행정지원 등
- 생산외 관련분야
  - 식품가공산업 : 음식료품 및 담배제조업(가공기계포함)

· 유통 · 운송업 : 농산물 및 식료품 도 · 소매, 유통시설건설, 운송, 보관

· 무역업 : 수출입

· 외식산업 : 프랜차이징, 관광, 문화 및 자연관리, 숙박업 등

· 목재, 종이 및 석재업 등

※ **일본의 농업관련산업 범위** : 농림수산업 + 식품가공 + 투입재(비료, 농약, 농기계, 종자 등) + 유통업(보관, 운수, 판매) + 농업토목 + 외식업 등으로 구성

〈표 1-1〉 한국의 GDP추계결과(경상가격 기준)

단위 : 억원, %

산업분류	1996		1997		증감률	비중
	금액	비중 (A)	금액	비중 (B)		비중 (B-A)
농업관련산업	549,109	14.1	565,912	13.4	3.1	△0.7
○ 생산관련산업	289,752	7.4	288,986	6.8	△0.3	△0.6
-농림수산업	241,632	6.2	236,604	5.6	△2.1	△0.6
-투입재산업	21,094	0.5	22,032	0.5	4.4	0.0
-경영지원산업	27,026	0.7	30,350	0.7	12.3	0.0
○ 생산외관련산업	259,357	6.7	276,926	6.6	6.8	△0.1
-식품가공산업	111,901	2.9	116,745	2.8	4.3	△0.1
-외식산업	55,067	1.4	60,144	1.4	9.2	0.0
-유통 · 운송업	82,247	2.1	89,238	2.1	8.5	0.0
-목재 및 석재업	10,142	0.3	10,799	0.3	6.5	0.0
전 산 업	3,898,134	100	4,209,867	100	8.0	

주 : 1. 한국은행 국민계정의 GDP 자료와 국민계정 내부추계 자료
2. 한국은행의 기업경영분석자료 이용
3. 농림수산부의 농가경제 조사결과 등을 이용하여 추계함.

제 3 절 실증경제학과 규범경제학

○ 실증경제학(Positive Economics): 실증경제학은 농업용품투입량과 산출량의 함수관계 또는 농산물가격과 농가소득과의 관계 등을 과거의 실적자료에 의거 사실적(What is, Sein)인 경

제법칙을 구명하는 학문으로 계량경제학적 방법론이 응용된다.

○ 규범경제학(Normative Economics) : 규범경제학은 일명 후생경제학이라고도 부르는데 이 학문은 현재의 경제가 바람직한 경제상태인가? 아니면 어떻게 개선하는 것이 보다 발전된 경제사회를 창조해 나가는 것인가의 문제들을 다룬다. 그러므로 어떻게 하여야 하는가? (What ought to be?), 어떻게 하여야 한다라는 당위성문제(Sollen) 및 현재의 경제상태가 좋다, 나쁘다 등의 가치판단문제(Value Judgement, good or bad)를 다룬다. 그러므로 농업투자분석론은 투자개발전후의 경제상태를 비교분석하여 어느 것이 더 좋은가를 판단하여야 하는 투자의사결정문제를 다루므로 규범경제학에 속한다.

제 4 절 농업투자분석론의 경제학적 사고방식

농업투자분석론은 경제학의 분류상 사업의 세부적인 기대편익과 투자비용 분석문제를 다루므로 미시경제학에 속하며, 국민복리증진에 관한 가치선택문제가 야기됨으로 규범경제학인 후생경제학에 속하고, 시계열적인 화폐의 시간적 가치문제를 다루므로 동태경제학에 속한다. 그러나 농업의 생명과학적 또는 경제적 특성상 농업투자분석론은 위험과 불확실성이라는 문제를 해결하는 방향으로 연구 발전되어야 한다. 농업투자분석론은 다음과 같은 경제학적 사고방식을 가진다.

1. 분배적 관념(The Idea of Allocation) : 경제성장 또는 국민의 복지를 극대화하기 위하여는 노동, 토지, 자본 및 외환 등의 제한된 자원을 어떻게 배분할 것인가?
2. 희소적 관념(The idea fo scarcity) : 우리가 경제발전을 위하여 사용할 노동, 토지, 자본 및 외환은 매우 제한되어있다.
3. 효율적 관념(The idea of efficiency) : 제한된 자원을 사용함에 있어서는 투입산출비율인 물적 효율성(Physical Efficiency)과 편익/비용비율인 경제적 효율(Economic Efficiency)을 어떻게 높일 것인가?
4. 목적 또는 목표적 관념(The idea of establishing goals or ends or objectives) : 경제발전 또는 국민의 복지를 향상시키기 위한 투자대상 사업은 여러 종류가 있다. 경제개발목표에는 "어떠한 사업들을 포함 시킬 것인가?"를 고려하여야 한다.

5. 시간적 관념(Time) : 희소자원을 사용함에 있어서는 현재와 미래에 어떻게 배분할 것인가? 투자사업에 소요되는 투입비용은 언제 지출되고 사업결과 얻어지는 편익은 언제 발생하는가? 이들의 시간적 가치는 어떻게 비교되어야 하는가?

제 5 절 경제상태의 선호기준[7)]

경제상태의 선호문제는 어떤 농업투자사업을 하였을 경우에 있어서 국가 또는 그 지역사회의 경제상태가 바람직한 상태인가, 아니면 사업을 하지 않고 그대로 둔 경제상태가 바람직한 경제상태인가를 사회구성원인 국민 또는 지역사회의 구성원들이 가치판단을 내리는 선택문제로써 다음과 같은 네 가지 기준이 있다.

1. 만장일치(Unanimity)

사회구성원 개개인이 개인적으로 사회상태1(사업시행 후)이 사회상태2(사업시행 전)보다 우월하다고 판단한다면 사회적으로 경제상태1이 경제상내2보다 우월하다고 판단된다(Economic state one is to be judged socially superior to economic state two if each member of society individually judges one superior to two). 이 선호기준은 단 한사람이라도 반대자가 존재하기 때문에 현실적으로 적용하기가 어렵다.

2. 다수결원칙(Majority rule)

사회구성원의 대다수가 사회상태1이 사회상태2보다 우월하다고 판단한다면 사회적으로 경제상태1이 경제상태2보다 우월하다고 판단된다(Economic state 1 is to be judged socially superior to economic state 2 if the majority of the members of society prefer 1 over 2). 이 기준은 합리적인 기준으로 보이나 Arrow의 불능정리에 의거 증명된 바와 같이 이행성의 원칙에 반함으로 받아들일 수 없다.

---

7) Peter G, Sassone & William A, Schaffer, Cost-Benefit Analysis, A Hand Book, Academic Press, Inc. 1978.

* **Arrow의 불능정리(Impossibility theorem) :**
사회적 개별 선호관계가 이행성의 원칙(Transitivity Principle)을 충족시키지 못함을 증명된다.

개별선호관계

S1 〉 S2 〉 S3 : A

S2 〉 S3 〉 S1 : B

S3 〉 S1 〉 S2 : C

S1 〉 S2 : A, C   S2 〉 S3 : A, B   S3 〉 S1 : C, B

따라서 2/3명이 S1 〉 S2, 2/3명이 S2 〉 S3라고 한다면 S1 〉 S2 〉 S3으로 해서 S1 〉 S3가 되어야 하는데, 2/3가 S3 〉 S1이라는 사회적 선호가 결정되기 때문에 Paradox of Majority Voting 이라 한다.

3. 파레토 우월원칙(Pareto superiority)

사회구성원 중 최소한 한 사람이 개인적으로 경제상태1이 경제상태2보다 우월하다고 판단하고 나머지 사회구성원들은 아무도 경제상태2가 경제상태1보다 우월하다고 판단하지 않는다면 사회적으로 경제상태1이 경제상태2보다 우월하다고 판단한다(Economic state 1 is to be judged socially superior to economic state 2 if at least one person individually judges 1 superior to 2,and no one judges 2 superior to 1). 이 기준은 한 사람의 복지향상을 위하여 막대한 재정투융자를 할 수 없음으로 현실성이 없다.

4. 잠재적 파레토 우월(Potential Pareto superiority) 혹은 보상의 원칙(Compensation Principle)

경제상태2보다 경제상태1을 선택함으로 이익을 본 사람들이 그렇게 됨으로서 손실을 본 사람들에게 보상을 해 주고 그 결과가 그가 경제상태2에 있을 때 보다 아무도 나빠지지 않는다면 사회적으로 경제상태1이 경제상태2보다 우월하다고 판단된다(Economic state 1 is to be judged socially superior to economic state 2 if those who gain by the choice of 1 over 2 could compensate those who lose so that, if compensation were paid, the final result would be that no one would be worse off than he would be in state 2).

이 기준은 일명 보상의 원칙이라고 하는데 매우 현실적이므로 현재 우리나라 경제개발계획을 추진하는 과정에 적용되고 있다. 그러나 충분한 보상이 이루어지지 않고 있기 때문에 보상액을 놓고 많은 사회적 문제가 야기되고 있다.

〈표 1-2〉 보상의 원칙예시

이 득(편 익)				경제상태1의 선택에 따른 이득	
구성원	경제상태1	경제상태2	총이득 (편익)	잠재적보상액	잠재적 순이득액
A	+20	0	20	0	+4
B	-10	+5	-15	16	+1

제 2 장

사업평가분석의 의의

제 1 절 사업의 개념

사업이란 계획되고 수행되도록 선택된 하나의 활동단위[1])로 정의된다. 사업이란 미래에 있어서 상품과 용역을 생산 공급하기 위한 시설물의 설치에 필요한 자본투자가 통상 개발초기에 필요하게 된다(Project is defined as; "A unit of activity which is chosen to be separately planned and carried out." It usually requires a capital investment in early time periods for the development of facilities to provide goods and services in future time period).

그러면 어떠한 사업을 선택하여 시행하는 것이 국민경제성장에 기여하는가를 살펴보고 사업평가목적을 검토해 보자.

사업의 선정요건(Selection of project)

1. 특정한 필요를 충족시키는 사업(To meet some specific need).
2. 어떤 기회의 유리성을 포착할 수 있는 사업(To take advantage of an opportunity).
3. 어떤 상품의 생산을 허용하는 특수한 환경의 이득을 얻을 수 있는 사업(To take advantage of a special circumstance permitting the production of a commodity).
4. 어떤 상품의 국내외 수요를 충족할 수 있는 사업(To meet domestic or foreign demand for a product).
5. 수입상품의 공급을 대체할 수 있는 사업(To replace the supply of imported products).

---

1) J. Price Gittinger, Economic Analysis of Agricultural Projects, IBRD, 1982.

사업평가분석의 목적(The purpose of project analysis and evaluation)[2)]

1. 사업의 기술적 타당성을 구명하고(The project is technically sound),
2. 사업이 합리적인 경제적 편익을 제공하며(It will be provided a reasonable economic return),
3. 사업이 적절하다면 만족할만한 재무적 편익이 있는지(Where appropriate, there is a satisfactory financial return),
4. 보다 적은 비용으로는 사업의 목적을 달성할 수 없는지(It's objectives can not be achieved in some less costly way),
5. 사업은 전반적인 국가의 성장목표에 부합되는지(The project is supportive of the overall growth objectives of nation)를 구명한다.

제 2 절 희소자원(Scarcity of Resources)

생산 활동에 투입되는 생산요소를 다른 말로 자원이라고 부르는데 자원에는 노동, 자본, 토지의 3요소와 자연자원 및 외환(Foreign Exchange)까지도 포함시키는 포괄적인 개념이다. 그런데 이러한 자원은 그 부존량이 무한한 것이 아니고 유한하기 때문에 여러 가지 사용 목적 즉 농업기반조성, 사회간접자본 및 하부구조개발, 공업개발, 생산재생산 및 소비재생산 간에 자원수요면에 있어서 매우 경쟁적이다. 따라서 희소자원의 합리적인 배분과 효율적인 사용은 국민들의 복지와 효용의 극대화를 위하여 반드시 성취되어야 한다.

제 3 절 농업개발사업

농가소득 및 농업의 생산성을 제고하고 농업생산 비용을 절감하기 위한 관련 사업을 총칭하여 농업개발사업이라 한다. 현재 농촌지역에서 찾아볼 수 있는 일반적인 농어촌개발사업은

---

2) J. Price Gittinger, Economic Analysis of Agricultural Projects, IBRD, 1982.

다음과 같이 분류 할 수 있다.

1. 농업기반조성사업

- 농업용수개발사업 ; 지표수개발 : 저수지, 보, 양수장

  지하수개발 : 관정

- 배수개선사업 ; 지표배수 : 명거배수

  지하배수 : 암거배수

- 경지정리 및 구획정리사업
- 개간 및 간척사업
- 시설보전사업 : 재해복구, 개량 및 보수사업.
- 한계농지 개발사업 : 전원주택 및 생산농지개발

2. 농업기계화 사업 : 경운, 정지, 이앙, 병충해방제, 수확, 탈곡, 건조, 운반 및 조제작업의 기계화
3. 관광농업개발사업 : 전통식당, 숙박 및 휴양시설이용사업
4. 가축개발사업 : 양계, 양돈, 낙농, 비육우, 사슴목장 등
5. 유통구조 개선사업 : 농산물 도매시장, 물류센터 및 집하장, 미곡종합처리장
6. 농업신용사업 : 비닐 및 유리온실, 과원조성, 저온저장고 등
7. 종자갱신사업 : 각종 농축산물의 육종 및 증식보급사업
8. 농촌새마을사업 : 농촌 환경개선 및 소득증대 등
9. 농업교육사업 : 인적자본형성 및 농촌지도사업 등
10. 농공단지개발사업 : 농촌의 공업화 등
11. 농어촌정주생활권 개발사업 : 생활환경 및 주거환경개발
12. 농지규모화사업 : 임대차사업, 농지구입자금지원 등
13. 소수력발전사업 : 대형, 중형 저수지에 설치
14. 농촌도로의 확 · 포장사업
15. 농촌마을 및 하천정비사업
16. 수질정화 및 환경개선기초시설 설치사업
17. 농촌상하수도사업

제 4 절 공공재와 일반재(Public and Private Goods)[3]

공공재의 존재는 시장실패의 한 요인으로 정부가 공급하는 재화를 말한다. 공공재는 일반재 또는 보통재화와 대립되는 개념으로써 비배제성의 원칙(Non-exclusion Principle)에 의거 상호 구분된다. 공공재는 타인의 사용을 배제 할 수 없는 비배제성의 원칙이 적용되고 사용재 또는 일반재는 타의 사용이 배제됨과 동시 그의 처분권이 개인에게 귀속되는 재화이다. 공공재는 소비의 비배제성과 비경쟁성을 가진 재화로 재산권이 어느 누구에게도 귀속되어 있지 않고 있어 재산권의 외부효과문제를 제기하게 된다.

1. 소비의 비경쟁성

소비의 비경쟁성이란 수리시설, 공중보선, 위생서비스, 공원, 도로 및 교량 등과 같이 어느 한 소비자가 필요한 만큼 소비해도 다른 사람의 소비량에 아무런 영향을 미치지 않는 것을 뜻한다. 그러나 사용재 또는 일반재화는 소비의 경쟁성을 가지고 있어 가격이 시장에서 수요 공급에 의해서 결정되며 일단 구입한 재화에 대하여는 타인의 사용을 배제하게 된다.

2. 소비의 비배제성

소비의 비배제성이란 재화를 소비함으로부터 얻어지는 효용이 어느 한 사람에게만 귀속되지 않고 그것을 사용한 모든 사람이 공동으로 누릴 수 있는 것으로 국방, 치안, 방송서비스와 같이 모든 국민에게 그의 혜택이 돌아가게 되는데, 이러한 재화 및 서비스를 순수공공재라 한다. 소비의 비배제성으로부터 생기는 문제를 우리는 무임승차문제(Free Rider's Problem)라고 말한다.

재화를 소비함으로써 얻어지는 효용이 국민 전체가 아니라 일부 지역의 주민에게만 돌아갈 때 이러한 재화를 국지적 공공재라 하며 도로, 교량, 수리시설 등과 같이 어떤 특수 지역에만 국한되어 있는 재화 및 서비스를 말한다. 공공재는 시장의 가격기구를 통하지 않고 효용 또는 비효용을 얻기 때문에 공공재의 외부효과(Externality of Public Goods)라고 한다.

---

[3] 오호성, 자원 및 환경경제학, 법문사, 1989. 신의순, 자원경제학, 박영사, 1988.에서 인용함.

3. 공공재의 시장기능과 적정생산량

공공재는 앞에서 살펴 본 바와 같이 비경쟁성, 비배제성의 특성을 가지고 있기 때문에 공공재의 생산을 시장기능에 맡겨 둘 경우 생산자는 생산을 회피할 것이고 소비자는 공짜로 소비하려 할 것이다. 따라서 공공재를 시장기능에 맡긴다면 수요와 공급이 불일치할 뿐만 아니라 소비에 있어서의 MRS(한계대체율)와 생산에 있어서의 MRTS(기술적한계대체율)가 불일치되어 자원의 효율적 배분을 불가능 하게 한다. 따라서 공공재는 정부 및 공공기관이 생산 공급하되 사회적 후생을 최대화 되도록 하여야 한다.

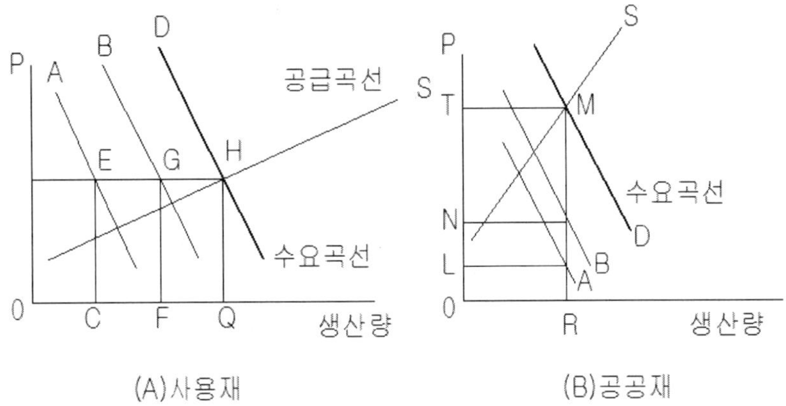

〈그림 2-1〉 공공재와 사용재의 적정 생산량

그림(A)에서 보는 바와 같이 완전경쟁시장에 있어서 사용재의 시장수요곡선은 A군과 B군의 개별시장수요곡선을 수평적으로 합산하여 얻는 수요곡선 D를 말한다. 일반 재화의 공급곡선을 S라 할 때 적정 생산량은 수요와 공급이 일치하고 한계수입(MR)과 한계비용(MC)이 같은 OQ가 되며 이때 시장균형가격은 HQ가 된다.

공공재의 경우는 그림 B에서 보는 바와 같이 소비의 비배제성과 비경쟁성 때문에 어느 한 사람의 소비가 타인의 소비에 아무런 영향을 주지 않는다. 그러므로 공공재의 시장수요곡선은 사용재의 경우와는 달리 개별수요를 수직으로 합산하여 얻게 되며, 그림 B의 D곡선과 같다. 공공재의 적정생산량은 수요곡선과 공급곡선이 일치하는 OR이 되며 공공재의 적정가격은 A군이 지불할 용의 있는 OL과 B군이 지불할 용의가 있는 ON만큼을 합산한 OT가 된다.

공공재의 균형생산조건은 공공재화의 소비로부터 얻게 되는 사회적 한계편익(Social Marginal

Benefit)과 한 단위 더 생산 공급함으로부터 발생하는 사회적 한계비용(Social Marginal Cost)이 같을 때 성립한다.

4. 시장실패와 외부성(Market Failure and Externality)

후생경제학의 제1기본정리 즉 "모든 경쟁시장의 균형은 파레토최적이며 모든 파레토최적은 경쟁적 균형이다"를 통해 모든 생산물과 요소시장에서 완전경쟁이 실현되면 자원의 최적배분이 실현되고 전체 생산자와 소비자는 최소의 비용으로 최대의 생산과 효용을 얻게 되는 일반균형에 도달하게 된다.

완전경쟁시장에서 형성된 균형가격은 효율적인 자원배분을 위한 필요조건이지 충분조건이 되지 못하고 있다는 것이다. 완전경쟁시장의 균형가격이 효율적인 자원배분을 위한 충분조건이 되기 위해서는 완전경쟁시장가격이 진정한 사회적 기회비용을 나타내야만 한다. 그러나 현실에 있어서는 독과점의 시장형태, 정부의 보조, 시장규제 및 외부효과 때문에 완전경쟁시장이 달성되어도 효율적인 자원배분이 실현되지 못할 수도 있다. 따라서 우리는 시장가격과 사회적 비용이 다른 상태를 가리켜 시장실패라고 말한다.

외부효과에는 첫째, 재산권 외부효과[4] 둘째, 공공재 외부효과 셋째, 기술적 외부효과[5] 등 3가지가 있는데 이중 어느 하나만 존재하는 시장기능은 실패하게 된다.

1) 외부효과의 뜻

외부효과(External Effects) 또는 외부성(Externality)이란 독립된 경제단위인 기업의 생산함수 또는 소비자의 소비함수가 가격기구를 통하지 않은 채 다른 독립된 경제단위인 생산자의 생산활동이나 소비자의 소비활동에 끼치는 영향을 말한다.

재언하면 어떤 경제단위가 경제행위를 취했을 때 내적으로 발생한 편익과 비용은 경제행위 당사자에게 귀속되지만 그의 일부가 다른 사람에게 돌아가게 되는 경우가 있는데 이를 외부효과 라고 한다.

A. C. Pigou는 사적 비용과 사회적 비용이 일치 하지 않을 경우를 가리켜 외부비용이 존재한

---

[4] 재산권외부효과 : 재산권의 불확실성 때문에 시장기능을 거치지 않고 발생하는 외부효과를 말함(비점수질오염).

[5] 기술적 외부효과 : 정책, 사회제도 및 기술적 문제로 인하여 생산 및 소비가 완전경쟁시장에서 최적 균형을 이루지 못함을 말하는데 이는 특허, 전매, 노동조합, 불가분성, 결합생산물, 무차별곡선의 볼록성(Convexity) 때문에 발생한다.

다고 설명하였고 외부효과란 시장기구를 거치지 않은 채 나타나는 것을 지칭하고 있다. 그러나 Marshall은 외부효과를 외부경제와 외부비경제로 구분하고 있는데 이들은 시장기구를 통해 나타나는 것을 의미 하였다.

2) 외부경제(External Economy)

외부경제는 외부효과 중 긍정적인 효과(Positive Effects)를 말하는데 양봉업자와 과수원의 관계에서, 밀원확보에 따른 꿀 생산량의 증가와 과수수정서비스에 의해 과실생산량이 증가할 때 그 예를 찾아볼 수 있다.

3) 외부비경제(External Diseconomy or External Costs)

외부효과 가운데 부정적 효과(Negative Effects)를 의미하는데 이는 수질 및 대기오염과 같은 환경오염이 이에 속한다.

하천의 상류에 있는 제지공장, 피혁공장, 인쇄공장 등이 공해물질을 배출하는 경우 하천 물은 상수도용 또는 공업용으로 사용이 불가하며 농업용수마저도 불가능한 경우가 있다. 이 때 오염된 물을 처리하기 위해서는 많은 시설투자비와 운영비 등 사회적 비용이 필요하게 되며 이 물을 사용하는 사람들은 보다 많은 물 값을 지불하지 않으면 안 된다.

이와 같이 오염을 발생시킨 업주가 비용을 물지 않고 엉뚱한 사람이 비용을 부담 할 경우 이를 외부비용이라 하고 외부비경제가 존재한다고 말한다. 이와 같은 경우 공해물질을 배출하는 업체의 사적 비용과 사회적 비용 사이에는 많은 차이가 생기게 된다.

4) 소비외부효과

소비외부효과와 생산외부효과는 외부효과를 발생시킨 근원이 생산자에게 있느냐 또는 소비자에게 있느냐에 따라서 구별되는데 소비외부효과는 소비자의 소비행위가 가격기구를 통하지 않고 소비자 또는 생산자에게 외부경제 또는 비경제를 야기시키는 것을 말한다. 예를 들면 자기 집을 새 페인트로 단장하고 장미넝쿨로 담장을 개축 할 경우 이웃주민에 주는 효용의 증대를 소비의 외부경제라고 하고 버스, 기차객실 및 식당 속에서 담배를 피우는 행위는 자신의 효용은 증가하나 주위사람들에게 비효용을 일으킴으로 외부비경제를 가져온다.

5) 외부효과와 시장기능

〈교환부문의 외부효과〉

외부효과가 없을 경우에 X재와 Y재에 대한 A군과 B군의 교환조건은 다음과 같다.

두 재화의 교환부문 균형조건 : $MRS^{A}_{XY} = P_X / P_Y = MRS^{B}_{XY}$

$$MRS^{A}_{XY} = MU^{A}x / MU^{A}_{Y}$$

$$MRS^{B}_{XY} = MU^{B}_{X} / MU^{B}_{Y}$$

고로 다음 등식이 성립한다.

$$MRS^{A}_{XY} = MU^{A}x / MU^{A}_{Y} = MU^{B}_{X} / MU^{B}_{Y} = MRS^{B}_{XY}$$

외부효과가 존재할 경우 담배(X재)를 피우는 A군의 균형조건은 :

$$MRS^{A}_{XY} = MU^{A}x / MU^{A}_{Y} = P_X / P_Y$$

담배를 피우지 않는 B군의 균형조건은 :

$$MRS^{B}_{XY} = (MU^{BB}_{X} + MU^{BA}_{X}) / MU^{B}_{Y} = P_X / P_Y$$

즉 B군의 한계효용은 A군의 흡연량에도 영향을 받는다.

여기서 $MU^{BB}_{X} < 0$, $MU^{BA}_{X} < 0$ 로 담배에 대한 전체의 한계 효용은 부의 숫자를 나타낸다.

따라서 완전경쟁시장에서 X재와 Y재의 가격은 주어진 것으로 누구에게나 동일해야 하는데 교환부문의 균형조건을 충족시키지 못하므로 모순이다. 소비에 외부비경제가 있을 경우에는 사회적으로 필요한 양보다 더 많이 소비하고 외부경제가 있을 경우에는 반대로 덜 소비하는 경향이 있어 시장기능만으로는 자원의 최적배분이 달성되지 못한다.

〈생산부문의 외부효과〉

생산 활동이 외부비경제효과를 가져오는 경우를 예를 들어 설명하면, 연탄공장의 생산 활동이 이웃 주택가의 주민들에게 나쁜 영향을 끼치는 공해 문제를 들 수 있다.

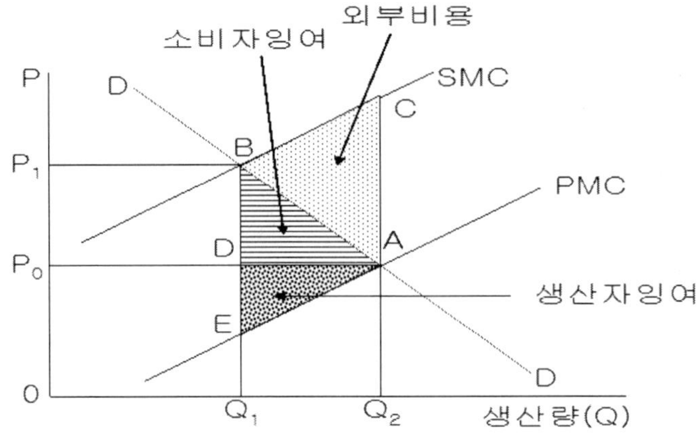

〈그림 2-2〉 외부비경제하의 자원배분

〈그림 2-2〉의 PMC곡선은 개인적 한계비용곡선(경쟁시장의 공급곡선과 동일)이고 SMC곡선은 사회적 한계비용곡선이다. 연탄공장으로부터의 공해가 없을 경우의 균형조건은 수요곡선(D)과 공급곡선(PMC)이 교차하는 점에서 가격 P_0가 결정되고 균형생산량은 OQ_2에서 결정된다. 그러나 외부효과를 고려한 균형생산량과 가격은 수요곡선과 사회적 한계비용곡선이 교차하는 점에서 결정되므로 균형생산량은 OQ_1이 되고 가격은 P_1에서 결정된다.

결과적으로 외부효과는 생산량(Q)을 Q_1Q_2만큼 감소시키고 가격을 인상시키는 결과를 가져오며 EDA만큼 생산자잉여가 줄고 DBA만큼 소비자 잉여가 감소하며 BCA만큼의 사회적 외부비용(SMC-PMC)을 줄일 수 있게 된다. 그리고 외부효과가 있을 때는 사회적으로 적정한 가격보다 싸게 받고 사회적으로 적정한 생산량보다 많이 생산하여 소비하게 하는 자원의 최적배분을 이루지 못하게 된다.

5. 소비자잉여(Consumer Surplus)

소비자의 수요행위를 관찰함으로써 소비자의 효용과 후생의 크기를 측정할 수 있는 방법을 검토하는 것은 정책변화에 따른 소비자후생의 변화를 사전에 측정하고 검토함으로써 여러 정책을 사전에 평가할 수 있게 된다. 소비자후생을 나타내주는 Marshall의 소비자잉여(Consumer's Surplus)는 소비자가 어떤 재화 X를 갖기 위해서 지불의사(Willingness to pay)가 있는 금액과 실제로 지불한 금액과의 차이로써 정의 된다. 다시 말해 재화의 주관적 가치와 그 재화를 구입하기 위한 화폐적 지출로써의 객관적 가치와의 차이를 말한다.

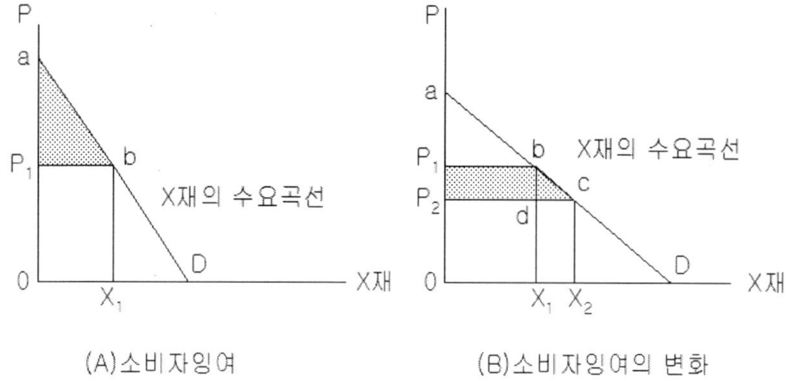

〈그림 2-3〉 소비자잉여

〈그림 2-3〉의 (A)에서 알 수 있는 바와 같이 소비자가 X재를 구입 할 때마다 지불해도 좋다고 생각하는 금액은 X재의 한계단위가 주는 한계수익과 같다. 한계수익의 크기는 수요곡선의 높이이므로 X재를 OX_1만큼 구입할때 최대로 지불해도 좋다는 금액의 총계는 $OabX_1$이고 실제로 지불한 총 지불액은 OP_1bX_1이고 그 차액인 소비자잉여는 P_1ab의 면적이 된다.

X재의 가격이 P_1 으로 부터 P_2로 하락했을 경우 소비자잉여는 그림(B)에서 보는 바와 같이 X재의 구입량이 증가함으로 소비자잉여도 증가한다. 소비자잉여의 증가분은 사각형 P_2P_1bd와 삼각형 dbc로 구성되는데 전자는 X재의 가격하락에서 오는 소비자잉여의 증가분이고, 후자는 X재의 가격이 하락했기 때문에 X재를 더 많이 구입함으로 증가한 소비자잉여이다.

지금까지 검토한 소비자의 후생변화는 소득과 타 재화의 가격이 모두 불변이고 한 재화의 가격만이 변할 때 일어나는 현상을 검토한 것이다.

그러나 두 재화 이상의 상대가격과 소비자의 소득이 변할 때의 소비자균형과 소비자후생의 변화에 있어서도 무차별곡선과 가격선 및 가격소비곡선(Pricc Consumption Curvc)의 원리에 의하여 같은 결론을 얻을 수 있다.

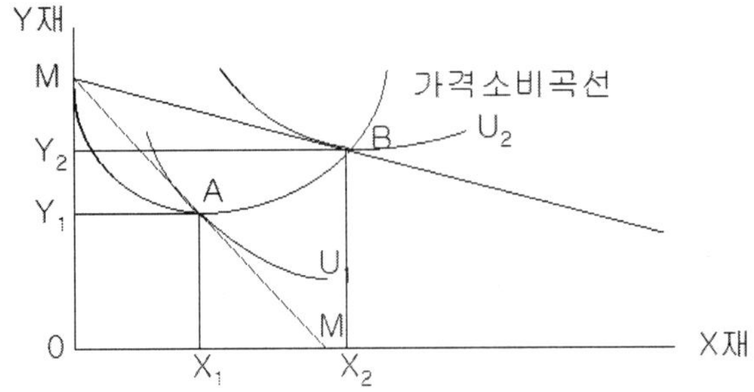

(A)X재의 가격하락

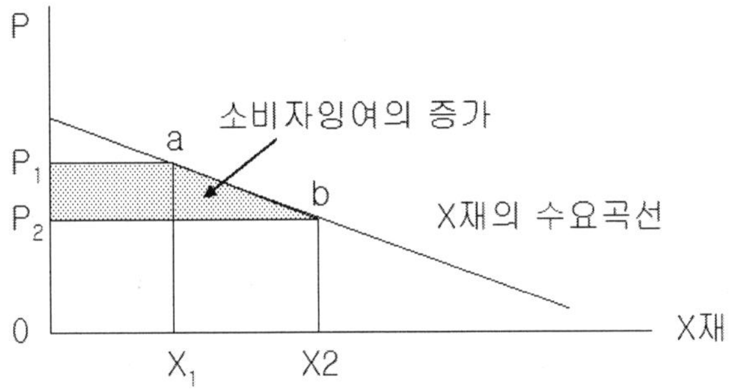

(B)가격하락으로 인한 소비자잉여의 증가

〈그림 2-4〉 가격하락에 따른 소비자잉여의 증가

〈그림 2-4〉의 (A)에서 보는 바와 같이 소비자의 균형은 무차별곡선 U_1과 가격선 M이 교차하는 A점에서 결정되었으나 X재의 가격하락으로 소비자의 균형점은 A점에서 B점으로 변하였고 소비자의 후생도 U_2수준으로 향상되었다. 이때 가격이 하락한 X재의 수요곡선은 가격소비곡선에 의하여 그림(B)와 같이 도출되었으며 소비자잉여가 P_1abP_2만큼 발생하였다.

소비자잉여를 x(p)로 나타내면 소비자잉여는 다음과 같은 적분식으로 표시된다.

$$\text{소비자잉여} = -\int_{p_1}^{p_2} X(p)\,dp$$

6. 생산자잉여(Producer Surplus)

생산자잉여란 생산자가 일정량의 재화를 판매하기 위하여 최소한 받아도 좋다고 생각하는 금액과 실제로 받은 금액과의 차이로 정의 된다.

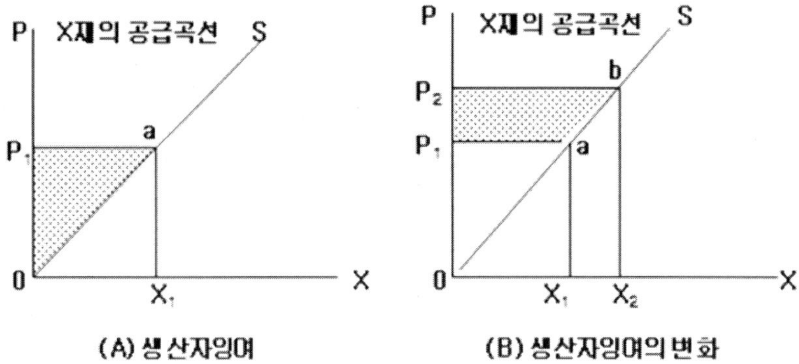

〈그림 2-5〉 생산자잉여

위의 그림(A)에서 보는 바와 같이 가격이 P_1일때 OX_1을 공급하여 받은 수입총액은 사각형의 면적 OP_1aX_1이고 생산비용은 삼각형의 면적 OaX_1으로 생산자잉여는 사각형의 면적에서 삼각형의 면적을 뺀 빗금을 친 삼각형의 면적 OP_1a이다.

가격이 P_1에서 P_2로 상승했을 경우의 생산자잉여도 같은 개념으로 빗금 친 면적을 말한다. 생산요소를 가지고 있는 가계가 노동 또는 자연자원을 팔았을 때 생기는 생산자잉여를 경제지대(Economic rent)라고 부른다. 이와 같은 생산자잉여도 소비자잉여와 같이 적분식으로 표시할 수 있다.

7. 농업용수 개발의 총 편익과 순편익(소비자 및 생산자잉여의 종합)

정부가 한발피해를 방지하기 위하여 수자원개발 투자계획을 수립하고 농업용수 개발편익과 비용을 어떻게 측정하는 가를 살펴보자. 농업용수는 시장에서 거래되는 것이 아니므로 시장 수요곡선이 없다. 따라서 농업용수의 수요곡선과 공급곡선을 추정하는 것이 중요하다.

농업용수개발을 위한 투자계획의 수요곡선은 천수답 및 불안전답을 수리안전답화 할 경우 기대되는 수익과, 기존의 용수공급비용의 절감에 의거 추정된다. 관개량이 한 단위 증대될 때마다 농민들이 지불해도 좋다(Willingness to pay)는 물 값(농업용수가격)은 체감함으로 농업용수의 한계편익곡선은 음의 기울기를 가진 농업용수의 수요곡선이 된다.

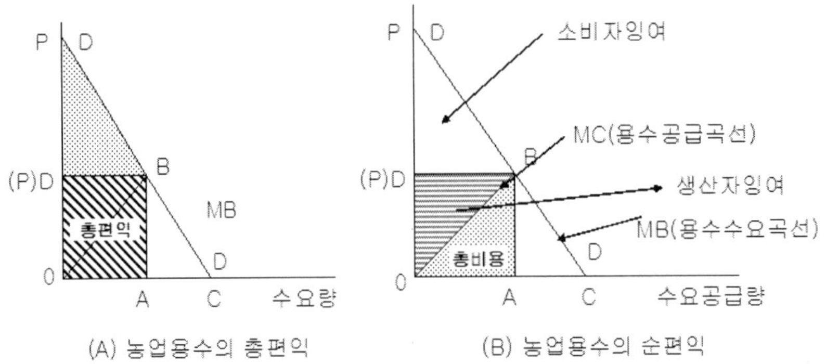

〈그림 2-6〉 관개용수공급의 총편익과 순편익

상기 〈그림 2-6〉의 (A)에서 알 수 있는 바와 같이 농업용수가 A만큼 공급되었을 때 한계편익은 AB이며 총 편익은 사선을 그은 면적 ODBA이다.

농업용수공급을 위한 공급곡선은 농업용수의 시설투자와 유지관리비를 합한 총비용곡선의 기울기인 한계비용곡선과 같으며 그림(B)에서 보는바와 같이 농업용수를 OA만큼 공급했을 경우 총비용은 삼각형 OBA이고 순편익은 삼각형 ODB로 OPB의 생산자잉여와 PDB의 소비자잉여로 구성된다. 이때 농업용수의 균형가격은 OP가 된다. 그러므로 공공투자사업의 순편익 추정은 소비자잉여 또는 생산자잉여를 추정하는 것과 같다.

8. 농업종합개발사업의 효과분류

1) 사업목적과 부문별 상호관계

농업종합개발사업은 4대강 유역을 중심으로 한 대단위농업종합개발사업으로 답, 전, 잡종지, 임야 및 간석지개발을 대상으로 하며 작물재배에 있어 필수적인 농업용수개발을 시행함으로써 한수해 없는 전천후농토를 조성하는 것이다. 이에 농업적인 측면에서는 신 농사기술의 보급과 지도, 농업신용자금의 확대공급, 농업용품(Farm Inputs)의 증량공급, 종자갱신 등의 농업대책을 동시에 병행하게 되는 것이다. 보다 구체적인 사업내용을 보면,

① 수리불안전 또는 천수답의 수리안전답화

② 경지정리(관배수개선) 및 구획정리

③ 개답(기존 전 및 임야, 잡종지를 답으로 만듬)

④ 전의 구획정리와 관개
⑤ 개간(임야를 개전하는 것)
⑥ 간척(간석지를 개답하는 것)
⑦ 농업기계화 및 농촌전화

등이 있으며 용수원개발로는 저수지, 지하수, 보, 관정, 양수장 등을 개발하게 되며 사업에 따라서는 농촌도로망의 정비, 하천개수, 조림 및 주민의 복지시설과 농산물유통시설까지 포함시키고 있다.

이러한 대단위농업종합개발사업의 궁극적인 사업효과는 식량공급의 기여와 농가소득증대를 통하여 지역경제의 균형 있는 발전을 기하는 것이다. 대단위농업개발사업의 사업목적과 부문별 상호관계를 보면 〈그림 2-7〉과 같다. 대단위농업개발사업은 농업구조개선에 미치는 영향이 큰 바 이의 상호관련성은 다음 나 항에서 기술하고자 한다.

2) 농업구조와 대단위농업종합개발과의 연계[6)]

(1) 농업경영구조

(가) 토지 : 농경지의 외연적 확대(개간, 간척), 농경지의 내연적 확대(답 이용률 제고)
(나) 생산 : 장 · 단기 생산계획(작부체계, 생산량, 각종영농자재의 공급)
(다) 노동 : 노동생산성제고, 기계화
(라) 자본 : 관배수시설물설치(저수지, 양수장, 보, 지하수 등)
(마) 기술 : 물 관리(수도작, 전작) 경작지 및 간척지 영농법, 비료 및 농약의 합리적 시용

(2) 소득구조

(가) 농업소득 : 단지 영농화(주곡, 과수, 특작, 축산, 전작물)
(나) 농외소득 : 잉여 노동력의 활용(공사에 취업·부업장려, 농가주택개량)

(3) 유통구조

(가) 가　격 : 농업시장 정보망활용(흥농계, 작목반)
(나) 시장조직 : 농협 공판장 활용(흥농계, 작목반)

---

6) 김영식, 임재환, 투자심사편람, 경제기획원, 1982.

(다) 농업신용 : 신용 지원요청(과수, 임야단지조성, 간척지입식 등)

(4) 농촌사회구조

(가) 가족인구 : 농촌인구의 감소에 따라 다양화 촉진

(나) 농민조직 : 홍농계(수리계), 작목반 조직 및 운영

(다) 문화, 문명 : 농촌전화, 농가 주택개량

3) 사업효과분류

대단위농업개발사업의 사회경제적 효과를 대별하면 측정가부에 따라 측정가능 효과와 측정이 곤란한 효과로 대별되고 사업시행에 따른 역효과로도 구분되며 이의 세부내역을 보면 다음과 같다.

(1) 측정가능효과(Tangible Benefits)

(가) 직접효과

(ㄱ) 1차효과 : 농산물증산, 양어 및 양식, 홍수 및 해일피해방지, 배수개선, 비용절약

(ㄴ) 2차효과 : 생활 및 공업용수공급, 육운개선, 관광단지조성, 타 지역의 용수공급

(ㄷ) 3차효과 : 조림, 토양보전, 공업단지확보

(나) 간접효과

(ㄱ) 고용증대 : 공사 및 농업노동의 고용증대

(ㄴ) 국토확장 및 농지조성정리

(ㄷ) 식량안보효과

(ㄹ) 농업기계화 촉진

(ㅁ) 외화절약

(ㅂ) 외화획득

(ㅅ) 투자승수 및 산업연관효과

(2) 측정이 곤란한 효과(Intangible Benefits)

(가) 사회적 효과 : 농민의 사회적 지위향상

(나) 주민에 대한 효과

(ㄱ) 복지증진

(ㄴ) 생계증진

(ㄷ) 보건증진

(ㄹ) 식량안보

(다) 기타 사회적 제 지표(social indicators)의 변화

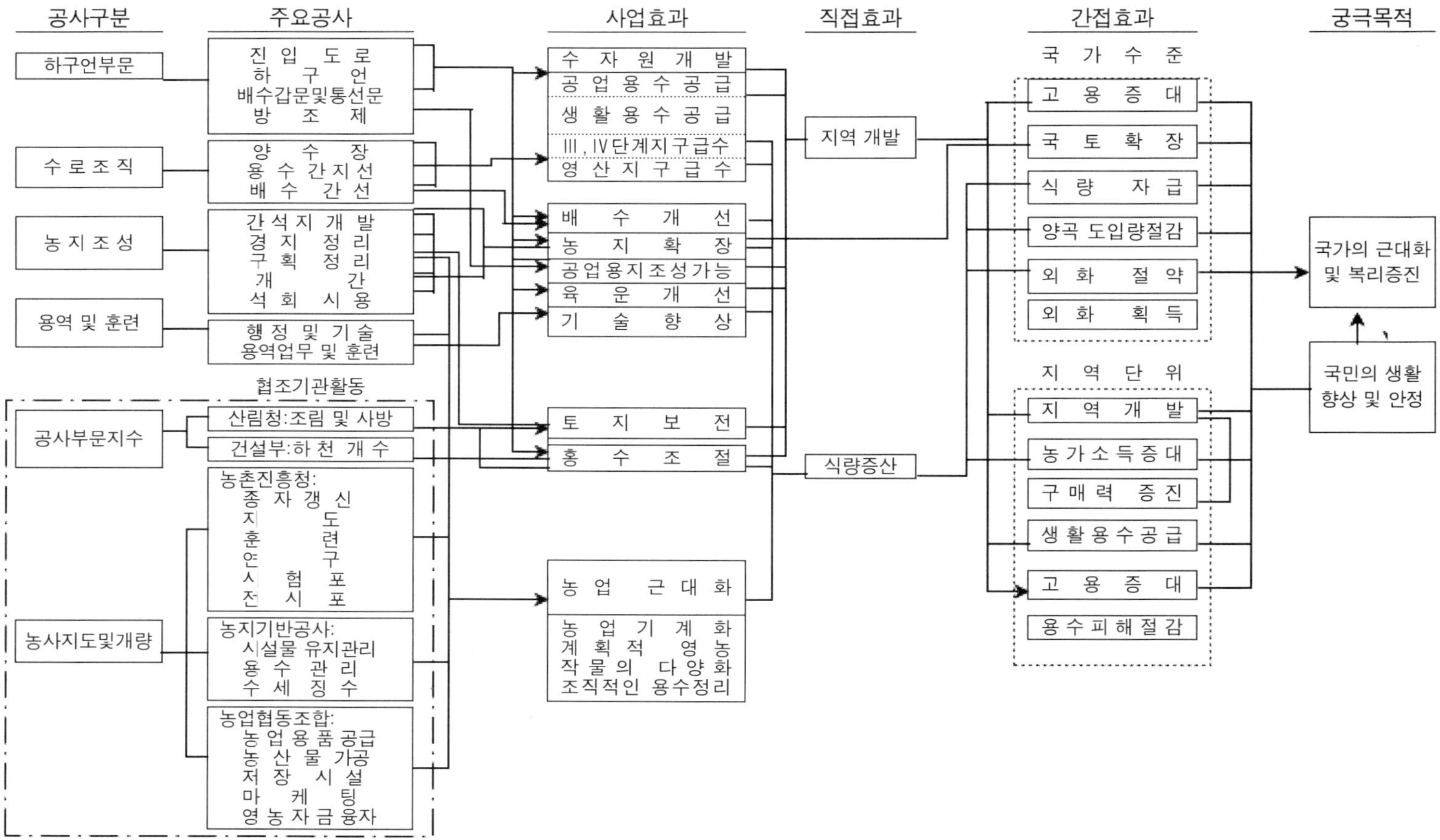

자료: 영산강 제2단계 타당성 보고서(농기공 1975)

〈그림 2-7〉 대단위 농업종합 개발사업의 사업목적과 부문별 상호 관련도

(3) 역효과 : 궤폐지 감수, 공사 중 농산물재배의 일시적 중단

상기 사업효과분류 중에 측정가능효과의 제1차 효과는 개별사업별로 그의 효과를 달리하고 있으며 대단위종합개발사업은 〈그림 2-7〉의 모든 사업과 효과를 포괄하고 있는 것이다.

그러나 단순한 농업용수 개발사업은 관개, 토지이용률 제고, 노동력 절감(관개작업), 종자갱신효과를 기대할 수 있고, 관개와 더불어 경지정리사업을 하면 모든 증수효과를 기대할 수 있다. 대만의 토지개혁훈련소가 제시한 경지정리의 미곡증수효과에 관한 국가별 비교에서는 대만 32%, 독일 30~40%, 일본 30%이며 우리나라는 정확한 자료는 없으나 9개 대 단위농업종합개발사업의 투심자료에 약 20~30%로 나타나 있다.

우리나라의 관개효과를 보면 1972~1976 기간 중의 수리안전답 대 천수답의 수량차이는 17%이었으며 수리불안전답과의 차이는 약 7.4% 밖에 되지 않았다. 그러나 1974~1977 기간 중에는 다수확품종 대 일반 벼의 수량차이가 32%나 되었다. 따라서 농업용수의 개발과 더불어 다수확품종의 보급은 획기적인 식량증산을 가져올 수 있었다. 그러나 1980년 이후 다수확품종의 재배가 사라지고 일반 벼를 재배하고 있으나 일반 벼의 생산성도 다수확품종에 버금가고 있어 수리효과에 있어서는 큰 차이가 없다고 생각된다. 1997년의 경지정리 사후평가 자료에 의하면 13%의 미곡증수효과가 있는 것으로 나타났다.

경지정리에 따른 노동력절감효과를 보면 기계화의 정도에 따라 다르겠으나 대만 20%, 독일 35~50%(기계화), 일본 20%로 추정되며 우리나라도 경지정리자체로 인하여 약 23~30%의 노동력이 이앙작업, 운반작업, 병충해방제 및 수확작업에서 절약되고 있다.

〈표 2-1〉 국가별 경지정리효과 비교

구분	대만	서독	일본	한국
-파종면적의 증가	3.71%	15%	5%	9.1%
-농지집중률	81.0%	79%	72%	91.7%
-필지수의 감소	50%	75%	45%	44.3%
-농로 인접 필지 수	93%	100%	84%	80-90%
-직접관개가능 필지 수	96%	50%	88%	90%이상
-Ha당 사업비	4,087	550	140,000	24,824
	NT$	Mark	Yen	천원
-생산량 증가	32%	30-40%	30%	20-30%
-노동력 절감	20%	35-50%	20%	23-30.6%

자료 : 대만 토지개혁훈련소, 1976.
한국 : 농지개량조합연합회, 경지정리사후평가 및 효율적 추진방안, 1997.
전주대학교 지역개발연구소, 경지정리사업의 사회경제적 사후효과 평가, 1997.

경지정리전

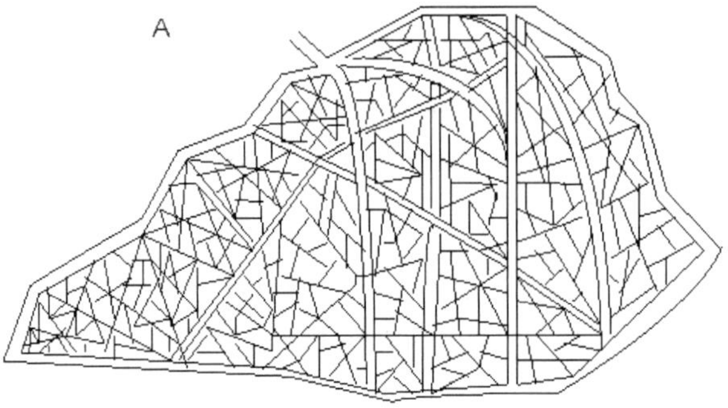

1. 1개지역 농지집중율 : 41%
2. 2개지역 농지분산율 : 31%
3. 3개지역 농지분산율 : 28%
4. 영농관리의 불편성
5. 필지당면적 : 0.07ha
6. 유휴농지면적의 증가

경지정리후

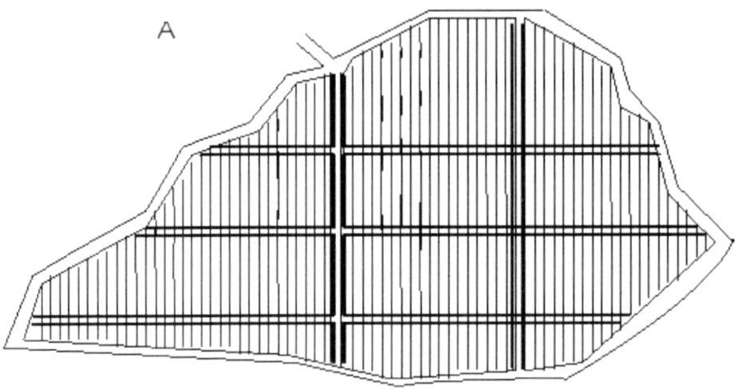

1. 1개지역 농지집중율 : 84%
2. 2개지역 농지분산율 : 13%
3. 3개지역 농지분산율 : 3%
4. 영농관리의 편리
5. 필지당면적 : 3배증가
6. 식부면적의 증가 : 3.71%
7. 생산비의 절감
8. 집단경영의 가능

〈그림 2-8〉 경지정리 전후의 경지조건 변화

4) 농업기반조성사업의 주요 공종별 연관효과

농업기반조성사업의 주요 공종별 연관효과는 다음 〈표 2-2〉에서와 같이 작물생산효과 외 26가지의 사업효과가 있으며 주요 공종으로는 용수개량 외 10가지의 공종을 제시하고 있다. 공종별 사업효과를 예측할 경우에는 가능한 한 이 표에서 제시하는 모든 효과를 계측하여 사업편익으로 추정하여야 한다.

그리고 〈표 2-3〉은 국민경제입장에서 분석하는 투자효율 분석시 포함되어야하는 사업효과항목과 수혜자인 농민입장에서 사업의 효과를 계측하고 이를 근거로 재무수익률을 계측할 경우 포함시켜야 될 사업효과항목을 제시하여, 사업의 경제적 내지는 재무적 타당성을 구명하는데 있어 편의를 도모하였다.

〈표 2-2〉 농업기반조성사업의 공종별 효과항목 일람표

효과항목 \ 공종	용수개량	배수개량	밭관개	구획정리	암거배수	객토	농도정비	농지개발	간척매립	방재댐	농지보전
1. 작물생산효과	○	○		○	○	○	○	○	○	○	○
2. 품질향상효과	○		○				○				
3. 영농경비 절감효과	○	○	○	○	○	○					○
4. 유지관리비 절감효과	○	○	○	○	○		○	○	○	○	○
5. 영농에 관계되는 주행경비 절감효과							○	○	○		
6. 갱신효과	○	○	○				○	○		○	○
7. 재해방지효과		○						○	○	○	○
8. 홍수피해경감효과	○		○					○			
9. 지역배수효과		○									
10. 답의 저류효과				○							
11. 지반침하경감효과	○		○								
12. 일반교통 등 경비 절감효과							○	○	○		
13. 비 농용지 등 창설효과				○							
14. 안전성 향상효과	○	○	○				○	○			
15. 국토조성효과(국토확장효과)									○		
16. 문화재 발굴효과	○	○	○	○			○	○			
17. 공동시설 보전효과	○	○	○					○			
18. 하천유황 안정효과	○		○					○			
19. 지하수 함양효과	○		○	○				○			
20. 지역용수효과	○		○								
21. 지적확정효과				○				○			
22. 수변환경정비효과	○	○	○					○	○		
23. 농도환경정비효과							○	○	○		
24. 수질정화효과	○	○									
25. 보건휴양기능향상효과	○	○	○				○	○	○	○	
26. 감소효과	○	○	○	○			○	○	○	○	○
27. 폐용손실액	○	○	○				○	○		○	○

주 : ① 구획정리에는, 용 배수로, 농도공사를 포함하지 않는다.
② 농지개발, 간척·매립에는 연락도로를 포함한다.
③ 밭관개에는 수원(댐)을 포함한다.
④ 재해방지효과의 배수개량에 관한 것은 1/10 ~ 1/30 확률의 배수개량을 목적으로 하는 사업.
자료 : 토지개량의 경제효과(해설, 개정판), 대성출판사, 일본.

〈표 2-3〉 투자 및 재무수익율의 효과산정항목

효 과 항 목	효과산정항목		투 자 효 율	소득 상환률
1.농업생산 향상효과	작물 생산효과		○	○
	품질 향상효과		○	○
2. 농업경영 향상효과	영농경비 절감효과		○	○
	유지관리비 절감효과		○	○
	영농에 관계되는 주행경비 절감효과		○	○
3. 생산기반 보전효과	갱신효과		○	-
	재해 방지효과	작물·농지 등	○	○
		일반·공공자산 등	○	-
4. 피해경감 효과	지역홍수피해 경감효과	작물·농지 등	○	○※
		일반·공공자산 등	○	-
	지반침하 경감효과		○	-
5. 생활환경 정비효과	일반교통 등 경비 절감효과		○	-
	비농용지 창설효과		○	-
	안전성 향상효과		○	-
6. 지역자산 보전·향상 효과	국토 조성효과		○	-
	문화재 발견효과		○	-
	공공시설 보전효과		○	-
	하천유황 안정효과		○	-
	지하수 함양효과		○	-
	지역 용수효과		○	-
	지적 확정효과		○	-
7. 경관보전 효과	수변환경 정비효과		○	-
	농도환경 정비효과		○	-
	수질 정화효과		○	-
8. 보건휴양기능 향상효과	보건휴양기능 향상효과		○	-
9. 감소효과	감소효과		○	-
	폐용손실액		○	-

주 : 1) ※표시는, 수익자에 관계되는 효과 액을 대상으로 한다.
2) 투자효율(B/C Ratio) = 타당투자액 / 총사업비, 타당투자액 = 사업 총 효과의 현재가치총액.
3) 소득 상환률 = (연부상환액 / 연 증가소득액) × 100.

자료 : 전계서.

제 3 장

화폐의 시간적 가치

우리는 경제생활을 하면서 돈을 빌려주기도 하고 차용하기도 한다. 이때 차용 및 임대기간에 따라 원금 이외에 이자를 주고받는다. 그런가 하면 장기적인 영농계획을 수립하면서 현재의 비용과 미래의 수익을 이자개념 없이 그대로 비교하는 우를 범하기도 한다. 농민들은 농협과의 금융거래를 하면서 융자금을 연부 상환하되 원금균등상환이냐 아니면 원리금균등상환이냐에 관심을 갖는다. 농업용 차량 및 트랙터 등의 농기계를 구입할 시 원금과 이자를 동일한 액수로 상환하는 할부금제도에도 익숙해 있다. 그러나 실제적으로 어떻게 계산하는가에 대하여는 그다지 관심을 두지 않는다.

"손안에 있는 새 한 마리는 숲 속에 있는 새 두 마리와 같다"라는 말은 바로 화폐의 시간적 가치를 말해주는 좋은 예가 된다. 손안에 있는 새 한 마리는 현재가치를 의미하고 숲속의 새 두 마리는 미래가치를 의미한다. 우리가 장기투자계획을 수립평가하고 일상생활을 하면서 알아두어야 할 화폐의 시간적 가치평가방법은 일시상환 복리 및 현가계수, 연부상환 상각기금계수, 자본회수계수, 상환복리 및 누적현가계수[1] 등이 있는데 이들을 실생활에 응용하기 위하여는 다음과 같은 부호에 의거 각각의 산출공식들이 어떻게 유도되었는지를 이해하여야 한다.

---

[1] J. Price Gittinger, Economic Analysis of Agricultural Projects, IBRD, 1982.
______________, Compounding and Discounting Tables for Project Analysis with a Guide to Their Application, IBRD, 1984.

제1절 부호 및 공식유도

1. **부호해설:**

i : 이자율

n : 투자기간

P : 원금 또는 투자액

S : 상환액(원리금)

R : 등가(매년말의 등액의 분할상환금)

2. **공식유도**

일시상환의 경우 :

i를 이자율이라 하고 P를 투자액이라고 할 때

1차년도말의 원리금합계 : $P + Pi = P(1 + i)$

2차년도말의 원리금합계 : $P(1 + i) + iP(1 + I) = P(1 + i)^2$

. .

. .

. .

n차년도말의 원리금합계 : $P(1 + i)^n$

그러므로 n년후의 원리금총액 $S = P(1 + i)^n$ ------------- (1)

공식 (1)에서 $(1+i)^n$을 일시상환복리계수라 한다.

상기공식 (1)에서 S의 현재가치 P는 다음과 같다.

$P=S/(1+i)^n$ -------------------------- (2)

공식 (2)에서 $1/(1 + i)^n$을 일시상환현가계수라 한다.

등분할상환의 경우:

n년 동안 매년도말에 R이 투자된다고 하면 n년 후의 상환

액은 매년도의 투자액에 대하여 복리로 계산한 이자와 투자액을 합산한 금액이다.

각 년도말의 투자액의 원리금총액은 다음과 같다.

1차년도 : $R(1+i)^{n-1}$

2차년도 : $R(1+i)^{n-2}$

.　　.

.　　.

.　　.

n차년도 : $R(1+i)^{n-n}$

n년 후의 상환총액 S는

$$S = R[1 + (1+i) + (1+i)^2 + (1+i)^3 + (1+i)^{n-1}] \text{ — } (3)$$

(3)식의 양변에 (1 + i)를 곱하면

$$(1+i)S = R[(1+i) + (1+i)^2 + (1+i)^3 + \cdots + (1+i)^{n-1} + (1+i)^n] \text{ ---- } (4)$$

(4)식에서 (3)식을 빼면

$iS = R[(1+i)^n - 1]$이고

매년 R을 투자할 경우 n년 후의 원리금 상환총액 S는

$S = R[(1+i)^n - 1] / i$ 이며

n년이 경과한 후에 S가 되기 위한 매년의 투자액 R은 다음 식으로 계산된다.

$$R = S\ [i / \{(1+i)^n - 1\}] \text{ ———— } (5)$$

여기서 $[i / \{(1+i)^n - 1\}]$를 상각기금계수라고 한다.

투자액 P로부터 n년 기간동안에 발생하는 등액의 상환액 R을 구하기 위하여는 (5)식에 (1)식을 대입하여 자본회수 등가계수를 구하면 된다.

즉 : $R = S\ [i / \{(1+i)^n - 1\}]$

$= P\ (1+i)^n\ [i / \{(1+i)^n - 1\}]$

$= P\ [i(1+i)^n / \{(1+i)^n - 1\}] \text{ ———— } (6)$

사업의 내구기간동안에 매년 일정한 수익이 발생할 경우 현재가치의 총액은 (6)식에 의거 계산이 되는데 (6)식의 자본회수 등가계수의 역수가 등가현재가계수가 된다.

$$P = R[\{(1+i)^n - 1\} / i(1+i)^n] \text{ ———— } (7)$$

제 2 절 여러 가지 할인율 해설

1. 일시상환복리계수(single payment compound amount factor)

〈공식 1〉 $S = P(1+i)^n$ ------------------------ (1)

S = 원리금상환총액

P = 원금

i = 연이자율

n = 대부기간

원금 P를 연간이자율 i로 n년 간 차입하였을 경우 대부기간 종료 시에 지불 또는 상환하여야 할 원금과 이자의 총액을 구하는 공식으로 $(1+i)^n$ 를 일시상환복리계수라 한다. i가 10%일 경우 원금 100원은 10년 후에 259.4원 = (100원 x $((1+0.1)^{10}$ = 259.4))이 된다.

2. 일시상환현가계수(single payment present worth factor)

〈공식 2〉 $P = S \times \frac{1}{(1+i)^n}$ ---------------------- (2)

P = 원금 또는 현재가치

S = 원리금상환총액

i = 연이자율

n = 대부기간 또는 상환기간

이것은 일시상환복리계수의 역수로서 n년간의 원금과 이자의 총액(S)을 이자율 i가 주어졌을 때의 원금, 즉 현재가치를 구하는 데 쓰이는 공식이다. 즉 10년 후의 259.4원은 이자율 10%일 경우 현재가치는 100원≒(259.4원$\times \frac{1}{(1+0.1)^{10}}$ = 0.3855)되는 것이다.

3. **연부상환상각기금계수**(uniform series sinking fund factor)

〈공식 3〉 $R = S \times \frac{i}{(1+i)^n - 1}$ ------------------- (3)

R = 연부상환등가상각액

S = 총원리금상환액

i = 연이율

n = 상환기간

n년차에 가서 원리금 상환총액이 S가 되려면 i라는 이자율이 주어졌을 때 지금부터 매년 불입하여야 할 연부상환등가상각액을 구하는 공식이다. 예컨데, 10년 후에 100원이 되려면 이자율 10%인 경우 매년 얼마를 은행에 불입하여야 하는가?

즉, R=100원[$\times \frac{0.1}{(1+0.1)^{10} - 1}$ =0.06275] = 6.275원으로 매년 6.275원을 은행에 저금하면 10년 후 100원을 찾게 되는 것이다.

4. **연부상환자본회수계수**(uniform series capital recovery factor)

〈공식 4〉 $R = P \times \frac{i(1+i)^n}{(1+i)^n - 1}$ ------------------- (4)

R = 연부상환등가상각액

P = 원금

i = 연이자율

n = 상환기간 (내용연수)

이는 원금 P를 n년 동안 이자율 i의 복리조건으로 매년 동일하게 회수하는 연간원리금총액을 구할 때 사용한다. 예로서 원금 1,000원을 연이율 10%로 10년간 회수할 경우 농민이 매년 상환하여야 하는 연부등가상환액은 R = 1,000원 × [$\frac{0.1(1+0.1)^{10}}{(1+0.1)^{10} - 1}$ = 0.16275]=162.75 이며 이는 1개년의 원리금에 해당한다.

5. 연부상환복리계수(uniform series compound amount factor)

〈공식 5〉 $S = R \times \frac{(1+i)^n - 1}{i}$ ---------------------- (5)

S = 원리금 총액

R = 연간 일정금액

i = 연이자율

n = 대부기간

매년 일정금액 R을 이자 i의 복리조건으로 은행에 적립코자 한다면 n년 후에는 원리금 총액은 얼마가 될 것인가? 이 경우 본 공식을 사용하며 이는 〈공식 3〉의 역수로서 예를 들면 10년간 매년 6.275원씩 적립하면 이자 10%일 경우 10년 후의 원리금총액은

$6.275 \times [\frac{(1+0.1)^{10} - 1}{0.1} = 15.937] = 100$원이 된다.

6. 연부상환현가계수

〈공식 6〉 $P = R \times \frac{(1+i)^n - 1}{i(1+i)^n}$ ---------------------- (6)

P = 현재가치총액

R = 매년 일정한 수익 또는 비용

i = 연이자율

n = 내구기간

매년 일정한 수익 또는 비용이 n년 간 발생할 경우 이자율 i의 조건하에 현재가치총액 P를 구할 때 본 공식을 사용한다. 이는 〈공식 4〉의 역수로서 예를 들면 매년 162.75원의 수익이 10년간 발생할 경우 이자율 10%일 때 현재가치총액은

162.75원$\times (\frac{(1+0.1)^{10} - 1}{0.1(1+0.1)^{10}} = 6.14) \fallingdotseq 1,000$원이다.

제 3 절 화폐의 시간적 가치계산[2)]

1. 복리계산법(Compoundung)

1) 투자액을 지정한 기간에 이자율로 복리 계산한다면 미래 가치는 얼마가 되겠는가?

투자액 (각국화폐)	연간이자율 (%)	기간 (연수)	복리계수	미래가치 (각국화폐)
a. US$ 861	11	6	1.870	US$ 1,610
b. RS. 20	25	25	264.698	RS. 5,294
c. C 2,984	6	17	2.693	C 8,036
d. C$ 5,134	9	12	2.813	C$ 14,442

자료: J.Price Gittinger,ed. Compounding and Discounting Tables for project Eevaluation. EDI Teaching Materials series Number 1. Washington: Economic Development Institute of the IBRD, 1973.

2) 다음에 지적한 수량들이 지정한 이자율로 복리 성장한다면 미래에 있어서의 수량을 얼마인가?

기준년도 / 수량(1975)	미래연수	연간 성장율(%)	성장년도	복리계수	미래년도의 수량
a. 6.4백만톤 (연간)	1985	3.6	10	1.424	연간 9.1백만톤
b. 123대(차량) (1일)	1982	7.5	7	1.659	1일 204대
c. 4.12백만엔 (연간)	1980	8.0	5	1.469	연간 6.05백만엔
d. 2.3백만인	2000	2.4	25	1.809	4.2백만인
e. 254천톤 (연간)	1990	4.3	15	1.880	연간 478천톤

2. 할인 방법(Discounting)

3) 지정한 연도의 미래에 받게 될 다음 금액들은 주어진 할인율을 사용할 경우 현재가치가 얼마인가?

2) IBRD, EDI, Case Study and Excercise Series, AE-1012-P REV. June 1978.

미래에 받게 될 금액	할인율 (%)	미래의 수익 발생 연도	할인계수	현재가치
a. US$ 1,610	11	6	.535	US$ 861
b. RS. 5,294	25	25	(.004)	(RS. 21)
c. C 8,036	6	17	(.371)	(C 2,981)
d. DMI 628	5	6	(.746)	(DM1,214)
e. E 204	18	14	(.099)	(E 20)
f. B 5	12	24	(.066)	(B 0)
g. E 8,021	23	40	(.000)	(E 0)

4) 다음에 주어진 기간 동안 매년 받게 될 금액들은 지정한 할인율로 할인할 경우 현재가치총액이 얼마인가?

매년 받게 될 금액 (각국 화폐단위)	할인율 (%)	수익 발생 연도수	누적 현재 가 계 수	현재가치 총액
a. Col$ 2,884	16	30	6.177	Col$ 17,814
b. NC 338	9	17	(8.584)	(NC 2,888)
c. CFAF 8,248	6	5	(4.212)	(CFAF 34,741)
d. MSI ,200	15	30	(6.566)	(MS 7,879)
e. MSI ,200	15	50	(6.661)	(MS 7,993)

5) 다음에 지정하는 기간 동안에 매년 발생하는 금액은 주어진 할인율을 사용할 경우 현재가치총액은 얼마인가?

매년 받게 될 금액(각국 화폐단위)	할인율 (%)	수익 발생 기간	누적할인계수계산			현재가치 총액
			최종 연도	시작년도 - 1개년	수익 발생기간	
a. TCS. 941	13	11~20	7.025	- 5.426	= 1.599	TCS. 1,505
b. S.Fr.621	16	8~24	6.073	- 4.039	= 2.034	S.Fr. 1,263
c. P 9,251	9	17~50	10.962	- 8.313	= 2.649	P 24,506
d. HK$ 645	25	6~25	3.985	- 2.689	= 1.296	HK$ 836

3. 연부상환금액(Constant Annual Payments)

6) 다음의 차입 액은 주어진 이자율과 상환기간에 의거 매년 원금과 이자를 포함 일정한 상환액을 지불하려한다. 연부상환액을 계산하라.

차입금액	이자율 (%)	상환기간 (연 도 수)	자본회수계수	연부상환금액
a. RS. 3,427	12	10	.176 984	RS. 607
b. A$ 400,000	8	25	.093 679	A$ 37,472
c. Fr 768	17	3	.452 574	Fr 348
d. T 11,274	11	8	.194 321	T 2,191

7) 다음의 현금유동표(Cash Flow Table)를 완성하라.

인도 : 2ha관개를 위한 관정개발사업

(단위 : 루피(Rupee))

증 기 비 용				할인율 20%	현재가 20%	총판매 수익	할인율 20%	현재가 20%	증가편익 현금유동	할인율 20%	현재가치 20%
연도	총투 자액	총운 영비	합계								
1	3,662	-	3,662	.833	3,050	-	.833	-	-3,662	.833	-3,050
2	-	3,516	3,516	.694	2,440	4,539	.694	3,150	+1,023	.694	+710
3	-	3,516	3,516	.579	2,036	4,667	.579	2,702	+1,151	.579	+666
4~7	-	3,516	3,516	1.499	1,755	4,795	1,499	7,188	+1,279	1,499	+1,917
Total	3,662	21,096	24,758	3.605	12,796	28,386	3,605	13,040	+3,628	3,605	+243

4차년도부터 7차년도까지

7년차 누적현가계수	-	3년차 누적현가계수	=	누적현가계수
3.605		2.106		1.499

자료 : 세계은행(IBRD). Andhra Pradesh Agricultural Credit Project, India. Report No. PA-59a. Washington: International Bank for Reconstruction and Development, 1970. Appendix 11-3. J.Price Gittinger, IBRD EDI Training Materials.

제 4 절 e의 경제적 의미와 최적시기(Optimum Time)의 결정

1. e의 경제적 의미

자본금 또는 원금을 1원이라 하고 연간 이자율을 100%라고 한다면 첫해 말에 있어서 원금과 이자의 합계액은 $V(1) = 1(1+100\%) =1(1+1/1)^1=2$로 계산된다. 만약에 연간 이자율이 50%이고 6개월씩 2회전한다면 $V(2) = 1(1+50\%)(1+50\%)=1(1+1/2)^2=2.25$로 계산된다. 동일한 논리로 계속하면 $V(3) = (1+1/3)^3$, $V(4)=(1+1/4)^4$,-------- , $V(m) = (1+1/m)^m$로 일반화하여 표시 할 수 있다. 여기서 m은 연간 복리회전수를 의미한다. m을 무한대로 키울 경우 1년 후의 원금과 이자의 합계액은 다음과 같이 표시 할 수 있다.

$$\lim_{m\to\infty} V(m) = \lim_{m\to\infty} (1+1/m)^m = e \text{ 원}$$

여기서 e의 값은 자연대수의 밑수인 2.71828을 의미한다.

2. Ae^{rt}함수와 복리계산

1원을 연 이자율 100%로 1년간 m번 회전시킬 경우 1년 후의 원금과 이자총액은 e^1이 된다. 2년 후에는 e^2원, 3년 후에는 e^3원, -, -, -, -, -, t년 후에는 e^t원이 된다. 만약에 원금 또는 자본금이 1원이 아니고 A원이라면 t년 후의 원리금총액은 Ae^t원이 되고 연간 이자율이 100%가 아니고 r%라면 Ae^t원이 Ae^{rt}원으로 바뀐다.

증명 : $V(m) = (1+1/m)^m=e$ 이므로 $V(m) = Ae^t =A(1+1/m)^{mt}$로 변형되고 연간이자율 100%가 r%로 된다면 앞의 공식은 $V(m) = Ae^t =A(1+r/m)^{mt}$로 바꿀 수 있다. 이는 다시 다음과 같은 공식 $V(m) = A[(1+r/m)^{m/r}]^{rt}$로 변형되며 m/r=w로 표시한다면 $V(m) = A[(1+1/w)^w]^{rt}$로 되어 결국은 $V(m) = Ae^{rt}$가 된다. 예를 들어 원금 1,000원을 10년간 연이자율 10%로 장기예금할 경우 10년 후의 원금과 이자총액은 $V(m) = 1{,}000$원$(e = 2.71828)^{0.1(10)}=2{,}718$원으로 계산된다. 이는 복리계수 $(1+0.1)^{10}=2.594$보다 약간 높게 평가되는 경향이 있는

데, 이 공식을 사용 할 때에는 이자율이 10%미만일 경우에 한하는 것이 좋다. 그 이상의 할인율 하에서는 오차가 크게 발생한다.

복리계산공식 $V = Ae^{rt}$에 있어서 r은 자산가치 V의 성장률을 의미하는데 이것은 t에 관하여 미분을 하면 $dV/dt = rAe^{rt} = rV$로 나타난다. 자산가치 V의 성장률은 $(dV/dt)/V=rV/V=r$로 되어 r는 자산가치 V의 성장률을 의미하기도 한다.

3. Ae^{-rt}함수와 현재가치계산

투자분석에 있어서 수익과 비용의 현재가치총액은 $A= V/(1+r)^t$로 표시되는데 여기서 A는 현재가치총액이고 V는 미래가치총액이며 r은 연간 이자율이고 t는 사업의 내구연수이다. 앞에서 검토한 바와 같이 미래가치총액은 $V = Ae^{rt}$로 계산되기 때문에 현재가치인 $A = V/e^{rt}$ 또는 $A=Ve^{-rt}$로 표시된다.

4. 포도주판매의 최적기산출

포도주를 저장하면 시간이 경과함에 따라 포도주의 가치가 다음 함수 $V=Ke^{\sqrt{t}}$와 같이 증가한다고 가정하자. 여기서 t=0이면 현재판매액은 K$이고 시간 t의 길이에 따라 포도주의 가치가 증가한다. 이러한 경우에 있어서 언제 포도주를 판매하는 것이 이윤을 극대화하는가? 이 문제를 해결하기 위하여는 포도주의 현재가치가 $A(t) = Ve^{-rt}$임으로 이는 $A(t) = K e^{\sqrt{t}} e^{-rt}$로 전환시킬 수 있으며 이를 자연대수의 로그로 표시하면 $\ln A(t) = \ln K + (\sqrt{t} - rt) \ln e$가 된다. t에 관하여 미분하면 $(1/A)\ (dA/dt) = 1/2\ t^{-1/2} - r$, 또는 $dA/dt =A[(1/2)t^{-1/2}- r]$이다. 1차도함수 값이 영일 때 $t = 1/4r^2$으로 이때 할인율이 10%이면 포도주의 최적 판매 시기는 25년으로 계산된다.

5. 벌채의 최적기간 산출

나무를 심으면 시간이 경과함에 따라 나무는 성장하고 나무의 경제적 가치는 증가한다. 어떤 나무의 경제적 가치(V)는 시간(t)의 함수로써 $V=2^{\sqrt{t}}$ 로 증가한다고 가정하자. 이때 나무의 현재가치공식은 $A(t) = Ve^{-rt} = 2^{\sqrt{t}} e^{-rt}$로써 로그값을 취하면 $\ln A=\ln 2^{\sqrt{t}} + \ln e^{-rt} = \sqrt{t} \ln 2 - rt$ 이 된다.

이 함수식을 시간t에 대하여 미분하고 영의 값을 취하면 $(1/A)(dA/dt) = 1/2t^{-1/2}\ln 2 - r$ 또는 $t = (\ln 2/2r)^2$이 된다. 이 때 할인율인 r=5%이고 ln 2 = 0.6931이라면 나무를 벌채하는 적정 기간은 48년으로 계산된다. 이는 48년 후에 나무를 베는 것이 현재가치로 본 이익이 최대가 된다는 의미이다.

제 4 장
투자 의사결정 기준

투자 의사결정 기준[1]은 투입산출물의 경제적 효율이라 말할 수 있는데, 현재 국제적으로 통용되고 있는 기준은 투자내부수익률(IRR), 사업순수익의 현재가치총액(NPV) 및 편익/비용비율(B/C Ratio)을 포함한다. 그 밖에 사업의 외환수익률 및 자본회수기간 등 여러 가지가 있는데 상세한 내역은 다음과 같다.

제 1 절　순 현재가치(Net Present Value)

순 현재가치는 사업으로 인하여 발생하는 연차별 예상수익에서 연차별 비용을 뺀 연차별 사업순수익을 자본의 기회비용 또는 잠재이자율로 할인한 사업순수익의 현재가치총액을 말하며, 다음 공식에 의거 계산한다.

$$NPV = \frac{B_0 - C_0}{(1+d)^o} + \frac{B_1 - C_1}{(1+d)^1} + \cdots\cdots + \frac{B_t - C_t}{(1+d)^t} + \frac{B_n - C_n}{(1+d)^n}$$

여기서 Ct : t시점에서 발생한 비용의 원화 가치

Bt : t시점에서 발생한 수익의 원화 가치

d : 할인율(Discount Rate)

n : 사업의 경제적 내용 연수

[1] Peter G. Sassone & William A. Schaffer, Cost-Benefit Analysis, A Hand Book, Academic Press, INC., 1978.

문제점 : 1) 할인율 d의 크기를 결정하여야 하는 문제점이 있고 자본의 기회비용 역시 기간에 따라 변동되기 때문에 사업 기간 중에 일정한 할인율을 적용시킨다는 것은 문제점이 된다.

2) NPV의 "값이 크면 클수록 좋은 사업이다"라고 판단하기 때문에 사업의 규모가 클수록 좋은 사업으로 평가된다. 따라서 투입비용에 대한 효율성은 완전히 무시되는 단점이 있다.

제 2 절 회수기간(Pay-back Period)

사업의 투자비용을 가장 빠른 기간 내에 회수할 수 있는 사업을 가장 좋은 사업으로 평가하는 기준인데 이는 사업의 전 기간을 고려하지 않는 근시안적인 문제점을 내포 하게 된다.

〈표 4-1〉 회수기간법의 예시

사업	C_0	B_1-C_1	B_2-C_2
갑	1,000	1,100	100
을	1,000	0	10,000

상기표의 갑과 을 사업을 비교해 보면 회수기간이 빠른 갑 사업이 을 사업보다 좋은 사업으로 판정된다. 그러나 실제적으로는 사업전체의 기간을 생각하여 볼 때 을 사업이 갑 사업 보다 더 좋은 사업으로 판단된다.

제 3 절 순평균수익률(Net Average Rate of Return)

순평균수익률이란 사업의 내구기간 동안에 발생한 순수익의 총액을 사업의 내구 기간으로 나눈 연평균 순수익의 크기를 말하는데 여기에는 다음 〈표 4-2〉에서 보는 바와 같이 의사결정 기준으로써 단점을 발견할 수 있다.

〈표 4-2〉 순평균수익의 예

사업	C	B1-C1	B2-C2	NARR
갑	1,000	1,150	-	1,150
을	1,000	1,140	1,140	1,140

사업 갑은 사업의 내구연수가 1년이고 사업 을은 사업의 내구연수가 2년인데 비하여 투입되는 비용은 1,000으로 동일하다. 사업 갑은 내구연수가 1년이며 연간순수익과 순평균수익이 다 같이 1,150이다. 그러나 사업 을은 2개 연간 매년 1,140을 생산하였고 연평균 순수익도 1,140으로 사업 갑보다 적게 나타났다. 이러한 경우 사업 갑이 사업 을보다 우월하다고 판단 할 수는 없다.

제 4 절 내부수익률(Internal Rate of Return)

투자내부수익률은 연차별 비용의 현재가치총액과 미래에 있어서 발생하는 예상순수익의 현재가치총액을 같게 하는 할인율을 말한다. 이를 다른 말로 표현하면 연차별 사업순수익의 현재가치총액이 0이 되는 할인율을 말한다. 내부수익률은 다음 공식에 의거 계산한다.

$$NPV = \frac{B_1 - C_1}{(1+r)^1} + \frac{B_2 - C_2}{(1+r)^2} + \frac{B_3 - C_3}{(1+r)^3} + ... + \frac{B_n - C_n}{(1+r)^n}$$

$$B/C = \frac{\frac{B_1}{(1+r)^1} + \frac{B_2}{(1+r)^2} + ... + \frac{B_n}{(1+r)^n}}{\frac{C_1}{(1+r)^1} + \frac{C_2}{(1+r)^2} + ... + \frac{C_n}{(1+r)^n}} = 1$$

여기서 B_n : 연차별 수익의 흐름(Annual Benefit Stream)

C_n : 연차별 비용의 흐름(Annual Cost Stream)

r : 할인율(Discount Rate)

n : 사업의 내구연수(Economic Life of Project)

문제점: 1) 상기공식은 n차 방정식으로 유일한 r값을 구하기가 어렵다.

2) 상기공식은 사업의 내구기간동안에 단일 할인율 즉 자본의 기회비용을 고려하기 때문에 사업의 내용연수가 장기일 때는 문제점을 가져온다.

3) IRR와 NPV기준 간에 사업의 우선순위가 바뀌는 경우가 있다.

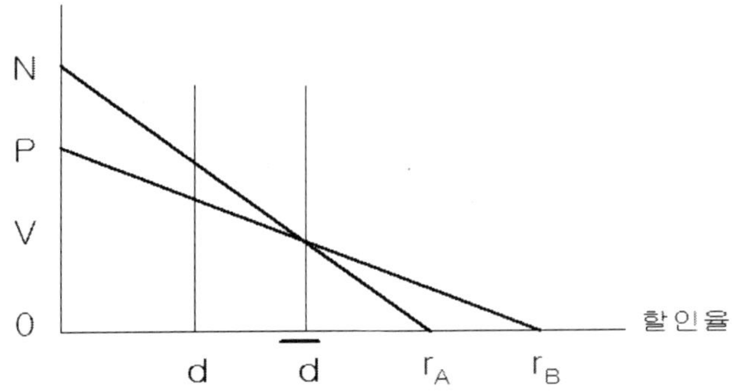

〈그림 4-1〉 NPV와 할인율과의 관계

제 5 절 연간수익(Annual Value)

연간수익은 연차별로 서로 다른 사업순수익의 현재가치총액(NPV)과 매년 일정한 사업순수익의 현재가치 총액이 같을 때 매년 일정한 사업순수익을 연간순수익(Annual Value)이라고 한다.

$$\sum_{t=o}^{n} \frac{A}{(1+d)^t} = \sum_{t=0}^{n} \frac{NB_t}{(1+d)^t} = \text{NPV}$$

여기서 A : 연간수익(Annual Value)

NB_t : (B_t - C_t), 연간 순수익.

t : 사업의 내구연수.

d : 자본의 기회비용(할인율).

제 6 절 편익/비용비율(Benefit/Cost Ratio)

편익/비용비율은 자본의 기회비용으로 할인한 편익의 현재가치총액을 비용의 현재가치총액으로 나눈 값인데 다음 공식에 의거 계산한다.

$$B/C = \sum_{t=0}^{n} \frac{B_t}{(1+d)^t} \Big/ \sum_{t=0}^{n} \frac{C_t}{(1+d)^t}$$

여기서 B_t : 년차별 기대수익 및 시설물의 잔존가치

C_t : 연차별 투자비용, 대체비용, 유지관리비, 생산비증가액

d : 자본의 기회비용

t : 사업의 내구연수

B/C Ratio에 의한 사업의 투자우선순위 결정은 재정투융자의 제약조건하에서 투자비용 단위당 편익을 극대화할 경우에 적용하게 되는데 특히 자본이 부족한 후진국에 있어서는 경제성장을 위하여 이 방법을 응용하는 것이 바람직하게 생각된다.

B/C Ratio와 NPV는 같은 공식에 의하여 계산되지만 투자사업의 우선순위를 결정할 경우에는 우선순위가 뒤바뀌는 현상을 볼 수 있다.

〈표 4-3〉 예산제약조건하에서 B/C와 NPV와의 관계

사업	최초투자액	편익	NPV	B/C Ratio
A	500	1,050	500	2.0
B	100	315	200	3.0
C	100	420	300	4.0
D	100	263	150	2.5
E	100	315	200	3.0
F	100	263	150	2.5
G	100	315	200	3.0

주 : 할인율 5%를 적용하여 NPV와 B/C를 계산함.

〈표 4-4〉 사업우선순위결정

NPV 기준	B/C Ratio 기준
A	C
C	B, E, G
B, E, G	D, F
D, F	A

문제점 : 1) NPV기준에 의거 A사업만을 시행하면 전체 예산 500을 투입하여 500의 NPV를 얻는다.
2) B/C Ratio를 기준으로 C, B ,E, G, D 또는 F 사업을 시행할 경우에는 1.05의 NPV를 얻게 된다. 따라서 NPV를 극대화하기 위해서 B/C기준에 의거 사업의 우선순위를 결정하여야 한다.

제 7 절 최저평균비용(Minimum Average Cost)

사업의 최적 규모는 평균비용이 최소인 규모라고 하는 가정에 기초하고 있는데 이는 이윤극대화를 가져오는 기업의 균형조건이 한계비용과 한계수익이 같은 경영규모라는 것을 생각할 때 부정확한 의사결정기준인 것이다.

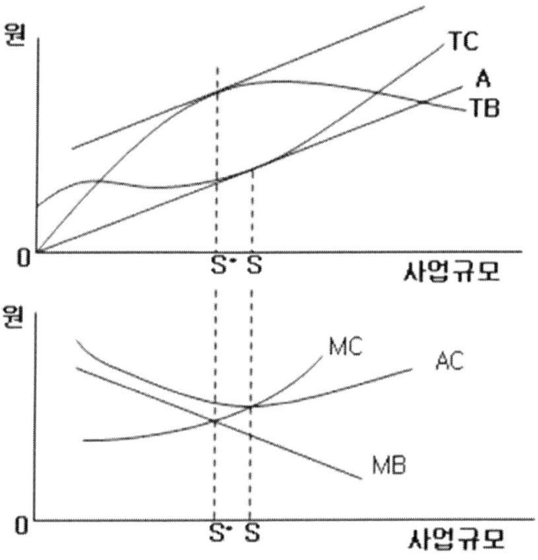

〈그림 4-2〉 최소평균비용기준의 오류

제 8 절 형평기준(Equity)

이 기준은 사업의 수익과 비용이 사회의 구성원에 어떠한 영향을 주고 있는 거에 관심을 갖는 것이다. 사업비용의 대부분을 빈민층이 부담하고 사업수익의 대부분이 부유층에게로 돌아간다면 그 사업은 사회복지 및 소득분배라는 관점에서 볼 때 바람직한 사업으로 볼 수 없다.

오히려 사업비의 많은 부분을 부유층에서 부담하고 대부분의 사업수익이 소외계층인 빈민층에 돌아간다면 이 사업은 전자보다 바람직한 사업으로 판단된다. 형평기준은 사업수익과 비용에 어떤 계수를 부가시켜 계산 할 수는 없다.

동일한 비용과 사업수익을 갖고 있는 두개의 사업이 있을 때 그 사업으로 인한 수혜농민의 경영규모와 소득액이 비교적 적은 계층이 많이 속해있는 사업에 우선권을 주는 것은 사회정의의 실현 및 형평의 원칙에 부합되는 의사결정이다. 이와 같은 형평기준은 수혜농민의 소득분배상황과 누진세제도에 의거 실현될 수 있다.

1) 지니계수(GINI Coefficient)에 의한 형평원칙

소득분배상황 및 형평기준은 농업개발예정사업이 속해있는 해당 시군의 소득분포상태(GRP 또는 농가소득)와 경지규모별 농가호수 및 규모별 농지소유면적의 분포비율에 의거 지니계수(GINI Coefficient)를 추정하고 지니계수의 값이 큰 지역(시 또는 군)에 사업시행의 우선순위를 결정 할 수 있다.

지니계수(GINI Coefficient)는 이탈리아의 인구학자 · 통계학자 · 사회학자인 지니(Corrado Gini)가 소득분포에 관해 제시한 통계적 법칙인 '지니의 법칙'에서 나온 개념이다. 빈부격차와 계층 간 소득분포의 불균형 정도를 나타내는 수치로, 소득이 어느 정도 균등하게 분배되어 있는지를 평가하는 데 주로 이용된다. 근로소득 · 사업소득의 정도는 물론, 경지규모별 농가호수의 분포 및 규모별 농지소유면적 백분율에 의한 농지소유면적의 분포정도도 파악할 수 있다.

GINI계수의 계산 방법은 먼저 가로축에 저소득층부터 고소득층 순서로 가구 분포도나 경지규모별 농가호수분포도를 그리고, 세로축에는 저소득층부터 고소득층까지 소득액 누적 백분율(소득누적비율)이나 경지규모별 농지소유면적 분포비율을 그린다. 그러면 소득 및 농지 분배곡선인 로렌츠곡선이 나오는데, 여기에 소득 및 농지의 균등분배를 나타내는 대각선 즉 45° 선을 긋고, 소득 및 농지의 분배균등선과 가로 · 세로축이 이루는 삼각형의 면적, 그리고 소득 및 농지의 분배균등선과 로렌츠곡선 사이의 면적 비율을 구한다. 여기서 구해진 면적 비율(즉 ADB의 면적 / ABC의 면적)을 지니계수라 한다.

지니계수는 0과 1 사이의 값을 가지는데, 값이 0에 가까울수록 소득 및 농지소유면적의 불평등 정도가 낮다는 것을 뜻한다. 보통 0.4가 넘으면 소득분배의 불평등 정도가 심한 것으로 본다.

2) 소득 및 고용지수에 의한 지역 불균형지수

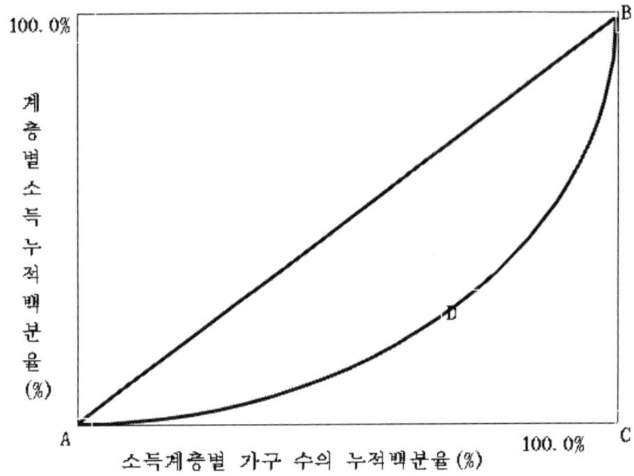

〈그림 4-3〉 Lorenz Curve와 GINI계수 추정

여러 지역 간에 사업의 투자의사 결정지표가 모두 같을 경우 어느 지역의 사업을 선택 할 것인가의 문제는 각 지역별 소득인구 불평등지수와 고용인구 불평등지수를 계산하여 각 지수가 작은 지역에 우선권을 주어 사업을 선택하는 것도 형평을 유지하는 한 방법이 될 것으로 생각된다.

공식 1.　　소득 및 인구기준 불평등 지수

$$V_w = \sqrt{\sum_i^n (Yi - \overline{Y})^2 \cdot \frac{fi}{n}} / \overline{Y}$$

여기서　　Vw=지역불균형 지수

Yi=지역 i의 1인당 평균소득

Y = 국가전체 1인당 평균소득

fi = 지역 i의 인구수

n = 국가전체인구수

공식 2. 고용 및 인구기준 불평등지수

$$\Delta w = \sqrt{\sum_{i}^{n}\left\{\left(\frac{A}{L}\right)_i - \left(\frac{A}{L}\right)\right\}^2 \cdot \frac{fi}{n}} \times 100$$

여기서 Δw = 고용에 의한 지역불균형 지수

(A/L)i = 지역i의 총 노동력 중 노동력 비용

(A/L) = 국가전체의 노동력 중 노동력 비용

Fi = 지역i의 인구수

n = 국가전체 인구수

제 9 절 감응도 분석(Sensitivity Analysis)[2]

농업개발사업은 농업자체가 갖는 사회경제적 · 자연적 특수성때문에 위험과 불확실성하에서 사업계획을 수립하여야 하고 사업의 편익과 비용을 분석하여야 한다. 사업계획수립에 있어 위험과 불확실성은 기대수익률의 크기에 영향을 미치는데, 이들은 1) 공사기간의 연장, 2) 공사비의 증가, 3) 계획목표수량의 감소, 4) 농산물가격의 하락, 5) 상기 제요인의 상호복합적인 영향 등으로 나타난다.

[2] J. Price Gittinger, Economic Analysis of Agricultural Projects, IBRD, 1982.

〈표 4-4〉 감응도분석표

위험 및 불확실성요인	경제분석			재무분석		
	ERR	B/C Ratio	NPV	FRR	B/C Ratio	NPV
1. 공사기간연장						
2. 사업비증가(%)						
3. 사업수익감소						
4. 복합요인*						

주 : 복합요인은 (1+2),(1+3),(2+3),(1+2+3)의 4가지 경우가 있음.

제 10 절 외환수익률분석(Internal Foreign Exchange Rate)[3)]

1. 외환절약(Foreign Exchange Savings)

농업개발사업의 외환편익을 추정하기 위해서 3단계가 필요한 바, 첫째 사업으로 인한 외환가득 또는 절약과 외환비용을 다 같이 계산한다. 둘째 외환가득액으로부터 외환비용을 감하여 순외환편익을 계산하여야 한다. 끝으로 이러한 순외환편익을 획득하기 위하여 어떠한 국내자원의 비용이 투입 되었는가를 결정하여야 한다.

사업편익과 비용이 각각 다른 연도에 발생되기 때문에 공통분모를 사용해서 그들을 표시할 필요가 있다. 이것은 적절한 할인율인 자본의 기회비용을 사용해서 현재가치화 함으로써 가능해진다. 사업의 내부외환율이란 순외환편익의 현재가치총액에 대한 순내자비용의 현재가치총액의 비율을 말한다. 이러한 내부외환율을 평가하기 위해서 현행의 환율과 잠재환율을 비교해야 한다.

2. 내부외환율계산을 위한 가정

영산강 관개사업 제2단계의 내부외환율을 계산하기 위해서 다음과 같은 가정이 필요하다.

1) 외환가득 또는 절약액의 크기는 사업으로 인해 증가된 총생산액의 81%에 해당한다.(US $25.68 mil)

3) IBRD, Yong San Gang Irrigation Project Stage II, Appraisal Report, Korea, 1977.

2) 외환비용(Foreign Exchange Costs)은 총공사비의 57%에 해당되며 물가상승 예비비(US $57.92 mil.)는 제외된다.

총 유지관리비 중 외환비용은 30%에 해당되며 US $0.32 mil.이다. 연간 농업생산비 중 외환비용 총액은 18%에 달하며 US $1.92 mil.이다.

3) 내자비용 총액은 총공사비의 43%에 달하며 물가상승예비비 21,524백만 원은 제외시킨다. 유지관리비중 내자비용총액은 70%로써 361백만 원에 해당된다. 농업생산비증가액의 내자비용총액은 82%로 예측되며 2,458백만 원에 해당된다.

4) 원화편익은 사업증가수익의 19%로 2,895백만 원에 해당한다.

따라서 외환가득 또는 절약액과 원화비용의 흐름은 다음 〈표 4-5〉와 같다. 사업의 내구연수 동안에 실현될 외환편익의 현재가치총액은 할인율 12%를 적용할 경우 US $41.63mil.에 달하며 원화비용의 현재가치총액은 19,471백만 원으로써 본사업의 내부외환율은 468원으로 계산되었다. 따라서 이는 공정환율 485원과 잠재환율 560원에 비하여 비교적 유리함을 알 수 있다.

(1) 순 외환가득

〈표 4-5〉 내부외환율(Internal Foreign Exchange Rate)

(단위 : 백만$)

년도	사업비	유지 관리비	생산비 증가액	증가 생산액	순외환 수익	순외환 가득액의 현재가치
1	(0.16)	-	-	-	(0.16)	(0.14)
2	(6.53)	-	-	-	(6.53)	(5.18)
3	(17.08)	-	-	-	(17.07)	(12.15)
4	(10.76)	-	-	-	(10.76)	(6.84)
5	(12.61)	-	-	-	(12.61)	(7.15)
6	(10.79)	-	-	-	(10.79)	(5.46)
7	-	0.32	0.20	2.56	2.04	0.92
8	-	0.32	0.58	7.70	6.80	2.74
9	-	0.32	1.34	17.98	16.32	5.88
10	-	0.32	1.73	23.11	21.06	6.78
11~50	-	0.32	1.92	25.68	23.44	62.23
계	-	-	-	-	-	41.63

주 : 1. ( )의 수자는 외환비용을 나타냄.
2. 증가생산비에는 비료 및 농기구비용이 포함됨.
3. 증가생산액 중에는 미곡, 보리 및 대두 등의 외환절약작물이 포함됨.
자료 : 농어촌진흥공사, 영산강관개사업 제2단계, 1977.

(2) 순원화비용

(단위 : 백 만원)

연도	사업비 ①	유 지 관리비 ②	증 가 생산비 ③	증가 생산액 ④	순원화 비 용 ①+②+③-④	순원화 비용의 현재가치
1	762	-	-	-	762	680
2	2,298	-	-	-	2,298	1,832
3	2,765	-	-	-	2,765	1,968
4	4,631	-	-	-	4,631	2,943
5	5,656	-	-	-	5,656	3,209
6	5,412	-	-	-	5,412	2,742
7	-	361	426	(290)	497	225
8	-	361	1,277	(869)	769	310
9	-	361	2,980	(2,027)	1,314	474
10	-	361	3,832	(2,606)	1,587	511
11-50	-	361	4,258	(2,895)	1,724	4,577
계	-	-	-	-	-	19,472

주 : ( )의 수자는 원화수익을 말함.
자료 : 농어촌진흥공사, 영산강관개사업 제2단계, 1977.

제 11 절 자본회수율분석(Rent & Cost Recovery Rate Analysis)

투자자본의 회수율은 비용회수지수(Cost Recovery Index)[4]와 수익회수지수(Rent Recovery Index)로 표시되는데 이들은 해당 국가의 사업성질별 국가 및 지방비 보조율과 농산물에 대한 조세제도에 따라 그의 크기가 다르다.

1. 비용회수지수(Cost Recovery Index)

비용회수지수는 사업지구의 농민들이 사업으로 인하여 추가로 부담하는 모든 비용의 현재가치총액을 사업시설투자 및 유지관리비의 현재가치총액으로 나눈 값을 말한다.

[4] IBRD, Yong San Gang Irrigation Project Stage II, Appraisal Report, Korea, 1977.

$$비용회수지수 = \sum_{t=1}^{n} \frac{C_f}{(1+i)^t} \Big/ \sum_{t=1}^{n} \frac{C_t}{(1+i)^t}$$

여기서 C_f = 연차별 사업비와 유지관리비중 농민부담액,

Ct = 연차별 사업비와 유지관리비총액,

i = 자본의 기회비용(할인율).

2. 수익회수지수(Rent Recovery Index)

전형적(Typical Farm)인 농가가 지불하는 사업비 부담금의 현재가치총액을 증가된 사업수익의 현재가치총액으로 나눈 값이다. 여기서 증가된 사업수익(Incremental Project Rent)이란 증수량곡가 환산액에서 가족 노임, 조세공과금, 감가상각, 수세, 경영 및 추가자본이득을 뺀 소득증가액을 말한다.

$$수익회수지수 = \sum_{t=1}^{n} \frac{C_f}{(1+i)^t} \Big/ \sum_{t=1}^{n} \frac{NB_t}{(1+i)^t}$$

여기서 C_f = 연차별 사업비와 유지관리비 중 농민부담액,

NB_t = 연차별 사업순수익,

i = 자본의 기회비용(할인율).

농가단위의 비용 및 수익회수지수는 제13장 제3절의 농가단위의 재무분석에서 구체적으로 다룰 것이다.

제 5 장

사업평가의 제 측면

제 1 절 사업평가분석의 주요 고려사항[1](Project Manager 입장)

농업개발사업의 형성(Formation)과 평가분석(Appraisal and Analysis)을 위해서는 다음과 같은 여러 측면에서 검토되고 분석되어야 하는데 개별 측면에 있어서의 검토사항은 다음과 같다. 일곱 개의 주요 고려사항들은 〈그림 5-1〉에서 살펴 볼 수 있는 바와 같이 상호 유기적인 관련 하에 연결되어 있다. 이를 기초로 사업계획을 수립하게 되며 이는 또한 재무적 경제적 비용편익분석과 연계되고, 궁극적으로는 재무수익율과 경제적 타당성지표분석으로 귀결된다. 이러한 유기적 상호관련성은 환류(Feedback)하여 사업을 재검토하는 역할을 하게 된다.

1. 기술적 측면(Technical Aspect)

- 종자 : 현품종 및 신품종의 보급가능성 검토
- 물의 이용가능성 : 천수답, 불안전답 및 안전답의 구분, 기존 저수능력 검토
- 강우량 : 월별 강우량 및 강설량의 검토
- 관개 및 배수 : 사업지구의 관배수 조건검토
- 재배작물 및 품종 : 농작물의 가지 수 및 재배 품종의 특성 검토
- 가축의 종류 : 가축의 종류 및 품종별 특성검토
- 물량적인 투입물 : 가축 및 농산물 생산에 필요한 농업용품투입 현황

1) J.Price Gittinger, Economic Analysis of Agricultural Projects, IBRD, 1982.

- 병충해방제 : 병충해의 종류 및 방제를 위한 농작업과 농약 사용수준 검토
- 작물별 수량 및 생산량 : 작물별, 연도별, 관개조건별 생산수량검토
- 작부체계 및 토지이용률 : 사업시행전후 지목별 작부체계 및 토지이용률 검토
- 유통 및 보관시설 : 사업지구의 사업시행 전후의 유통현황 및 시설검토
- 가공체계 : 사업지구 농산물과 관련된 가공공장 현황 및 전망 예측

2. 제도적-조직적-관리적 측면(Institutional-Organizational-Management Aspect)

- 농민들의 관습과 문화 : 농민들의 식생활문화 및 기호습관
- 영농작업 및 재배기술의 정도
- 통신체계 : 전화, 안면적 접촉 및 매스컴을 통한 통신현황 검토
- 기술수용률 : 신기술의 농민수용수준의 검토
- 지역단위 기관들의 이용도 : 사업지구에 있는 정부관련 기관의 이용도 검토
- 농민들의 경영능력 : 농민들의 생산 유통 및 농업경영지식의 검토
- 정부기관의 정책 : 사업지구에 대한 정부 및 지방정부의 농업정책

3. 사회적 측면(Social Aspect)

- 소득분배상황 : 경지규모별 농가의 분포상황 및 GINI계수 검토
- 고용기회의 창출 : 사업으로 인한 고용증가 검토(사업과 농업)
- 지역개발 : 지역종합개발과의 상호관련성 검토
- 부정적인 사회적 효과 : 사업으로 인한 역기능적인 효과분석
- 여성의 역할 : 농사일에 있어서 여성의 사회참여 및 중요도 검토
- 농촌생활개선 : 농촌의 의식주와 관련된 생활개선 검토

4. 환경 영향적 측면(Environmental Impacts Aspect)

- 수질오염 : 오염원(Point and Non-point Pollution), BOD, 생공용수 및 농업용수로의 적합성 검토

- 공기오염 : 먼지, 탄산가스, 아황산가스 등의 농도
- 토양오염 : 토양의 이화학적 변화 검토, 작물재배 가능성 검토
- 소음공해 : 주택 주변의 소음의 정도 및 방지장치
- 생태계의 변화 : 식생, 어패류, 동식물의 생태변화 검토 및 대책
- 재산가치의 변화 : 공해로 인한 토지 및 주택의 가격변동조사, 검토 및 분석
- 농촌, 농지(전, 답)의 환경 및 공익적 기능평가 : 홍수조절, 토사 방지, 산소공급, 대기정화, 지하수함양, 심미적 가치

5. 상업적 측면(Commercial Aspect)

- 시장 및 수요예측 : 사업지구농산물의 수요예측
- 유통조직 : 농산물 유통구조개선 검토
- 농업용품 : 농업용품의 구매 및 조달검토
- 농산물 : 수익성 있는 농작물의 선택과 장려
- 농업금융 : 농업금융의 폭발적인 증가에 대한 대책마련
- 가격정책 : 사업지구 농산물의 가격안정책 유지

6. 재무적 측면(Financial Aspect)

- 시장가격 : 사업지구 농산물의 시장가격(농가수취지불가격) 결정
- 소 득 : 사업시행전후 경영규모별 농가소득분석
- 유인효과 : 사업 참여를 위한 세제상 또는 보조상의 유인정책
- 정부의 금융정책 : 장기 저리 융자정책 등의 농업금융정책
- 조세공과금 : 세제상의 특혜조치 고려
- 보 조 금 : 사업비의 보조율 및 재정투융자 보조정책 고려
- 수출입 균형가격 : 수입농산물 및 기자재에 대한 수입균형 가격추정 (Import & Export Parity Price)

7. 경제적 측면(Economic Aspect)

- 잠재환율 및 환산계수 : 공정환율과 잠재환율과의 비율추정 (일반 및 특수 환산계수설정), 외자구성항목의 경제가치로의 조정
- 기회비용(잠재가격) : 노동 및 자본의 기회비용결정
- 이전적 지출 : 사업비 중 정부보조 및 관세 등의 이전적 지출을 추정하여 경제분석사업비를 정확하게 결정함
- 교역품목 : 사업투입물과 산출물을 교역 또는 비교역 품목으로 구분하고 교역투입산출물에 대하여는 수출입균형가격 적용.
- 비교역품목 : 비교역품목은 국내시장가격(농장가격)을 적용하여 평가하고 일반환산계수(scf)를 적용 평가가치수준을 조정한다.
- 수출입균형가격 : 경제분석을 위한 수출입균형가격을 도출하고 이를 교역상품을 평가하는데 적용한다.

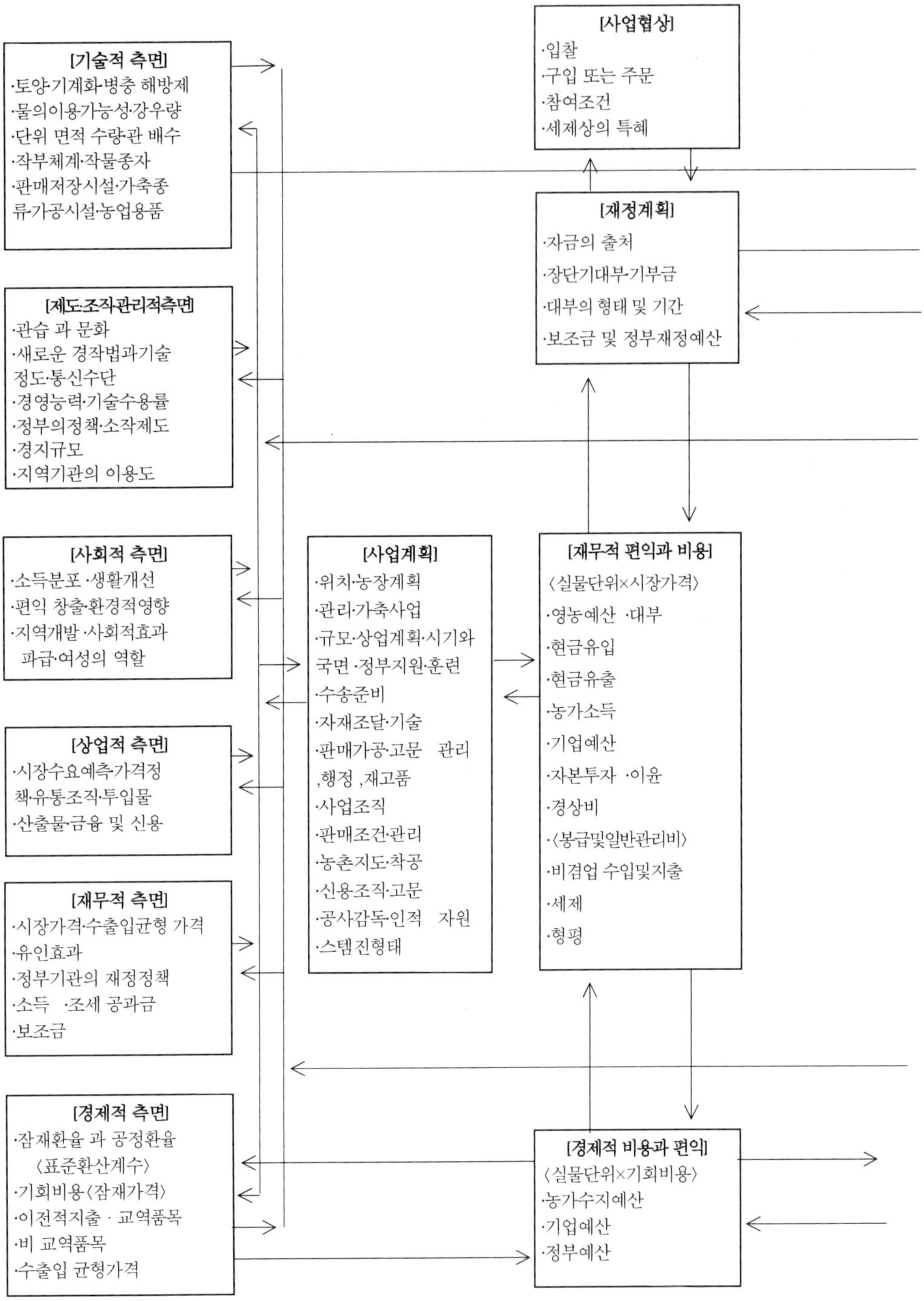
[기술적 측면]
·토양·기계화·병충 해방제
·물의이용가능성·강우량
·단위 면적 수량·관 배수
·작부체계·작물종자
·판매저장시설·가축종
류·가공시설·농업용품
[제도·조직관리적측면]
·관습 과 문화
·새로운 경작법과기술
정도·통신수단
·경영능력·기술수용률
·정부의정책·소작제도
·경지규모
·지역기관의 이용도
[사회적 측면]
·소득분포 ·생활개선
·편익 창출·환경적영향
·지역개발 ·사회적효과
파급·여성의 역할
[상업적 측면]
·시장수요예측·가격정
책·유통조직·투입물
·산출물·금융 및 신용
[재무적 측면]
·시장가격·수출입균형 가격
·유인효과
·정부기관의 재정정책
·소득 ·조세 공과금
·보조금
[경제적 측면]
·잠재환율 과 공정환율
〈표준환산계수〉
·기회비용〈잠재가격〉
·이전적지출 · 교역품목
·비 교역품목
·수출입 균형가격
[사업계획]
·위치·농장계획
·관리·가축사업
·규모·상업계획·시기와
국면 ·정부지원·훈련
·수송준비
·자재조달·기술
·판매가공·고문 관리
,행정 ,재고품
·사업조직
·판매조건·관리
·농촌지도·착공
·신용조직·고문
·공사감독·인적 자원
·스템진형태
[사업협상]
·입찰
·구입 또는 주문
·참여조건
·세제상의 특혜
[재정계획]
·자금의 출처
·장단기대부·기부금
·대부의 형태 및 기간
·보조금 및 정부재정예산
[재무적 편익과 비용]
〈실물단위×시장가격〉
·영농예산 ·대부
·현금유입
·현금유출
·농가소득
·기업예산
·자본투자 ·이윤
·경상비
·〈봉급및일반관리비〉
·비겸업 수입및지출
·세제
·형평
[경제적 비용과 편익]
〈실물단위×기회비용〉
·농가수지예산
·기업예산
·정부예산

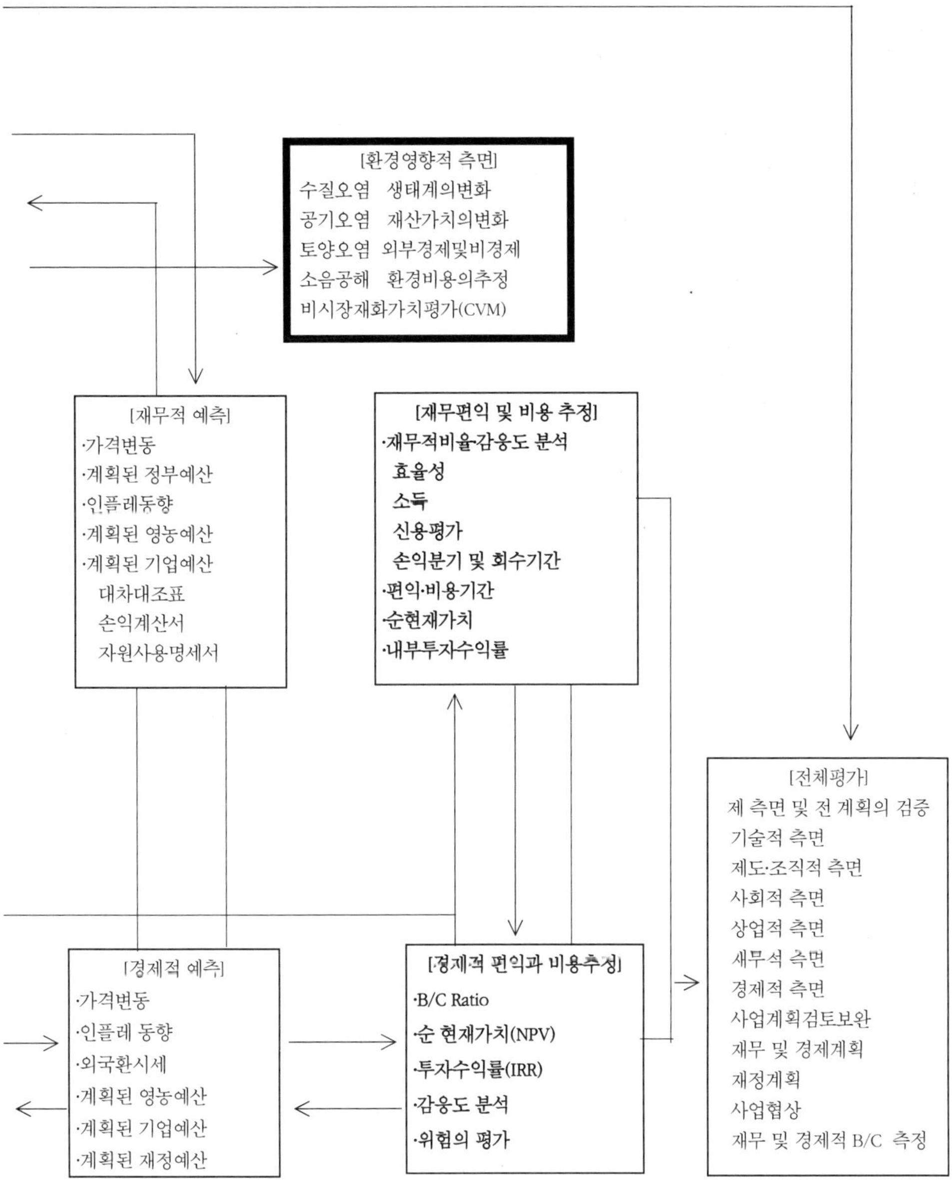

자료 : Gittinger, J. Price, Economic Analysis of Agricultural Projects, The Economic Development Institute, IBRD. Baltimore, The John Hopkins Uni. press. 1972, p.39 인용.

〈그림 5-1〉 농업투자사업의 사업계획 수립 및 평가분석 절차

제 2 절 타당성분석의 제 단계와 투자내부수익률 분석(농업경제전문가 입장)

사업의 타당성을 판정하는 지표는 투자내부수익률(Internal Rate Of Return)이며, IRR의 결과를 얻기까지에는 8단계[2]의 분석과정을 거쳐야 한다. 각 단계 중 시장수요분석(1단계)과 원료공급분석(2단계)은 생산계획수립(5단계)에 필요한 자료를 제공하고, 원료공급분석(2단계) 및 주요투입재분석(3단계) 그리고 자본비용추정(4단계)은 운영비추정(6단계)에 필요한 자료를 제공한다. 1단계, 5단계 및 6단계는 사업순수익추정(7단계)에 필요한 자료를 제공하고 4단계와 7단계는 사업의 타당성 분석(8단계)에 필요한 자료를 제공한다. 이를 도시하면 다음과 같다.

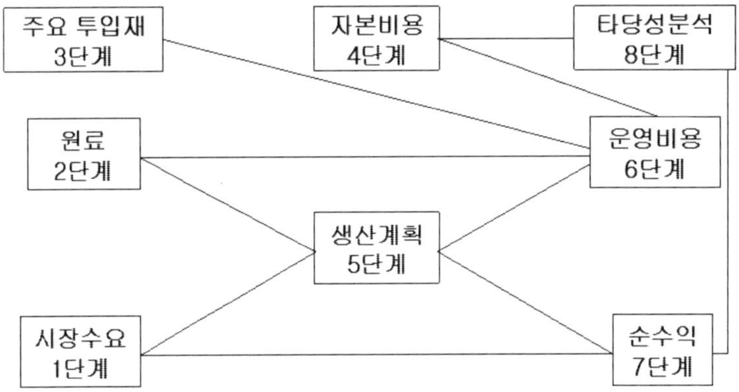

주: 1969년 3월 1일 - 4월 4일까지 실시한 Richard Phillips 박사의 강의 내용에서 발췌함. (EPB, USAID/K의 후원하에 농수산부 산하의 토련이 주관한 타당성분석 세미나)

〈그림 5-2〉 타당성 분석의 제 단계

어떠한 농업투자사업이라 하더라도 완전한 타당성 분석을 하려면 농학기술, 공학기술, 토양학 및 경제분석과 기타 사업과 관련된 전문기술자들로 구성된 팀웍(Team Work)을 통하여 가능하다. 각 전문분야별 상호관련성 및 중요도[3]를 보면 다음 〈그림 5-3〉과 같다.

[2] R. Phillips, Feasibility Analysis for Agricultural Projects, DUNLUP, Manhattan, Kansas, USA. 대한민국 농림부, 주한미국 국제개발처, 단랍 농업경영연구소의 교육자료, 1979.

[3] 문팔용, 임재환, 농업투자분석론, KDI 연구총서 27, 1979.

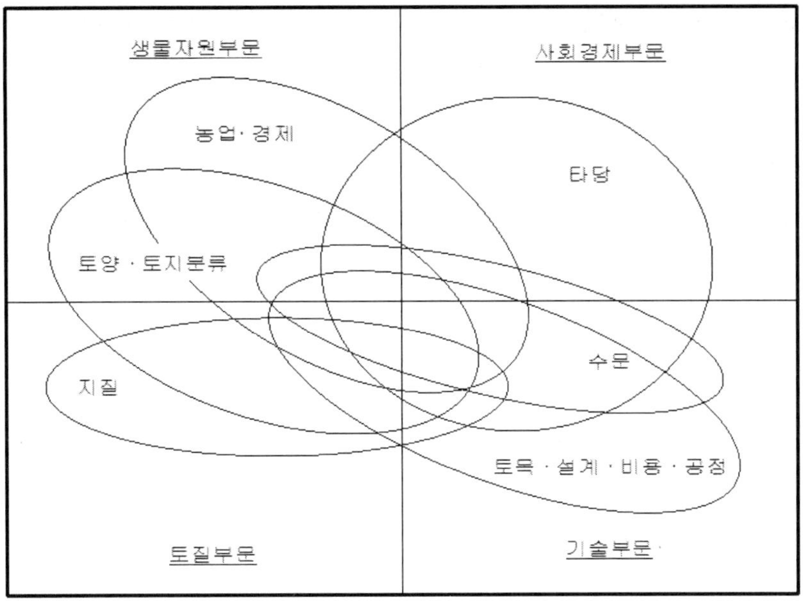

자료 : 농업진흥공사, 「영산강 제2단계 타당성보고서」, 1975.

〈그림 5-3〉 전문분야별 상호관련성

〈그림 5-3〉의 타당성분석의 제 단계에서 볼 수 있듯이 처음의 3단계 즉 시장수요, 원료, 주요 투입재의 자료는 국민경제와 수출시장에 대한 경제분석 및 예측작업을 통하여 얻어지며, 4단계 자본비용은 타당성분석 과정의 토목기술면에서 자료를 얻고, 5단계 생산계획 자료는 농업 전문가의 시험결과 또는 이와 유사한 여건 하에서 이루어지는 동종 사업의 실적치를 이용할 수 있다. 각 단계별 자료출처와 1차적 목적을 보면 다음과 같다.

〈표 5-1〉 타당성분석단계

단 계	자 료 출 처	주 목 적
① 시 장 수 요	시장수요분석	판매 가능량과 판매가격
② 원 료	공급분석, 경쟁수요	판매 가능량과 구입가격
③ 주요 투입재	공급분석, 경쟁수요	가능공급량과 단가
④ 자 본 비 용	사업설계, 물량단가	투자계획수립
⑤ 생 산 계 획	기술적 투입, 산출계수	투입 산출계획
⑥ 운 영 비 용	투입계획 및 단가	종합운영비지출계획
⑦ 순 수 익	산출계획 및 단가	사업 순수익표
⑧ 타당성 분석	투자 및 수익표	IRR, B/C, NPV와 타당성

미국의 DUNLAP 농업문제연구소(Manhattan, Kansas, USA)의 R. Philips 박사가 소개한 타당성분석 8단계의 세부내역을 살펴보면 다음과 같다.

1단계 : 시장수요

① 해당 시장의 총수요 예측 : 시장에서는 국내시장, 수출시장 및 특정지방시장이 있으며, 농산품의 총수요를 결정하는 요인은 인구증가, 1인당 실질소득 및 당해 생산물에 대한 수요의 소득탄력성, 농산물가격의 전반적 수준의 변동 또는 장래 소득수준의 변동, 특정 농산물가격의 상대적 수준의 변동, 특정 농산물에 대한 소비자의 기호 등 다섯 가지를 들 수 있다. 이러한 수요결정요인을 기초로 한 수요추정공식은 제8장 4항의 농산물수요의 장기 추정모형을 참조하기 바란다.

② 해당 시장의 경쟁적 공급 : 과거 수년간의 생산실적과 수입실적을 기초로 단순 추세치를 구하여 공급을 예측한다.

③ 판매 가능량의 예측 : 총시장수요 및 공급을 기준으로 순시장수요를 계산하고 판매가능량에 의거 시장점유율을 예측한다.

④ 판매와 가격의 계절성 : 과거년도에 있어서 해당생산물의 월별가격을 기초로 계절적 가격예측을 한다.

⑤ 현존하는 시장유통시설과 유통비용 : 기존 유통시설 및 수송, 가공 상품판매시장, 저장 등의 단위당 유통비용을 추정한다.

⑥ 시장유통시설에 대한 투자사업의 필요성으로 인한 추가적 유통시설물의 투자비용을 추정한다.

⑦ 총유통비용(판매비용)추정 : 유통시설의 연간운영, 연간수리 및 보수비, 연료 및 동력비, 기타 운영비, 선전광고비, 판매촉진비, 봉급, 급료, 여비, 교육훈련비의 총액을 추정한다.

⑧ 생산물의 순가격추정 : 시장가격에서 단위당 유통비용과 유통시설의 운영비를 차감한 가격이 순생산물가격 즉 농장가격이다.

2단계 : 원료·공급

① 총시장 공급예측 : 1단계의 공급 예측과 같은 과정을 거쳐 예측한다.

② 원료의 경쟁적 사용 : 수요추정은 상이한 지역, 상이한 산업, 상이한 기업체별로 수요를 추정하여 원료수요의 경쟁관계를 본다.

③ 구입가능량의 예측 : 원료의 총공급과 경쟁적 수요에 의하여 순구입가능량을 추정한다.

④ 공급과 가격의 계절성 : 원료의 월별가격을 기초로 연간 평균가격에 대한 월별지수를 추정하여 예측가격에 적용한다.
⑤ 원료구입을 위한 소요투자 : 여기서는 원료개발을 위한 자본투자를 계상한다.
⑥ 총구입비용 추정 : 원료구입부대비용 추정은 원료개발을 위한 시설물의 연간 운영비의 합계액이다.
⑦ 원료의 순단위비용 추정 : 원료의 구입가격에 원료구입부대비용을 가하여 계산한다.

3단계 : 기타 투입재의 공급

① 노동력공급과 임금의 예측 : 숙련공, 훈련공, 기능공, 미숙련공의 공급과 이들의 임금을 예측하기 위해 인구센서스, 산업별 고용조사자료를 이용한다.
② 기타 투입재의 공급과 가격 : 여기서는 원료, 노동을 제외한 기타 투입재의 공급과 단가를 추정한다.
③ 노동자의 연간 훈련비 추정 : 종류별 노동의 훈련시설 및 운영비를 추정한다.
④ 기타 투입재의 연간구입비 추정 : 투입자재 개발을 위한 연간 투자에서 노동훈련시설을 제외한 기타 투입재의 수리보수비 및 기타 운영비의 합계를 추정한다.
⑤ 투입재 구입을 위한 연간 투자소요액 : 훈련시설과 기타 투입재의 공급을 위한 설치투자비용을 추정한다.

4단계 : 자본비용 추정

① 주요 시설의 기술과 명세서 : 각 시설의 개별 항목별 기능, 작업량 설치기준, 건설자재의 재료, 규격, 구입원과 크기, 능력 등을 기입한다.
② 주요 시설물의 비용추정 : 투자비용의 내외자 구분과 비용투입 연도를 명기하여야 한다.
③ 주요 시설물의 연간 투자배분 : 공사기간 중 공정계획에 따라 연도 별로 사업비를 배분하여야 한다.
④ 총투자계획 : 유통시설투자, 원료개발투자, 투입재개발투자, 생산시설투자 및 운영자본의 총합계를 말한다.

5단계 : 생산계획

① 사업 내구기간의 생산계획 : 개발유형별 면적, 작부체계 및 생산량을 연도별로 계획하여야 한다.

② 운영자금 : 운영자금은 원료재고, 제품재고, 구입자재의 재고, 외상매출금, 현금 등을 포함한다.

③ 각 생산물의 생산계획 : 개발년도별 단위생산고를 면적에 승하여 생산물별로 생산계획을 수립한다. 목표년도까지의 수량증가율도 고려한다.

④ 재료구입계획 : 생산계획에 부합되는 원료소요량을 계산한다.

⑤ 기타 투입재수요량 : 노동과 원료를 제외한 투입재를 개발연도별로 소요량을 책정한다.

⑥ 종류별 노동 투하량 : 자가노동과 고용노동을 구분하여 연차별로 노동 투하량을 결정한다.

6단계 : 운영비 추정

① 원료비 소요계획 : 5단계 ④의 원료소요량에 원료단가를 승하여 추정한다.

② 기타 투입재비용 : 5단계 ⑤의 투입재를 평가하여 월별 또는 연간 소요금액을 계측한다.

③ 노임 : 숙련공, 훈련공, 기능공, 미숙련공 별로 추정임금을 적용 구분 평가한다.

④ 관리 및 기타 생산비 : 원료, 노동, 기타 투입자재, 수리 및 보수비를 제외한 관리비와 일반관리비(급여, 수용비 및 기타)를 포함하여 이자. 세금은 제외한다.

⑤ 수리 및 유지비 : 주요 시설물의 연차별 투자액에 연간 수리 및 보수율을 승하여 추정한다.

⑥ 연간 총생산비 : 원료비, 기타 투입자재비, 노동비, 관리비, 수리보수비를 합하여 추정한다.

⑦ 연구개발비 및 기타 간접비 : 연구원의 급료, 시설운영비, 특허료, 기타 계약비, 행정관리비, 법률 관계비를 말한다.

⑧ 연간 종합운영비 : 총생산비, 연구개발 및 간접비, 교육훈련비, 투입개발비의 총합계이다.

7단계 : 순수익추정

① 생산물별 조수익 : 계획생산량에 예측가격을 승하여 계산한다.

② 연간 순수익 총계 : 총조수익에서 연간 총운영비를 차감하여 연간 순수익을 얻는다.

③ 현존 생산의 대체가격(대체순수익) : 사업으로 인하여 없어지게 될 순수익을 계산하여 사업시행후의 순수익에서 차감하여 부가순수익을 계산한다.

④ 연간순수익 : 사업시행 후 순수익에서 시행 전의 순수익을 공제하여 산출한다.

8단계 : 사업의 경제적 타당성분석

① 자본투자의 대체가격의 현재가치 : 각 임의의 할인율(3%, 5%, 10%, 15%, 20%, 25%, 50%)에 의하여 현재가치총액도 계산한다.

② 부가순수익의 현재가치 : 상기와 동일한 할인율을 사용하여 현재가치총액을 계산한다.

③ 편익비용비율과 투자수익률 : 할인율별로 B/C를 계산하고 할인율을 X축, B/C를 Y축으로 하여 그래프를 그린다. B/C가 1일 때의 할인율이 IRR가 된다.

④ 사업부문별 현금순환 : 농가, 조합 또는 전체관계당국의 입장에서 본 현금의 수지관계를 항목별로 나열한 것이다.

⑤ 부차적 수익과 비용의 현재가치 : 노임살포(사업비중의 고용인원수에 대한 노임지불액), 훈련수익(사업비중의 해외기술훈련자수 및 교육비), 외화획득 또는 절약액(사업생산물의 수출 또는 수입대체), 사업생산액의 GNP에 대한 기여도는 타부문의 관련 산업에 대한 기여도와 기타 부차적 수익을 말한다. 관련비용은 사업을 지원하는 농업관계기관의 공공시설 및 행정지원비를 말한다. 이는 사업의 직접수익과 비용을 상기와 같이 구분하여 타 각도에서 사업의 효과를 살펴 볼 뿐이다.

제 3 절 농업기반조성사업의 추진과정과 단계별 주요 고려사항 (농업토목기술자의 입장)

농업기반조성 주요 강의 유역 및 하구언을 개발하는 사업을 추진함에 있어서는 복잡다단한 과정을 거쳐야만 하나의 사업이 완성된다. 여기에 우선 사업추진 상의 주요 4단계를 보면 준비단계, 실시단계, 완결단계, 유지관리단계로 구분할 수 있으며, 이는 또 다시 기본조사, 타당성조사, 실시설계, 시공, 농업개발, 준공처리, 사후평가 및 영속적인 유지관리단계 등 8단계로 세분할 수 있다.

각 단계에서 가장 중요한 단계는 사업을 형성하는 준비단계로서 모든 사업의 기본구상 및 계획수립과 사업의 효과측정이 이 단계에서 달성되며 사업시행에 관한 의사결정이 성립되어야 하기 때문에 세심한 주의를 기울여야 한다. 이 단계에서 우리는 제3장 제 1절에서 설명된 "사업평가를 위한 주요고려사항"을 면밀히 검토하게 되는 것이며 사업완공후의 사후평가단계에 있어서도 이를 중심으로 평가하게 된다.

이와 같은 과정을 거쳐 농지기반이 조성될 때 농업 근대화의 터전이 마련되는 것이다. 사업을 성공시키기 위해 특히 중요한 것은 사업의 타당성단계에서 기대하였던 사업효과(증수량 및 토지이용률 제고) 및 제 가정들을 실현화하는 것이며 이에 대한 제도적, 행정적, 조직적 대책을 수립하는 것이다. 사업추진을 위한 각 단계별 세부검토사항 및 고려사항을 보면 다음과 같다.

1. 기본조사 단계

1) 도상계획

- 정부 및 시도의 개발계획
- 국토이용계획 및 지역개발계획
- 경제개발 5개년계획과의 관련성
- 기본구상 (1.2 안)
- 구역확정
- 수원공 위치선정
- 도로망
- 용배수로망

2) 현지답사

- 도상 계획의 검증
- 구역확정
- 기존 시설물 조사
- 수자원 조사

3) 기본조사

- 기본조사 지침 작성
- 개략물량 계산지침 작성
- 실태도 작성
- 농업 환경
  - o 자연(기상, 지형, 토양 및 입지조건)
  - o 농업사회(농민조직, 용수, 관습, 기타)

o 유통 (도로, 교통, 유통 및 유통조직)

o 농가경제 및 농업신용

- 지역개발현황

o 수자원개발 현황과 이용 현황

o 농업개발사업 현황

o 용수 수요량 추정

4) 기본설계

- 개발방향 설정
- 사업종목과 규모
- 용수개발
- 경지정리
- 배수개선
- 개간 및 간척
- 개략물량 계산지침

5) 사업시행승인신청

2. 타당성 조사단계

1) 용역단 고용 (차관사업의 경우)

- 평가기준 작성
- 과업 지시

2) 구역결정 (개발유형 확정)

3) 개략조사

- 농업현황

o 수리 및 토지이용 형태별 생산성 및 생산비

o 주요 작물생산의 소장과 그 이유

o 농산물 및 농업용품의 시장유통 (가격, 저장, 가공, 수송)

- 공사비물량 산출지침 작성

4) 타당성조사

- 개발유형별 개발효과와 장단점 분석

- 개발유형별 공사비추정

5) 사업계획 수립

- 개발형태 확정

- 공정계획 수립

- 농업개발 계획

- 시범농촌건설 및 운영

o 정부사업의 효과적 집중유치

o 전시사업 추진방법

- 대 농민 지도사업(실습견학, 용수관리, 농기계이용, 협업 및 영농기술)

- 소득증대조성

o 유통개선

o 농업신용 (융자기금조성 및 운영)

o 부업조성 (시장성, 경제성, 기술)

6) 차관협정 : 관계기관 협조

3. 실시설계단계

1) 용역단고용

- 자격 규정

- 과제작성과 업무 분담

2) 차관협정

3) 사업소설치

- 인가신청 (관계법령)
- 설치 (조직, 장비, 운영, 예산)
- 조정위원회 설치 및 운영

4) 실시설계

- 기술조사
  - o 면적확정
  - o 기상, 수문, 임상
  - o 토양
  - o 관내의 수리권
  - o 기존 공사계획서
  - o 용지매수보상
- 설계의 능률화 (호형도 작성)
- 기반정비방향 수립
  - o 도로망, 용배수 조직, 농지조성, 농지개량
- 환경조성
- 농업개발계획
  - o 타당성조사에서의 계획검토 보완
  - o 신기술의 적용과 보급
  - o 농민조직 및 운영
  - o 조정위 및 농민대표의 참여
- 설계 표준화 (설계범위, 생력작업, 용역위탁, 자회사 설치)
- 품셈 표준화
- 공사비 산정방법
- 입찰도서 및 시방서 작성
- 공정계획수립
- 설계의 충실화

o 공사비 절감과 유지관리의 효율화

o 윤환관개를 고려한 수로단면 설계

o 콘크리트 라이닝의 경제성 검토

o 설계변경의 범위와 방법

o 기술 심사위원회 설치

5) 실행계획수립

- 공정별 우선순위 결정

- 공정계획 확립

- 공정별 Combination 방법연구

6) 입찰도 작성

- 관계법령, 공사계획 및 서식

4. 시공단계

1) 공고(절차, 서식)

2) 업자선정기준작성 (하도급 포함)

3) 공감소 설치 (조직, 장비, 운영, 예산)

4) 도면검토

5) 현장 확인 및 설명

6) 용지매수 (관계법령, 보상물 감정, 대금 지불)

7) 부분 준공지구의 인수인계 및 유지관리, 정산업무의 표준화, 시공감리지침, 기록보존 및 관리

8) 시 험

9) 공사비지급 (지급방법 및 기준작성)

5. 농업개발 및 유지관리

1) 일시 이용지 지정 (도면작성 및 위원회구성운영)

2) 가환지 (도면작성 및 위원회구성운영)

3) 농업개발
- 개발계획의 실천과 개선보완
- 평가분석(조정위원회 및 농민)
- 여건변화에의 대응

4) 부분 준공지구의 유지관리
- 시설물 유지관리 지침
- 개보수지침

5) 물관리
- 물관리시설 확장지침
- 물관리 기술
- 수로감시원의 활용
- 비상대책

6. 준공처리단계

1) 본환지
- 확정측량 및 도면작성
- 관계법령 및 위원회의결

- 용역감독
- 등 기

2) 준공처리
- 기록보존의 총괄처리
- 정산업무의 종결
- 협약서 작성
- 인수인계(인원, 장비, 시설, 도서)
- 준 공

7. 사후평가단계

1) 계획 대 실적평가와 개발사업의 적정성

2) 문제점, 대책 및 필요조치

3) 건의 (본 사업의 개선 및 보완책, 타 사업의 효과적 수행)

4) 시공방법의 경제성

5) 효과측정 (투자효율 및 연관효과)

8. 유지관리단계

1) 시설물 유지관리 및 개보수실시
- 저수지 및 수원공의 운영조작
- 물관리

2) 조합비부과징수

- 장기채
- 유지관리비 및 영농개발비

3) 대차관 선상환 관리

-차관자금 상환 및 정부 보조금 확보

4) 영농개발계획의 계속적인 실천 및 보완

- 작부체계개선 및 토지이용률 제고
- 작물별 증산계획수립 및 시행
- 농업용품투입(생산량, 생산비, 소득)
- 농사지도의 합리화
- 농업 기계화의 추진
- 흥농계 시도육성 강화
- 축산개발
- 농업신용지원 및 유통구조 개선
- 물관리의 합리화

제 4 절 전문 분야별 연구분야 및 상호협조

농업종합개발사업을 추진하기 위하여는 많은 전문분야가 참여하여 각자가 맡은 연구내용을 충실하게 수행함은 물론, 그 결과는 전체를 종합하고 또는 타 분야의 연구를 위한 기초 자료가 된다. 따라서 대단위 농업종합개발사업의 경제적 타당성을 분석하기 위해서는 〈표 5-2〉에서 보는 바와 같은 전문분야별 상호협력이 필요하게 된다.

〈표 5-2〉 전문분야별 연구 활동 및 상호업무협조 행렬표

전문분야별		주요연구분야	1. 농업경제전문가 및제도분야전문가사업총책임자	2. 환경영향평가 전문가	3. 사회학 전문가	4. 홍수통제 전문가	5. 해안선 기술자	6. 수리학 기술자	7. 수문 전문가	8. 관개 기술자	9. 물관리 전문가	10. 농업 전문가	11. 토양 전문가	12. 축산 전문가	13. 양어양식 전문가
타당성연구	홍수경감대책	기존연구 및 자료수집 및 검토	●			●	●	●	●						
		추가조사 및 정보수집	○			●	●	●	●						
		수문분석 및 홍수연구				○	○	○	●						
		현장기록에 의한 수문분석치의 수정				○	○	○	●						
		하구개선연구	○	○	○	○	●	●	○						
		적정모형개발에 의한 부정류연구					●	●	○						
		최적홍수, 관개계획제안	●	○	○	●	○	○	○						
	관개	계획지구의 홍수피해액추정	○						○	●	○	○			
		관개수량의 재추정							○	●	○	○	○		
		물부족연구							○	●	○	○			
		주요시설의 복구 및 개선계획수립							○	●	○	○			
		주용수체계의 개선 및 복구계획								●	○	○			
		농장의 주요시설복구 및 개선								●	○	○			
		물관리계획수립								○	●	○			
		물관리지침서작성								○	●	○			
	농업개발	농업현황조사										●			
		토지이용,토양 및 농작업조사										●	●		
		작부체계 및 수량조사										●	○		
		농업지원 서비스										●			
		과수 및 채소농장의 개발										●			
		엽연초생산 농장개발										●			
		축산개발연구 및 가축사육계획										○		●	
		수산양식개발 (양식 및 양어)										○			●

전문분야별		주요연구분야	1. 농업경제전문가 및제도분야전문가사업총책임자	2. 환경영향평가전문가	3. 사회학전문가	4. 홍수통제전문가	5. 해안선기술자	6. 수리학기술자	7. 수문전문가	8. 관개기술자	9. 물관리전문가	10. 농업전문가	11. 토양전문가	12. 축산전문가	13. 양어양식전문가
타당성연구	사회-경제적 환경영향평가분석	사회분석을 위한 기존자료검토	○	○	●										
		필요한 기초자료 조사 및 정립	○	○	●										
		사업지구 지역사회의 참여도 제고방안	○	○	●										
		여성의 활동과 역할검토	○	○	●										
		사업영향검토	○	○	●										
		현재의 홍수 및 환경영향평가	○	●	○										
		적절한 공사감독기구의 추천	○	●	○										
		장기적인 환경감독체계수립	○	●	○										
	사업비 추정및 시행	사업비 추정	●	○	○	●	●	●	○	●	○	●	○	●	●
		사업수행계획수립	●	○	○	●	○	○	○	●	○	●	○	○	○
	경제 분석과 사업 평가	관련자료 및 정보의 검토분석	●												
		잠재적인 경제적손실추정	●	○											
		사업편익추정(계측불능효과 포함)	●	○	○	○	○	○	○	○	○	○	○	○	○
		경제적 감응도분석	●												
보고서 작성		착수보고서 작성	●												
		중간보고서 작성	●	○	○	○	○	○	○	○	○	○	○	○	○
		최종보고서안 작성	●	○	○	○	○	○	○	○	○	○	○	○	○
		최종보고서 작성	●	○	○					○		○			
		기타 기술보고서 작성	○	●						○	●				
비고		● 전문가 책임하의 주요연구활동 ○ 전문분야별 상호협조 할 역할													

제 6 장

적정투자결정원리

제 1 절 시간선호(Time Preference)

투자의사결정이란 미래의 보다 많은 소비를 위하여 현재의 소비를 포기하는 행위를 말한다. 시간선호율(주관적 교환비율)[1]은 서로 다른 시간에 나타나는 상이한 소비기회에 상대적 가치를 부여하는 주관적 교환비율이다.

한계시간선호율(Marginal rate of time preference)은 투자기회곡선의 기울기를 말하는데 0년도의 소비를 한 단위 포기함에 따라 얻어지는 1차년도의 소비증가분의 비율을 말한다.

시간선호율(Rate of time preference)의 크기를 결정하는 요인으로는 소비 가능한 재화, 개별재화에 대한 과거의 소비량, 부, 기대소득의 유형 등을 들 수 있다.

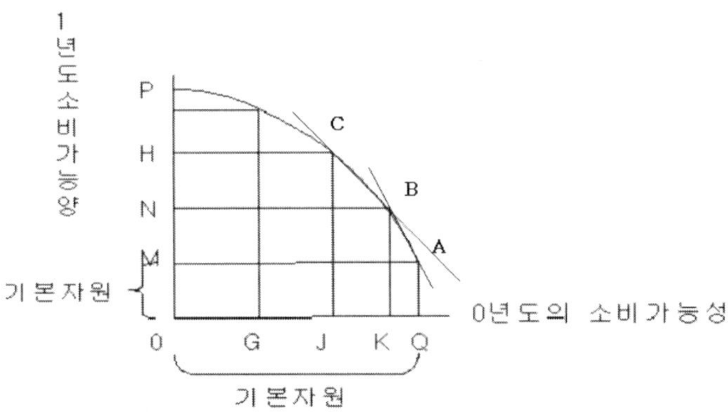

〈그림 6-1〉 로빈슨 크루소의 투자기회

[1] 오호성, 환경자원경제학, 법문사, 1989.

〈그림 6-1〉에서 PQ : 현재와 장래의 모든 가능한 소비의 조합,

OQ : 0년도의 소비,
OP : 1차년도의 소비,
KQ : 오늘의 소비를 포기하면(투자액임),
MN : 다음해의 초과소비를 획득,
증분수익 : (MN/KQ) - 1
투자기회곡선 : 투자에 대한 수확체감을 나타냄,
PQ의 기울기 : 한계수익률(Marginal rate of return).

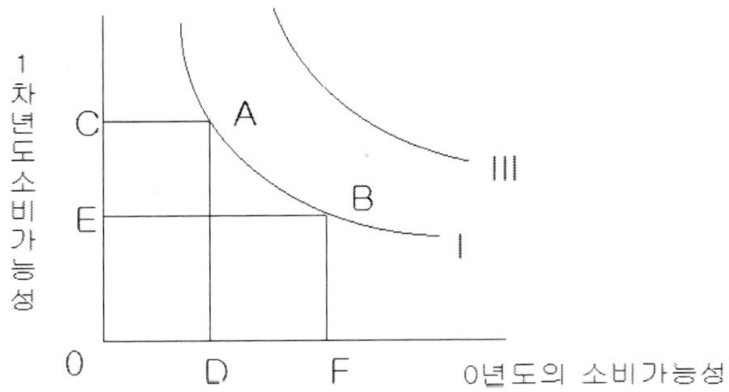

〈그림 6-2〉 로빈슨 크루소의 소비무차별곡선

〈그림 6-2〉에서 현재의 소비 DF는 장래의 소비 EC와 같다.

무차별곡선의 기울기 (EC/DF)는 주관적 시간 선호율이다.

투자의 한계수익율과 시간선호율이 일치할 때 적정 투자가 이루어진다. 즉 1차년도의 수익 MN을 얻기 위하여 0년도의 시간 HQ를 투자하게 된다. 최적 소비유형의 성취는 투자로부터 발생하는 한계수익이 개인의 시간선호율과 일치할 때까지 투자선택을 계속한다.

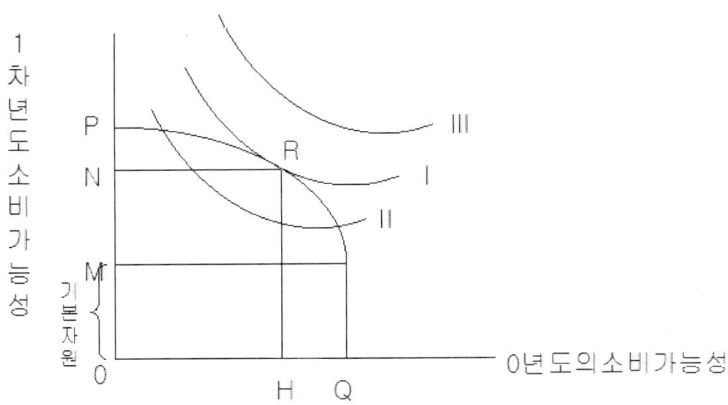

〈그림 6-3〉 로빈슨 크루소의 적정투자 및 소비계획

투자의 한계수익율과 시간선호율이 일치할 때 적정투자가 이루어진다. 즉 1차년도의 수익 MN을 얻기 위하여 0년도의 시간 HQ를 투자하게 된다. 최적 소비유형의 성취는 투자로부터 발생하는 한계수익이 개인의 시간선호율과 일치할 때까지 투자선택을 계속한다.

제 2 절 자본시장의 도입[2])과 적정투자

자본시장의 존재는 시간선호율과 마찬가지로 상이한 시점에서 획득한 화폐의 가치를 상이하게 평가해야 한다는 또 하나의 논리가 있다. 자본시장의 도입은 자금을 자유롭게 차입하고 대여 할 수 있다는 가정 하에 균형조건을 찾게 된다.

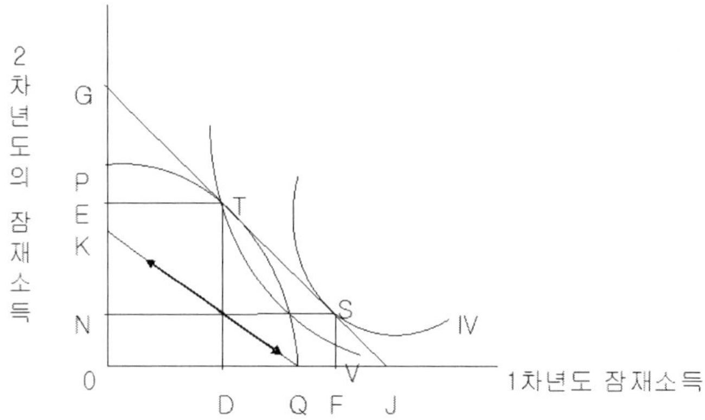

〈그림 6-4〉 차입 및 대여 가능성하에서의 적정투자계획

〈그림 6-4〉에서 알 수 있는 바와 같이 PQ로 표시된 실물투자기회에 자금의 차입과 대여가 가능한 자본시장을 결합시킨다.

KQ, GJ : 선으로 표시된 대여기회로 시장기회선,

차 입 : 상기선을 따라 우 하향으로 이동,

대 여 : 동선을 따라 좌상향으로 이동,

OQ의 금액을 빌려주면 내년에 OK를 획득.

---

2) 오호성, 환경자원경제학, 법문사, 1989.

$OK = OQ + OQr = OQ(1+r)$,

KQ의 기울기는 $OK/OQ = (1+r)$,

$OG / (1+r) = OJ$.

T 점에서 시장기회선과 투자기회선이 접하고 투자의 한계수익율과 시장금리가 같게 된다. 투자의사결정자는 OQ만큼의 기본 부여금으로 OE수익을 얻기 위하여 DQ만큼 투자한다. 소비는 미래의 많은 기대소득을 근거로 보다 높은 S점의 효용수준에서 실현되는데 이는 미래의 기대소득 NE와 현재의 소득 DF가 같기 때문에 가능하게 된다. 적정투자[3]는 다음의 조건을 만족할 때 이루어진다.

1. 이자율과 동일한 수익률을 제시하는 모든 투자사업
2. 시장에서 차입이나 대여를 통하여 현금흐름을 가장 바람직한 소비유형에 맞추어 조정할 것.
3. 최선의 투자선택은 투자자의 한계시간선호율과 이자율 및 한계수익률이 일치하도록 보장하는 사업이다.

---

3) 오호성, 환경자원경제학, 법문사, 1989.

제 7 장

농업발전과 자본제한

농업이 성장 발전하기 위해서는 농업부문에 많은 투자가 이루어져야 하는데 농업자체의 수익률이 높음에도 불구하고 투자를 기피하는 현상이 있다. 본장에서는 투자를 유인하는 요인이 무엇인가를 J. M. Keynes의 경제학을 중심으로 다루고 T.W.Shultz의 자본제한이론[1]을 검토해 본다.

제 1 절 투자유인(Inducement to invest)

투자유인은 자본의 한계효율과 이자율[2]을 말하는데, 여기에 해당하는 경제학적 이론을 정립해 보면 다음과 같다.

1. 자본의 한계효율

자본의 한계효율은 자본재의 예상수익과 공급가격을 같게 하는 할인율로 정의되는데 그 내용은 다음과 같다.

공급가격(supply price) = 할인된 예상수익(discounted prospective yields)

[1] 김문식, 농업경제학개론, 일조각, 1983., 주봉규, 현대농업경제학, 박영사, 1985.

[2] Dillard, The Economics of John Maynard Keynes, 1948.

$$\text{공급가격} = \frac{Q_1}{(1+r_m)^1} + \frac{Q_2}{(1+r_m)^2} + \frac{Q_3}{(1+r_m)^3} + \ldots\ldots + \frac{Q_n}{(1+r_m)^n}$$

여기서 $Q_1\ Q_2\ Q_3$ . . . . : 연간 기대수익

r_m : 자본의 한계효율

투자는 자본재의 수요가격과 공급가격이 같은 점까지 이루어지는데 자본재 자체가 갖는 한계보수율이 시장이자율보다 크다면 투자는 계속된다. Keynes가 말하는 자본재의 수요가격과 공급가격은 다음과 같이 정의 된다.

- **수요가격**(Demand Price) = **이자율로 할인된 예상수익총액** (Sum of Prospective Yields discounted at the rate of interest).
- **공급가격**(Supply Price) = **자본의 한계보수율로 할인된 예상수익총액**(Sum of prospective yields discounted by the marginal efficiency of capital).

결국 투자액은 이자율과 자본의 한계효율(투자수요곡선)에 의거 결정되는데 이자율이 하락하면 투자액이 증가(감소)한다. 따라서 투자유인은 이자율과 자본의 한계보수율에 의거 결정됨을 다음 〈그림 7-1〉에서 알 수 있다.

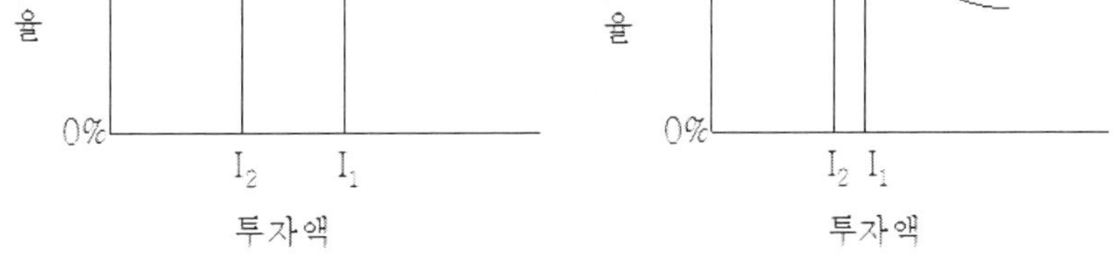

〈그림 7-1〉 자본의 한계효율과 투자액과의 관계

2. 이자율(Interest rate)

이자율은 화폐를 유동성으로 보유하려는 선호도와 중앙은행의 화폐공급량에 의하여 결정되는데 다음과 같이 정리할 수 있다.

유동성선호(유동성을 위한 화폐의 수요)의 구성요인;

- 거래적 동기(Transaction motive) : 필요한 상품과 용역을 필요한 시기에 구입하기 위한 화폐보유 욕망
- 예비적 동기(Precautionary motive) : 화재, 질병, 재난 등의 위험과 경제의 불확실성에 대비하기 위한 화폐보유 욕망
- 투기적 동기(Speculative motive) : 주식투자 및 채권 등 구입과 판매를 통하여 이익차액을 얻기 위한 화폐보유 욕망

다음 〈그림 7-2〉에서 알 수 있는 바와 같이 화폐의 수요, 즉 유동성 선호가 일정할 경우 화폐의 공급량이 증가하면 이자율이 하락하고 그 반대의 경우에는 상승한다.

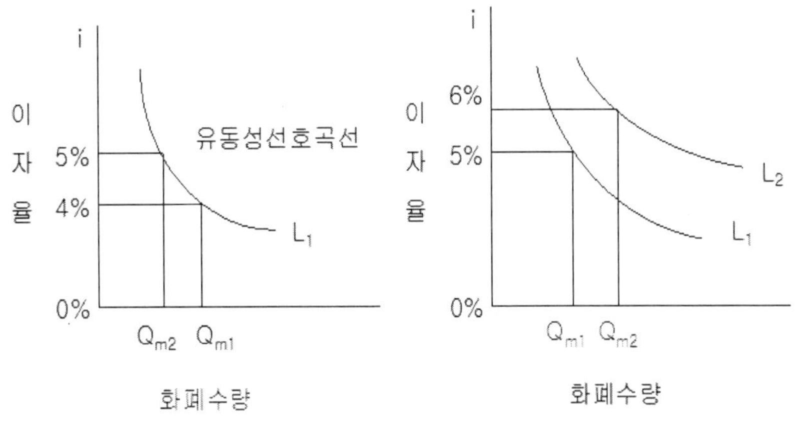

〈그림 7-2〉 유동성 선호곡선

제 2 절 자본제한과 농업의 발전(Capital Rationing and Agricultural Development)

농업의 한계보수율(MEC) 또는 투자내부수익률(IRR)이 높은데도 불구하고 투자를 기피하는 현상을 자본제한이라 하는데 자본제한에는 일반적인 요인, 내적 자본제한요인 및 외적 자본제한요인으로 구분된다. T.W.Shultz는 자본제한을 다음과 같이 분류하여 설하고 있다.

1. 일반적으로 자본제한 요인은 다음과 같은 농업의 특수성에 관한 농민의 성향에서 찾아 볼 수 있다.

1) 농업생산의 불확실성 : 한발, 홍수, 태풍 및 우박 등의 자연재해에 따른 생산량 및 소득감소
2) 제도로 인한 불확실성 : 소작제도 및 토지제도의 변화에 따라 발생할 수 있는 소작기간 및 소작료 등의 불안정으로 인한 투자기피
3) 노동에 대한 자본대체의 최대화 경향 : 가급적이면 자금을 차입하지 않고 자가노동력으로 해결하고자 하는 농민의식
4) 부채에 대한 기피의식 및 수치감의 작용 : 빚을 지지 않고 떳떳하게 살려는 농민의 가치관

2. 내적자본요인(LM)

내적 자본제한이란 〈그림 7-3〉에서 알 수 있듯이 농업의 생산 및 판매조건이 가장 유리할 경우의 한계보수율곡선을 D_3D_3라고 하면 적정투자액은 이자율과 이 곡선과 만나는 점에서 결정될 것이다. 그러나 농민들은 농업의 한계보수율을 과소평가하기 때문에 D_1D_1곡선으로 생각하고 이 곡선과 이자율이 마주치는 OL점만큼 투자를 하게 된다. 그러나 현실적인 투자보수율곡선은 D_2D_2로 나타나므로, 농민들은 투자를 OM만큼 했어야 할 것이다. 이와 같이 내적 자본제한은 농업자체의 한계보수율을 과소평가함에 따라 LM만큼 투자를 덜하게 되는데 이를 내적 자본제한이라 한다.

3. 외적 자본제한요인(FL)

외적 자본제한은 농민들이 농업에 투자를 많이 하려고 해도 외부적인 요인때문에 투자를 늘릴 수 없을 때를 말하는데 그러한 요인은 다음과 같다.

1) 농업생산 및 가격의 불확실성
2) 가용 농업자금의 경직성 및 자금 유동성의 제약성
3) 대출비용의 상대적 증가

〈그림 7-3〉에서 알 수 있듯이 농민들은 OL만큼 투자를 하려고 하나 상기의 요인들 때문에 OF만큼 밖에 영농자금을 차입하여 투자할 수밖에 없다. 이때 FL은 외적 자본제한요인에 의한 투자제한액이 된다. 따라서 자본제한총액은 FM이 되는데 이는 FL의 외적 자본제한과 LM의 내적 자본제한으로 구성된다.

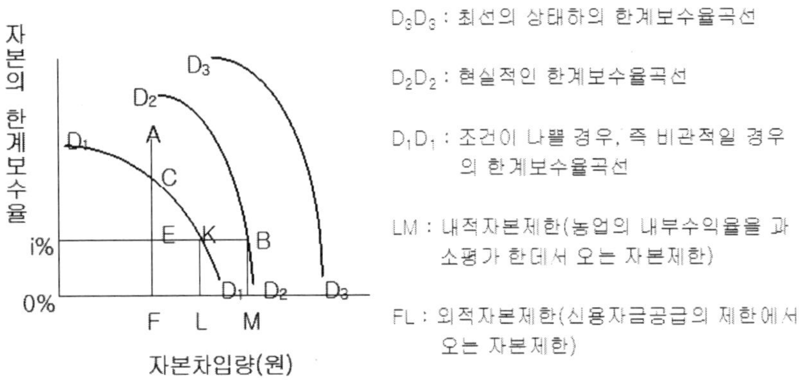

〈그림 7-3〉 자본의 한계효율곡선에 의한 내외적 자본제한요인의 설명

제 3 절 경제개발과 농업투자실적

정부예산 중 농림어업분야의 예산배분율은 1987년 이전에 있어서 전체GNP 중 농림어업부문 생산액 비중의 50%가 못되는 예산을 1차 산업분야에 배분하였다. 그러나 1987년 이후 1993년

까지는 전체국민 총생산에서 농림어업 분야가 차지하는 비율보다 약간 많은 예산배분을 하여 농업성장에 크게 기여하였다.

1993년 이후에는 UR협상 및 WTO의 출범에 따라 농업부문의 구조개선이 시급해짐에 따라 농업발전기금 42조원과 농특세 15조원을 10년간 농촌에 투자하기로 결정하여, 농업부문에 대한 국가예산의 배분율은 국민총생산에서 1차 산업이 차지하는 비율보다 2배 이상 증가하게 되었다.

2002년 현재 전체 농림예산 중 주요 사업비로 배분한 금액은 5조 3천 8백 9십억 원으로 천체 예산배정액의 65.8%에 해당된다. 주요사업별 배분율은 생산기반조성사업에 19.6%가 배정되었으며 생산 및 유통개선에 9.6%, 농어촌 소득원 개발 및 농가자금 지원에 2.6%, 인력육성에 3.1%, 농업기계화에 2.4% 및 생활환경 개선사업에 0.9%가 각각 배정되었다. 정부예산과 농림수산분야 예산배분율의 연차별 세부내역은 다음 〈표 7-1〉, 〈표 7-2〉 및 〈표 7-3〉를 참조하기 바란다.

〈표 7-1〉 농림수산부문 예산배분

연 도	국가전체 예 산	농림수산 분 야	농림수산 생산구조	국가예산 배분율(%)
1975	16,435	965	26.6%	5.9
1980	65,755	3,962	14.7	6.0
1982	96,199	5,466	14.7	5.7
1983	107,788	5,821	13.6	5.4
1984	115,424	9,850	12.9	8.5
1985	127,007	11,722	12.5	9.3
1986	142,361	11,844	11.2	8.3
1987	166,260	13,512	10.1	8.1
1988	199,628	21,042	10.2	10.5
1989	245,051	27,022	9.6	11.0
1990	283,520	27,352	8.7	9.6
1991	329,295	29,199	7.7	8.9
1992	366,222	34,056	7.4	9.3
1993	413,322	40,021	7.1	9.7
1994	541,240	78,856	7.0	14.6
1995	594,011	94,448	6.5	15.9
1996	679,749	96,414	6.3	14.2
1997	759,938	99,254	5.7	13.0
1998	848,749	91,456	5.5	11.6
1999	921,937	90,337	5.1	9.8
2000	991,299	92,949	4.7	9.4
2001	1,117,178	98,916	4.3	8.9
2002	1,162,203	92,220	4.0	7.9
2003	1,151,323	97,057	4.0	8.4
2005	2,096,000	137,720	3.4	6.6
2008	2,572,000	159,240	3.0	6.2

자료 : 농림수산식품부, 농림수산식품업 주요통계, 2009.

〈표 7-2〉 농림수산부 사업별 예산(2002 이전)

(단위 : 백만원)

사업별	1993	1994	2002	'02배분율
I. 주요사업비	6,111,105	7,036,492	5,389,169	65.8
1. 생산기반조성	911,522	993,316	1,601,837	19.6
2. 농업기계화	328,090	424,187	194,038	2.4
3. 생산 및 유통개선	507,422	574,769	786,139	9.6
4. 기술개발 및 정보화	16,490	21,372	64,067	0.8
5. 인력육성	196,894	216,664	253,552	3.1
6. 농어촌소득원 개발 및 농가자금지원	150,991	347,839	224,226	2.7
7. 생활환경개선	104,537	164,705	75,780	0.9
8. 어업구조개선	33,717	43,601	-	-
9. 임업구조개선	20,431	21,989	-	-
10. 농특회계관리비	629,215	316,870	-	-
11. 수입예시보완대책	69,649	22,374	-	-
12. 농가부담경감지원	582,163	542,305	-	-
13. 타회계수출금	2,059,899	2,733,321	-	-
14.양곡증권정리기금지원	440,000	558,700	-	-
15. 농업공무원교육원	50	-	-	-
16. 기타사업	60,035	54,480	4,012	-
17. 비투융자사업	-	-	2,185,518	26.7
II. 채부상환성예산	-	-	2,465,452	
III. 기본적경비	94,927	105,779	151,027	1.8
농림수산부소관합계 총계	6,206,032	7,142,271	8,185,648	100.0

자료 : 기획예산 담당관실
주 : [ ]는 농발기금보조 내서임

〈표 7-3〉 2000년대의 농림수산부문(외청포함) 연도별 예산

(단위 : 억원, %)

구 분		2001	2005	2008
국가전체규모(A) (증감율)		1,367,650 (5.8)	2,096,000 (14.3)	2,572,000 (7.9)
농림수산부문(외청포함)(B) (증감율)		113,225 (△2.2)	137,720 (6.9)	159,240 (2.6)
농림수산식품부(C) (증감율)		102,897 (△2.5)	124,374 (6.9)	139,548 (3.0)
예 산		80,509	93,386	107,778
- 농림수산식품부		70,181	80,257	89,082
(수산·어촌)		(9,213)	(8,227)	(10,161)
- 농촌진흥청		3,201	4,346	5,509
- 산림청		7,127	8,783	13,187
기 금		32,716	44,334	50,601
- 농산물가격안정기금		20,693	19,052	19,152
- 축산발전기금		5,015	7,064	7,212
- 농지관리기금		5,552	9,172	7,845
- 쌀소득보전기금		-	1,399	5,367
- FTA이행기금		-	1,649	5,162
- 농작물재해재보험기금		-	264	235
- 양곡증권정리기금		1,406	-	-
- 수산발전기금		50	5,517	5,493
- 복권기금(산림)		-	217	135
기 타		-	-	861
- 공자기금(농축산경영자금)		-	-	861
구성비 (%)	B/A	8.3	6.6	6.2
	C/A	7.5	5.9	5.4

자료 : 기획재정담당관실

주 : 예산과 기금의 총지출기준(내부거래 제외), 조직개편('08)에 따른 수산·어촌부문, 통계 이관 부문을 반영하여 작성

제 8 장

수요예측모형의 선정

농업생산물의 수급분석 결과는 사업계획을 수립하고 투자규모를 결정하며 공사기간의 적정성과 사업의 경제적 타당성을 평가하는 기본 자료가 된다. 따라서 농산물의 수급분석은 사업계획 수립을 위한 첫 단계로서 수요예측의 정확성 여부는 사업성패의 주 요인으로 작용한다. 수요예측은 농산물 판매시장의 종류(국내수요, 수출수요)에 따라 접근방법이 다르다.

소비재인 농산물의 수요는 여러 요인들과 상관관계가 있는데 국내수요의 변동요인은 ① 국민소득 및 소비성향, ② 인구 및 가구 수, ③ 소비자 기호의 변동, ④ 가격, ⑤ 경쟁재, 보완재의 가격변동, ⑥ 현재의 소비수준 등이다. 따라서 농산물에 대한 수요는 ① 수요의 소득탄력성, ② 수요의 가격탄력성, ③ 경쟁재와의 대체탄력성, ④ 인구증가율, ⑤ 현재의 소비수준 즉, 보급률을 고려하여 예측하여야 한다. 또한 농산물의 수출수요는 우리나라에서는 기대하기 어려우나 수출수요 대상국 및 대상 지역의 수입규제와의 상관분석에 의하여 추정할 수 있다. 수출수요추정시의 주요 고려사항은 다음과 같다.

① 정부의 장기 수출계획
② 수출시장에 있어서 경쟁국과의 수출비율 및 가격품질 등의 수출조건
③ 수출시장에서의 경쟁국과의 노동생산성 비교
④ 수출시장에서의 경쟁국과의 임금수준 비교
⑤ 수출대상국의 수입정책 및 수입계획
⑥ 상호무역협정, 지역동맹 및 교역조건

수요는 다수의 경제량과 사회적 제 요인에 의하여 변동하며 수요예측모델의 작성은 이러한 제 요인을 동시적으로 충분히 반영시킬 수 있는 방법으로서 연립방정식 접근방법(simultaneous equation approach)이 있으나 이용통계자료의 제약과 계산기술상의 문제로 비교적 간단한 단일방정식 접근방법(single equation approach)을 택하고 있다.

그러나 단일방정식 접근방법은 통계자료의 이용이나 계산면에서 접근하기 쉬운 방법이지만, 수요에 영향을 주는 제 요인을 충분히 감안할 수 없는 기술상의 문제점이 있다. 따라서 수요에 영향을 주는 제 요인을 감안하여 여러 개의 방정식을 설정함으로써, 경제제량과 사회적 제요인과의 조합에 의하여 가용설명변수(경제지표와 사회적 요인)의 이용범위를 확대시키는 동시에 예측모델의 신뢰도(상관계수, 표준오차, 계수오차), F - ratio(분산분석) 및 D - W ratio(자기상관분석)을 고려하여 적절한 구조방정식을 선택할 수 있다.

수요예측모델은 일반적으로 경향분석, 상관분석 및 탄력성 계수[1)]의 이용 등에 의하여 작성된다.

제 1 절 경향분석에 의한 모델

경향분석의 모델은 수요의 증가경향이 직선적이냐 또는 어떤 곡선을 그리느냐에 따라 다음과 같이 모형을 달리한다.

① 직선경향식 : $Q_t = a + bt$

② 2차경향식 : $Q_t = a + bt + ct^2$

③ 지수곡선 : $Q_t = a{\cdot}b^t$

④ 콤페르쯔곡선 : $Q_t = K{\cdot}a^{bt}$

⑤ 로지스틱곡선 : $Q_t = K\,/(1+e^{-(a+bt)})$

이중 ①, ②, ③식은 농산물의 공급을 위한 국내 생산량의 장기예측모델로 이용되며 간단한 수요추정에 이용된다. ④식과 ⑤식은 예측대상품목이 내구소비재, 즉 트랙터, 콤바인, 이앙기 등의 농기계이거나 신영농기술의 보급률을 추정할 경우에 적합한 모델로써 최근 한국에서도 많이 이용되고 있다. 한편 이들 모델의 실제 계산은 컴퓨터에 의하여 처리하게 된다.

---

1) 강영복, 재무분석과 사업성검토, 경문사, 1977.

〈표 8-1〉 경향변동 분석기법

경 향 선	수 식	변 동 경 향 도
① 1 차 직 선	$Y = A_0 + A_1t$	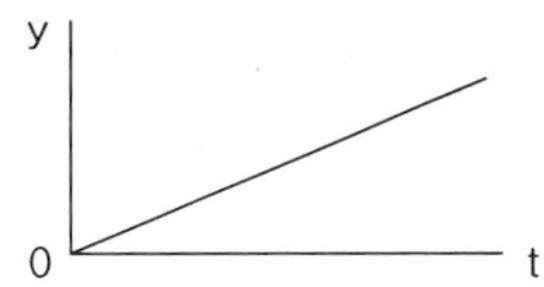
② 2 차 곡 선	$Y = A_0 + A_{1t} + A_2t^2$	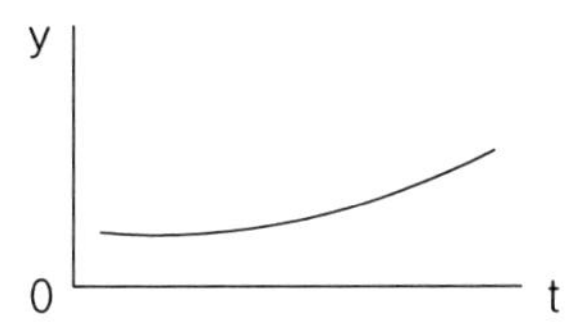
③ n차다항식선	$Y = A_0 + A_{1t} + A_2t^2$ $\cdots\cdots + A_nt^n$	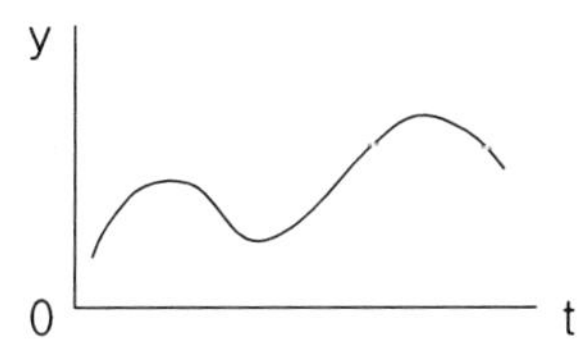
④ 지 수 곡 선	$Y = A \cdot b^t$	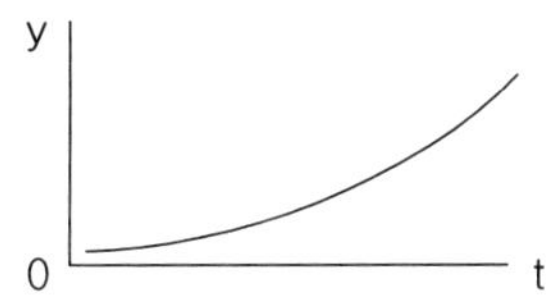
⑤ logistic 곡신	$Y = \dfrac{K}{1 + e^{-(a+bt)}}$	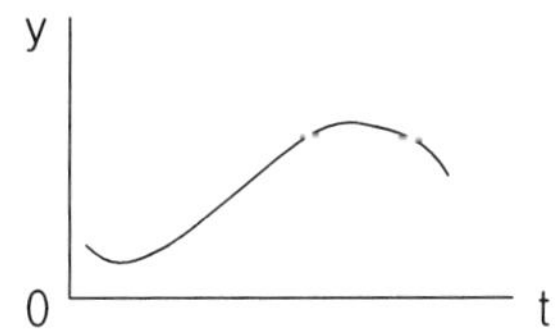
⑥ compertz 곡선	$Y = K \cdot A^{bt}$	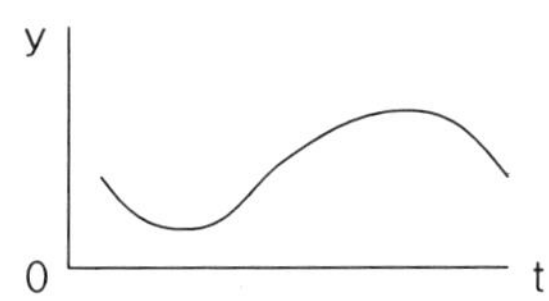

제 2 절 상관분석에 의한 「모델」

상관분석에 의한 예측은 어느 농산물과 경제지표사이의 과거경험에서 법칙성(관계식)을 도출하고 이 도출된 법칙성이 통계학적으로 신뢰도가 높은 경우 이 법칙을 장래에까지 연장함으로써 수요를 추정하는 것이다. 이와 같은 법칙성은 제품에 따라 그 유형도 다르며 이에 대한 방정식(수요예측모델)의 유형도 다르게 된다.

제 3 절 탄력성 계수를 이용하는 경우

대상 품목의 과거 실적 시계열구간이 7개년 이하로 짧거나 또는 소득 및 가격에 대한 탄력성계수가 계속적으로 극히 안정적인 경우 탄성치를 이용하여 수요를 추정한다. 수요함수식의 한계소비성향 및 탄성치를 계산할 경우에는 다음 〈표 8-2〉와 같이 한다.

〈표 8-2〉 수요함수식의 한계소비성향 및 탄성치(예)

함수형태	함수식		한계소비성향		탄성치	
	원형	변형	가격	소득	가격	소득
① Linear	$y= a+bx+cz$	$y = a + bx + cz$	b	c	$b\frac{x}{y}$	$c\frac{z}{y}$
② LOG - log	$y = e^{a}x^{b}z^{c}$	$\log y = a + b \log x + c \log z$	$\frac{by}{x}$	$\frac{cy}{z}$	b	c
③ Semi - log	$e^{y} = e^{a}x^{b}z^{c}$	$y = a+b \log x + c \log z$	$\frac{b}{x}$	$\frac{c}{z}$	$\frac{b}{y}$	$\frac{c}{y}$
④ LOG - inverse	$y = e^{a+bx+c/z}$	$\log y = a+bx+c/z$	by	$\frac{-cy}{z}$	bx	$-c/z$
⑤ LOG - log inverse	$y = e^{a}x^{b}z^{c}e^{d/z}$	$\log y = a+b \log X + c \log Z + d/z$	$\frac{by}{x}$	$\frac{y(cz-d)}{z^2}$	b	$c-\frac{d}{z}$

주 : y = 1인당 수요량, x = 가격, z = 1인당 소득.

제 4 절　농산물수요의 장기추정모형

농업은 식물을 재배하고 가축을 사육하는 경제적인 생산 활동으로 정의되며 농업은 국민이 필요로 하는 식량과 축산물을 생산·공급하는 산업이다.

따라서 농산물의 수요추정[2)]은 주로 식품을 대상으로 하며 이는 앞에서 언급한 바 있는 여러 요인에 의하여 영향을 받는다. 그러나 여러 요인들 중에서 농산물 수요를 결정하는 요인을 실제계산이 가능한 인구와 소득으로 본다면 다음과 같은 추정 식을 생각할 수 있다.

$$D_t = D_{t-1}\,(1+ng)\,(1+p)$$

여기서, D_{t-1} : 기준년도의 전체식량 수요량

D_t : 목표년도의 전체식량 수요량

p : 인구증가율(%)

n : 식량수요의 소득탄력성

g : 1인당 GNP 증가율(%)

여기서 소득탄력성은 앞 절에서 본 함수에 의하여 추정된 탄력성 계수를 이용하는데, 연차별 시계열 자료 또는 소득계층별 농산물 소비량 자료를 이용한다.

인구증가율 및 1인당 GNP 증가율은 통계청의 자료를 이용한다. 기준년도의 전체식량수요량은 농림부의 자료를 이용한다. 그밖에 KDI 및 농촌경제연구원이 분석한 장기농산물 수급자료를 이용토록 한다.

---

2) 문팔용, 현대농업경제학, -이론과 정책-, 선진문화사, 1982.

〈표 8-3〉 연도별 농산물 수급분석표

농산품명 (　　)　　(단위 : M/T)

순 위	연도	수 요			공 급			과부족
		국내 수요	수출 수요	계	국내 생산량	구입량	계	
-4								
-3								
-2								
-1								
0								
1								
2								
3								
4								
5								
6								
7								
8								
9								
10								

제 9 장
자산평가 방법

농업투자분석에서는 사업으로 인하여 발생하는 손익을 정확하게 계산하고 사업지구를 하나의 단위로 하는 농장의 재정상태를 정확히 파악하여야 한다.

따라서 투자사업의 손익 및 재정상태를 정확히 산출하기 위해서는 사업지구의 농장에 귀속되어 있는 관련 자산을 정확하게 평가하지 않으면 안 된다. 이 장에서는 평가개념 및 평가방법을 개괄적으로 검토해 보고 인플레 및 가격 변동 하에서 특정자산에 대하여 어떠한 평가방법이 합리적인가를 검토하고자 한다.

제 1 절 자산평가의 의의

자산의 평가라 함은 투자사업과 관련된 자산의 가격(Price of assets)을 -이는 가치(value)와는 다른 개념임- 합리적으로 파악하기 위하여 자산의 종류를 세분화하고 또 명확히 규정함으로써 그 자산의 내용을 화폐액으로 표시하는 조직적인 과정이라고 정의할 수 있다.

따라서 현금유동표상에 포함될 평가액(Appraisal Value)이란 일정기준년도에 있어서 자산을 화폐액으로 표시한 가액을 말한다.

자산의 평가방법[1]은 목적에 따라 다르나 일반적으로 다음 두 가지가 있다. 하나는 주관적인 평가방법(Subjective Appraisal Method)이고 다른 하나는 객관적인 평가방법(objective appraisal

---

1) 반성환, 한규수, 농업부기, 한국방송통신대학 교재, 1983. 에서 발췌함.
최승기, 이창우, 예해농업부기, 선진문화사, 1987.

method)이다.

전자는 개인의 주관에 따라 임의적으로 평가하는 방법인데 반하여, 후자는 정통한 정보 하에서 강제성이나 구속력이 없이 자유롭고 공개적인 입장에서 평가하는 방법을 말한다. 재언하면 전자는 투자자산을 평가함에 있어서 주관적이기 때문에 편의(Bias)를 가져올 염려가 있고 후자는 과학적이며 객관적인 방법으로 투자자산의 평가에 널리 이용되고 있다.

제 2 절 자산평가 방법의 종류

농업투자분석에 있어 일반적으로 생각해 볼 수 있는 자산평가방법은 비용가접근법, 시가접근법 및 수익가접근법 등 세 가지 방법을 고려해 볼 수 있다.

1. 비용가접근법(Cost Approach to Value)

1) 상각비를 뺀 원가방법(Cost less Depreciation)

본 방법은 자산평가의 기준을 취득원가에 근거한다. 예를 들면 건물, 농기구 및 농용시설 등이 시장에서 구입하였다면 그 평가액은 취득원가로 결정하여야 하고 그 자산이 무시가물로서 자기 스스로가 제작 또는 생산하였다면 제작원가 또는 생산원가로 평가한다.

건물, 용배수로, 저수지, 관정, 양수장 및 농기구 등과 같은 내구성 자산은 취득과 더불어 일정기간 동안 계속 사용하게 된다. 이러한 자산은 사용과 더불어 그 자산의 일부가 소모되므로 점진적인 가치의 감소를 가져온다. 그러므로 일정 기준년도에 있어서 자산의 현재가치는 취득원가 또는 총생산원가에서 그 기간에 소모된 가치 즉 감가상각비(depreciation charges)를 뺀 잔액으로 결정하게 된다.

2) 재비용가방법 또는 재조달가방법

이 방법은 자산을 평가함에 있어서 현재가격 및 생산기술 조건하에서 그 자산을 재생산 또는 재조달 하려면 얼마의 비용이 들겠는가를 기준으로 하는 평가방법이다. 예를 들면 30년 전에

100만원에 구입한 건물의 현재가를 어떻게 책정할까 하는 문제이다. 만일 내구연수가 60년이고 경과연수가 30년이라면 원가법을 기준할 때 이 건물의 현재가는 정액법을 적용할 경우 55만원이 된다. 그러나 현재 이 건물의 실제시가는 55만원이 아니라 그 이상의 가치를 가지고 있음을 알 수 있다.

이러한 경우 재조달가방법 또는 신조가법을 적용한다면 이 주택의 현재가격은 얼마가 되겠는가? 이와 동일한 건물을 신축할 때 1억원의 비용이 소요된다면 이 건물의 현재가는 55백만원으로 평가된다. 따라서 물가변동이 심할 경우에는 투자자산을 평가함에 있어서 원가에서 감가상각액을 뺀 원가방법, 재조달가에서 감가상각액을 뺀 신조가, 또는 재조달가방법을 응용하는 것이 타당하다고 생각된다.

2. 시가접근법(Marketing Approach to Value)

1) 순판매가격법(Available Net Selling Price Method)

이 방법은 자산을 평가함에 있어서 그 기준을 현 시가에 두는 방법으로 이를 시가주의 또는 단순히 시가법이라 부른다. 환언하면, 이 방법은 농산물과 같은 수익자산의 평가액를 그 자산을 판매하였을 때 받게 되는 농가수취가액으로 책정하는 방법이다. 이때 판매자에게 수취가액이라 함은 총판매액 중 여러 가지 판매비용, 예를 들면 수송비 및 기타 판매 등 부대비를 뺀 잔액, 즉 순판매액이 되므로 이 방법을 순판매가격법(Availlable Net Selling Price Method)이라고 부른다.

2) 순구입가법

이 방법은 자산의 평가를 농가구입가격 또는 지불가격에 기초한다. 예를 들면 비료 또는 사료를 구입하였을 때 그의 총비용은 비료 및 사료대는 물론 그 이외의 일체 구입부대비의 합계액이 된다. 따라서 이러한 순판매 및 순구입가에 의한 평가법을 적용하려면 그 자산 또는 그와 똑같은 자산의 거래가 반드시 시장에서 이루어져야만 명백한 가격이 형성되므로, 이러한 방법은 거래가 빈번한 곡물, 과실, 채소 및 축산물과 같은 농산물과 비료, 사료 및 농약과 같은 농업용품 등에 대해 적용하게 된다.

3) 저가법

물가의 변동이 심할 때 자산평가에 대하여 시가법을 적용한다면 정확한 손익계산 및 재정상태를 나타내지 못한다는 결점을 가져오게 된다. 그러므로 이러한 결점을 해소하기 위하여 다음에 저가방법(valuation at cost or market price, whichever is lower)이 있다. 이 방법은 전술한 원가주의에 의한 취득원가와 앞에서 논의한 시가법을 비교하여, 만일 시가가 원가보다 높으면 원가로 적용하고 반대로 시가가 원가보다 낮으면 평가법을 시가로 책정하는 방법으로서 재정상태파악 및 손익을 산출하는데 있어서 보수주의(conservatism), 즉 안전 제일주의를 취한다는 평가방법이다.

왜냐하면 전술한 바와 같이, 물가가 최고로 상승할 때에 구입한 자산을 평가함에 있어서 원가주의를 택한다면 그 평가액은 물가안정하에서의 시가보다 높으므로 현 재정상태의 파악 및 손익을 산출할 때 과대평가되며 반대로 이미 구입한 자산을 인플레하에서 평가할 때 원가주의를 택한다면, 그 평가액은 물가가 오른 인플레하에서의 시가보다 낮으므로 재정상태를 파악함에 있어서 과소평가되어 결국 사업의 진정한 재정상태를 반영하지 못하게 된다. 그러므로 이러한 조건 하에서는 제일 안정된 저가법을 택하는 것이 합리적인 방법이 된다.

3. 수익가접근법(Income Approach to Value or Valuation by Capitalization)

이 방법은 자산의 평가를 그 자산의 장래수익성(future earning)에 기준하여 평가하는 방법이며 어떤 농업용수시설이 앞으로 3년 동안 매년 백만원씩 소득을 산출한다고 할 때, 그 자산의 현재가가 얼마나 되겠는가 하는 경우이다.

만일 투자자본에 대한 이자율을 5%라고 안다면 이 자산의 현재가는 다음 공식에 의하여 산출한다.

$$P.V = \frac{A_1}{1+r} + \frac{A_2}{(1+r)^2} + \frac{A_3}{(1+r)^3} \cdots\cdots (1)$$

단, P.V. = 현재가(present value)

A_i = 연간 소득액(present value)

r = 투자자본에 대한 이자율

(1,2,3) = 연도, 즉 1차년도, 2차년도 및 3차년도

그러므로 관계 자료를 (1)식에 대입하면,

$$현재가 = \frac{1,000,000}{1+0.05} + \frac{1,000,000}{(1+0.05)^2} + \frac{1,000,000}{(1+0.05)^3}$$

$$= \frac{100,000}{1.05} + \frac{100,000}{1.1025} + \frac{100,000}{1.1576}$$

$$= 952,400 + 907,000 + 863,800$$

$$= 2,723,200원$$

즉, 이 농업용수시설의 평가액(현재가)은 2,723,200원이 된다. 환언하면 이 시설은 앞으로 3년 간에 있어서 총소득 3,000,000원을 생산하게 되므로 이 자산의 3년 간의 총 가치는 3,000,000원이 된다. 그러나 이 자산의 현재가는 3,000,000원이 못된다. 왜냐하면 만일 누가 이 자산을 현재 3,000,000원에 구입한다면 연간 5% 이자수익만큼 손실을 보기 때문이다.

이와 같이 농기계, 농용시설, 수리시설 및 대동식물과 같은 자산은 그의 장래 수익이 일정하므로 이들 자산의 현재가치도 그 일정기간에 대한 수익액을 이자율로 할인하여 산출한다. 그러나 토지와 같이 그의 소득산출기간이 무한한 것은 다음과 같은 자본화공식(capitalization equation)에 의하여 평가액(현재가)을 산출하여야 한다.

$$P.V. = \frac{A}{r} \cdots\cdots\cdots\cdots (2)$$

단, P.V. : 현재가

A : 연간평균소득

r : 할인율(이자율)

예를 들어, 우리나라의 논의 평균반당소득이 630,000원이고 자본의 기회비용이(opportunity cost of Capital) 8%라고 가정한다면 논의 평당 평균지가는 약 26,250원(630,000원 / 0.08 ÷ 300평)이 된다.

그런데 토지는 때로는 수리, 배수, 토양침식방지, 객토 및 토양보전을 위한 작부체계 등에 의하여 토지의 장래가치가 증식되는 때가 있으며, 어떤 경우에는 반대로 토양의 침식 및 침전과 토사증가 등으로 장래가치가 감소되는 경우도 있다. 여기에 신규 개간지가 있다고 가정하자. 이 때 이 개간지의 연차별 순수익이 1차 년도에 6,000원, 2차 년도에 7,000원, 3차 년도에는 8,000원 그리고 4차 년도에는 9,000원을 산출하고 그 후부터는 매년 10,000원을 생산한다고 가정하면 이때 토지에 대한 자본이자를 5%로 적용하면 이 토지의 현재가는 다음과 같이 산출한다.

〈표 9-1〉 토지에 대한 현재가

(단위 : 원)

연 도	연간 총수익 부족액	1원에 대한 현재가	현 재 가
1차년도	10,000-6,000=4,000	0.9524	= 3,809
2차년도	10,000-7,000=3,000	0.9070	= 2,721
3차년도	10,000-8,000=2,000	0.8638	= 1,727
4차년도	10,000-9,000=1,000	0.8277	= 822

따라서 5차년도 이후에 있어서 그 토지에 대한 지가 = 10,000/0.05 = 200,000원이 된다. 그러므로 이 토지의 현재가는 190,921(200,000 - 9,079)이다. 단 1원에 대한 현재가는 $1/(1+r)^n$으로 계산한다($1/(1+0.05)^1=0.9524$). 왜냐하면 제 1차 년도부터 제 4차 년도까지는 매년 10,000원을 산출하지 못하므로, 그 액만큼 5차년도 이후 지가에서 차감하지 않으면 안 되기 때문이다.

이와 같이 수익가접근법은 자산의 평가를 그들이 장래 계속 생산할 수 있는 수익액에 의하여 결정한다는 이론이다. 따라서 이 방법을 적용하기 위해서는 첫째, 그 자산이 매년 얼마만큼의 소득을 산출하며 둘째, 그 소득을 현재가로 할인할 때 어떠한 자본이자율(capitalization)을 적용할 것인가의 문제가 나타난다. 일반적으로 농업용 토지에 있어서 연간 예상소득액은 그 지방의 대표적인 농가의 연간소득액을 적용하는 경우 또는 그 지방에서 이루어지고 있는 대표적인 소작료를 이용하며 그에 대한 할인율은 농업용 부동산의 저당률(real estate morgage rate) 등을 적용하는 것이 바람직하다.

이상과 같이 토지, 대동식물, 수리시설 및 증권과 같이 직접소득을 산출하는 자산에 대하여 수익가법을 적용하는 것은 이론적 타당성을 갖게 된다, 다른 한편으로는 이들 각 자산의 연간 소득을 어떻게 정확히 책정 · 이용하여야 하며 그에 대한 이자율을 몇 %로 적용하여야 할 것인가라는 점과 이들 자산의 현재가가 반드시 그의 장래 수익액에만 의존하는 것이 아니라 시장, 교회, 학교, 교통시설 및 기타 사회적 · 자연적 및 입지적 조건과 개인의 기호 등 소위 비금전적 요인(non-pecuniary factors)에 의하여도 결정되게 되므로 이러한 자산의 평가를 수익가법에만 의존할 수 없는 결점을 내포하고 있기도 하다.

4. 평가원칙

이상에서 본 바와 같이 자산의 한 가지 평가방법은 어느 특정자산에 대하여는 유용하나 다른 자산에 대하여는 의의가 없으므로 모든 자산에 한 가지 방법만을 적용하는 획일적인 평가방법은 무모할 뿐만 아니라 위험한 결과를 가져오게 되므로, 자산의 특성이나 회계자의 목적에 따라 알맞은 방법을 적용하지 않으면 안 된다. 왜냐하면 투자분석에 있어서 평가의 기본기능은 사업의 경제적 또는 재무적 타당성을 구명하고 투자사업 전체에 대한 손익계산서, 대차대조표 등 재정상태를 구체적으로 그리고 정확히 기록, 계산 및 분석하는데 있으므로 만일 자산의 평가가 잘못 이루어진다면 이상의 기능을 발휘할 수 없게 되기 때문이다. 그러므로 여기에 특정자산에 대하여 일반적으로 이용될 수 있는 평가원칙을 기술하고자 한다.

첫째, 만일 평가대상자산이 판매성 생산물(salable products) 및 구입성 생산자재(purchasing input factors)이거나 또는 어음 등과 같이 현금성 유통자산이라면 판매비용을 뺀 시가법에 의한 직접평가법(direct valuation) 을 적용하고,

둘째, 만일 평가대상 자산이 농업용 토지, 수리시설, 대동식물, 증권 및 채권 등과 같이 계속 또는 일정기간 동안 수익을 직접 산출하는 자산에 대하여는 장래 예상수익액을 현재가로 할인하는 수익가법에 의한 직접평가법을 적용하며,

셋째, 만일 자산대상자산이 건물 및 농기구 등과 같이 생산에 기여하지만 직접수익을 산출하지 않는 내구성 자산에 대하여는 생산에 의한 소모부분을 정확히 파악할 수 있는 김가상각비를 뺀 비용가 또는 재조달가법에 의한 간접평가법(indirect valuation method)을 적용한다.

제 10장

감가상각법

내구성 자산은 사용함으로써 일시에 자산의 가치가 소멸되는 것이 아니고 내구기간 동안에 계속하여 사용 할 수 있다. 감가상각은 마손, 마모, 진부화 및 부적응 이라는 감가요인이 있는데 이 가치를 매년 평가하여 연간 손실비용으로 추정하여 적립해 둠으로써 내구기간이 종료될 때 새로운 내구성자산을 구입하여 생산 활동을 계속 할 수 있는 것이다.

농업기반조성사업을 통하여 건설되는 저수지, 양수장, 보, 관정, 용배수로와 유리온실, 창고, 트랙터와 콤바인 등 내구성이 있는 시설과 농기계에 대하여는 감가상각을 하여야 한다. 특히 농업생산기반조성사업으로 건설되는 시설물들은 대부분의 시설투자비가 정부보조이기 때문에 시설관리 책임부서는 감가상각을 하지 않고 있으나, 투자분석을 위한 현금유동표를 작성함에 있어서는 잔존가치의 표시, 농업용수의 원수가계산, 재무제표로서의 대차대조표 및 손익계산서를 작성하기 위하여 필히 장부상의 감가상각이라도 추정해 놓아야 한다. 감가상각방법[2]에는 여러 가지 방법이 있으나 시설물 및 농기계의 특성에 따라 적의 선택하여 사용하여야 한다. 법인세법에서는 정액법과 정률법을 사용토록 되어 있으나 시설물의 정확한 경제가치를 추정하기 위하여는 합당한 방법을 찾아 적용함이 바람직하다 하겠다.

제 1 절 연재평가법(Annual Revaluation)

상각자산의 가격을 매년 재평가하여 차액만큼을 감가상각액으로 정하는 방법으로 이는 물가가 안정되어 있을 경우에 적용이 가능하다.

---

[2] 반성환, 한규수, 농업부기, 한국방송통신대학 교재, 1983에서 발췌함.
최승기, 이창우, 예해농업부기, 선진문화사, 1987.

제 2 절 직선법(Straight Line Method)

이 방법은 정액법으로서 우리나라의 회계학상 가장 보편적으로 사용되고 있는 방법인데 내구자산의 연간 감가액은 기초가격에서 잔존가치를 뺀 나머지 금액을 내용연수로 나눈 값이다. 이 방법은 누구나 손쉽게 처리 할 수 있고 매년도의 감가상각 액이 동일한 것이 장점이나 물가변동이 심할 경우에는 기초가격을 매년도의 재 조달가격(또는 신조가격)으로 결정해야하는 문제점이 있다. 잔존가치는 통상 기초가격의 10%로 본다.

$$D_P = \frac{B_P - S}{N}$$

여기서 D_p = 감가상각 액(Depreciation)

Bp = 기초가격(Basal Price)

S = 잔존가치(Salvage Value)

N = 내용연수(Economic Life)

제 3 절 급수법(Sum of the Year-Digits Method)

이 방법은 기초가격에서 잔존가격을 뺀 미상각액에 내용연수에 대한 급수를 승하여 감가상각액을 계산하는 방법으로 내용연수의 급수는 내용연수의 역 순위수자를 진내용연수의 합계(즉 1 + 2 + 3 + 4 + 5 = 15)로 나눈 값을 말한다. 이 방법은 기계 또는 시설물의 성능이 좋을 때 많은 감가상각을 하고 노후화로 기계의 성능이 떨어졌을 때 감가상각 액을 적게 하는 방법으로 재무회계분석에 많이 응용되고 있지 않고 있다.

〈표 10-1〉 급수법에 의한 감가상각 계산실예

(단위 : 천원)

연 도	감가상각대상액	급 수	감가상각액
1	150,000-50,000	5/15	33,333
2	150,000-50,000	4/15	26,666
3	150,000-50,000	3/15	20,000
4	150,000-50,000	2/15	13,333
5	150,000-50,000	1/15	6,666

주 : 기초가격 = 150,000원, 잔존가치 = 50,000원

제 4 절 정률법(Diminishing Balance Method)

정률법은 감가상각자산의 연도 초 현재가에 일정한 상각률을 곱하여 당해년도의 감가상각액을 계산하는 방법이다. 매년도의 일정상가율은 다음 공식에 의거 계산한다. 이 방법도 급수법과 같이 기계 및 시설물의 성능이 좋을 때 많은 감가상각을 하고 노후화됨에 따라 적게 하는 장점이 있다.

$$Dr = 1 - (S/B)^{1/n}$$

여기서 Dr = 일정상각률

B = 기초가격

S = 잔존가격

n = 내용연수

〈표 10-2〉 정률법에 의한 감가상각 계산실례

연 도	연초현재가	감가상각 율	감가상각 액	차년도 현재가
1차년	150,000	19.726%	29,590	150,000-29,590
2차년	120,410	19.726%	23,750	120,410-23,750
3차년	96,660	19.726%	19,070	96,660-19,070
4차년	77,590	19.726%	15,320	77,590-15,320
5차년	62,270	19.726%	12,270	62,270-12,270

주: 상각자산의 기초가격 = 150,000원
잔존가치 = 50,000원
내구년수 = 5년

제 5 절 비례법(Comparative Method)

이 방법은 기초가격에서 잔존가치를 뺀 상각대상액에 기계 및 시설물의 당해연도 이용률을 곱하여 감가상각 액을 계산한다. 특정 년도의 감가상각 율은 다음공식에 의거 계산한다.

$$Dr = (B - S) * W/TW$$

여기서 Dr = 특정 연도의 감가상각률
B = 기초가격
S = 잔존가치
W = 실제작업시간
TW = 총추정작업시간

예를 들어, 동력경운기의 총 작업가능시간이 2,500시간이고 당해연도의 실제작업시간이 500시간이며 동력경운기의 구입가격이 1,500,000원이고 잔존가치가 500,000원일 경우 감가상각 액은 다음과 같이 계산된다.

Dr = (1,500,000 - 500,000) * 500 / 2,500 = 200,000원

제 6 절 체감기금법(Sinking Fund Method)

체감기금법[3]은 기초가격에서 잔존가치를 뺀 감가상각 대상 액에 일정한의 상각 율을 곱하여 계산하는데 이때 감가상각 율은 일정기간 후에 상각대상 액이 되기 위해 매년의 감가상각 액을 동일하게 결정하되 일정 이자율만큼 상각 액을 적게 하는 방법이다.

$$Dr = B\{i/[(1+i)^n - 1]\}$$

여기서 Dr = 감가상각율
B = 감가상각 대상액
i = 이자율 또는 자본의 기회비용
n = 내구연수

예를 들어 감가대상액이 1,500,000원이고 내용연수가 10년이며 연간 이자율이 10%일 경우 감가상각 율은 0.06275가되어 연간 감가상각 액은 62,750원이다. 정액법을 사용하면 150,000원이 된다. 이 경우에 있어서는 연간 감가상각 액을 10년간 장기로 저금하는 것을 전제로 한다.

제 7 절 연부상환법(Capital Recovery Method)

연부상환법[4]은 농기계를 구입한다든지 또는 농업용 시설물을 지을 경우 투입된 최초의 투자액을 내구기간동안 일정액만큼 매년회수 하는 방법으로 이때 연간 회수액에는 복리가 가산된다.

---

[3] 문팔용, 임재환, 농업투자분석론(연구총서 27) KDI, 1979
J. Price Gittinger, Economic Analysis of Agricultural Projects, IBRD, 1982.
____________, Compounding and Discounting Tables for Project Analysis with a Guide to Their Application, IBRD, 1984.

[4] 문팔용, 임재환, 농업투자분석론(연구총서 27) KDI, 1979
J. Price Gittinger, Economic Analysis of Agricultural Projects, IBRD, 1982.
____________, Compounding and Discounting Tables for Project Analysis with a Guide to Their Application, IBRD, 1984.

$$Dr = i(1+i)^n/(1+i)^n - 1$$

여기서 Dr = 연부상환 율

i = 이자율 또는 자본의 기회비용

n = 고정자산의 내용연수

앞의 예에 있어 연부상환 율은 0.16275로 연간 162,750원을 매년 회수해야한다. 이러한 계산은 투자자본의 기회비용을 고려할 때 적용되며 이자를 감안한 감가상각액이라고 볼 수 있다.

〈표 10-3〉 다목적댐 법 시행령 부표(사업별감가상각률)

사 업 별	내용연수	잔존가치	상각률(%)
발전사업	45년	10%	2.00
관개사업	55	0	1.82
홍수조절	80	0	1.25
공업용수	45	10	2.00
상 수 도	45	10	2.00

자료 : 건설부, 다목적댐법시행령, 부표.

〈표 10-4〉 주요농업시설물별 내용연수 및 감가상각률

시설물	내구연수(년)	잔존가치(%)	정액상각률(%)
방 조 제	100	10	0.90
저 수 지	70	10	1.28
양 수 장	40	10	2.25
배수갑문	40	10	2.25
건 축	80	10	1.13
기 계	40	10	2.25
전 기	35	10	2.57
부대공사	40	10	2.25

자료 : 농림부, 농지개량사업설계기준

제 11 장

사업비용의 구성요소

제 1 절 투자사업비(Investment Costs)

농업부문의 개발사업비는 순공사비, 지급 자재대, 용지매수보상비 등의 직접사업비와 물량변동예비비, 물가상승예비비, 측량설계 공감비, 관리비, 시험기구 및 장비, 기술 용역비, 잡지출로 구성되는 간접사업비[1] 및 공사기간중 이자로 구성된다.

1. 순공사비(Net Construction Cost)

순공사비는 저수지, 양배수장, 도수터널, 방조제, 조절지, 용배수로, 취입보, 도수로, 배수개선, 경지정리, 개간, 부대시설 및 사업소신축 등의 구조물별 공사비로도 구분되나 사업의 경제성분석을 위하여는 재무비용(Financial Costs)을 경제적 비용(Economic Costs)으로 환산하기 쉽게 하기 위하여 (1)숙련공과 미숙련공의 노임을 포함하는 노무비와, (2)재료비, (3)유류비, (4)중기사용료, (5)잡비, (6)간접노무비, (7)산재보험료, (8)업자이윤, (9)부가가치세로 구분하여 표시하는 것이 보다 더 유용하다.

2. 지급 자재대

철근 및 시멘트 등의 정부조달품목을 말한다.

[1] 임재환, 투자심사편람(농업부문), 경제기획원 투자심사국, 1982. 12.

3. 용지매수보상비(Right of Way and Compensation)

저수지로 인한 침수면적, 용배수로로 인한 공용지면적 및 기타 공용시설에 따라 구입하지 않으면 안되는 공용면적에 대한 보상액으로써 토지평가사의 공정한 보상지가에 따라 지급된다.

4. 물량변동예비비(Physical Contingency)

사업의 측량설계 및 기초조사단계에서 예기치 않았던 물리적인 일이 발생함에 따라 사업시행과정에서 추가로 소요되는 사업비용을 말한다. 이는 통상 순공사비의 10%로 계상한다.

5. 물가상승예비비(Contingency for Price Escalation)

농업개발사업은 규모에 따라 나르나 대개 장기간에 걸쳐 사업이 이루어진다. 농업개발사업비는 사업계획수립당시의 물가수준에 의거 불변가격으로 추정되기 때문에 사업 완공연도에 있어서의 개발사업비는 당초의 사업비에 비하여 매우 크게 증가된다. 따라서 사업비를 산정함에 있어서는 사업기간동안의 물가상승률을 고려하여 복리로 계산하지 않으면 안 된다.

6. 측량설계 공감비

주요공작물의 시공을 위한 측량설계비와 공사 감독비를 말하는데 이는 공사비의 요율로 되어 있다.

7. 관리비

공사와 관련된 기술 및 일반직원들의 인건비와 부분 준공지구에 대한 시설물 유지관리비를 말한다.

8. 시험기구 및 장비

수리모형시험 및 토양조사 시료분석 등을 위한 기구 및 장비의 비용을 말한다.

9. 기술용역 및 훈련비

특수 분야에 대하여는 사업담당기관이 해외 또는 국내의 타 기관의 기술자 및 전문가의 기술지원을 요구하며 자체직원의 기술향상을 위하여는 해외교육훈련을 실시할 필요가 있다. 이때 소요되는 비용의 일체를 말한다.

10. 잡지출

상기 비용외의 공사와 관련된 필요경비를 말한다.

11. 공사기간 중 이자

농업개발사업의 경우 대개 재원은 국고보조 및 융자 또는 차관자금으로 조달된다. 외국의 차관자금 또는 국내은행으로부터의 융자자금에 대하여는 일정기간의 거치기간, 상환기간 및 이자율 등의 차관조건이 제시되는데 거치기간에는 이자만을 지불하고 상환기간에는 원금과 이자를 상환하는데, 거치기간은 대개 공사기간과 일치하는 것이 통례이며 상환기간은 준공이후부터 시작된다. 따라서 공사비에는 거치기간의 이자가 포함된다.

제 2 절 유지관리비(Operation and Maintenance Costs)

투자사업으로 이루어진 각종 시설물을 운영하는 데는 사업소 또는 농지개량조합의 행정관리비와 일반 인부임를 비롯하여 전기료, 유류대, 수선유지비 등의 비용이 매년 소요된다. 이러한 비용을 총괄하여 유지관리비라고 한다.

제 3 절 대체비(Replacement Costs)

시설 대체비는 사업내구기간 동안에 구조물 또는 기계의 일부분을 주기적으로 일정기간마다 대체시켜주지 않으면 시설물전체를 가동 할 수 없게 된다. 일정기간마다 대체시켜주는 비용을 대체비용이라고 한다.

〈표 11-1〉 연차별 농업기반조성 사업비 내역

구분	합계	1차년도	2차년도	3차년도	4차년도	5차년도
순공사비						
-노임						
비숙련공 노임						
숙련공 노임						
-자재대						
재료비						
유류대						
-중기 사용료						
-잡비						
-간접 노무비						
-산재 보험료						
-안전 관리비						
-부가가치세						
지급 자재대						
-자재대						
-부가가치세						
용지매수보상비						
이업 보상비						
측량 설계비						
공사 감독비						
관리비						
잡지출						
기타						
예비비						
-물량변동						
-물가상승						
합 계						

제 4 절 생산비증가액

사업에서 얻어지는 산출물을 생산하기 위하여는 사업시행 전후의 생산비[2]를 비교분석하게 되는데 사업시행 후에 있어서 소요되는 생산비에서 사업시행 전의 생산비를 차감한 금액을 말한다. 이러한 비용은 농업생산기반의 여건이 달라짐에 따라 농업생산조직이 변화하여 농약비료 등의 농업용품, 농기계, 인건비 등의 비용이 증가하는 데서 발생한다.

제 5 절 운영자본 증가액

운영자본(Working Capital)이란 회계학상 자산총액(Asset)에서 부채(Liability)를 뺀 자본을 말하는데 이는 고정자본과 가변자본으로 구성된다. 관개사업의 경우 운영자본은 영농을 위하여 구입되는 종자, 비료, 농약 및 농기계대금과 지불노임에 사용되는 자금으로 시운전전에 확보되어야 하는 금액을 말한다. 개간, 간척, 및 농업기반조성사업을 포함하는 농업개발사업을 하게 되면 농업생산비가 추가로 소요되고 사업시설을 운영하기 위한 유지관리비가 추가로 소요된다.

운영자본증가액(Incremental Working Capital)이란 사업시행 후 완전운영시에 소요되는 생산비 및 유지관리비 총액에서 사업시행 전의 생산비와 유지관리비총액을 차감한 추가금액을 말하는데 현금유동표 작성에 있어서는 완전운영 시작년도의 전년에 계상하고 사업 최종년도에 잔존가치로 계상한다. 운영자본증가액은 일모작일 경우에는 100%를 계상하고 이모작일 경우에는 운영자본증가액의 40~60%를 반영하며 삼모작 이상의 영농과 가축사육에 있어서는 20~40%를 적용하는 것이 세계은행의 일반적인 추세이다.

운영자본 증가액을 별도로 취급하는 것은 회계 관례로써 재무분석과 경제분석의 현금유동표에 포함시켜야 할 항목이다. 특히 농산물 가공사업의 경우에는 운영자본이 매우 중요한 의미를 갖으나 관개사업의 경우에는 무시할 정도로 작다.

---

2) 농업투자분석에 있어서 생산비는 국내자원비용(Domestic Resource Costs)을 말하며 농업경영비(물재비 + 고용노임)에 자가노력비를 포함한 비용을 말한다. 투자분석에 있어서는 생산비에서 자기자본이자와 토지용역비를 제외한 비용으로 사업시행전후의 생산비를 분석한다.

제 6 절 매몰비용(Sunk Cost)

매몰비용이란 사업에 이미 투입되어 그의 기회비용이 0인 투자사업비를 말한다. 예를 들면 간척사업을 하는 경우 정부의 재정형편 또는 예기치 못하였던 사유로 사업을 중단한 후 상당한 세월이 지난 후에 정부가 그 사업을 다시 추진하는 경우 과거에 투입했던 사업비는 매몰비용으로 취급하여 사업비용에 삽입하지 않고 앞으로 추가해서 소요되는 사업비만을 경제분석 비용으로 취급한다.

이와 같이 중단하였던 사업을 재개하는 경우에는 앞으로 추가되는 비용과 기대되는 사업편익에 의하여 사업의 투자효율을 추정한다. 사업중단 이전의 손실편익(즉 간척의 경우 수산물 생산액)도 매몰가치로 취급하여야 하고 사업재개시점에서의 손실편익만을 추정하여 기대편익에서 차감 해 주면 된다. 사업의 경제성분석에 있어 매몰비용문제는 자주 야기됨으로 특별한 주의를 요한다.

제 7 절 잔존가치(Salvage Value)의 처리

농업용 수리시설물중 저수지, 양수장 및 용배수간지선을 설치하기 위하여는 상당한 면적의 용지매수와 이에 따른 사업비용이 소요된다. 간척의 경우에는 방조제 구축을 위한 토석채취 및 배수갑문설치 등으로 많은 면적의 용지매수가 필요하게 되고 사업이 완공된 후에는 고부가 가치를 창출 할 수 있는 사업자산으로써의 많은 토지가 새로 형성된다.

용지매수보상비는 사업초기에 사업비용으로 현금유동표상에 계상되거나 사업시행전의 면적에 포함되어 시행 전의 연차별편익으로 취급되지만 저수지 및 용배수간지선용지는 사업내구연수가 끝난 후에도 그 가치가 그대로 잔존하게 됨으로 현금유동표상의 현금유입란의 최종연도에 용지매수 보상비만큼 잔존가치로써 계상시켜야 된다.

간척사업의 경우는 방조제 건설과 배수갑문설치를 위하여 채석장 및 토취장으로 사용됨으로 인하여 형성된 신규 가용 토지는 공사 완공 후 재평가하여 가치증가분 만큼 사업편익에 포함시켜야 할 것이다. 토공시설물의 잔존가치는 영으로 취급하여야하나 주요기계류의 경우에는 신조가격의 10%에 해당하는 잔존가치를 현금유동표상의 현금유입란 최종연도에 계상시켜야 할 것이다.

제 12 장

현금유동표의 작성과 투자분석 실례

제 1 절 현금유동표[1]의 작성

현금유동표의 작성은 사업편익으로서의 현금유입과 사업비용으로서의 현금유출을 사업내구기간동안에 연차별로 나타내 줌으로 투자의사결정기준을 분석하는 기초자료가 된다.

1. 현금유입(Cash Inflow)

현금유입항목에는 사업시행 후의 농산물 생산량에서 사업시행 전의 농산물생산량을 차감한 증수량 곡가환산액인 농산물 또는 제품의 판매수입이 기록되며 주요시설물의 내용연수를 중심으로 사업의 경제적 수명 연한을 결정하는 관계로 내용연수가 짧은 시설물은 수 차례에 걸친 대체가 이루어진다. 따라서 이의 잔존 가치가 당해년도에 기록되며 최종년도는 시설물의 잔존가치와 운영자본증가액(Incremental working capital)이 기록되어야 한다.

재무분석을 위한 현금유입란에는 정부보조금 및 특혜액이 해당년도에 기록되고 모든 현금유입항목은 농가수취가격 또는 농장가격(Farm-gate Prices)으로 평가된다.

그러나 경제분석을 위한 현금유입란에는 정부의 이전적 지출인 정부보조, 제세감면 및 융자금을 제외시키되 모든 항목은 잠재가격(Shadow Prices)으로 평가된다.

---

1) 임재환, 투자심사편람(농업부문), 경제기획원 투자심사국, 1982. 12
J. Price Gittinger, Economic Analysis of Agricultural Projects, IBRD, 1982.

2. 현금유출(Cash Outflow)

현금유출란에는 최초의 시설투자비가 당해년도에 기록되고 시설물의 유지관리비 및 농업경영비증가액이 기록되며 또한 시행전후 농업경영비와 유지관리비의 차액을 운영자본증가액(Incremental Working Capital)으로 전년도에 기록하며 제세공과금이 기록된다. 그리고 재무분석을 위한 현금유출란에는 차관 및 융자금의 원리금상환액이 기록된다. 이때 모든 항목은 실제적으로 지출되는 현실가격 즉 시장가격 또는 농가지불 및 수취가격으로 평가한다.

경제분석을 위한 현금유출란에는 시설투자비, 대체비, 유지관리비, 생산비증가액 및 운영자본증가액을 포함시킨다. 여기서 생산비란 자원비용(Resource Costs)으로서 제반투입물의 비용과 자가 및 고용노력비를 포함시키고 토지자본 용역비 및 자기자본이자는 제외시키며 모든 비용항목은 잠재가격(Shadow Prices)으로 평가하고 일반환산계수(Standard Convertion Factor)로 조정한 금액을 기록한다.

3. 순현금수지(Net Cash Balance)

순현금수지란에는 현금유입총액에서 현금유출총액을 뺀 잔액으로써 사업초기 수년 간은 부의 수치를 나타내며 사업이 완전운영기간에 돌입하면 점진적인 수익증가를 보이다가 사업완전운영기에는 일정액의 사업수익이 계속하여 유지되는 현상을 나타낸다. 그러나 연차별사업수익의 크기와 모양은 사업의 성격에 따라 차이를 보이고 있다.

〈표 12-1〉 재무분석을 위한 현금유동표(Cash Flow Table)

구 분	사업시행전 (Future With-out Project)	사업시행후(Future With Project)							
		1	2	3	4	5	6	7	n
현금유입(A)									
농산물증수									
잔존가치									
정부보조*									
융 자 금*									
제세감면*									
기 타									
계									
현금유출(B)									
시설투자비									
대 체 비									
유지관리비									
농업경영비**									
운영자본증가액									
융자금상환*									
원 금									
이 자									
조세공과금*									
계									
순현금수지 (A - B)									
사업순수익									

주 : 사업순수익 = 사업시행 후 순현금수지 - 사업시행 전 순현금수지

* : 경제분석시에는 이 항목들을 제외시킨다.

** : 농업경영비를 생산비로 바꾸고 모든 자원비용을 포함시킨다.

제 2 절 사업기간의 구분과 수익-비용의 변화

농지기반조성사업 및 수자원개발사업의 사업추진과정은 기본조사, 타당성조사, 실시설계를 포함하는 사업준비 단계와 시공단계, 완전가동단계(유지관리단계)로 구분된다. 이를 경제분석

을 위한 기간으로 표시하면 건설기간. 이행기간(Run-in Period), 또는 수익증가기간(Building-up Period), 완전가동기간(Full Production Period)[2)]으로 구분된다.

1. 건설기간(Construction Period)

저수지, 양수장, 하구언 등의 주요시설물을 설치하거나 농장개발에 따른 주요공사를 시행하는 기간으로 사업수익 또는 증수량은 거의 발생하지 않는다.

2. 이행기간(Run - in Period)

각종 주요시설물의 설치와 주요공사의 일부가 준공되었거나 계속되고 있고 수익 및 생산은 관개 및 영농을 통하여 일부 나오고 있으며 시간이 갈수록 보다 많은 양의 생산물이 나오는 기간이다.

3. 완전가동기간(Full Production Period)

공사완료 후 시설물이 완전가동 되고 각종 생산요소의 조합과 연계기관간의 업무조정이 잘 되어 목표생산수준(full production level)을 달성하고 이를 계속 유지하는 기간이다. 위의 3기간을 통하여 수입과 비용이 변화하는 과정을 보면 다음 〈그림 12-1〉과 같다.

---

2) Hellmuth Bergman & Jean Marc Boussard, Guide to the Economic Evaluation of Irrigation Projects, Paris, 1976.

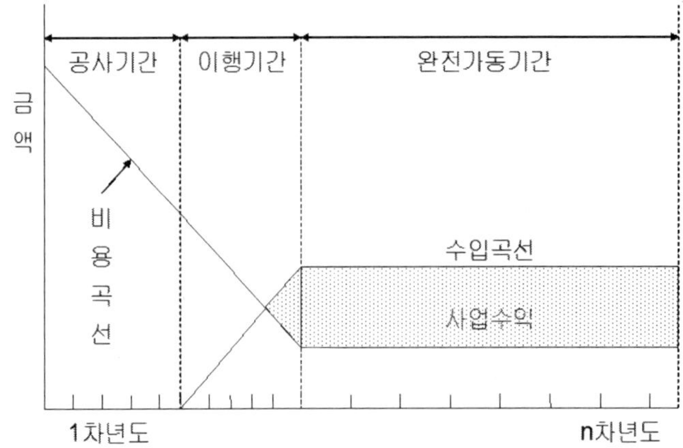

〈그림 12-1〉 사업기간의 구분

이와 같이 수익과 비용이 시간의 흐름에 따라 변화는 형태를 투자사업의 시간성(time pattern)이라 하며 어떠한 농업기반조성사업이건 수익과 비용의 시간적 흐름을 분명히 하여야 현재가치로 환산할 수 있고 감응도를 분석할 수 있다. 이는 또한 수익성이 왜 높으며 낮은가를 나타내고 있기 때문에 어떻게 하면 투자수익률을 높일 수 있는가를 구명할 수 있다. 이것은 기술적으로 타당한 것을 전제로 하고 있음을 명기하여야 한다.

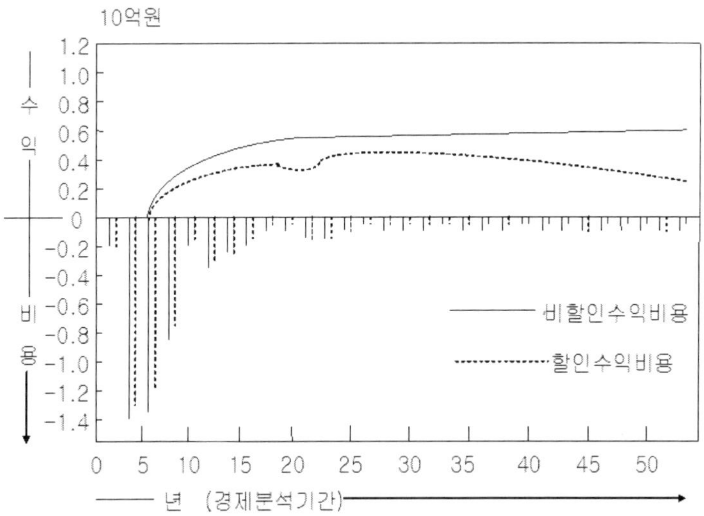

〈그림 12-2〉 사업수익비용의 변화

제 3 절 경지정리사업의 투자효과 분석 실례

1. 사업지구현황

1) 사업개황

정자지구는 충청남도 서산군 고북면 정자리에 위치한 지역으로 서산과 홍성의 경계지역에 있다. 정확한 사업구역은 서산군 고북면 정자리와 양천리, 서산군 운산면 용현리, 홍성군 갈산면 동성리, 취생리에 걸쳐있다. 사업은 관개와 배수의 개선, 토지의 교환분합, 지목의 변경, 구획형질의 변경, 도로와 구거, 휴반의 정리 등을 목적으로 하는 것이다.

구역면적은 112ha로 모두 서산시 농조구역에 속하며, 몽리면적은 95.91ha이다. 총사업비는 기본계획상으로는 11.7억원이나 실제 집행된 정산액은 10.3억원이었다.

2) 시행전후 토지이용 계획

개발지구의 토지이용상황을 살펴보면 〈표 12-3〉과 같다. 시행전에는 답, 전, 임야 등으로 나누어져 있던 토지가 시행후에는 답, 도로, 구거로 지목변환 되었으며, 답과 구거의 면적은 종전에 비하여 늘어났다.

〈표 12-3〉 정자지구의 시행전후 토지이용계획

(단위 : ha)

지 목	시행 전	시행 후	차인증감	비고
답	95.12	95.91	0.79	감보율 : 12.11% [(109.13-95.91) / 109.13] × 100 = 12.11%
전	11.92	-	-11.92	
임 야	0.77	-	- 0.77	
대 지	0.20	-	- 0.20	
도 로	1.50	0.91	- 0.58	
구 거	1.36	15.18	13.82	
기 타	1.13	-	- 1.13	
합 계	112.00	112.00		

자료: 농지개량조합연합회, 정자지구 농업경제분석 보고서.

3) 사회 경제적 현황

정자지구 중 가장 몽리민수가 많은 고북면 정자1리를 대상으로 사회경제조사를 실시하였다. 정자1리의 경지면적은 총 127ha로 답이 72.5ha, 전 54.5ha로 중간지대에 해당된다. 정자1리의 전체농가 호수는 94호이며 호당 경지면적은 1.34ha로 이중 답이 0.77ha, 전이 0.57ha로 구성되어 있다.

경지정리 사업 당시 지구 전체의 인구는 남자 195명, 여자 209명으로 총 404명이었다. 호당 인구는 남자 1.82인, 여자 1.95인이었으며, 호당 노동가능인구는 남자 1.13인, 여자 1.21인이었다. 경지 규모별로는 1.0~2.0ha의 농가가 47호로 전체의 절반을 차지하고 있으며, 2.0-3.0ha의 농가도 27호, 3.0ha 이상의 농가는 3호로 경지규모가 많은 편이었으며, 1.0ha미만의 영세소농은 17호에 불과하였다.

2. 시장재화가치의 사업편익추정

1) 직접효과 분석

(1) 사업시행전 수익분석

정자지구의 사업시행전 당시 농지개량조합연합회에서 발간한 정자지구 농업경제분석 보고서에 의한 토지이용 및 수익은 〈표 12-4〉와 같다. 논에서는 일반벼와 다수확벼가 반반씩 재배되고 있었고, 밭에서는 대두와 고추, 배추 등이 재배되고 있었다.

단위면적당 순수익은 배추를 제외하고는 벼가 많은 편이었으며, 지역 전체로는 조수익이 4.3억원, 생산비가 2.5억원, 순수익은 1.8억원이다.

〈표 12-4〉 사업시행전 수익분석

(단위 : 천원)

작 목	재배면적(ha)	ha당					전 체		
		수량(kg)	단가(원)	조수익	생산비	순수익	조수익	생산비	순수익
일반벼	47.56	3,600	901	3,574	2,016	1,558	170,009	95,885	74,116
다수확벼	47.56	4,000	901	3,972	2,083	1,888	188,890	99,086	89,804
대두	3.46	1,455	942	1,398	1,352	46	4,837	4,680	157
고추	8.46	1,560	3,878	6,050	4,716	1,333	51,180	39,902	11,278
배추	2.3	80,490	97	7,808	3,020	4,787	17,957	6,946	11,011
계	109.34	-	-	-	-	-	432,865	246,499	186,366

주 : 사업지구 전체농가호수 : 75호.
자료 : 농지개량조합연합회, 정자지구 농업경제분석 보고서.

2) 시행후 생산량 증가효과

경지정리사업 시행전의 미곡생산량은 1989년 당시 정자지구를 포함하는 고북지구의 평균생산량인 ha당 400kg/10a를 기준으로 하였다. 1999년의 미곡생산량은 경지정리를 하지 않은 지곡지구의 조사자료를 이용하였다. 지곡지구의 1999년도 10a당 평균 생산량은 440kg이었다. 이럴 경우 연평균 0.958%의 연 증가율을 보이고 있는데 이는 서산군 농조 관할 몽리구역의 전체 평균성장율인 0.27%를 크게 상회하는 수치로 사업평가 자료로 이용하기에는 문제가 없는 것으로 판단되었다.

시행후의 미곡생산량은 정자지구를 포함하는 고북지역의 실제 생산량 자료를 이용하였다. 정자지구는 고북지역의 한 부분을 차지하고 있으며, 정자지구의 경지정리가 완료된 후 고북지역의 평균생산량이 크게 증가하였다.

2000년 이후의 생산량 추정은 최근 5년간의 평균생산량인 500kg/10a를 사용하였다. 이렇게 계산된 결과는 〈표 12-5〉에 나타나 있다. 경지정리 사업이 끝난 첫해에는 미곡수량에 큰 차이가 없었으나 그 다음해부터는 수량차이가 나기 시작하였다. 경지정리사업이 완공된 후부터 사업지구 전체생산량은 다음 〈표 12-5〉에서 보는 바와 같이 연간 60-100M/T의 미곡이 증산되었다. 사업시행 전후 연차별 농업순수익은 다음 〈표 12-5〉와 같이 분석하였다.

〈표 12-5〉 사업시행전후 농업편익추정(경제분석)

구 분	1990	1991	1992	1993	1994	1995	1996	1997	1998	1999	2000	---n
사업시행전												
면적(ha)	95.91	95.91	95.91	95.91	95.91	95.91	95.91	95.91	95.91	95.91	95.91	95.91
ha당수량(kg)	4038	4077	4116	4155	4195	4235	4276	4317	4358	4400	4400	4400
총생산량(M/T)	387.3	391.0	394.8	998.5	402.3	407.9	410.1	414.0	418.0	422.0	422.0	422.0
톤당단가(천원)	1,9567	1,956	1,956	1,956	1,956	1,956	1,956	1,956	1,956	1,956	1,956	1,956
미곡조수익(백만원)	57.5	764.8	772.2	779.5	787.0	797.9	802.2	809.9	817.6	825.4	825.4	825.4
부산물가액(백만원)	21.2	21.4	21.6	21.8	22.0	22.3	22.5	22.7	22.9	23.1	23.1	23.1
총 조수익(백만원)	778.7	786.2	793.8	801.3	809.0	820.2	824.7	832.6	840.5	848.5	848.5	848.5
반당생산비(천원)	110.7	110.7	110.7	110.7	110.7	110.7	110.7	110.7	110.7	110.7	110.7	110.7
총생산비(백만)	10.6	10.6	10.6	10.6	10.6	10.6	10.6	10.6	10.6	10.6	10.6	10.6
농업순수익(A)	768.1	775.6	783.2	790.7	798.4	809.6	814.1	822.0	829.9	837.9	837.9	837.9
사업시행후												
면적	95.91	95.91	95.91	95.91	95.91	95.91	95.91	95.91	95.91	95.91	95.91	95.91
반당수량	4046	4865	4830	457943	4604	4522	4959	5394	4836	5024	5000	5000
총생산량	388.1	466.6	463.2	9.2	441.6	433.7	475.6	517.3	463.8	481.9	479.6	479.6
톤당단가	1956	1956	1956	1956	1956	1956	1956	1956	1956	1956	1956	1956
미곡조수입	759.1	912.7	906.0	859.1	863.8	848.3	930.3	1011.8	907.2	942.6	938.1	938.1
부산물가액	21.3	25.6	25.4	24.1	24.2	23.8	26.0	28.3	25.4	26.4	26.3	26.3
총조수입	788.4	938.3	931.4	883.2	888.0	872.1	956.3	1040.1	932.6	969.0	964.4	964.4
반당생산비	107.4	107.4	107.4	107.4	107.4	107.4	107.4	107.4	107.4	107.4	107.4	107.4
총생산비	10.3	10.3	10.3	10.3	10.3	10.3	10.3	10.3	10.3	10.3	10.3	10.3
농업순수익(B)	778.1	928.0	921.1	872.9	877.7	861.8	946.0	1029.8	922.3	958.7	954.1	954.1
차인 농업 순수익(B-A)	10.0	152.4	137.9	82.2	79.3	52.2	131.9	207.8	92.4	120.8	116.2	116.2

주 : 부산물 가액은 주 생산물 가격의 2.8%.

3) 노동력 절감효과

노동력 절감효과는 정자지구와 대비구인 지곡지구의 투하노동력을 조사하여 비교한 결과 경지정리사업 시행 전에는 단보당 45시간의 노동이 투하되었음에 비해 시행 후에는 단보당 27시간의 노동이 투하된 것으로 나타나 노동력 절감효과가 17.36시간으로 계산되었다. 〈표 12-6〉에서 보는바와 같이 시행전과 시행후의 이앙과 용배수 관리와 이앙작업에서 특히 많은 인력이 절감되는 것으로 나타났으며 이는 농기계사용의 효율향상과 농지관리의 편의성 증가로 인한 결과로 생각된다.

〈표 12-6〉 정자지구의 단보당 노동력 절감효과

(단위 : 시간/단보)

영농작업별	시행 전	시행 후	차 이
계	44.79	27.43	17.36
종 자 준 비	0.45	0.33	0.12
못자리 설치	8.30	7.51	0.79
경 운 정 지	2.89	2.22	0.67
밑거름 주기	0.75	0.52	0.23
이 앙	6.40	3.90	2.50
추 비	0.75	0.54	0.21
제 초 작 업	1.30	1.02	0.28
용배수 관리	14.50	5.73	8.77
병충해 방제	2.45	1.32	1.13
수 확 탈 곡	3.92	2.12	1.80
건 조	3.08	2.22	0.86

주 : 시행 전은 대비구인 지곡지구, 시행 후는 정자지구를 조사한 자료임.

이러한 노동력 절감효과를 지역 전체에서 보면 다음 〈표 12-7〉과 같다. 시행 전에는 밭이 조금 있었으므로 같은 경지면적으로 가정하고, 노동투하 시간을 1일 8시간 노동을 투하한다고 가정하면 지역전체로는 약 2천일의 노동이 절감되는 것으로 나타났다. 이를 재무적 화폐가치로 환산하면 87백만원이지만 경제분석을 위한 잠재노임으로 환산할 경우 73.8백만원이 된다.

〈표 12-7〉 정자지구 전체의 노동력절감효과

구 분	시행전	시행후	노동력절감효과
경 지 면 적(ha)	96	96	96
ha당 노동투하시간	447.9	274.3	173.6
ha당 노동투하일수	56.2	34.3	21.9
총 노동투하일수	5,395.2	3,292.8	2,102.4
전체 노임 지불액(백만원)	223.0	136.1	86.9
경제분석 노임총액(백만원)	189.5	115.7	73.8

주 : 1) 1일 농촌노임(남자기준) = 41,328원/일.
2) 1일 잠재노임(경제분석 노임) = 35,130원/일.
3) 전체 노임 지불액 = 총노동투하일수 × 농촌노임.
4) 경제분석 노임총액 = 총노동투하일수 × 잠재노임.
5) 1일 8시간 노동기준.
6) 시행후의 답면적은 95.91ha이고, 시행전의 답면적은 95.12ha이나 시행전전 면적 14.22ha가 있으나 용지보상비가 지불되었으므로 별도의 수익분석을 안함.

4) 경영비중 물재비 절감효과

경영비 항목 중 물재비 절감효과도 정자지구와 지곡지구를 비교하여 계산하였다. 〈표 12-8〉에서 보는 바와 같이 경지정리사업 시행 전에는 단보당 11.6만원의 비용이 들어가는 것으로 조사되었으나, 시행 후에는 11.2만원이 투입되는 것으로 나타났다. 세부항목별로는 종묘비와 위탁료는 감소되었고, 광열비와 소농구비는 증가하여 단보당 약 3,400원의 비용이 줄어드는 것으로 나타났다.

재무분석단가를 경제분석을 위한 가격으로 환산 해 보면 비료비는 환산가격이 다르나 다른 모든 비용은 일반환산계수 0.981을 곱하여 추정하였다. 사업 시행 전과 시행 후의 차인 절감액은 종묘비에서 가장 큰 절감액을 보이고 있으며 그 차액은 3,362원으로 계산되었고 농약비와 광열비, 농구비 등은 증가하였다. 사업시행으로 인한 총 차인절감액은 단보당 3,352원으로 계산되었다. 사업지구 전체의 물재비 절감액은 271,000원으로 추정되었다.

〈표 12-8〉 정자지구의 단보당 물재비 절감액

(단위 : 원/단보)

구 분	시행 전		시행 후		차 이	
	재무분석	경제분석	재무분석	경제분석	재무분석	경제분석
종 묘 비	11,250	11,036	7,823	7,674	3,427	3,362
비 료 비	15,007	11,255	14,877	11,158	130	97
농 약 비	15,950	15,647	16,083	15,777	-133	-130
광 열 비	3,840	3,767	4,920	4,827	-1,080	-1,060
위 탁 료	35,480	34,806	33,520	32,883	1,960	1,923
소농구비	34,869	34,206	35,725	35,046	-856	-840
계	116,396	110,717	112,947	107,365	3,449	3,352

주 : 1) 시행전은 대비구인 지곡지구, 시행후는 정자지구를 조사자료를 이용함.
2) 재무분석단가에 환산계수를 곱하면 경제분석단가를 추정하였음.

〈표 12-9〉 전체 물재비 절감효과 추정

구 분	시 행 전	시 행 후	절 감 액	비 고
면 적(ha)	96	96	0	
ha당물재비(원)	110,717	107,365	3,352	
전체물재비(천원)	10,628	10,307	271	

주 : 시행후의 답면적은 95.91ha이고, 시행전의 답면적은 95.12ha이나 시행전 전면적 14.22ha가 있으나 용지보상비로 지불되었으므로 별도로 계산을 하지 않음.

5) 농기계수리비 절감효과

경지정리를 시행하면 도로의 정비와 지반의 정비로 농기계의 고장이 줄어들게 된다. 농기계 수리비 절감효과는 경지정리 전후 기종별 대당 절감효과를 계산한 후 지구면적을 대당 작업면적으로 나누어 소요대수를 계산하였고, 절감액에 소요대수를 곱하여 전체 절감액을 계산하였다.

경운기의 경우 시행 전인 지곡지구에 있어서는 수리횟수가 연간 2.8회이고, 1회 수리비로 지불한 금액은 4만 3천원이며 경운기 1대의 수리비용으로 연간 평균 12만원이 지출되었다. 정자지구의 수리횟수는 연간 1.3회로 1회 수리비는 2만 8천원 연간 3만 6천원이 소요되어 경운기 1대당 8만 4천원이 절감되었다. 경운기의 평균 작업면적은 2ha로 이 지역전체에서 48대가 필요하다. 따라서 1대당 절감액과 소요대수를 곱하면 경운기의 수리비용으로 연간 400만원을 절감하였다고 볼 수 있다.

이런 방법으로 계산한 절감총액은 연간 12,826천원이 되고 일반환산계수를 곱하여 12,582천원을 경세분석 편익으로 계산하였다.

〈표 12-10〉 농기계수리비 절감효과

농기구	경지정리 전(대당)			경지정리 후(대당)			절감액 (천원)	대당 작업 면적 (ha)	소 요 대 수	절감 총액 (천원/년)
	수리 회수 (회/년)	수리비 (천원/회)	총액 (천원)	수리 회수 (회/년)	수리비 (천원/회)	총액 (천원)				
경운기	2.8	43	120.4	1.3	28	36.4	84.0	2.0	48.0	4,032
트랙터	3.5	135	472.5	2.7	102	275.4	197.1	22.8	4.2	828
이앙기	3.3	75	247.5	1.5	40	60.0	187.5	4.8	20.0	3,750
콤바인	3.5	320	1,120.0	2.0	250	500.0	620.0	14.2	6.8	4,216
합계	-	-	1,960.4	-	-	871.8	1088.6			12,826

자료 : 대당 작업면적은 농수산부 농업기계화 기종별 자타가 작업면적, 1998.

6) 농한기 농외소득증대효과

경지정리사업은 농한기에 이루어지므로 사업비에 포함되어 있는 보통 인부 노임은 한편으로는 투자비의 지출항목이 되지만 다른 한편으로는 경지정리사업지구 내의 지역주민에게 농한기의 농외소득을 증대시키는 효과를 가져온다.

노무비중 보통 인부 노임은 1989년에 1,892천원 1990년에 34,364천원이 투자되었다. 이를 현재가치로 환산할 경우 2,750천원과 47,994천원이 된다. 그런데 사업비의 미숙련공 노임 중 30%는 미숙련공의 기회비용으로 취급하였으며 나머지 70%에 해당되는 부분은 노동의 기회비용이 0인 농촌노동력을 경지정리 사업에 취업시킴으로 농가소득증대에 기여한 것으로 계산하였다. 총 농외소득 증대액은 35,927천원으로 추정되었고 나머지 30%에 해당하는 10,778천원은 경지정리 사업비용으로 취급되었다.

7) 농민의 건강증진효과

농민의 건강증진효과는 경지정리 사업으로 중노동으로부터 해방되어 병원을 찾는 횟수가 줄어들게 되는 것으로 보았다. 그런데 이 효과는 기계화에 의한 효과와 경지정리 효과로 구분하여 살펴보았다. 경지정리와 관련된 주요 질병으로는 요통, 관절염, 고혈압 등을 들 수 있다.

환자가 부담하는 1회 지급 금액은 3,200원 이었으며 의료보험조합이 부담하는 금액이 70%이므로 전체 치료비는 1회당 10,700원으로 계산되었다. 반면에 병원에 갈 경우 반나절의 노동력을 상실하게 되므로 이를 비용으로 계상하였다.

직접치료비 절감효과를 보면 경지정리 후 질병에 걸린 농가수도 줄고, 진료회수도 줄어들어 전체 진료비의 절반 정도를 절감할 수 있는 것으로 나타났다. 경지정리 전에는 농가가 연간 호당 병원에 가는 회수가 16.9회이었으나, 경지정리 후에는 연간 9.2회로 7.7회의 진료회수가 줄었다. 따라서 절감되는 총비용은 연간 6,185천원으로 나타났다. 이를 경제분석비용으로 환산하면 6,067천원이 된다.

한편 사업지구 전체로써 간접효과인 노동력효과를 보면 연간 병원에 가는 횟수가 절감되는 것이 총 578일로 나타났다. 그런데 병원에 가기 위해서는 반나절만 소요되는 것으로 가정하고 이의 절반인 289일의 노동력이 줄어드는 것으로 계산하였다. 이를 남자와 여자가 반반 이라고 보면 남자 1.0, 여자 0.8의 노동력으로 환산하면 환산 노동력은 0.9인이 되고, 260일의 노동력이 감소된 것이 된다. 1일 잠재노임(경제분석 노임)은 35,130원/일이므로 9,134천원이 된다.

그런데 질병감소는 농업기계화와 경지정리가 동시에 가져오는 효과로서 경지정리가 질병감소에 기여하는 율인 17%를 적용하면 위의 두 금액을 합한 금액 15,201천원의 17%에 해당하는 2,584천원을 경지정리효과로 보았다.

〈표 12-11〉 경지정리전후 농민의 치료비 절감효과

구 분	시 행 전	시 행 후	진료비절감액
경지면적(ha)	96	96	0
농가호당 답면적	1.28	1.28	0
전체농가호수	75	75	0
농가호당 년간 평균 진료회수	16.9	9.2	7.7
사업지구전체 진료회수	1,268	690	578
1회진료비(본인부담+의료공단부담)	10,700	10,700	0
전체진료비(천원)	13,568	7.383	6,185
경제분석진료비	13,310	7,243	6,067

3. 비시장재화가치의 간접효과 분석

논에 의한 비시장재화로서의 간접효과는 논의 공익적 기능증대에 의한 효과와 식량의 안보가치를 평가하여 수익으로 계산하였으며, 그 밖에 농촌의 갈등을 해소하는 기능을 설명하였다. 논의 공익적 기능증대효과는 논이 가지는 환경보호기능으로 홍수방지와 같이 면적에 의해 결정되는 효과와 산소공급과 같은 생산량에 의해 결정되는 효과로 나누어 살펴보았다.

1) 논의 공익적 기능증대효과

(1) 면적에 의한 효과

면적에 의한 효과는 홍수조질기능, 수사원함양기능, 토사유실방지기능 등으로 나누어진다. 이는 논둑의 물 저장효과를 보는 것으로 논둑의 높이에 의해 결정된다. 논둑의 높이는 농업기반공사 농어촌연구원의 자료에 따르면 논둑의 높이는 다음 〈표 12-12〉와 같이 평균 논둑 높이가 17.14cm로 나타났다. 경지정리 사업을 할 경우 논둑 높이를 30cm로 시공하므로 차이는 12.86cm가 된다. 그러나 경지정리사업 이후 지반침하 등으로 인해 논둑이 낮아질 경우도 있으므로 사업시행 후 논둑 높이를 10cm 늘어난 27.14cm로 보고 편익을 계산하였다.

<표 12-12> 도별 논둑 높이

지　역	조사개수	논둑높이(cm)
경　기	15	17.31
충　남	19	16.74
충　북	17	17.35
강　원	21	17.17
합계(평균)	72	17.14

자료 : 농업기반공사 농어촌연구원조사자료, 2000. 9.

논둑이 10cm 늘어날 경우 ha당 공익적 효과는 홍수조절기능 31.7만원, 수자원함양기능 1,37.5만원, 토사유실방지기능 2.4만원 정도가 된다. 이를 경지면적에 곱하여 총이익을 계산한 결과 164.6백만원의 공익적 효과가 있는 것으로 계산되었다.

<표 12-13> 면적에 의한 공익효과 종합

공익적기능	경지정리 면적(ha)	ha당 단위별효과(원/ha)	전체 공익적효과 (백만원)
홍수조절기능	95.91	317,000	30.4
수자원함양기능	95.91	1,374,800	131.9
토사유실방지기능	95.91	24,400	2.3
합　계			164.6

주 : 경지정리 준공이후 매년 동일함.

(2) 미곡 증수량에 의한 공익적 효과

쌀은 성장하는 과정에서 수질과 대기를 정화시키고, 산소를 공급하는 효과가 있다. 이는 산출량의 증가에 의해 달라진다. 쌀 1kg 당 공익적 효과는 수질정화 기능이 1.318원. 대기정화 기능은 103원, 산소공급 기능은 528원이다. 이를 증수량에 곱하여 계산하면 <표 12-14>와 같다.

〈표 12-14〉 미곡 증수량에 의한 공익적 효과

(단위 : 백만원)

구 분	1990	1991	1992	1993	1994	1995	1996	1997	1998	1999	2000	--2051
증수량(M/T)	4.0	78.8	71.7	72.3	42.6	30.9	68.9	106.7	49.3	63.4	61.1	61.1
수질정화기능	5.3	103.9	94.5	95.3	56.1	40.7	90.8	140.6	65.0	83.6	80.5	80.5
대기정화기능	0.4	8.1	7.4	7.4	4.4	3.2	7.1	11.0	5.1	6.5	6.3	6.3
산소공급기능	2.1	41.6	37.9	38.2	22.5	16.3	36.4	56.3	26.0	33.5	35.5	35.5
합 계	7.8	153.6	139.8	140.9	83.0	60.2	134.3	184.1	96.1	123.6	122.3	122.3

주 : Kg 당 공익적효과 : 수질정화기능 = 1.318원, 대기정화기능 = 103원, 산소공급기능 = 528원.

(3) 논의 공익적 효과 종합

이상과 같은 논의 공익적 효과를 종합하여 정리해 보면 다음 〈표 12-15〉와 같다. 면적에 의한 공익적 효과는 매년 일정하나 증수량에 의한 공익적 효과는 매년 달라진다. 매년 1.5~3.5억원의 공익적가치를 산출하는 것으로 나타났다. 이를 일반환산계수 0.981을 곱하여 경제분석을 위한 공익적가치를 추정하였다.

〈표 12-15〉 논의 공익적 효과 종합

(단위 : 백만원)

구 분	1990	1991	1992	1993	1994	1995	1996	1997	1998	1999	2000~2051
면적에 의한 공익적 효과	164.6	164.6	164.6	164.6	164.6	164.6	164.6	164.6	164.6	164.6	164.6
증수량에 의한 공익적 효과	7.8	153.6	139.8	140.9	83.0	60.2	134.3	184.1	96.1	123.6	122.3
합 계	172.4	312.2	304.4	305.5	247.6	224.8	298.9	348.7	260.7	288.2	286.9
경제분석을 위한 공익적 효과	169.1	306.2	298.6	299.7	242.9	220.5	293.2	342.1	255.7	282.7	281.4

주 : 경제분석을 위한 공익적 가치 = 논의 공익적 효과 합계 × 일반환산계수(=0.981).

2) 식량 안보가치평가

식량은 중요한 사회의 안전보장기능을 하므로 식량 안보가치를 평가하였다. 미곡의 톤당 총 안보가치는 392만원이지만 여기에는 시장가치 199.4만원이 포함되어 있으므로 이를 제외한 순미곡 안보가치는 192.7만원이 된다. 이를 증수량에 곱하여 식량안보가치를 계산하고, 다시 일반 환산계수를 곱하여 경제분석에 사용하는 식량안보가치를 도출하였다.

〈표 12-16〉 식량안보가치

구 분	단위	1990	1991	1992	1993	1994	1995	1996	1997	1998	1999	2000	--2051
시행후 미곡생산량	M/T	388.1	466.6	463.2	467.5	441.6	433.7	475.6	517.3	463.8	481.9	479.6	479.6
시행전 미곡생산량	"	384.1	387.8	391.5	395.2	399.0	402.8	406.7	410.6	414.5	418.5	418.5	418.5
차 인 증수량	"	4.0	78.8	71.7	72.3	42.6	30.9	68.9	106.7	49.3	63.4	61.1	61.1
미곡톤당 안보가치	천원/톤	3,921	3,921	3,921	3,921	3,921	3,921	3,921	3,921	3,921	3,921	3,921	3,921
순수미곡 안보가치	"	1,927	1,927	1,927	1,927	1,927	1,927	1,927	1,927	1,927	1,927	1,927	1,927
순안보가치 계	백만원	7.7	151.8	138.2	139.3	82.1	59.5	132.8	205.6	95.0	122.2	117.7	117.7
경제분석 안보가치	"	7.6	149.0	135.5	136.7	80.5	58.4	130.2	201.7	93.2	119.9	115.5	115.5

주 : 1) 경제분석 안보가치 = 총 안보가치 × 일반환산계수 0.981.
2) 순수미곡 안보가치는 톤당 안보가치에서 시장가격을 제한 금액임.
3) 농촌지역 사회의 불화 및 갈등해소효과

경지정리사업을 통해 농촌지역 사회의 불화 및 갈등을 해소할 수 있다. 불화 및 갈등을 해소시키는 것은 중요한 일이나 이를 화폐액으로 평가하기는 불가능하므로 본 연구에서는 경지정리사업으로 인한 농촌지역사회에 미치는 영향을 간단히 설명만 하였다.

일반적으로 농촌에서 일어나는 농촌지역 사회의 불화 및 갈등은 물을 대기 위한 물싸움과 월답이다. 물싸움은 자기의 논에 물을 대기 위한 것으로 경지정리 전에는 조사한 모든 지역에서 월2-3회 지역주민의 20-30%가 물과 관련되는 싸움이 있었다고 대답했다.

두 번째 문제가 되는 것은 월답이다. 농기계의 이용이 많아지면서 경지정리를 하지 않았을 경우 남의 농지를 거쳐야만 자기의 농지에서 농기계를 이용할 수밖에 없는 문제가 발생한다. 이앙한 후에 자기 논으로 이앙기가 지나간다거나, 수확 전 자기 논으로 콤바인이 지나갈 경우 갈등이 생길 수밖에 없다. 경지정리를 하지 않은 대비구인 지곡지구의 경우 조사농가의 경작필지 108필지 중 40.7%인 44개 필지가 월답을 하여야 하는 것으로 나타났다. 이럴 경우 적기작업이 어려워 경운, 이앙이나 수확에 많은 어려움이 있다. 경지정리사업은 농지의 교환분합은 물론 농로와 수로의 정비가 동시에 이루어지므로 앞서 논의된 문제는 크게 감소하거나 빈도가 크게 줄어들었다.

4. 사업비용추정

1) 투자사업비

경지정리사업에는 많은 비용이 소요된다. 정자지구의 투자실적과 경제분석을 위한 경제분석 사업비를 대비하여 살펴보면 다음 〈표 12-17〉과 같다. 비용의 항목은 크게 공사비와 기타 항목으로 나누어진다.

〈표 12-17〉 투자사업비의 투자실적(2000년 불변가격)과 경제분석사업비

(단위 : 천원)

비 목	투 자 실 적(A)			2000년 불변가격 투자실적(B)			경제분석 사업비
	1989	1990	합 계	1989	1990	합 계	
가. 공사비	394,5021	716,924	819,504	149,099	1,001,291	1,150,398	762,712
- 노무비	16,764	239,807	253,014	19,196	334,926	354,122	347,394
- 재료비	50,581	98,945	115,591	24,195	138,191	162,386	80,219
- 경비	99,300	160,270	206,855	67,711	223,841	291,552	251,317
- 보통인부임	17,515	34,364	36,256	2,750	47,994	50,744	15,223
- 산재보험료	3,625	7,403	7,810	592	10,339	10,931	10,723
- 안전관리비	-	-	-	-	-	-	-
- 기타 경비	9,655	18,656	20,243	2,307	26,056	28,363	13,784
- 일반관리비	21,017	27,972	31,988	5,837	39,067	44,904	44,051
- 이윤	40,181	64,332	73,247	12,958	89,849	102,807	-
- 부가세	35,864	65,175	74,500	13,554	91,027	104,807	-
나. 자재대	-	109,717	109,717	-	153,236	153,236	150,325
다. 측량설계비	51,475	-	42,620	61,948	-	61,948	60,771
라. 공사감독비	17,220	36,347	38,247	2,762	20,764	53,526	52,509
마. 관리비	5,615	10,730	11,730	1,453	14,986	16,440	16,127
바. 가환지비	-	4,808	4,808	-	6,715	6,715	6,587
사. 본환지비	-	10,952	10,952	-	15,296	15,296	15,005
아. 확정측량비	-	27,321	27,321	-	39,158	38,158	37,433
자. 용지보상비	-	3,112	3,112	-	4,346	4,346	4,264
합 계	468,812	904,151	1,052,251	215,262	1,284,792	1,500,054	1,105,732
경제분석사업비	681,414	1,284,792	1,500,054	215,262	1,284,792	1,500,054	1,105,732

주 : 1) 경제분석 사업비 : 연차별 비목별 재무분석 사업비를 2000년 불변시장가격으로 환산한 후 각각의 조정계수에 의거 경제분석가격으로 추정하였음.

2) 경제분석을 위한 사업비 조정계수(IBRD, ADB의 사업평가분석지침)

- 노무비중 미숙련공노임(보통인부) : 0.3, 숙련공 로임 : 0.981
- 재료비, 산재보험료, 자재대, 측량설계비, 공사감독비, 관리비, 기타 : 0.981
- 유류대 : 0.494, 중기사용료 : 0.862, 잡비 : 0.486, 용지매수보상비 : 0.820.

정자지구의 경지정리사업에 대한 사업비는 경상시장가격을 적용했을 경우에는 10.5억원이었으나 2000년 불변시장가격으로 환산한 투자실적은 실제로 투입된 자금은 10.5억원으로 90% 수준의 자금이 투입되었다. 계획에 비해 많은 자금이 들어간 항목은 자재대와 환지비, 확정측량비 등이었으며, 특히 확정측량비는 두 배에 가까운 자금이 투입되었다. 나머지 항목은 계획에 비해 적게 들어갔으나 보통 인부임, 측량설계비, 공사감독비, 관리비 등은 80%이고, 용지보상비는 절반 수준이었다.

경제분석 사업비를 추정하기 위하여 재무분석 사업비를 2000년 불변가격으로 환산한 후 각각의 환산계수에 의거 조정하였다. 즉 경제분석에서는 세금과 이윤 등은 제외되고 보통 노임은 노동의 기회비용으로 재조정하였으며 기타 내자비용들은 일반환산계수로 조정하였다. 경제분석을 위하여 조정된 투자사업비 총액은 11억원으로 이 금액이 앞으로 투자수익률을 분석하는데 필요한 투자사업비이다.

4) 유지관리비

유지관리비는 공사준공 후부터 순공사비의 0.5%가 투입되는 것으로 보았다. 즉 경제분석 가격으로 조정된 투자사업비 1,105,732천원의 0.5%는 5.5백만원이고 이 금액이 경지정리 후에도 계속 투자되는 것으로 보았다.

5. 경지정리사업의 투자효율분석

1) 정자지구 현금유동표 작성

현금유동표는 지금까지의 수익과 비용에 대한 자료를 종합하여 연간 자금의 유출과 유입을 종합하여 정리하였는데 다음 〈표 12-18〉과 같다. 이 표의 현금유입란에는 비시장재화 가치로써 농업의 공익적 기능뿐만 아니라 식량안보가치 까지 포함되어 있으며 경지정리사업으로 기대되는 시장재화적 가치항목은 미곡증수, 물재비 절감, 농기계 비용의 절감, 농민보건증진효과, 노동력 절감, 농외소득 증가 등이며 현금유출란에는 투자사업비와 유지관리비가 포함되어 있다.

<표 12-18> 정자 경지정리지구 현금유동표(SRR)
(사회적 수익률 계산-식량안보 및 공익적 가치 포함)

(단위 : 백만원)

구 분	1990	1991	1992	1993	1994	1995	1996	1997	1998	1999	2000	---	2050
A. 현금유입	286.5	696.5	661.1	607.6	491.7	420.1	644.4	840.6	529.7	612.4	602.1	602.1	602.1
1. 미곡 증수액	9.7	152.1	137.6	81.9	79.0	51.9	131.6	207.5	92.1	120.5	115.9	115.9	115.9
2. 물재비 절감액	0.3	0.3	0.3	0.3	0.3	0.3	0.3	0.3	0.3	0.3	0.3	0.3	0.3
3. 농기계비 절감	12.6	12.6	12.6	12.6	12.6	12.6	12.6	12.6	12.6	12.6	12.6	12.6	12.6
4. 농민보건 증진	2.6	2.6	2.6	2.6	2.6	2.6	2.6	2.6	2.6	2.6	2.6	2.6	2.6
5. 노동력 절감액	73.8	73.8	73.8	73.8	73.8	73.8	73.8	73.8	73.8	73.8	73.8	73.8	73.8
6. 농외소득 증대	10.8	-	-	-	-	-	-	-	-	-	-	-	-
7.논의공익적효과	169.1	306.2	298.6	299.7	242.9	220.5	293.2	342.1	255.7	282.7	281.4	281.4	281.4
8. 식량안보 효과	7.6	148.9	135.6	136.7	80.5	58.4	130.3	201.7	92.6	119.9	115.5	115.5	115.5
B. 현금유출	1,111.2	5.5	5.5	5.5	5.5	5.5	5.5	5.5	5.5	5.5	5.5	5.5	5.5
1. 투자 사업비	1,105.7	-	-	-	-	-	-	-	-	-	-	-	-
2. 유지 관리비	5.5	5.5	5.5	5.5	5.5	5.5	5.5	5.5	5.5	5.5	5.5	5.5	5.5
C. 순현금수지	-824.7	691.0	655.6	602.1	486.2	414.6	638.9	835.1	524.2	606.9	596.6	596.6	596.6

주 : 현금유입 : 비시장재화가치 포함 (논의 공익적 기능, 식량안보효과).

2) 투자내부수익률(Economic Internal Rate of Return)

정자지구의 경제적 편익비용에 의한 투자의 내부수익률(EIRR)은 <표12-19>에서 알 수 있는 바와 같이 16.83%로 나타났는데 이는 편익과 비용이 같게 되는 할인율을 의미한다. 이자율 12%와 16%에서는 사업의 순현재가치 총액(NPV)이 각각 4.2억원과 0.5억원의 편익이 발생하나 이 보다 높은 이자율 20%와 24%에서는 사업의 순현재가치(NPV)가 1.5억원과 1.8억원의 손해가 발생한다.

투자의 내부수익률은 16.83%라는 것은 상당히 높은 수익률로 최근의 국공채나 은행의 이자율을 상회하고 있고 자본의 기회비용 8%보다 높으므로 경지정리사업에 투자하는 것이 경제적 타당성이 있음을 말해주고 있다.

〈표 12-19〉 정자지구 경제적 수익률 (ERR)

(단위 : 백만원)

할 인 율	4%	8%	12%	16%	20%	24%	28%	50%
할인비용	1,188.1	1,091.9	1,033.0	987.6	948.9	914.6	883.5	748.1
할인편익	4,383.3	2,276.0	1,454.7	1,040.1	794.4	633.4	520.4	237.4
B/C Ratio	3.69	2.08	1.41	1.05	0.84	0.69	0.59	0.32
NPV	3,195.2	1,184.0	421.7	52.6	-154.5	-281.2	-363.1	-510.7

주 : 경제적 수익률(ERR) : 16.83%

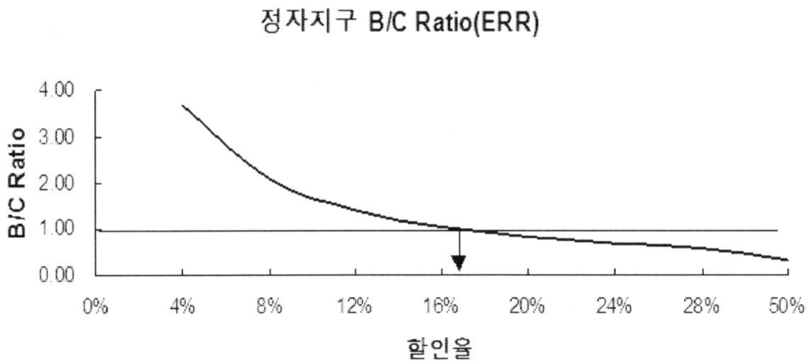

〈그림 12-3〉 정자지구 B/C Ratio과 할인율과의 관계

3) 경제적 편익에 논의 공익적 기능을 포함시킬 경우

논의 공익적 기능을 포함할 경우에는 투자내부수익률은 38.81%로 나타났는데 그 내용은 다음 〈표 12-20〉과 〈그림 12-4〉에 나타나 있다.

〈표 12-20〉 정자지구 사회적 수익률(SRR)
(논의 공익적효과만을 포함시킬 경우)

할인율	4%	8%	12%	16%	20%	24%	28%	50%
할인비용	1,188.1	1,091.9	1,033.0	987.6	948.9	914.6	883.5	748.13
할인편익	10,410.7	5,414.8	3,467.2	2,483.4	1,899.6	1,516.3	1,247.1	570.5
B/C Ratio	8.76	4.96	3.36	2.51	2.00	1.66	1.41	0.762
NPV	9,222.6	4,322.9	2,434.2	1,495.8	950.7	601.7	363.7	-177.6

주 : 사회적수익률(SRR) : 38.81%

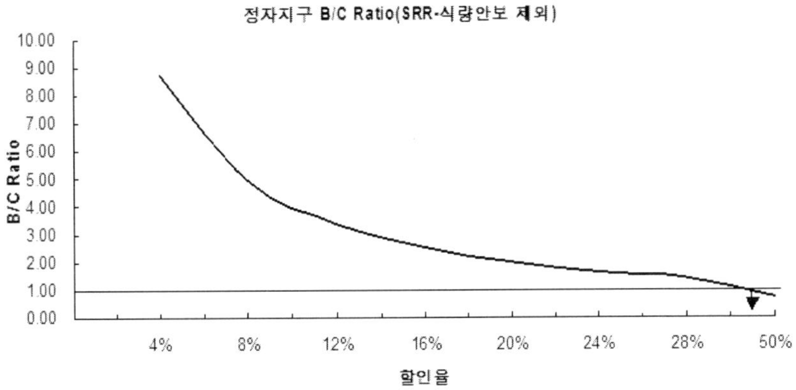

〈그림 12-4〉 정자지구 B/C Ratio과 사회적 할인율과의 관계
(논의 공익적 효과만 포함시킬 경우)

4) 경제적 편익에 식량 안보가치를 포함시킬 경우

논의 공익적 기능 외에 경지정리사업에 의해 증수된 식량의 안보가치를 포함할 경우에는 현금유동표 상의 현금유입에 식량안보효과가 추가된다. 이럴 경우 〈표 12-21〉에서 보는 것처럼 첫해 공사비에 8억원의 순현금유출 효과가 있는 것을 제외하고 매년 연간 4.1억원-8.4억원의 현금유입이 발생한다.

이 경우 정자지구의 사회적 수익률을 계산해 보면 〈표 12-21〉과 같고 할인율과 B/C Ratio 는 〈그림 12-4〉에서 보는 바와 같이 나타나고 〈그림 12-3〉은 사회적 할인율과 B/C Ratio와의 관계를 나타낸다. 농업의 공익적 기능과 식량안보효과 등을 포함할 경우 투자의 내부수익률은 〈표 12-21〉에서 보는 바와 같고 사회적 수익률(SRR)은 46.41%로 나타났다.

〈표 12-21〉 정자지구 사회적 수익률(SRR)
(식량안보가치와 논의 공익적효과 포함)

할 인 율	4%	8%	12%	16%	20%	24%	28%	50%
할인비용	1,188.1	1,091.9	1,033.0	987.6	948.9	914.6	883.5	748.1
할인편익	12,875.5	6,688.7	4,275.6	3,056.3	2,332.8	1,858.0	1,524.8	689.3
B/C Ratio	10.84	6.13	4.14	3.09	2.46	2.03	1.73	0.92
NPV	11,687.4	5,596.8	3,242.6	2,068.7	1,383.9	943.4	641.3	-58.9

주 : SRR : 46.41%

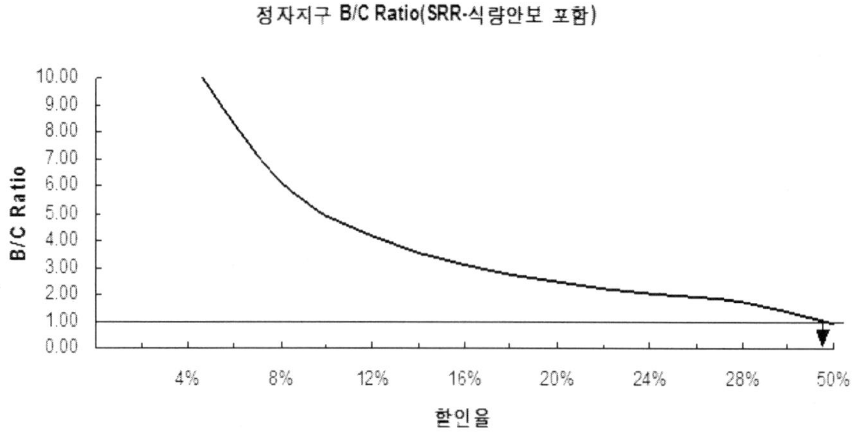

〈그림 12-5〉 정자지구 B/C Ratio와 사회적 할인율과의 관계
(식량안보가치와 논의 공익적 효과를 포함시킬 경우)

기본계획상의 사전평가와 사후평가간의 비교

지금까지의 분석결과를 사업계획서상의 기본계획과 사후평가 간의 차이를 비교해 보면 〈표 12-22〉와 같다. 기본계획서에서는 수확량 증가효과를 매년 1,122kg/ha로 본 반면, 본 연구에서는 경지정리 전인 1989년의 기준수량을 4,000kg으로 하고 매년 증가되는 것으로 보았다. 또 사업시행 후에도 정자지구를 포함한 고북지구의 실제 수확량 자료를 이용하였다. 그 결과 차인증수량이 600kg/ha를 전후한 것으로 나타났으며, 풍년이 든 해인 1977년에 1,077kg/ha가 가장 많은 차이를 보이고 있었다.

노동력 절감부분에 있어서는 계획서에는 43.5%이었음에 비해 본 연구에서는 39.0%로 나타났다. 이와 함께 본 연구에서는 그 외에 농기계비 절감효과, 농민보건 증진효과, 물재비 절감효과, 농외소득 증대효과 등 줄어드는 비용이나 소득을 증대시키는 효과를 새로이 추가하여 사업의 타당성 분석을 하였다.

그 결과 투자의 내부수익률이 계획서의 15.81%에 비해 1% 이상 늘어난 16.83%가 되었다. 이와 함께 논의 공익적 기능을 포함할 경우 38.81%가 되며, 식량의 안보효과까지 고려할 경우 46.41%로 늘어났다.

〈표 12-22〉 사업계획 대 사후평가 비교

구 분	기본계획	사후평가
개발면적 - 구역면적 - 수혜면적	 112ha 96ha	 112ha 96ha
공사기간	1989-1990	1989-1990
투자사업비(천원)	1,172,029	1,052,251
미곡수량(kg/ha)	시행전 3,800 시행후 4,922 차인증가율 29.5%	현재 3,880 사업불시행시 4,185 사업시행후 4,796 차인증가율 14.6%
노동력 절감 (시간/ha)	시행전 1,256.0 시행후 709.8 감소율 43.5%	시행전 449.7 시행후 274.3 감소율 39.0%
사회경제적 사업효과	농업순수익 : 135.4백만원	(1)농업순수익 : 115.9백만원 (2)노동력절감 : 73.8백만원 (3)농기계비절감 : 12.29백만원 (4)농민보건 : 6.07백만원 (5)물재비 : 0.27백만원 (6)농외소득효과 : 35.93백만원 (7)논의 공익적효과:281.4백만원 (8)식량안보효과 : 115.5백만원 총사업편익 : 602.1백만원
투자의 내부수익률 (1) 경제적 수익률 (2) 논의 익적기능 포함 (3) 식량안보 + 공익적효과	 ERR = 15.81% - -	 ERR = 16.83% SRR = 38.81% SRR = 46.41%

자료 : 경지정리사업의 사회경제적 효과분석, 충남대학교 농업과학연구
제27권 제2호 PP158-175, 2000. 12.

제 13 장

재무분석 및 농가수지 (Farm Budget)

제 1 절 재무분석의 의의

재무분석[1]도 투하자본의 효율을 측정한다는 점에서는 경제성분석의 경우와 같지만 이번에는 국민경제적 관점에서 본 자본효율만이 아니라 농민, 기업체 또는 공공단체 등의 사업참여단위가 투자한 사적자본에 대한 재무적 수익성을 측정한다는 점에서 경제성 분석과는 그 성격이 근본적으로 다르며, 개별 참여단위가 해당사업에 참여할 충분한 「인센티브」가 있는지의 여부를 판단하는데 목적이 있다.

예를 들면, 어떤 장기투자사업이 전체경제의 입장에서 보면 투자효율이 높을 수가 있지만 농민이나 또는 개별사업주체의 입장에서 보면 실지수익이 실현될 때까지 기다리는 기간이 너무 길어 생계유지나 사업체의 존속에 위협을 받을 우려가 있을 것이다. 또는 장기적으로 보면 수지가 호전될 수 있는 사업일지라도 불리한 장기채상환조건으로 말미암아 농민이 부담할 수 없는 경우도 있을 것이다. 이와 같은 경우에는 해당사업계획을 백지화하든가 그렇지 않으면 정부에서 직접보조로서 특정기간동안 소득보상을 해주든가 또는 기채상환방법을 재조정할 필요가 있는데 재무분석은 바로 이러한 정부지원책이나 사업수행방법을 결정하는데 필요한 자료를 제공하는 것이다.

구체적으로 재무분석의 결과는

1) 특정사업이 참여농민이나 사업주체(entities)에게 사업내용기간 중 충분한 수익성을 보장

1) 문팔용, 임재환, 농업투자분석론(연구총서 27) KDI, 1979

할 수 있는지의 여부를 판단하고,

2) 참여단위의 사업시행 전 수익과 시행 후 수익을 비교 검토함으로써 사업시행에 따른 기채의 상환능력을 판단하며,

3) 자금공급규모, 자금대여조건, 상환조건, 가격보조(생산물 및 생산 자재에 대한) 및 소득보상 등 재정지원계획수립에 필요한 기초자료를 제공한다.

재무분석은 ① 참여농민의 입장에서 본 농가수지분석, ② 참여단체(예를 들면 농지개량조합 또는 사기업체 등)단위에서의 재무분석 및 ③ 개별사업단위에서의 재무분석의 세 가지로 대분되며 얼마나 상세한 분석을 해야 하느냐는 해당사업의 성격이나 사업집행방법 여하에 달려 있다. 이 중 농가단위의 수지분석은 농민이 사업 참여 여부를 결정짓는 가장 중요한 「인센티브」의 지표로써 사업시행 전에 추정수지표를 작성하여 농민에게 제공할 필요가 있다.

제 2 절 생산비분석

생산비[2]는 사용목적에 따라 여러 형태로 분류 할 수 있는데 대개 다음과 같다.

1. 유동비와 고정비

유동비 : 유동비란 생산과 직접적으로 관련된 비용으로 생산을 하면 비용이 지출되고 생산을 중단하면 비용이 지출되지 않는 비용을 말하는데 예를 들면 다음과 같은 비용을 말한다. 종자, 비료, 농약, 사료, 고용노동 및 기타 유동비.

고정비 : 고정비용이란 생산과는 상관없이 계속하여 지출되는 비용을 말한다. 고정비용은 협의의 고정비와 광의의 고정비로 구분된다.

협의의 고정비(회계학적고정비) : 감가상각비, 조세, 유지비, 보험료, 차입자본이자 및 소작지에 대한 지대

광의의 고정비(경제학적고정비) : 협의의 고정비 + 암묵비용 + 정상이윤

---

[2] 반성환, 한규수, 농업부기, 한국방송통신대학 교재, 1983에서 발췌함.

2. 명시비용과 암묵비용(Explicit and Implicit Cost)[3)]

명시비용 : 명시비용은 일명 회계학적 비용이라고 하는데 이는 생산과정에서 직접적으로 지불되지 않으면 안 되는 비용을 말하며 유동비와 협의의 고정비를 포함한다.

암묵비용 : 암묵비용은 계산상의 비용으로 농가의 소득이 되는 자기자본이자, 자기토지용역비 및 자가노동 보수를 말하며 이들은 기회비용으로 평가되며 생산비를 구성하는 비용항목이 된다.

3. 경영비(Management Cost)

회계학적비용 또는 명시비용을 말하며 농업 조수익에서 경영비를 빼면 농업소득을 얻는다.

4. 생산비(Production Cost)

총생산비는 명시비용에 암묵비용을 더한 비용을 말하며 또 경제학적비용(회계학적 비용 + 암묵비용 + 평균이윤)에서 평균이윤을 제외한 비용을 말한다. 농업 조수익에서 생산비를 빼면 농업순수익을 얻는다.

5. 결합비용의 배분방법(Joint Cost Allocation)[4)]

개별농산물의 생산비를 계측하는 데는 여러 생산부문에 공통적으로 부담되는 결합비용(Joint Costs) 때문에 계산상의 어려움이 있다. 농기계의 감가상각비, 보험료, 조세공과금 등의 결합비용은 개별농작물에 배분시켜야 하는데 다음과 같은 3가지 방법으로 배분시키고 있다.

가. 조수익에 의한 생산비배분방법 : 공통비용 × 해당작물의 농업 조수익 / 총농업조수익
나. 식부면적에 의한 생산비배분방법 : 공통비용 × 해당작물의 식부 면적 / 총식부면적
다. 이용시간에 의한 생산비배분방법 : 공통비용 × 해당작물 생산을 위한 이용시간 / 총 이용시간

[3)] 반성환, 한규수, 농업부기, 한국방송통신대학 교재, 1983에서 발췌함.
[4)] 반성환, 한규수, 농업부기, 한국방송통신대학 교재, 1983에서 발췌함.

6. 자급비와 내급비[5])의 구분

가. 자급비 : 자가에서 생산한 생산물을 자가 영농부문에 투하함으로써 발생하는 명시비용으로 자급종자, 사료 및 토비 등을 말한다.

나. 내급비 : 암묵비용으로써의 기회비용을 말한다. 농가에서 생산되는 인분 및 재는 내급비에 속한다.

〈표 13-1〉 생산비 구성항목

농작물	축산물(비육우, 낙농)
1. 유동비 또는 직접비	1. 유동비 또는 직접비
종묘비	사료비
비료비	수의비
사료비	직접재료비
방제비	고용노임비
제재료비	제임차료
고용노임비	기타유동비
제임차료	(비육우구입비)
기타유동비	
2. 고정비 또는 결합비	2. 고정비 또는 결합비
자가축력비	농구비
농기구비	건물비
건물비	(유우감가비)
차지료	조세공과금
조세공과금	차입자본이자
기타고정비	기타고정비
3. 농업경영비(1+2)	3. 축산경영비(1+2)
4. 암묵비용 또는 내급비	4. 암묵비용 또는 내급비
자기토지용역비	자기토지용역비
자기자본이자	자기자본이자
자가 노동보수	자가 노동보수
5. 총생산비(3+4)	5. 총생산비(3+4)

자료 : 반성환,한규수, 농업부기,한 국방송통신대학교재, 1983.12.
농촌진흥청, 농축산물표준소득 참조.

5) 농림부, 농가경제통계, 조사개요, 1996.

제 3 절 농가단위의 재무분석

1. 농가 「인센티브」의 제지표

대부분의 농업부문 투자사업(농산물유통구조사업은 제외)은 그 목적이 농산물의 증산을 통한 농가소득의 향상에 있는 만큼 영농주체인 농가로 하여금 해당사업에 참여토록 하는 충분한 경영상의 「인센티브」가 보장되어야 한다.

농가「인센티브」의 지표는 개별농가가 무엇을 기준으로 자기의 영농수지를 평가하는가에 따라 세 가지로 구분할 수 있다. 가령 농업외 취업기회가 별로 없는 농가의 경우는 경영주를 포함한 가족노동을 비용으로 생각하지 않으므로 가족노동에 대한 보수의 극대화에 관심이 있을 것이고, 또 어떤 농가의 경우는 경영주를 제외한 가구원의 노동은 비용으로 간주함으로써 경영주 농업노동보수의 다과를 지표로 자기의 경영성과를 평가할 것이고 그런가 하면 도시근교의 상업적 농가는 영농활동을 기업과 동일시하여 가구원의 노동은 물론 경영주자신의 노동도 비용으로 계상함으로써 경영순수익의 극대화에 관심이 있을 것이다.

1) 가족농업노동보수(소득)기준

가족농업노동보수를 경영성과의 지표로 하는 경우는 경영주를 포함한 가구원전체의 노동평가액과 자기자본이자 및 자기소유지에 대한 토지자본이자(지대)를 비용으로 보지 않는다. 즉,

자족농업노동보수 =
- 농업조수입
- (자가소비분 평가액)
- 자산증가

−
- 영농물재비
- 고용노임
- 감가상각비
- 차입지자본이자(지대)
- 차입자본이자
- 조세공과

이 지표는 ① 토지를 포함한 고정자산의 대부분이 국가나 조상으로부터 무상으로 수수 받았고, ② 경영주를 포함한 가족노동의 농외취업기회가 적으므로, 즉 기회비용이 영에 가까우므

로 비용으로 보지 않으며, ③ 경영주와 가구원의 구별이 명확하지 않고 모든 소득은 가족전체에 속한다는 것을 전제로 하는데 다분히 대가족제도하의 전통적 농업에 알맞는 개념이다. 한마디로 이 지표는 농가경제의 영농활동을 기업으로 생각하지 않는데 연유한다.

2) 경영주노동보수기준

경영주를 제외한 가구원노동과 자기소유토지 및 자기자본에 대한 이자도 비용으로 간주함으로써 노동에 대한 보수를 경영주개인에게 귀속시키는 개념으로서 경영자기능을 중시하는 지표이다. 구체적으로 위의 가족노동보수에서 가족노동평가액과 자기토지자본이자 및 자기자본 이자를 공제한 것이다. 항목별로 표시하면 다음과 같다.

경영주농업노동보수 = 농업조수입 (자가소비분 평가액) 자산증가

— 영농물재비, 고용노임, 감가상각비, 가족노동평가액(경영주제외), 토지자본이자(자기+차입지), 자본이자(자기+차입금), 조세공과

이 지표는 가족노동을 비용으로 간주한다는 점에서 근대적 가족관계의 성립에 부합되고, 자기소유토지자본과 자기자본에 대한 이자를 비용으로 계상한다는 점에서는 근대자본주의적 경영을 지향하고 있으며 경영주의 경영적 기능을 중요시한다는 점에서는 농업경영의 능률향상과 일치되는 실천적 요소를 다분히 내포하고 있는 개념이다.

3) 농업경영순수익

농업경영을 일반기업활동과 동일시하여 농업경영순수익을 경영성과의 지표로 하는 경우이다. 경영주농업노동보수기준과의 차이점은 경영주의 노동평가액도 비용을 계상함으로써 영농활동을 일반기업의 입장에서 본 것으로 순수익의 내용은 기업이윤과 동일한 개념이다. 즉,

농업경영순수익 = 농업조수입
(자가소비분 평가액)
자산증가

― 영농물재비
고용노임
감가상각비
가족노동평가액(경영주포함)
토지자본이자(자기+차입지)
자본이자(자기+차입금)
조세공과

농업경영자는 농업노동에 종사한다는 의미에서 노동자적이고, 토지를 소유한다는 의미에서는 지주적이고, 또 경영자본을 운용한다는 점에서는 자본가적인 세 가지 상이한 측면을 동시에 지니고 있는데 이 지표는 자본적인 측면을 강조한 것이라 볼 수 있다. 이 지표의 타당성은 농업의 상업화가 진전됨에 따라 위의 미분화된 세 가지 측면은 분화될 수 있다는 데에 근거를 두고 있으며 다분히 장래지향적인 지표라 볼 수 있다.

2. 농가단위의 재무표 작성

특정사업의 시행으로 인하여 농산물이 증산되면 동일가격조건 하에서는 농업조수입이 증가하는 동시에 영농비에서 증감이 일어나 가족노동보수, 경영주노동보수 및 경영순수익이 변동할 것이다. 그런데 위 세 가지 지표에 수지상의 증가가 있다고 해서 그 증가분의 전부가 참여농가에 귀속될 수는 없다. 왜냐하면 참여농가는 사업시행에 따른 기채원리금, 시설물유지관리비 및 시설물감가상각비등 사업비를 부담해야 하고, 이 밖에 사업종류에 따라서는 위험부담금 및 제부과금회수비용(예컨데 홍농계의 수세징수비 등)도 부담해야 하기 때문이다. 이들 비용을 공제한 잉여(만일 정부보조금이 있는 경우는 수입으로 계상함)가 바로 참여농가에서 귀속되는 추가 순이익이 되는 것이다.

앞에서 설명한 세 가지 경영성과지표 중 어느 것을 기준으로 하는가에 따라 세 가지 추가순이익을 산출할 수 있다. 즉,

사업비용으로 인한 추가순수익 = 사업시행후의 가족노동소득의 증가
또는 경영주노동소득의 증가
또는 농업경영순수익의 증가
+ 정부 보조금
− 사업비 부담액
기채원리금 상환액
시설물 유지관리비
시설물 감가상각비
위험 부담금
부과금 회수비

실제 재무분석에 있어서 위 세 가지 추가 순이익 중 어느 것을 평가기준으로 채택할 것인가는 일률적으로 결정할 수 없으며 개개 참여농가의 주관적 판단에 따라 다를 수도 있고 투자사업의 목적 및 성격에 따라 결정될 수도 있을 것이고 또 정부수립자의 정책목표에 따라 선택될 문제이다. 예를 들면, 가령 국가적인 견지에서 총물량적 증산을 목표로 하는 투자사업(예컨데, 농민정착사업을 포함하는 대단위간척사업 등)이라면 개개농가의 경영수익보다 집약경영에 의한 가족노동소득기준으로 산출된 추가 순이익이 적절한 지표가 될 것이고, 반면 도시소비지를 겨냥한 소득증대사업(축산, 낙농, 경제작물재배 등)의 경우는 기업경영원리에 입각한 경영순수익을 기준의 추가순수익이 주요 평가지표가 되어야 할 것이다. 그런데 한 가지 강조할 것은, 위 세 가지 추가순이익은 개념상의 차이가 있을 뿐이지 산출과정에서 상호배제적인 것은 아닌 만큼 실제 재무표 작성 시에는 세 가지를 동시에 산출하여 그 선택여부는 정책입안자, 사업분석자 또는 참여 농가에 맡길 수밖에 없다. 이상에서 설명한 것을 총괄하여 하나의 재무표로 작성하면 다음과 같다.

농가단위의 재무표 (경영수지표)

·사업시행전후의 증감으로 표시함.

(1) 농업조수입(자가 소비분 평가액포함)의 증가

(2) 자산증가

(3) 경영비의 증가

물재비 · 감가상각 · 고용노임

(4) 농업소득의 증가 [(1+2)-3]

(5) 차입토지자본이자(지대)의 증가

(6) 차입자본이자(영농자금)의 증가

(7) 조세공과의 증가

(8) 가족노동보수(소득)의 증가 [4-5-6-7]

(9) 경영주 제외 가족노임(평가액)의 증가

(10) 자기토지자본이자의 증가

(11) 자기자본이자의 증가

(12) 경영자농업노동보수(소득)의 증가 [8-9-10-11]

(13) 경영주 노임(평가액)의 증가

(14) 농업경영순수익의 증가 [12-13] (또는 농업추가순수익의 증가)

(15) 사업비 부담

기채원리금상환액 · 유지관리비 · 시설물감가상각

(16) 위험부담금

(17) 부과금 회수비

다음은 지표선정에 따라 세 가지 사업추가순이익을 산출할 수 있다. 즉

(18) 가족노동보수기준의 사업추가순이익 [8-15-16-17]

(19) 경영자노동보수기준의 사업추가순이익 [12-15-16-17]

(20) 농업경영순수익기준의 사업추가순이익 [14-15-16-17]

위 재무표에서 사업내용기간의 연차별 사업추가순이익의 현재가치의 총계에 대한 사업비부담액의 현재가치의 총계의 비율, 즉 「사업비부담액의 현재가치총계/사업추가순이익의 현재가치총계」를 농가의 사업비 부담율(또는 지수)라 하는데 이것은 사업시행으로 인하여 농가가 얻는 추가 순이익중에서 부담해야 할 사업비의 상대적 비중을 나타내는 지표로써 그 비율이 작을수록 농가입장에서 볼 때 유리한 사업이다.

또 사업시행으로 인하여 농민이 부담하는 사업부담액의 내용기간 중 현재가치총액과 공사비 및 유지관리비의 현재가치총계에 대한 비율을 비용회수율이라 하며 비용회수의 정도를 말하는 지표로 사용한다.

3. 사업비 부담력과 비용부담율 분석(Repayment Capacity Analysis)

농가수익에 대한 사업비부담(project charges)관계와 비용회수의 정도를 결정함에 있어서는 두 가지의 비율이 사용된다. 하나는 비용회수율(cost recovery index)이고 다른 하나는 수익회수지수(rent recovery index)이다. 여기서는 수익회수지수를 의미하는 사업비 부담력에 대한 부담비율을 경지규모별로 어떻게 계산하는지를 알아보고자한다.

〈표 13-2〉에서 알 수 있는 바와 같이 사업시행전후의 연간 농업조수익 증가액 즉 연간 증수량 곡가 환산액에서 경영비와 감가상각비, 자가노임, 경영이윤, 자기자본이자, 위험부담금, 물값 회수비용 및 일반세금을 뺀 나머지 금액이 사업비의 연간 부담력이 된다.

사업비 부담총액은 시설물의 연간유지관리비와 연간원리금상환액으로 구성되는데 사업비 부담률을 산출하기 위하여는 사업의 경제적 수명연한(Economic Life of Project)과 할인율을 고려하여 모든 연간 부담력과 부담비용을 현재가치총액으로 표시하여야 한다.

〈표 13-2〉 사업비 부담력

(단위 : 천원)

구 분	천수답지역			수리불안전답지역			간 척 지	
	0.3ha	1.0ha	2.0ha	0.3ha	1.0ha	2.0ha	1.0ha	2.0ha
A. 사업완전운영시								
1. 농업조수익증가액	140	510	986	98	409	815	1,317	2,376
2. - 경영비	20	83	182	15	68	157	238	585
3. = 농업소득	120	427	804	83	341	658	1,079	1,791
4. - 감가상각비[1)]	6	18	33	6	15	30	23	39
5. - 자가노임	10	30	16	5	19	3	211	133
6. - 경영이윤2)	14	51	99	10	41	82	132	238
7. - 자기자본이자[3)]	8	24	48	7	22	44	43	68
8. - 위험부담금[4)]	28	102	177	20	82	163	263	475
9. - 물값회수비용[5)]	3	3	3	3	3	3	3	3
10. - 일반세금	1	29	56	1	23	45	66	126
11. = 사업비부담력	50	170	372	31	136	288	338	709
12. 유지관리비증가액	7	23	46	4	15	33	32	61
13. 원리금상환액	11	36	72	11	36	72	451	902
14. 사업비부담총액 [(12) + (13)]	18	95	118	15	51	105	483	963

B. 현재가치6)								
15. 사업비부담력	272	840	1,838	153	672	1,423	1,826	3,831
16. 유지관리비	43	181	359	36	132	290	540	1,062
17. 원리금상환액[7)]	27	131	261	40	131	261	1,293	2,586
18. 사업비부담총액	70	312	620	54	263	541	1,833	3,648
19. 부담율[(18)÷(15)]%	26	37	34	35	39	38	100	95

주 : 1) 장비 5%, 건물 3%, 농지개발 2%.
2) 조수익 증가액의 10%.
3) 자본 증가액의 10%.
4) 조수익 증가액의 20%.
5) 홍농계의 물값 징수비용.
6) 내구기간의 50년, 할인율 10%.
7) 물가상승이 없는 것으로 봄.

자료 : IBRD, 영산강 제2단계 IBRD 평가보고서, 1977.3

제 4 절 융자금의 상환방법

1. 원리금균등상환(Level Payment or The Standard Plan of Amortization)

원금과 이자를 합하여 매년 동일금액을 상환하는 방법을 말하며 자본회수계수를 원금에 승하여 연간 원리금상환액을 결정한다.

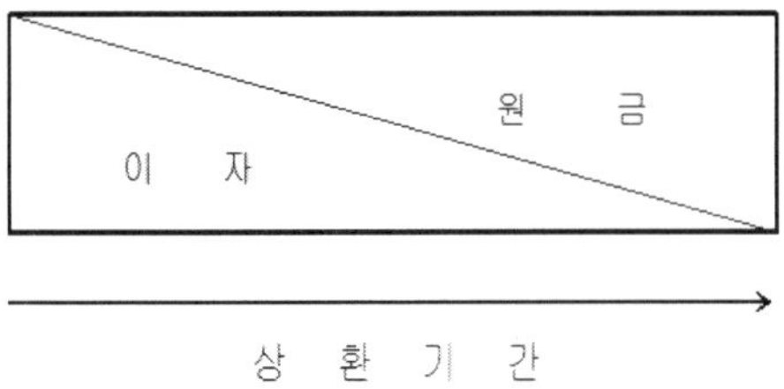

〈그림 13-1〉 원리금균등상환

예를 들어 보면 세계은행으로부터 1,000만$을 차관하였는데 차관조건은 3년 거치, 5년 원리금균등상환, 연간이자율 5%이다. 이때 상환계획표의 작성은 1) 거치기간에는 이자만을 계상하고, 2)상환기간에는 이자를 먼저 계산한 후 연간 원리금 균등상환액에서 빼주면 원금상환액이 결정된다. 이러한 분석과정을 살펴보면 다음 〈표 13-3〉과 같다.

여기서 연간원리금상환액 = 차관자금 × 자본회수계수

자본회수계수 = $[i(1+i)^n / (1+i)^n - 1]$

i = 연간 이자율

n = 상환기간

〈표 13-3〉 차관원리금 상환계획

(단위 : 만$)

연 도	이 자	원 금	원리금 합계
1	50	-	50
2	50	-	50
3	50	-	50
4	50	180	230
5	41	190	231
6	31	200	231
7	21	210	231
8	11	220	231
합계	304	1,000	1,304

주 : 연간원리금 상환액 = 1,000만$ × 자본회수계수 0.23097 = 231만$.
차관조건 : 거치기간 = 3년, 상환기간 = 5년, 연이자율 = 5%.

2. 원금균등상환(Decreasing Payment)

원금균등상환방법은 매년의 원리금상환액은 다르나 원금상환액만은 같은 상환방법으로 원금총액을 상환기간의 연수로 제하여 연간원금상환액을 결정하고 미상환액에 대한 이자를 매년 계산하여 원금과 같이 상환한다.

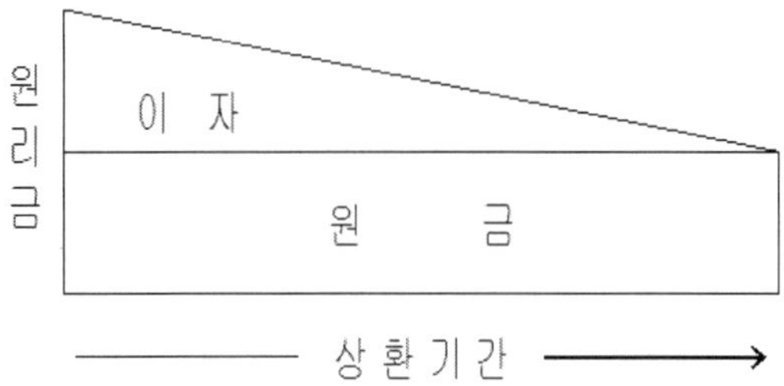

〈그림 13-2〉 원금균등상환

농협으로부터 영농자금 1,000만원을 3년 거치, 5년 원금균등상환, 연이자율 10%조건으로 차입하였을 경우 원금과 이자의 상환계획은 1)거치기간에는 거치이자만을 계상하고, 2) 상환기간에는 원금총액을 상환연수로 균등분배하며, 3) 그런 연후에 원금잔액에 대한 이자를 계산하면 된다. 이러한 분석내용은 다음 〈표 13-4〉과 같다.

연간원금상환액 = 차관원금 / 상환연수

연간이자액 = 원금잔액 * 연간이자율

연간총상환액 = 연간이자액 + 연간원금상환액

〈표 13-4〉 원금균등 상환계획

(단위 : 만$)

연 도	원 금	이 자	원리금 합계
1	-	100	100
2	-	100	100
3	-	100	100
4	200	100	300
5	200	80	280
6	200	60	260
7	200	40	240
8	200	20	220
합계	1,000	700	1,700

주 : 차관조건 : 거치기간 = 3년, 상환기간 = 5년, 연이자율 = 10%.

3. 소득지수비례상환(Income Indexed Variable Payment)

소득지수비례상환방법은 사업으로 인하여 예상되는 연간 수익이 매년 다른 경우에 응용하는 방법으로 수익이 없을 때 보다 많은 상환액을 지불하고 수익이 높을 때 상환액을 적게 지불하는 모순을 없애기 위하여 고안된 방법이다. 예를 들어 과수원과 같이 초기에는 비용만 투입되고 수령이 많아질수록 일정기간까지는 수익이 점증하다가 일정한 수령을 지나서는 수익이 점감하는 현상을 볼 수 있는데 부의 수익이 발생하는 초기에 많은 상환액을 지불하고 수익이 많을 때 상환액을 적게 지불한다면 농가의 부채가 누적되어 영농자금융자의 효율화를 기할 수 없다.

4. 원리금체증상환방법(Graduated Loan Amortization)

원리금체증상환방법은 하기 공식에 의하여 계산되는 원금상환율을 원금총액에 승하고 상환년도의 역순(최종년도의 상환율이 1차년도의 상환율이 됨)으로 상환하는 방법으로 우리나라의 수리자금의 상환에 이용되고 있다. 이 방법 역시 수익이 적게 발생하는 개발사업의 초기에 상환을 적게 하고 수익이 많을 때 상환을 많이 하는 합리적인 방법이라고 하겠다.

〈 원리금체증상환율의 산출공식 〉

$$X = \frac{(R-C)\cdot R^n}{R^n - C^n}\cdot P$$

여기서 X = 1차년도 원리금상환액

R = 1 + i

C = 1 + j

P = 원금

i = 이자율(3.5%)

j = 체증율(3.0%)

n = 상환기간

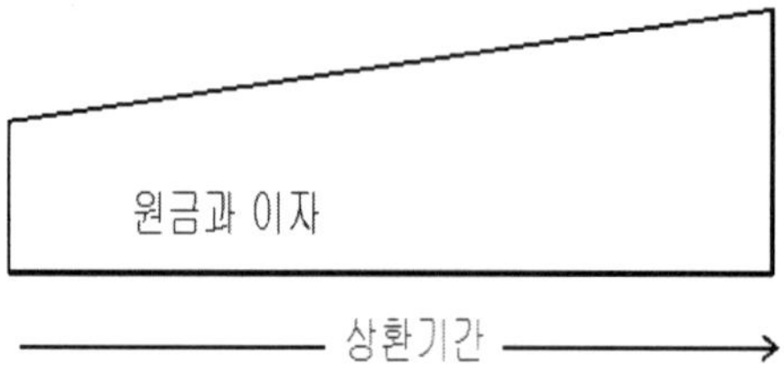

〈그림 13-3〉 원리금체증상환

원리금체증상환방법은 주로 과수원 조성사업과 같이 초기 수년 동안에는 수익이 발생하지 않고 비용만 투입되며 사업편익은 4~5년 이후부터 점증적으로 발생하여 15년 경에 절정에 이르고 20~25년 후부터는 새로운 유목을 심어 고목을 대체하게 된다. 이런 경우 개발초기의 생산성이 낮을 때 많은 금액을 상환하고 생산성이 높은 시기에 적게 부담한다면 농민들이 상환을 위한 빚을 지게 되어 농업경영상의 압박요인으로 작용하게 된다.

1ha의 과수원조성을 위한 투자비용이 1억원인데 농협으로부터 연리자율 5%, 20년간 3%체증상환조건으로 차입하였다면 연간 상환율은 다음과 같이 계산한다.

$$\text{연간체증상환율} = \frac{[(1+0.05)-(1+0.03)](1+0.05)^{20}}{[(1+0.05)^{20}-(1+0.03)^{20}]} = 0.06257$$

1차 년도상환액 = 1억원 × 체증상환율 0.06257 = 6,257,000원

2차 년도이후 체증상환액 = 1차년도상환액 × $(1 + 0.06257)^n$

〈표 13-5〉 연차별 체증상환액

(단위 : 원)

상 환 년 도	연간 체증상환액
1	6,257,000
2	6,648,500
3	7,064,497
4	7,506,523
5	7,976,206
6	8,475,277
7	9,005,575
8	9,569,054
9	10,167,790
10	10,803,988
11	11,479,993
12	12,198,297
13	12,961,544
14	13,772,548
15	14,634,296
16	15,549,965
17	16,522,926
18	17,556,765
19	18,655,292
20	19,822,554
합 계	236,628,590

제 14 장

투입산출물의 잠재가격결정 (Shadow Pricing)

제 1 절 잠재가격(Shadow Price)

잠재가격[1)]이라 함은 완전자유경쟁시장에서 결정된 균형가격으로써 투입물의 잠재가격은 투입물의 한계가치생산(Value of Marginal Product)을 의미하고 산출물의 잠재가격은 그의 한계비용과 같다.

투입물의 잠재가격은 일정한 제약조건하에서 변수를 단조증가 시킬 때 목적함수를 극대화 시키는 증가된 가치로 정의 된다.("Shadow prices of inputs are the incremental value of the maximized object function due to a unitary increase of the constrained variables").

즉 투입물의 잠재가격을 수학적으로 표현하면 다음과 같다.

MAX $f(X)$, subject to $g(X) = c$ 여기서 $X = x_1, x_2, x_3 \cdots\cdots, x_n$임.

Lagrange multiplier를 사용하면 목적함수는 다음과 같이 변형된다.

$L(X,\lambda) = f(X) + \lambda(c - g(X))$

목적함수의 극대 또는 극소조건은 제1차도함수가 0 일 때임으로 다음과 같이 표시된다.

$$\sum \frac{df(X^*)}{dX_i} - \lambda^* \sum \frac{dg(X^*)}{dX_i} = 0 \text{ , } i = 1,2,3,\text{---},n \text{ ---(1)}$$

1) Nick Hanley & Clive L. Spash, Cost Benefit Analysis and the Environment, 1993.
Peter G. Sassone & William A. Schaffer, Cost-Benefit Analysis, A Hand Book, Academic Press,INC.,1978.

$$c - g(X) = 0 \text{- ---------------------------------}(2)$$

이제 식(2)는 c = g(X(c))와 다음 식을 유도 할 수 있다.

$$1 = \sum \frac{dg(X^{*})}{dX_{i}} \frac{dXi(c)}{dc}$$ 여기에 λ^{*}를 승하면

$$\lambda^{*} = \sum \lambda^{*} \frac{dg(X^{*})}{dX_{i}} \frac{dXi(c)}{dc}$$ 로 된다.

그러면 식(1)로 부터 다음 식(3)이 유도된다.

$$\lambda^{*} = \sum \frac{df(X^{*})}{dX_{i}} \times \frac{dXi(c)}{dc} = \sum \frac{df(X^{*})}{dc} \text{ ---------}(3)$$

식(3)에서 λ^{*}는 투입물의 잠재가격으로써의 한계수입이 된다.

산출물의 잠재가격은 비용함수에서 구하는데 이는 산출물의 가격 Py가 MC와 같을 때 결정된다.

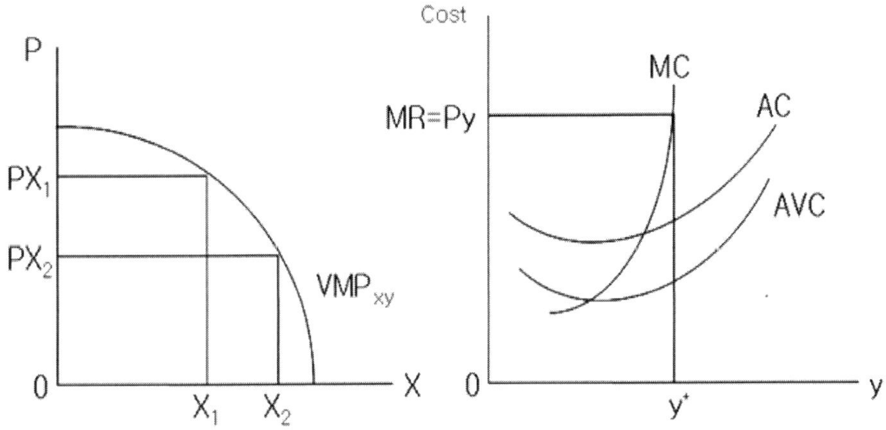

〈그림 14-1〉 투입물의 한계가치생산

위에서 검토해본 바와 같이 투입물의 잠재가격은 투입물의 한계생산가치와 같고 산출물의 잠재가격은 산출물의 한계비용과 같은데 이러한 잠재가격은 다음과 같은 완전자유경쟁조건을 만족시킬 때 형성되는 가격이다.

(1) 개별 상품의 시장에서 소량의 구매자와 판매자의 수가 상대적으로 많을 것.

(2) 동일한 산업내의 모든 기업들은 동일한 상품을 생산함으로 소비자 간의 상품의 선호가 무차별 할 것.

(3) 모든 생산자원(토지, 노동, 자본)은 완전히 이동가능 할 것. 이러한 자원을 소유하고 있는 자는 그들이 하고 싶은 곳에 자유로이 투입할 수 있고 기업체를 설립하는데 아무런 제약이 없을 것.

(4) 개별경제주체들은 최적화(Optimizer)를 기하는 자들일 것. 즉 이윤극대화 및 효용극대화를 위하여 행동 할 것.

(5) 모든 경제주체들은 현재와 미래의 상품가격에 대하여 완전한 지식을 가질 것.

(6) 가격의 경직성이 없을 것. 시장조건에 따라 가격이 상승하고 하락하는데 제약이 없을 것.

상기와 같은 조건이 만족되면 첫째 상품의 가격은 시장의 수요와 공급에 의하여 균형점에서 결정되고 둘째 장기적으로 볼 때 모든 상품들은 가능한 최저의 가격에서 생산되고 팔린다. 사업편익비용분석(CBA)을 위한 추가적인 조건을 부가하면 다음과 같다.

(7) 모든 개개인들은 이기적일 것. 모든 소비자들은 자기 자신의 소비에 의하여만 복지가 결정되지 타인의 행복과 불행과는 상관이 없다.

(8) 모든 개개인들은 욕심쟁이(Greedy) 일 것. 보다 많이 소비하면 보다 높은 복지를 얻게 되고 소비의 만족점은 무한하다.

(9) 개개인들의 선호율은 한 재화를 추가시키기 위하여 감소 대체되는 상품의 양과의 비율로 결정된다. 즉 한계대체율이 감소하고 무차별곡선은 원점에 대하여 볼록할 것.

(10) 규모에 대한 수확체증을 보이는 생산과정이 없을 것.

(11) 외부경제가 없을 것.

(12) 공공재화가 없을 것.

(13) 상품에 대한 정부의 보조나 세금부담이 없을 것.

(14) 모든 상품들은 시장에서 거래 될 것.

(15) 모든 시장은 균형을 이룰 것.

이상과 같이 (1)에서 (15)까지의 조건들이 만족되면 모든 상품들은 시장가격을 가지며 시장가격들은 잠재가격(진정한 사회적 가치)과 정확하게 일치하게 된다. 그러나 현실적으로 이러한 가격을 찾아 사업을 평가하기란 거의 불가능 한 것이다.

제 2 절 투입산출물의 경제가치 평가원칙[2)]

1. 사업투입물

1) 비교역 투입물

(1) 토 지

토지가격은 토지의 기회비용 또는 한계생산력을 추정하여 평가한다. 지대(소득)는 토지의 기회비용 내지 한계생산력을 잘 반영하고 있으므로 이 한계가치생산을 자본의 기회비용으로 할인하여 자본비용으로 포함시킬 수도 있고 사업의 현금유동표상에 시행전의 생산가치를 연도별 자본비용 항에 하나의 시점발생비용으로 계상시킬 수도 있다.

지가의 평가에 있어서는 투기 및 사회적 지위향상과 신분유지를 위한 토지소유욕에 따른 지가의 왜곡을 회피하여야 한다. 특히 신규 간척농지의 국토확장효과를 추정 할 경우에는 토지이용규제가 없는 완전자유경쟁적 토지시장에서의 수요와 공급에 의거 결정되는 균형가격 또는 토지의 기회비용으로 평가하여야 한다.

국토면적이 협소하고 농지의 타목적 전용수요가 많은 경우는 국민의 식량확보가 문제가 됨으로 간척사업으로 농지의 외연적 확대가 가능할 경우에는 간척지 논의 국민경제적 가치를 농지외의 타목적으로 전용될 경우의 보상가격으로 평가하여야 하며 농지가격을 뺀 차액지대로써 순수한 국토확장효과를 추정해야 하고 연간가치는 국토확장효과에 자본의 기회비용을 곱하여 연산 가치로 평가한다.

(2) 노 동

노동의 가치도 토지와 마찬가지로 노동의 기회비용과 한계가치생산(Value of marginal productivity of labor)으로 평가하나 노동의 종류에 따라 다음과 같이 평가한다.

(가) 숙련노동 : 숙련노동이 부족한 상태라면 시장 노임으로 평가한다.

(나) 미숙련노동 : 지역실정에 따라 다음과 같이 평가한다.

---

2) 경제기획원, 공공부문투자사업의 경제성평가, 1979년 10월. IBRD-EDI 사업분석교육자료를 번역한 것임.

① 미숙련노동(실업노동) : 대체적 생산이 낮기 때문에 노동의 잠재가격을 "0"으로 평가한다.

② 불완전 취업노동 : 이 경우는 평가하기가 가장 어려운 경우로서 1) 타 생산부문으로 옮겨간 경우 발생한 생산고의 감소를 가지고 노동의 기회비용으로 평가하는 것과 둘째 농업에 있어서는 노동피크(peak)기의 노동수요를 감안하여 2) 전체 취업일수에 대한 농번기의 취업일수비율에 농촌 노임을 승하여(실 취업비율만을 노임으로)계상한다.

③ 완전고용 : 실제지불노임을 비용으로 계상한다.

2) 국내 생산투입물

국내 생산투입물의 국내 자원비용(Domestic Resource Cost)이 국제가격보다 낮으면 수입에 의존하는 것 보다는 국산투입물의 대체적 사용을 강구함이 바람직하다. (잠재환율에 의거 환산된 수입가격이 DRC를 초과할 경우) 국내투입물의 잠재가격을 추정함에 있어 적용될 경제분석가격은 다음과 같다.

(1) 수출의 경우는 FOB 가격(잠재환율로 환산)

(2) 수출되지 않는 경우는 국내시장의 수요가격

(3) 가격구조상의 조세 및 정부의 이전적 지출은 제외시킨다.
(단, 재무분석시는 포함시킴)

3) 교역투입물

해상운임 및 보험료를 포함한 수입가격(Cost, Insurance and Freight)에 국내수송비 및 조작비를 가산하고 이전적 지출은 제외시키되 잠재환율로 환산한다.

2. 사업산출물

1) 수출상품

수출상품의 가격은 FOB가격 (잠재환율로 환산)으로 평가하고 수출항구까지의 국내수송비와 생산지에서 시장까지의 운임 및 기타 이전적 지출을 감한다. 이 가격을 수출균형가격(export parity price)이라 한다.

2) 수입대체상품

수입대체상품의 경제분석가격은 CIF가격(잠재환율로 환산)으로 하며 이는 수입항구에서 시장까지의 국내수송비 및 유통비를 가산하고 사업지구에서 시장까지의 운임 및 유통비를 차감하며 정부의 이전적 지출을 제외시킨다. 이렇게 추정된 가격을 수입균형가격(import parity price)이라고 한다.

3) 비교역산출물

(1) 직접평가 : 국내수요가격 또는 CIF가격에서 국내수송비를 차감한 가격으로 평가한다. (만약 국내수요가격이 CIF가격보다 높다고 하여 수입을 한다면 합리적인 대안이라고 볼 수 없다. 그러나 정부가 수입을 한다면 수입균형가격을 적용하여 평가하여야 한다.)

(가) 소규모사업 : 수급물량 및 가격변동에 영향을 미치지 않으므로 기존시장가격을 적용한다.

(나) 대규모사업 : 당해사업이 존재할 시의 시장가격을 추정하여 적용한다.

(2) 간접평가 : 산출물이 시장의 거래량을 증가시킬 경우에는 생산물을 사용하는 사람이 지불하고자 하는 추가적 소득금액으로 평가한다.

(3) 계측불능의 경우

(가) 최소비용법 : 산출물의 가치를 평가할 수 없을 때는 본 산출물을 생산하는데 소요되는 비용의 최소화에 역점을 두어 평가하여야 한다.

(나) 계측이 가능한 부산물을 수반하는 경우에는 최소비용에서 부산물의 가치를 차감하여 주산물의 가치를 평가한다.

(다) 대체비용에 의한 평가 : 계측이 불가능한 산출물은 대체생산비에 의거 평가한다.

(라) 잔여평가법 : 하나의 사업이 계측 불가능한 부산물의 생산을 동반할 경우 비용이 계측가능수익보다 클 때에는 총비용에서 계측가능수익을 차감한 순비용과 계측불능부산물을 비교하여 가치를 평가한다.

제 3 절 수출입균형가격(Import and Export Parity Price)

잠재가격은 앞의 제1절에서 검토한 바와 같이 완전경쟁시장에서 수요와 공급이 일치하는 점에서 결정되는 균형가격으로 앞의 제1절에서 살펴본 15가지의 완전경쟁시장조건이 충족될 경우 찾아 볼 수 있는 가격이다. 이러한 잠재가격만이 자원배분, 소득 및 자본형성 등의 가격의 기능을 가장 합리적으로 실현시킬 수 있게 된다는 것이다.

그러나 현실적으로는 이러한 가격을 찾기가 거의 불가능함으로 보다 완전자유경쟁가격에 가까운 대리가격(Proxy Price)으로써 국제가격을 중심으로 수출입균형가격을 도출하여 농장가격(Farm-gate Price)으로 환산한 후 사업의 투입산출물을 평가하게 된다. 수출입균형가격의 도출과정은 다음과 같은데 여기에는 시장규제요인을 고려하여 재무분석을 위한 수출입균형가격과 경제분석을 위한 수출입균형가격으로 구별하여 추정한다.

1. 수입균형가격(Import Parity Price)[3)]

1) 재무분석을 위한 수입균형가격

기준가격 : 수출항의 F.O.B.가격
\+ 수입항까지의 해상운임(Freight)
\+ 해상보험료(Insurance)
\+ 수입항의 하역료

= 수입항에서의 C.I.F 가격
원화환산 C.I.F가격 * 공정환율
\+ 수입관세
\- 보조금
\+ 항구에서의 제부담금
\+ 관련시장까지의 국내수송 및 유통비용

= 시장가격

3) J. Price Gittinger, Economic Analysis of Agricultural Projects, IBRD, 1982.
경제기획원, 공공부문투자사업의 경제성평가, 1979년 10월.

- 사업지구로부터 시장까지의 수송 및 유통비용
- 사업지구에서의 상차료, 조작료 및 보관료

= 수입균형가격(Import Parity Price)

2) 경제분석(Economic Analysis)을 위한 수입균형가격

기준가격 : 수입항에서의 C.I.F가격

원화환산 : C.I.F가격 * 잠재환율(Shadow Exchange Rate)

+ 관련시장까지의 국내수송 및 유통비용
- 사업지구에서 시장까지의 수송 및 유통비용

= 수입균형가격(Shadow Price)

2. 수출균형가격(Export Parity Price)[4)]

1) 재무분석을 위한 수출균형가격

기준가격 : 수입항의 C.I.F가격

- 해상운임(Freight)
- 해상보험료(Insurance)
- 수입항에서의 하역료

= 수출항에서의 F.O.B가격

원화환산 F.O.B가격 * 공정환율

- 수출관세
+ 수출보조금
- 수출항에서의 부담금
- 국내수송비, 상차료, 보관료

= 수출균형가격(Export Parity Price)

4) J. Price Gittinger, Economic Analysis of Agricultural Projects, IBRD, 1982.
경제기획원, 공공부문투자사업의 경제성평가, 1979년 10월.

2) 경제분석(Economic Analysis)을 위한 수출균형가격

기준가격 : 수출항의 F.O.B가격

원화환산 F.O.B가격 * 잠재환율(Shadow Exchange Rate)

\- 국내수송비, 보관료 및 상차료

\---

= 수출균형가격(Shadow Price)

제 4 절 가치평가기준(Accounting Unit or Numeraire)

사업으로 인한 투입물과 산출물을 평가할 경우 이들은 내자구성부문(Local Currency Components)과 외자구성부문(Foreign Exchange Components)으로 구분된다. 따라서 내자와 외자는 국내물가와 국제물가수준에 따라 각각 영향을 받게 된다. 그러므로 가치평가기준을 국내물가수준으로 결정하던지 아니면 국제물가수준으로 정하던지 통일하여야 한다. 이때 우리는 공정환율과 잠재환율을 적용하여 사업비의 외자구성부문을 평가하는데 상대구성부문의 비용은 다음 실례에서 알 수 있는 바와 같이 일반환산계수(Standard Conversion Factor)로 조정해 주어야한다.

〈표 14-1〉 밀의 수출입균형가격 분석 실례

공정환율(OER)=2.07 잠재환율(SER)=2.28 환산계수(SCF)=0.91	경제분석가치		
항 목	재무분석 가치	잠재환율 적용	일반환산계수 적용
기준: 수출항구의 FOB가격			
(Thunder bay)-	US $ 223.92	US $ 223.92	US $ 223.92
+: 해상운임(Assab까지)	20.53	20.53	20.53
+: 해상보험료	-	-	-
+: 수입항의 하역료(Assab)	-	-	-
=: 수입항의 CIF가격(Assab)	US $ 244.45	US $ 244.45	US $ 244.45
	(×OER)	(×SER)	(×SER)
외국환을 국내화폐로 환산	Eth$ 506.01	Eth$ 557.35	Eth$ 506.01
+: 관세액(Tariffs)			
-: 수입보조금			
+: 항구의 제부담금	11.00	11.00	11.00
+: 국내수입 및 유통비용			
사업지구 인접시장비용(Addies Ababa)			
포장	10.00	10.00	9.09
포장비용	2.00	2.00	1.82
운송비용	40.00	40.00	36.36
수입업자의 고정비용	45.00	45.00	40.91
=: 시장가격(Addies Ababa)	Eth$ 614.01	Eth$ 665.35	Eth$ 604.19
-: 수송비용			
도매상의 가격마진	-37.00	-37.00	-33.63
운반비용	-24.00	-24.00	-21.83
포장비용	-2.00	-2.00	-1.82
포장대금	-10.00	-10.00	-9.09
-: 상차료, 조작료			
사업지구에서의 보관료			
농촌시장에서의 보관료	-4.00	-4.00	-3.64
사업지구에서의 시장까지 운송비	-1.50	-1.50	-1.36
=: 수입균형가격	Eth$ 535.51	Eth$ 586.85	Eth$ 532.83

주 : ETHIOPIA, 소규모패캐지프로젝트 - 밀의 수입균형가격(1982).
자료 : IBRD EDI 투자분석 교육자료,1985.

〈표 14-2〉 미곡의 수출입 균형가격 분석 실례

항 목	수입균형가격			수출균형가격		
	연산자	단위	가격	연산자	단위	가격
1. 2004년도 예측 세계가격 (1990년도 불변가격)/a		US$/ton	215.1		US$/ton	215.1
2. 2010년도 예측 세계가격 (2004년도 가격)/a		US$/ton	207.3		US$/ton	207.3
3. 품질조정	*	%	90	*	%	90
4. Kampong Som 항구에서 CIF/FOB 가격/b	=	US$/ton	186.6	=	US$/ton	186.6
5. 항구이용료, 처리 및 보관	+	US$/ton	12.8	-	US$/ton	12.8
6. Kampong Som 항구에서 가격	=	US$/ton	199.4	=	US$/ton	173.8
Riel/kg로 변경시/c	=	Riel/kg	797	=	Riel/kg	695
7. 운송료/d (Kampong Som -Pfnom Penh)	+	Riel/kg	22			
(Kampong Chhnang - Kampong Som)				-	Riel/kg	29
8. 정미후가격/Kampong Chhnang에서 도매가	=	Riel/kg	819	=	Riel/kg	666
(Kampong Chhnang - Pfnom Penh)	+	Riel/kg	7			
9. 도정료와 유통마진/d	-	Riel/kg	23	-	Riel/kg	23
10. 처리과정에서 부산물/e	-	Riel/kg	52	+	Riel/kg	52
11. 정미소에서 쌀가격	=	Riel/kg	841	=	Riel/kg	695
12. 농가에서부터 시장까지 운송 및 처리비/d	-	Riel/kg	17	-	Riel/kg	17
13. 농가수취가격	=	Riel/kg	824	=	Riel/kg	678
14. 가중평균 경제가격		50%			50%	
(쌀/벼)/f		Riel/kg (751Riel/kg)/(496Riel/kg)				

주) /a ; 세계은행 2004년 6월 "국제상품시장" 근거

1990년도 불변가격으로 예측된 가격들은 1990년도부터 2004년도까지 물가인상을 고려하기 위해 0.9639(MUV)에 의해서 조정

벼 : Thai, milled, 5% broken, FOB Bangkok

/b ; Kompong Som항구에서 가격은 태국 방콕항구에서 가격과 같은 것으로 가정

/c ; 환율 : US$ = Riel 4,000

/d ; 국내통화는 표준환산계수 0.957로 조정

/e ; 300kg/Riel의 겨, 벼 무게의 약 18%

/e ; 벼에서 밀로 제조공정비율 = 66%

자료 : 한국 국제 협력단, 수자원공사, 캄보디아, 크랑폰리강 유역 다목적 수자원 개발사업 타당성조사, 2004.

〈표 14-3〉 대두의 수출입 균형가격 분석 실례

항 목	수입균형가격			수출균형가격		
	연산자	단위	가격	연산자	단위	가격
1. 2004년도 예측 세계가격 (1990년도 불변가격)/a		US$/ton	219.9		US$/ton	219.9
2. 2010년도 예측 세계가격 (2004년도가격)/a		US$/ton	211.1		US$/ton	211.1
3. 운송비 및 처리비	+	US$/ton	35			
4. Kampong Som 항구에서 CIF/FOB 가격	=	US$/ton	246.1	=	US$/ton	211.1
5. 항구이용료, 처리 및 보관	+	US$/ton	12.8	-	US$/ton	12.8
6. Kampong Som 항구에서 가격	=	US$/ton	258.9	=	US$/ton	198.3
Riel/kg로 변경시/b	=	Riel/kg	1,035	=	Riel/kg	793
7. 운송료/d (Kampong Som – Pfnom Penh)	+	Riel/kg	23			
(Kampong Chhnang - Kampong Som)	-		5	-	Riel/kg	28
8. Kampong Chhnang에서 거래가격	=	Riel/kg	1,053	=	Riel/kg	765
9. 농가까지 운송 및 처리비/c	-	Riel/kg	15	-	Riel/kg	15
10. 농가수취가격	=	Riel/kg	1,038	=	Riel/kg	750
		50%			50%	
11. 가중평균 농가수취가격		Riel/kg	894.3			

주) /a ; 세계은행 2004년 6월 "국제상품시장" 근거
1990년도 불변가격으로 예측된 가격들은 1990년도부터 2004년도까지 물가인상을 고려하기 위해 0.9639(MUV)에 의해서 조정
대두, 녹두 : CIF Rotterdam
/b ; 환율 US$ = Riel 4,000
/c ; 국내통화는 표준환산계수 0.957로 조정
자료 : 한국 국제 협력단, 수자원공사, 캄보디아, 크랑폰리강 유역 다목적 수자원 개발사업 타당성조사, 2004.

〈표 14-4〉 비료의 수입균형가격 분석 실례

1. Urea

항 목	수입균형가격		
	연산자	단위	가격
1. 2004년도 예측 세계가격 (1990년도 불변가격)/a		US$/ton	122.2
2. 2010년도 예측 세계가격(2004년도 가격)/a		US$/ton	117.8
3. 운송비 및 처리비	+	US$/ton	40
4. Kampong Som 항구에서 CIF/FOB 가격	=	US$/ton	157.8
5. 항구이용료, 처리 및 보관	+	US$/ton	17.4
6. Kampong Som 항구에서 가격	=	US$/ton	175.2
Riel/kg로 변경시/b	=	Riel/kg	701
7. 운송료/d (Kampong Som - Pfnom Chhnang)	+	Riel/kg	27
8. Kampong Chhnang에서 거래가격	+	Riel/kg	728
9. 농가까지 운송처리비/c	-	Riel/kg	5
10. 농가수취가격	=	Riel/kg	733
성분가(N)(N;46%)/e		Riel/kg	1,593

주) /a ; 세계은행 2004년 6월 "국제상품시장" 근거

1990년도 불변가격으로 예측된 가격들은 1990년도부터 2004년도까지 물가인상을 고려하기 위해 0.9639(MUV)에 의해서 조정

Urea : E. Europe Bagged, FOB Black sea

/b ; 환율 US$ = Riel 4,000

/c ; 국내통화는 표준환산계수 0.957로 조정

/d ; 영양성분은 Urea, DAP, KCL에 각각 46%, 46%(18_46_0), 60%씩 포함

/e ; 상대가격 비율 : Urea = 1.00(732Riel),

Potassium Chloride = 0.94(688Riel),

DAP = 1.36(996Riel)

2. DAP(Diammonium Phosphate)

항 목	수입균형가격		
	연산자	단위	가격
1. 2004년도 예측 세계가격(1990년도 불변가격)/a		US$/ton	163.2
2. 2010년도 예측 세계가격(2004년도 가격)/a		US$/ton	167.0
3. 운송비 및 처리비	+	US$/ton	40
4. Kampong Som 항구에서 CIF/FOB 가격	=	US$/ton	207.0
5. 항구이용료, 처리 및 보관	+	US$/ton	17.4
6. Kampong Som 항구에서 가격	=	US$/ton	224.4
Riel/kg로 변경시/b	=	Riel/kg	897.2
7. 운송료/d (Kampong Som - Kam (Kamport - study area)	+	Riel/kg	16
8. Kampong Chhnang에서 거래가격	+	Riel/kg	913
9. 농가까지 운송처리비/c	-	Riel/kg	14
10. 농가수취가격	=	Riel/kg	927
성분가(P)/e		Riel/kg	2,016
성분가(N)/e		Riel/kg	5,122

주) /a ; 세계은행 2004년 6월 "국제상품시장" 근거
1990년도 불변가격으로 예측된 가격들은 1990년도부터 2004년도까지 물가인상을 고려하기 위해 0.9639(MUV)에 의해서 조정
/b ; 환율 US$ = Riel 4,000
/c ; 국내통화는 표준환산계수 0.957로 조정
/d ; 영양성분은 Urea, DAP, KCL에 각각 46%, 46%(18_46_0), 60%씩 포함
/e ; 상대가격 비율 : Urea = 1.00(732Riel),
Potassium Chloride = 0.94(688Riel),
DAP = 1.36(996Riel)

3. Postassium Chloride(KCL)/d

항 목	수입균형가격		
	연산자	단위	가격
1. 2004년도 예측 세계가격(1990년도 불변가격)/a		US$/ton	115.4
2. 2010년도 예측 세계가격(2004년도 가격)/a		US$/ton	111.2
3. 운송비 및 처리비	+	US$/ton	40
4. Kampong Som 항구에서 CIF/FOB 가격	=	US$/ton	151.2
5. 항구이용료, 처리 및 보관	+	US$/ton	17.4
6. Kampong Som 항구에서 가격	=	US$/ton	16836
Riel/kg로 변경시/b	=	Riel/kg	674.2
7. 운송료/d (Kampong Som - Kam (Kamport - study area)	+	Riel/kg	16
8. Kampong Chhnang에서 거래가격	+	Riel/kg	690
9. 농가까지 운송처리비/c	-	Riel/kg	14
10. 농가수취가격	=	Riel/kg	704
성분가(K)/e		Riel/kg	1,174

주) /a ; 세계은행 2004년 6월 "국제상품시장" 근거
1990년도 불변가격으로 예측된 가격들은 1990년도부터 2004년도까지 물가인상을 고려하기 위해 0.9639(MUV)에 의해서 조정
/b ; 환율 US$ = Riel 4,000
/c ; 국내통화는 표준환산계수 0.957로 조정
/d ; 영양성분은 Urea, DAP, KCL에 각각 46%, 46%(18_46_0), 60%씩 포함자료 : 한국 국제 협력단, 수자원공사, 캄보디아, 크랑폰리강 유역 다목적 수자원 개발사업 타당성조사, 2004.

제 15 장
경제분석과 국민경제적 모수

개방경제체제(Open Economic system)하에서 계획되고 시행되는 공공투자사업은 외환비용(foreign exchange component)과 내자비용(local currency component)에 의하여 투자비용이 조달된다. 사업의 수익과 비용을 평가하여 투자수익률을 계측하기 위하여는 내자비용과 외자비용, 국제교역농산물과 국내소비농산물의 가치를 동일한 회계단위(Accounting unit) 또는 뉴머레어(Uumeraire)로 평가하여야 한다.

사업에 따른 모든 투입·산출물의 가치를 국내 원화가치기준으로 평가하든지 외환가치기준으로 평가하여야 하는데, 여기에는 국내산업의 보호에 다른 관세, 수입할당제, 외환보유 및 국제수지개선을 위한 수출보조정책 때문에 실제적인 환율의 대내외적 가치를 왜곡시키게 되므로 공정환율은 좋은 가치평가기준이 되지 못한다.

또한, 농촌지역에서 형성되는 미숙련공의 노임 즉 농업노임은 월별노임이 노동의 수급을 반영하지 못하고 있다. 재언하면 현실노임이 노동의 기회비용 또는 노동의 한계생산물의 가치(value of marginal product of labor)보다 높게 평가되어 현실노임을 조정하기 위한 조정계수가 있어야 한다.

끝으로 사업의 타당성 판정기준인 자본의 기회비용 또는 할인율은 B/C Ratio 및 내부외환율 분석에 있어 꼭 필요한 국민경제적 모수이다. 여기에 조정계수추정과정 및 경제이론의 배경을 보면 다음과 같다.

제 1 절 잠재환율(Shadow rate of foreign exchange)[1)]

수입관세, 수입할당제 및 수출보조 등의 조치는 실제적인 환율의 대내 또는 대외적 가치를 왜곡시킨다. 공정환율은 사업을 수행함에 사용되어지는 외환비용과 사업의 효과로써 얻어지는 외화가득 또는 절약액을 과소평가하게 된다. 따라서 공정환율은 외환의 실질가치를 평가하는 좋은 척도가 될 수 없기 때문에 경제분석에 있어서는 잠재환율을 추정하여 외환을 평가하게 된다.

잠재환율은 외환에 대한 인위적인 장벽을 고려하여 추정하게 된다. 정부가 외환에 대하여 인위적인 조치를 취하는 이유로는 ①관세 및 항구에서의 제 부담금을 징수하여 정부의 경비를 늘리고 ②초기에 있어서 국내의 유치산업을 보호하며, ③환율의 재평가 없이 국제무역수지의 균형을 기하자는데 있다.

정부의 수입에 대한 인위적인 장벽은

① 관 세
② 수입할당제
③ 수입금지조치
④ 수입면허
⑤ 외환사용허가 등을 들 수 있으며

수출에 대한 장벽으로서도 다음 사항들을 고려할 수 있다.

① 관 세
② 수출할당제
③ 수출금지조치
④ 수출면허
⑤ 수출보조금 (부의 장벽)

그러나 현재 우리나라에 있어서는 상기와 같은 수출장벽은 찾아볼 수 없고 수출장려정책으로

---

1) 구본영, 한국의 잠재가격계수추정, 투자심사자료, 1987.
임재환, 투자심사편람(농업부문), 경제기획원 투자심사국, 1982. 12

① 직접보조금의 지출

② 내국세의 감면(직접세, 간접세)

③ 관세의 면제

④ 장기투자금의 이자보조

⑤ 운임 및 전기료면제 등을 들 수 있다.

상기의 인위적 장벽 및 수출지원시책 등을 감안한 잠재환율은 다음의 공식에 의하여 계산한다.

$$SER = \frac{M(1+tm)+X(1+Sx)}{M+X} \times OER \text{ ---------------(1)}$$

여기서, SER : 잠재환율

OER : 공정환율

M : 수입액

X : 수출액

tm : 수입관세율(가중평균)

Sx : 수출보조율 (가중평균)

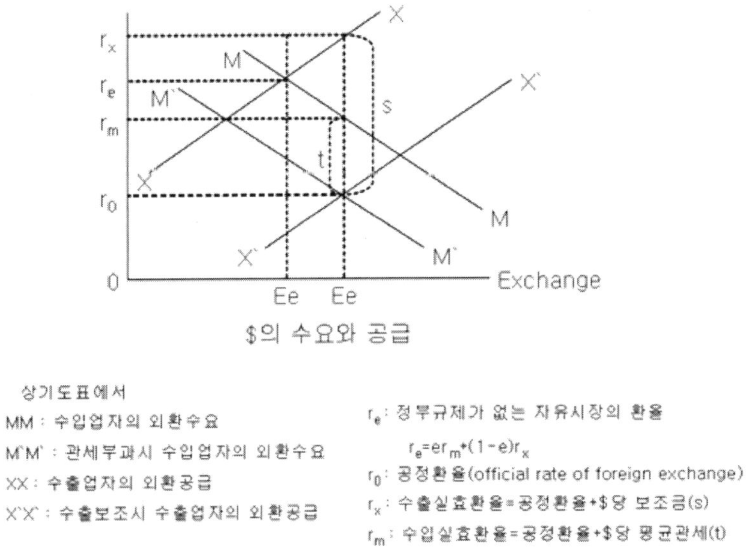

〈그림 15-1〉 잠재환율 결정

수입실효환율과 수출실효환율은 다음의 계산공식[2] 에 의거 추정된다.

수입실효환율 = OER (M + T) / M
수출실효환율 = OER (X + S) / X

여기서, T = 실관세징수액
S = 수출보조액임.

일반환산계수(Standard Conversion Factor)는 공정 환율과 잠재 환율의 상대적 비율을 말하며 다음의 등식으로도 계산된다.

SCF =(M + X)/[M-Ms +Mt) +(X+Xs-Xt)]
여기서 s는 수출입보조율(%)이고 t는 수출입관세율(%)임.

사업의 경제적 수익률을 계측함에 있어서는 투입-산출물의 재무분석가격을 경제분석가격으로 조정하여야 하는데 이 때에는 일반환산계수, 즉 OER/SER 또는 SER/OER가 사용된다. 사업의 경제적 수익률을 원화 기준으로 분석할 때에는 외환비용을 SER/OER율만큼 인상하여 비용과 수익을 조정하고 공정환율을 기준으로 분석할 경우에는 내자비용을 OER/SER 율만큼 인하하여 조정한다. 1965년-1999년간의 수출입실효환율 및 잠재환율을 보면 다음 〈표 15-1〉과 같고 이에 의하여 계산된 일반환산계수를 보면 〈표 15-2〉과 같다.

---

2) 임재환, 투자심사편람(농업부문), 경제기획원 투자심사국, 1982. 12

〈표 15-1-1〉 잠재환율 및 수출입실효환율

(단위 : 백만$, 원)

연도	연평균 공정환율 (a)	수입액 (b)	실관세 징수액 (c)	수입실효 환율 (d)= a(b+c)/b	수출액 (e)	1)수출 보조액(f)	수출실효 환율 (g)= a(e+f)/e	잠재환율 (h)=a(b+c+e+ f)/(b+e)
1965	266.17	463.4	50.2	295.0	175.1	13.2	286.2	292.6
1966	270.25	716.4	66.2	295.2	250.3	25.7	298.0	295.9
1967	268.33	996.2	93.6	293.5	320.2	53.3	313.0	298.3
1968	276.33	1,462.9	137.9	302.4	455.4	93.6	333.1	309.7
1969	288.42	1,823.6	156.8	323.2	622.5	112.4	340.5	320.2
1970	310.42	1,984.0	167.2	336.6	835.2	161.2	370.3	346.6
1971	350.08	2,394.3	151.8	372.3	1,067.6	219.9	422.2	387.7
1972	394.00	2,522.0	158.3	418.7	1,624.1	332.7	474.7	440.7
1973	398.54	4,240.3	206.5	417.9	3,225.0	587.5	471.1	440.9
1974	406.0	6,851.8	314.1	424.6	4,460.4	677.8	467.7	441.6
1975	484.0	7,274.4	374.0	508.9	5,081.0	450.4	526.9	516.3
1976	484.0	8,773.6	569.2	515.4	7,715.1	671.1	526.1	520.4
1977	484.0	10,810.5	797.3	519.7	10,046.5	1,091.8	536.6	527.8
1978	484.0	14,971.9	1,335.6	527.2	12,710.6	1,328.8	534.6	530.6
1979	484.0	20,338.6	1,513.0	520.0	15,055.5	1,605.1	535.6	526.6
1980	607.63	22,291.7	1,252.4	641.8	17,504.9	1,125.8	646.7	643.9

주 : Suk Tai Suh (1981)의 추정치를 그대로 인용하였음.
자료 : EPB, 「한국의 잠재가격 추정」, 1981. 5
BOK, 「경제통계연보」

〈표 15-1-2〉 잠재환율 및 수출입실효환율

(단위 : 백만$, 원)

연도	공정 환율 (a)	수입액 (b)	관세 (c)	수입실효 환율 (d)=a(b+c)/b	수출액 (e)	수출 보조금 (f)	수출실효환율 (g)=a(e+f)/e	잠재환율 (h)=a(b+c+e+f)/(b+e)
1981	701	26,134	1,270	735	21,254	1,901	925	748
1982	749	24,251	1,352	791	21,853	2,174	906	806
1983	776	26,192	1,885	832	24,445	1,831	890	833
1984	806	30,631	1,978	858	29,245	2,411	911	865
1985	871	31,136	1,799	921	30,283	2,189	958	927
1986	881	31,584	2,204	943	34,715	1,966	852	937
1987	823	41,020	3,278	888	47,281	1,907	747	871
1988	731	51,811	3,523	780	60,696	1,897	646	766
1989	672	61,465	3,153	706	62,377	1,825	681	698
1990	708	69,844	3,920	748	65,016	1,727	779	737
1991	734	81,525	4,683	776	71,870	1,634	849	764
1992	781	81,775	4,038	819	76,632	1,545	849	808
1993	803	83,800	3,595	837	82,236	1,462	832	827
1994	804	102,348	4,292	837	96,013	1,383	868	827
1995	771	135,119	6,009	805	125,058	1,365	841	793
1996	805	150,339	6,606	840	129,715	1,346	941	828
1997	951	144,616	6,096	991	136,164	1,329	1,019	976
1998	1,399	93,282	2,746	1,440	132,313	1,311	1,000	1424
1999	1,189	119,752	3,943	1,228	143,685	1,293	1,002	1213

자료 : 수출입총액 : 한국은행경제통계연보,1999.

수출보조금 : 산업연구원 집계치 응용(1981-`89).

1990-1994 : 연평균 5.3%씩 감소하는 것으로 추정함.

1995-1999 : WTO협정에 따라 연평균 1.33%씩 감소하는 것으로 추정함.

관세액 : 재경원, 주요경제지표,1988,1997.

국세청, 정부세입예산자료 적용, 1999.

〈표 15-2-1〉 수익비용조정계수 (standard conversion factors)

연 도	원화가치기준조정계수[1)]	외환가치기준조정계수[2)]
1965	0.910	1.099
1966	0.913	1.095
1967	0.899	1.112
1968	0.892	1.121
1969	0.901	1.110
1970	0.895	1.117
평 균	0.901	1.109
1971	0.903	1.107
1972	0.894	1.119
1973	0.904	1.106
1974	0.919	1.088
1975	0.937	1.067
평 균	0.911	1.098
1976	0.930	1.075
1977	0.917	1.090
1978	0.912	1.096
1979	0.919	1.088
1980	0.943	1.060
평 균	0.924	1.082

주 : 일반환산계수 1) OER/SER.
2) SER/OER.

〈표 15-2-2〉 수익비용조정계수 (standard conversion factors)

연 도	원화가치기준조정계수[1)]	외환가치기준조정계수[2)]
1981	0.937	1.067
1982	0.929	1.076
1983	0.932	1.073
1984	0.932	1.073
1985	0.939	1.065
1986	0.941	1.063
1987	0.945	1.059
1988	0.954	1.048
1989	0.961	1.040
1990	0.960	1.042
1991	0.960	1.041
1992	0.966	1.035
1993	0.970	1.030
1994	0.972	1.029
1995	0.972	1.028
1996	0.972	1.028
1997	0.974	1.026
1998	0.982	1.018
1999	0.981	1.020

주 : 일반환산계수 : 1) 공정환률(OER) / 잠재환률(SER) : 외자를 공정환률로 평가할 경우 국내화폐가치로 평가된 수익과 비용을 SCF를 승하여 조정한다.
2) 잠재환률(SER)/공정환률(OER) : 내자를 국내화폐가치로 평가 할 경우에는 외자부문을 SCF를 승하여 상향 조정한다.

최근 2004년에서 2008년까지 농어촌공사에서 추정한 일반환산계수는 다음 표〈15-2-3〉에서 보는 바와 같다.

〈표 15-2-3〉 일반환산계수(Standard Conversion Factor) 추정

년도	평균 환율 (원) (a)	수입액 (백만$) (b)	관세액 (백만$) (c)	수입실효환율(원) (d)=a(b+c)/b	수출액 (백만$) (e)	수출 보조금 (백만$) (f)	수출실효환율(원) (g)=a(e+f)/e	잠재환율 (원) (h)=a(b+c+e+f)/b+e	표준환산계수	
									원화가치기준 (a/h)	외환가치기준 (h/a)
2004	1,144.7	224,462.7	5,937.4	1,175.0	253,844.7	1,216.1	1,150.2	1,161.8	0.985	1.015
2005	1,024.3	261,238.1	6,167.8	1,048.5	284,418.7	1,199.9	1,028.6	1,038.2	0.987	1.014
2006	955.5	309,382.6	7,177.8	977.7	325,464.8	1,184.0	959.0	968.1	0.987	1.013
2007	929.2	356,845.7	7,975.5	950.0	371,489.1	1,168.2	932.1	940.9	0.988	1.013
2008	1,102.6	435,274.7	7,959.1	1,122.8	422,007.3	1,152.7	1,105.6	1,114.3	0.989	1.011
평균	1,031.3	317,440.8	7,043.5	1,054.8	331,444.9	1,184.2	1,035.1	1,044.6	0.987	1.013

주 : 1. 2009 적용 기준환율 및 잠재환율은 '04~'08년 5개년 동안의 평균치임.
2. 수출보조금은 산업연구원 집계치 응용('81-'89) ('95-'99)연평균 1.33%씩 감소.

자료 : 한국은행,『조사통계월보』, 2009. 2., 통 계 청,『한국통계월보』, 2009. 2.
임 재 환,『농업투자분석론』, 2005. 3. 농어촌공사 : 타당성분석기준, 2009.

제 2 절 할인율의 개념 및 자본의 기회비용

1. 할인율의 개념

모든 농어촌개발사업은 사업의 내구기간 동안에 현금유동표상의 연차별 사업편익의 흐름을 가지고 있고 또한 연차별 비용의 흐름을 가지고 있는데 비용의 흐름은 공사기간 중의 투자사업비와 공사완공 후의 유지관리비 및 사업시행전후의 농업생산비증가액으로 구성된다. 연차별 사업편익의 흐름은 증수량의 곡가환산액과 시설물의 잔존가치 및 운영자본증가액의 자존액 등으로 구성된다. 이와 같은 비용과 사업편익은 각기 다른 시점에서 발생됨으로 화폐의 시간적가치가 서로 다르게 된다.

이러한 서로 다른 화폐의 시간적 가치를 기준시점의 동일한 현재가치로 평가하기 위하여는 일정한 할인율 즉 이자율이 필요한데 여기에는 시장이자율, 투자의 한계생산가치, 기업의 할인율, 정부의 차입이자율, Pigouvian Rate 및 자본의 사회적 기회비용 등이 있다.

1) 시장이자율(Market Interest Rate)

시장이자율은 상업은행, 저축은행 등의 시중은행들의 정기예금 및 차입이자와 기업체와 정부의 증권이자율과 관련되어있다. 국채나 증권은 구매자가 현재 X원을 지불하고 구입하면 T년 후에 Y원을 주겠다는 상호간의 임대차계약이다. 이러한 임대차계약을 다음과 같이 표시 할 수 있다. 여기서 이자율은 i로 표시한다.

$$X = Y / (1 + i)^{T} \text{ 또는 } X(1 + i)^{T} = Y$$

시중은행의 이자율은 대출기관의 위험과 불확실성에 따라서 여러 형태의 이자율이 존재하게 된다. 시중은행의 정기예금 및 대출이자의 가중평균치도 하나의 할인율로 사용할 수 있다.

2) 투자의 한계가치생산(Marginal Productivity of Investment)

이는 어떤 경제사회의 한계 투자 사업이 발생시키는 실질 수익률을 말한다. 여기서 실질이라는 말은 사업생산물과 투입물의 가치를 동일시점의 불변가치로 평가하였음을 말한다. 예를 들어 한계투자사업 환언하면 가장 이윤율이 낮은 투자 사업이 실현되었을 경우 초기투자에 대한 연간 수익률이 6%라고 한다면 사적부문에 이러한 사업을 도입하였을 경우 그 경제에 의하여 실현될 수 있는 수익률은 6%라는 것을 의미한다. 이와 같이 만약 투자기금이 사적부문으로부터 빠져 나간다면 6%의 수익이 없어지는 것과 같다.

3) 기업할인율(The Corporate Discount Rate)

이것은 기업이 잠재적 투자사업을 평가하기 위하여 사용하는 할인율이다. 이 할인율은 기업이 부담하는 제세금에 대한 위험부담금(Risk Premium)과 이윤(Markup)을 포함하고 있다. 기업이 50%의 세율에 직면하게 된다면 세금공제전의 수익은 세금공제후의 수익의 배가 되어야 한다. 물론 기업이 투자자를 유인하기 위 하여는 그 기업의 세금공제후의 수익이 잠재적 지주들에게 공개되어있는 다른 어떤 대체적 투자와 경쟁 할 수 있도록 해야 한다.

이와 같이 만약 위험 없는 정부의 증권이 6%의 수익률과 3%의 리스크프리미엄(Risk Premium)을 가진다면 기업은 반드시 주주들에게 9%의 수익을 줌으로 기업의 자본투자를 유인 할 수 있게 된다. 그러므로 기업의 세전 정부투자에 대한 이러한 논리전개의 함축적의는 명약관아 하다. 기업투자사업의 기회비용은 15~20%라 될 것이다. 정부는 자원의 효율적 배분을 위하여 유사한 할인율로 투자사업을 평가 하여서는 안 된다.

4) 정부차입이자율(The Government Borrowing Rate)

이것은 정부가 민간부문으로부터 차입하는 이자율인데 이는 정부의 차입자금에 대한 비용인 것이다. 편익비용분석에 사용하기 위한 차입이자율의 합리성은 다음과 같은 불가피한 결론에서 유발된다. 말하자면 어떤 개인이 6%의 이자율로 정부에 자금을 대여해 준다면 지금 그 돈을 현재 소비해 버리는 것 보다는 미래에 있어서 원금과 6%의 이자를 합산한 금액을 받음으로 보다 잘 살수 있다고 그들은 느끼게 된다. 그러므로 만약 정부의 사업이 6% 이상의 수익을 얻게 된다면 소비자들은 그 정부사업이 추진됨으로 보다 잘 살 수 있게 된다.

5) 사적할인율(The Owen Discount Rate)

사적할인율 이란 어느 개인이 미래의 소비를 위하여 현재의 소비를 포기하는 교환비율을 말한다. 만약에 사적 할인율이 10%라고 한다면 이는 미래의 1.1$를 보상받기 위하여 현재의 1.0$를 포기하는 것을 의미한다.

도표에 의한 설명은 매우 간단명료하고 쉽게 이해를 돕는다. 어느 소비자가 그의 소비가능성을 두 기간 즉 현재와 미래에 배분해야한다고 고려해 보자. 각 기간에 소비되는 양을 Cp(현재소비)와 Cf(미래소비)로 표시하고 U(Cp,Cf)를 현재와 미래에 대한 선호를 나타내는 효용함수라고 하자. 효용함수 U(Cp,Cf)에 의하여 나타내는 무차별곡선은 〈그림 15-2〉에서 보는 바와 같이 원점에 대하여 볼록하다고 가정한다.

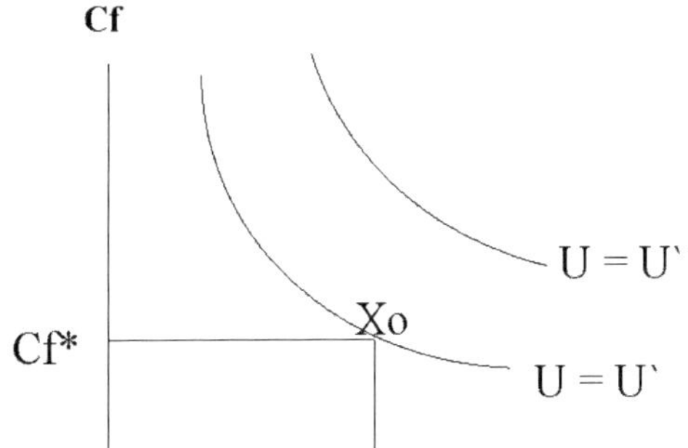

〈그림 15-2〉 두 기간 효용함수의 무차별곡선

U``는 U`에 비하여 보다 높은 효용수준을 나타낸다. 소비자는 Xo의 수준에 있으며 현재 Cp*의 소비를 하고 있고 미래의 소비수준 Cf*를 기대하고 있다고 가정해보자. 부가하여 소비자가 어떤 이유로 하여 미래의 소비$\alpha$와 교환하기 위하여 현재 1$보다 작은 소비를 요구받고 있다고 가정하자. 소비자가 수용 할 수 있는 $\alpha$의 최소 값은 얼마인가? 소비자는 자기를 불행하게 만들 어떠한 요구도 받아들이지 않기 때문에 그는 최소한 U`의 효용수준에서 머물기를 주장 할 것이다. 그러므로 우리의 관심사는 U`의 무차별곡선을 따라 찾아 볼 수 있는 한계소비대체율 dCf/dCp에 있다. 즉 현재의 소비 Cp가 변화 할 때 무차별곡선 U`에 머무는데 필요한 미래소비 Cf의 변화비율을 말한다.

물론 한계소비대체율 dCf/dCp는 사적 할인율을 의미한다. 사적 할인율은 현재의 소비분포로 평가된 소비자의 시차적 무차별곡선의 기울기로 나타난다.

6) 사회적 할인율(The Own Social Discount Rate)

사회적 할인율은 사적 할인율과 대비되는 개념이다. 후자가 개인 자신의 소비행위에 대한 개인 자신의 선호를 반영하는데 반하여 전자는 사회적소비행위에 대한 개인 자신의 선호를 반영한다. 이러한 선호율은 개인에 따라서 서로 다를 수 있다.

사회적 할인율은 전체경제에 있어서 1인당 실질소비의 정확한 성장경로에 관한 개인적 판단인 것이다. 다음 〈그림 15-3〉에 몇 가지 유형의 타당한 성장경로를 설명해 놓았다. 모든 소비는 투자의 비용이고, 자본재고의 감소이며 생산능력의 감소로 나타나는 것이다. AH로 표시된 높은 초기의 소비성장은 차기에 있어서 낮은 소비로 충당된다. AH와 같은 경로를 선호하는 개인은 높은 사회적 할인율을 가진다. 왜냐하면 사회적 할인율이 높을 경우에는 주로 가까운 미래를 중시하는 반면 먼 미래는 경시하기 때문이다.

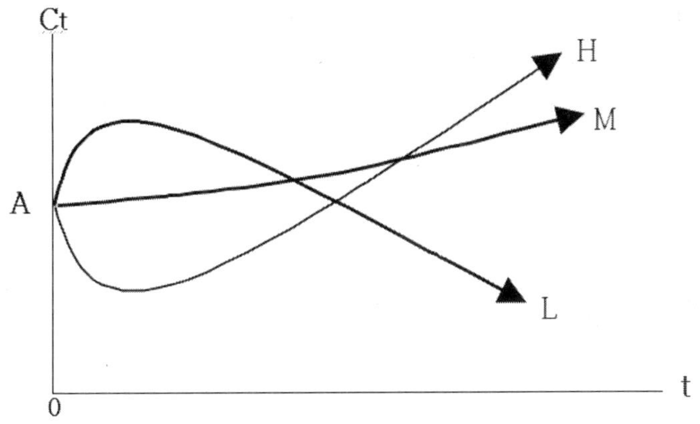

〈그림 15-3〉 1인당 실질 소비성장경로

AH경로와 대조적인 것이 AL경로다. AL과 같은 흐름의 소비를 성취하기 위하여는 가까운 미래에 있어서의 소비가 희생되어야만 한다. 그 대가로 보다 먼 미래에 있어서 보다 많은 소비기회가 주어진다. 만약에 어느 개인이 AL경로를 선호한다면 그 자신의 사회적 할인율은 낮게 평가되는데 이는 미래를 보다 중요하게 선호하기 때문이다.

AM의 소비경로는 느리지만 지속적인 성장을 제공한다. 왜 사회적 할인율은 사적인 개인할인율과 다른가? 한 예를 생각 해 보자. 현재 높은 소득을 가진 개인은 현존의 계약을 통하여 다음 10년 후에도 높은 소득을 유지한다고 가정하자. 이 사람의 10년 후의 소득은 불확실하나 10년 후의 전체경제상태가 양호하면 그 개인의 사정도 양호해 지지만 그렇지 않을 경우에는 양호한 기대를 할 수 없게 된다. 반면에 다음 10년 동안의 전체경제 상태는 중요하지 않다. 왜냐하면 그 소비자들의 개인소득이 보장되기 때문이다. 이러한 개개인들은 비록 그들의 개인적 할인율이 높지만 아마 AL의 경로, 즉 낮은 사회적 할인율의 경로를 택할 것이다. 사회적 할인율은 주로 개인들의 미래 기대소득의 흐름과 전체경제의 일반적인 상태에 의존하게 된다. 재언 하지만 개인의 할인율과 사회적 할인율 간에는 일치한다고 기대 할 수 없다.

7) Pigouvian 할인율(The Pigouvian Discount Rate)

영국의 저명한 후생경제학자 A.C.Pigou는 개개인들은 미래에 대하여 잘못된 망원경적 비전을 가지고 있고 미래에 대한 망원경적 비전에 대하여 충분한 준비가 되어있지 않은 경향이 있음을 관측한 바 있다.

개개인들은 현재의 자신들을 지나치게 중요시 여기고 있고 미래의 후손들을 지나치게 경시하는 풍조가 있다. 왜냐하면 미래의 세대들은 현재를 대표 할 수 없기 때문에 그들은 별다른 관심을 가지지 않는다. 정부는 미래의 수임자로써 미래세대를 생각해야한다. 이와 같이 공공투자사업을 평가함에 있어서 정부는 근시안적인 개인이 자기중심적으로 최선이라고 생각하는 것 보다 더욱 낮은 할인율을 사용해야 한다는 것이다.

2. 자본의 기회비용(Opportunity Cost of Capital)

1) S.Chakravarity모형에 의한 자본의 기회비용추정

사업을 평가·분석함에 있어 타당성의 판정기준은 자본의 기회비용이다. 이는 사회자본의 평균이자율 또는 수익률을 의미하며 사업의 투자수익률과 더불어 투자유인의 한 구성요소가 된다. 사업의 내부수익률이 자본의 기회비용보다 적을 때는 투자를 기피하는 것이 사실이다.

그러나 문제는 사업의 투자수익률에 의거 우선순위를 결정하고 타당성을 판정할 사회적 할인율(social rate of discount), 즉 자본의 기회비용을 결정하는 것이다. 자본의 기회비용은 선진국일수록 낮고 개발도상국가일수록 높다.

지금 우리나라의 자본의 기회비용은 1960년대의 15%에서 1980년대는 10%수준으로 낮아졌으며 1990년대에는 약 7~8%로 추정하고 있으나 정부가 공포한 공식적인 할인율은 없다. 정부가 세계은행의 차관으로 추진한 금강, 평택, 영산강 등의 대단위농업개발사업에 있어서는 자본의 기회비용을 10%로 보고 사업의 타당성을 평가하였다.

자본의 기회비용[3)]을 추정하기 위하여는 산업별 자본수익률, 은행의 대출 및 예금이자율의 변화, 자산의 생산성, 국·공 사채에 대한 배당이자율 등 여러 측면에서 계측할 수 있다.

인도의 경제전문가 S.Chakravarity씨는 그의 논문 "Use of Shadow Prices in Programme Evaluation"에서 자본의 기회비용을 다음 방법으로 추정하고 있다.

[공식] $$P = \frac{g}{S/D} \text{ 또는 } \frac{g \cdot D}{S} \text{ --------------------(1)}$$

여기서 P = 기회비용

g = GNP 성장률

3) S. Chakravarty, The Use of Shadow Prices in Programme Evaluation, in P.N. Rosenstein Roden, Edition of Capital Formation and Economic Development, Published by George Allen & Unwin Ltd., 1965.

S = 저축률

D = 이윤 소득률

자본의 기회비용은 성장률(g)과 이윤소득의 크기에 비례하고 저축률에 반비례한다는 것이다.

본 방법에 의하면 1965~1969년간의 평균기회비용은 약 15%이었고 1970~74년 기간에는 약 6.58%, 1975~1979년에는 약 8%로 각각 추정되었다.

〈표 15-3〉과 〈표 15-4〉에서 알 수 있듯이 경제가 불안정한 1975~1979년 기간을 제외한 과거 10년 즉 1965~1974까지 평균기회비용은 약 10%로 추정되었다. 그리고 1980년부터 1984년까지는 10.81%로 추정되었고 1985년부터 1989년까지는 7.26%로 나타났으며 1990년부터 1994년까지는 8.39%로 추정되었다. 특히 최근에 속하는 1995년부터 1998년까지의 자본의 기회비용은 경상시장가격으로 볼 때 8.15%를 보이고 있으나 최근의 IMF 금융위기 때문에 실질 기회비용은 5개년 기간 동안에 평균 1.67%로 나타나 경제가 좋지 않음을 입증해 주고 있다. 그러나 1998년의 실질자본의 기회비용은 8.08%로 나타나 우리가 현재 자본의 기회비용으로 사용하고 있는 8%와 같음을 알 수 있다.

이상과 같이 여러 가지의 측면에서 계측한 결과를 종합하여 볼 때 2000년 이후에 착공하는 사업에 대한 투자사업의 타당성판정지표인 자본의 기회비용은 5%를 적용하는 것이 타당할 것으로 생각된다.

〈표 15-3-1〉 자본의 기회비용 산출표(1965-1984)

연도	국내총생산 (A)	이윤소득 (B)	국내저축 (C)	D=B/A
	억원	억원	억원	%
1965	7,981	1,189	594	14.90
1966	10,237	1,586	1,228	15.49
1967	12,593	2,117	1,457	16.81
1968	16,298	2,832	2,493	17.38
1969	21,302	3,496	4,059	16.41
평균	13,682	2,244	1,966	16.40
1970	26,721	4,564	4,652	17.08
1971	32,993	5,192	5,062	15.74
1972	40,444	6,419	6,331	15.87
1973	53,753	8,482	12,335	15.78
1974	73,981	12,233	15,018	16.54
평균	45,578	7,378	8,680	16.19
1975	102,281	16,373	19,835	16.01
1976	139,976	23,772	35,213	16.98
1977	179,455	33,762	51,365	18.81
1978	242,331	50,156	74,910	20.70
1979	310,358	76,217	92,906	24.56
평균	194,880	40,056	54,846	20.55
1980	377,885	129,608	91,413	34.30
1981	473,826	165,237	113,553	34.87
1982	544,313	180,267	136,824	33.12
1983	638,575	172,291	183,815	26.98
1984	730,036	206,728	223,601	28.32
평균	552,927	170,826	149,841	30.89

주 : 1) 본 방법은 인도의 경제전문가 Mr. S. Chakravarty 의 연구자료

The " Use of shadow Prices in Programme Evaluation" in P,N Rosenste in-Rodan Edition of Capital Formation and Economic Development published by Georgr Allen & UNWIN Ltd., 1965, pp.57~63에서 인용한 것임.

〈표 15-3-2〉 자본의 기회비용 산출표(1965-1984)

연도	S=C/A	D/S Ratio	GNP 성장률 (경상)	기회비용 (경상) (P)	GNP deflator 상승률(i)	실질 기회비용
	%	%	%	%	%	%
1965	7.44	2.00	12.48	24.98	6.10	18.88
1966	12.00	1.29	28.71	37.08	14.50	22.58
1967	11.57	1.45	12.35	17.94	15.60	2.34
1968	15.30	1.14	29.01	32.95	16.00	16.95
1969	19.05	0.86	30.39	26.17	14.80	11.37
평균	14.37	1.14	22.59	25.78	13.40	12.38
1970	17.41	0.98	24.53	24.07	15.60	8.47
1971	15.34	1.03	22.76	23.34	12.10	11.24
1972	15.65	1.01	22.28	22.59	15.60	6.99
1973	22.95	0.69	30.02	20.64	13.20	7.44
1974	20.30	0.81	39.98	32.57	29.60	2.97
평균	19.04	0.85	27.91	23.73	17.22	6.51
1975	19.39	0.83	33.55	27.69	24.70	2.99
1976	25.16	0.68	35.53	23.99	17.70	6.29
1977	28.62	0.66	28.24	18.56	16.30	2.26
1978	30.91	0.67	36.64	24.53	20.60	3.93
1979	29.94	0.82	26.35	21.62	19.30	2.32
평균	28.14	0.73	32.06	23.42	19.72	3.70
1980	24.19	1.42	24.01	34.04	19.70	14.34
1981	23.97	1.46	23.88	34.75	17.30	17.45
1982	25.14	1.32	14.79	19.49	6.80	12.69
1983	28.79	0.94	18.35	17.20	5.60	11.60
1984	30.63	0.92	14.43	13.34	5.40	7.94
평균	27.10	1.14	19.09	21.77	10.96	10.81

자료 : 한국은행『경제통계연보』, 1981-1999.

〈표 15-4-1〉 자본의 기회비용 산출표(1985~1998)

연도	국내총생산 (A)	이윤소득 (B)	국내저축 (C)	D=B/A
	억원	억원	억원	%
1985	813,123	241,422	249,094	29.69
1986	948,617	268,791	328,172	28.34
1987	1,111,977	313,589	427,408	28.20
1988	1,321,118	377,369	537,856	28.56
1989	1,481,970	469,265	557,927	31.66
평균	1,135,361	334,087	420,091	29.43
1990	1,787,968	603,988	672,255	33.78
1991	2,165,109	774,910	809,572	35.79
1992	2,456,996	930,985	896,677	37.89
1993	2,774,965	1,022,037	1,005,188	36.83
1994	3,234,071	1,255,251	1,150,207	38.81
평균	2,483,822	917,434	906,780	36.94
1995	3,773,498	1,566,600	1,334,308	41.52
1996	4,184,790	1,772,001	1,408,445	42.34
1997	4,532,764	2,037,631	1,510,251	44.95
1998	4,443,665	2,813,557	1,503,427	63.32
평균	4,233,679	2,047,447	1,439,108	48.36
전체평균	1,237,133	502,782	425,902	40.64

주 : 1) 본 방법은 인도의 경제전문가 Mr. S. Chakravarty 의 연구자료

The "Use of shadow Prices in Programme Evaluation" in P,N Rosenste in-Rodan Edition of Capital Formation and Economic Development published by Georgr Allen & UNWIN Ltd., 1965, pp.57~63에서 인용한 것임.

〈표 15-4-2〉 자본의 기회비용 산출표(1985-1998)

연도	S=C/A	D/S Ratio	GNP 성장률 (경상)	기회비용 (경상) (P)	GNP deflator 상승률(i)	실질기회비용 (P-i)
	%	%	%	%	%	%
1985	30.63	0.97	11.62	11.26	4.70	6.56
1986	34.59	0.82	17.16	14.05	4.70	9.35
1987	38.44	0.73	18.10	13.28	5.10	8.18
1988	40.71	0.70	19.73	13.84	6.90	6.94
1989	37.65	0.84	12.61	10.61	5.30	5.31
평균	37.00	0.80	15.84	12.60	5.34	7.26
1990	37.60	0.90	20.49	18.41	10.00	8.41
1991	37.39	0.96	20.18	19.32	10.20	9.12
1992	36.49	1.04	11.42	11.86	6.10	5.76
1993	36.22	1.02	11.23	11.42	4.70	6.72
1994	35.57	1.09	14.41	15.73	5.70	10.03
평균	36.51	1.01	15.55	15.73	7.34	8.39
1995	35.36	1.17	8.10	9.51	7.90	1.61
1996	33.66	1.26	4.80	6.04	5.80	0.24
1997	33.32	1.35	2.10	2.83	5.90	-3.07
1998	33.83	1.87	7.90	14.78	6.70	8.08
평균	33.99	1.42	5.73	8.15	6.58	1.57
전체평균	34.43	1.18	19.82	23.40	11.51	11.90

1) 이윤소득은 재산적 소득 , 법인직접세, 정부의 재산적 소득을 포함한다.
자료 : 한국은행『경제통계연보』, 1981~1999.

제 3 절 노동의 기회비용과 잠재노임(Shadow Wage Rate)

1. 실 취업률에 의한 추정

농업개발사업에 투입되는 노동은 일반적으로 숙련노동과 미숙련노동으로 대별되며 미숙련노동의 공급원은 주로 농촌의 농업노동력이라 할 수 있다.

노동의 기회비용은 이미 고용되고 있는 노동을 농업투자사업에 투입하게 되기 때문에 농업생산부문에 있어서 상실된 노동의 한계가치생산으로 정의된다. 환언하면 노동자가 타 직업으로 이동함에 따라 야기된 생산량의 감소분을 말한다(MPPL).

따라서 본 개념은 실제에 적용하기는 자료의 제약성 때문에 매우 어려운 일이므로 세계은행(IBRD)은 노동 가능일수와 실제투입노동일수와를 비교한 비율 즉, 완전 고용률을 추정하여 이것을 미숙련노동자의 시장노임에 승하여 경제분석을 위한 잠재노임(기회비용)으로 재조정토록 제의하고 있다.

$$m = (\sum_{j=1}^{n} DjWj/Sj)/n \text{ ---------------------(1)}$$

여기서, m : 노동의 한계가치생산

Dj : 월별 투하노동일수

Wj : 월별 농촌노임

Sj : 월별 노동가능 일수

n : 12개월

j : 1, 2, 3 ····· 12

물론 이것은 농촌노임이 노동의 한계생산성과 노동시장에 있어서 노동의 수요공급을 100% 반영하고 있지 않다는 가정하에 이루어진 것이다. 특히 농촌지역에서 전개되는 농지기반조성사업에 있어서는 보통인부의 공급원이 농업노동력이므로 농가의 노동공급능력 및 월별 취업현황은 공사를 위한 노동력수급계획의 측면에서 뿐만 아니라 미숙련노동의 잠재노임 추정에 있어서 매우 중요한 자료가 된다.

1999년의 농가의 가용노동력 및 농업노동투하일수를 보면 호당농가인구수 3.50인 중 영농종사자수는 2.15인으로 호당인구의 61.4%를 차지하고 있고 연령계층을 고려한 평균 노동능력 환산계수는 약 0.80으로 성인노동력을 기준으로 평가한 호당노동력은 1.72인이다.

1인당 연간 평균 노동가능 일수를 280일로 보면 농가호당 취업가능일수는 328.0일로 계산된다. 그러나 문제는 농촌부녀자의 노동을 어떻게 취급할 것이냐? 하는 것이다. 지금 현업부서에서는 농촌부녀자의 가사노동일수(1일 5시간 x 365일 ÷ 9.1시간 ≒ 200일)를 영농투하 노동일수에 가산하여 호당취업일수를 보고 이를 농가호당 노동가능 일수로 제하여 실 취업률을 산정하며 이를 농촌노임에 승하여 잠재노임을 추정하고 있다.

여기에서 농촌농가의 가사노동을 취업일수에 가산하는 것은 본 잠재노임을 추정하는 근본취지(농업노동의 한계가치생산추정)에 어긋나며 농촌노임이 농업노동의 수요와 공급에 의하여 어느 정도 영향을 받는다면 그것은 부녀자의 가사노동이 아니고 영농에 종사할 수 있는 노동가능일수(1일 5시간 x 280일 ÷ 9.1시간 = 154일)가 될 것이다.

따라서 농촌노동의 실 취업률은 농가호당 평균투하노동일수(남녀 포함)를 농가호당 평균 노동가능 일수로 제하여 추정한다. 여기서 농가호당 평균 노동가능 일수는 "농촌호당 성인노동력 환산일수 x 1인당 연간 취업가능일수 - 1인당 취업가능일수에 상응한 부녀자의 가사노동일수"를 말한다. 〈표 15-5-2〉에서 보는 바와 같이 1999년 현재 우리나라의 농가호당 취업가능일수는 328.0일/년이며 실질농가 투하 노동일수는 136.8일로 연평균 실 취업률은 약 41.8%로 추정되었으며 잠재노임을 농촌노임으로 나눈 비율도 42.1%로 추정되었다. 여기에 S.C.F = 0.98를 고려한다면 농촌노임의 조정계수는 0.41로 계산된다.

노동의 기회비용은 노동의 한계가치생산(Value of Marginal Product of Labor)으로 계측이 가능하며 완전자유경쟁조건을 충족시키는 노동시장에서 노동의 수요와 공급이 일치하는 균형노임으로 잠재노임(Shadow Wage Rate)이라고도 한다. 이러한 잠재노임은 Cobb-Douglas생산함수로부터 노동의 한계가치를 유도하여 계측하는 방법과 월별 투하노동가능 일수와 실질적인 노동일수 및 월별 노임에 의하여 계측이 가능한데 이의 계측과정을 보면 다음과 같다.

〈표 15-5〉 농업노동의 실 취업률과 잠재노임,1970~1999

연도별	영농종사자수 (인)	성인노동능력환산 (일/년)	1인당 취업가능일수 (일/년)	농가호당 취업가능일수 (일/년)[2]	농가호당 취업가능일수 (일/월)	농가노동투하일수 (일/년)	연평균 실 취업률 (%)[3]	실질노임 (원/남/일)	월평균 잠재노임 (원/1일)	잠재노임 환산계수 (%)[4]
	(1)	(2)	(3)	(4)	(5)	(6)	(7)	(8)	(9)	(10)
1970	2.91	2.328	280	498	41.5	223.6	44.91	578	263	45.56
1971	2.92	2.336	280	500	41.7	227.9	45.57	695	320	46.10
1972	2.98	2.384	280	514	42.8	246.4	47.98	803	394	49.02
1973	2.93	2.344	280	502	41.9	217.2	43.24	887	386	43.56
1974	2.86	2.288	280	487	40.6	176.3	36.23	1,141	424	37.11
1975	2.86	2.288	280	487	40.6	183.6	37.73	1,465	564	38.52
1976	2.85	2.280	280	484	40.4	185.3	38.25	1,903	744	39.10
1977	2.74	2.192	280	460	38.3	174.3	37.91	2,350	902	38.37
1978	2.66	2.128	280	442	36.8	174.8	39.56	3,393	1,382	40.73
1979	2.59	2.072	280	426	35.5	195.9	45.97	5,135	2,433	47.39
1980	2.49	1.992	280	404	33.6	198.2	49.08	6,508	3,238	49.76
1981	2.49	1.992	280	404	33.6	204.9	50.75	7,384	3,791	51.34
1982	2.51	2.008	280	408	34.0	189.9	46.52	8,163	3,611	44.24
1983	2.54	2.032	280	415	34.6	227.0	54.71	8,636	4,769	55.22
1984	2.48	1.984	280	402	33.5	213.0	53.04	9,134	4,877	53.39
1985	2.48	1.984	280	402	33.5	223.5	55.67	9,695	5,422	55.93
1986	2.44	1.952	280	393	32.7	219.4	55.90	10,167	5,708	56.14
1987	2.40	1.920	280	384	32.0	221.2	57.66	10,568	6,110	57.81
1988	2.33	1.864	280	368	30.7	230.7	62.71	12,342	7,847	63.58
1989	2.29	1.832	280	359	29.9	224.7	62.60	15,162	9,680	63.84
1990	2.20	1.760	280	339	28.2	198.9	58.72	18,563	11,005	59.29
1991	2.16	1.728	280	330	27.5	181.3	54.97	24,444	13,557	55.46
1992	2.13	1.704	280	323	26.9	176.4	54.60	28,758	13,097	45.54
1993	2.16	1.728	280	330	27.5	174.3	52.85	30,350	16,023	52.80
1994	2.11	1.688	280	319	26.6	167.0	52.42	31,313	16,426	52.46
1995	2.08	1.664	280	312	26.0	163.5	52.40	33,237	17,450	52.50
1996	2.06	1.648	280	307	25.6	152.7	49.67	36,156	18,013	49.82
1997	2.05	1.640	280	305	25.4	144.0	47.18	38,681	18,279	47.26
1998	2.10	1.680	280	316	26.4	141.6	44.75	37,136	16,563	44.60
1999	2.15	1.720	280	328	27.3	136.8	41.77	41,612	17,516	42.09

주 : 1) 연도별 영농종사자수 x 성인남자 노동능력 환산계수 0.8
2) 성인노동능력 환산 x 1인당 취업가능일수-부녀자 가사노동일수(154일)
가사취업일수(부녀자) = (1일 5시간 x 280일 ÷ 9.1시간) ≒ 154일
3) 농가호당 연간취업일수/농가호당취업가능일수
4) 잠재노임/농촌노임(월별 노임과 월별농가투하노동일수에 의한 가중평균)
자료 : 농수산부, 「농가경제조사결과보고」 각 년도에서 저자가 작성함.

〈표 15-6〉 연평균 및 월별 잠재노임 추정(1970 ~ 1999)

(단위 : 원/일)

월 년	1	2	3	4	5	6	7	8	9	10	11	12	합 계	평균 잠재 노임 (m)	환산 계수 (%)
1970	118	49	159	219	236	481	412	276	213	417	397	182	3,160	263	45.56
1971	113	86	226	271	285	620	462	326	315	528	432	179	3,843	320	46.10
1972	132	95	279	314	333	837	603	407	354	639	458	274	4,726	394	49.02
1973	152	110	299	284	408	751	553	416	390	695	400	177	4,635	386	43.56
1974	104	99	267	341	378	837	551	489	424	815	549	229	5,083	424	37.11
1975	218	114	400	425	536	1,144	767	628	614	1,109	515	303	6,773	564	38.52
1976	242	227	587	550	645	1,570	1,078	752	757	1,437	774	308	8,929	744	39.10
1977	277	214	396	736	1,087	1,819	1,198	970	1,159	1,880	610	476	10,820	902	38.37
1978	429	342	803	1,076	1,410	2,964	1,837	1,356	1,721	2,799	1,096	751	16,584	1,382	40.73
1979	855	795	1,468	1,598	2,599	5,152	3,096	2,582	2,589	4,837	2,152	1,477	29,200	2,433	47.39
1980	1,275	1,341	2,218	2,685	3,993	6,609	3,738	3,047	3,064	5,468	3,692	1,730	38,860	3,238	49.76
1981	1,431	1,421	2,541	3,340	4,563	7,048	4,449	3,842	4,099	6,528	4,039	2,185	45,487	3,791	51.34
1982	1,738	1,976	2,911	3,472	5,406	4,673	4,212	3,724	4,433	6,562	2,514	1,713	43,335	3,611	44.24
1983	1,867	1,503	3,227	4,340	7,299	8,251	5,203	5,345	5,317	8,036	4,241	2,595	57,224	4,769	55.22
1984	2,088	1,943	3,076	4,695	7,280	8,237	5,240	4,864	5,786	9,059	3,733	2,518	58,519	4,877	53.39
1985	2,363	2,134	3,794	5,408	8,502	8,801	5,610	5,733	5,495	9,101	5,263	2,863	65,067	5,422	55.93
1986	2,735	2,327	4,100	5,913	8,927	8,996	5,960	6,280	5,752	8,548	6,084	2,878	68,501	5,708	56.14
1987	2,568	2,726	4,222	6,872	9,223	10,753	6,229	6,401	6,657	9,050	5,452	3,166	73,318	6,110	57.81
1988	2,786	2,775	4,694	7,530	12,100	14,470	8,726	9,078	8,732	13,852	6,205	3,215	94,164	7,847	63.58
1989	2,905	3,162	5,856	10,412	15,559	17,101	10,796	11,379	10,218	15,729	8,422	4,617	116,155	9,680	63.84
1990	3,661	3,644	7,011	10,341	16,460	18,401	12,678	12,417	13,071	19,286	9,719	5,373	132,062	11,005	59.29
1991	4,783	4,653	8,198	15,030	20,134	23,401	15,279	15,258	15,783	22,961	10,984	6,222	162,686	13,557	55.46
1992	5,251	5,643	9,231	13,504	19,261	20,613	16,437	16,067	14,854	18,149	11,740	6,410	157,159	13,097	45.54
1993	6,236	7,844	12,735	18,522	26,303	23,656	17,709	17,749	17,576	21,250	14,714	7,985	192,280	16,023	52.80
1994	7,418	7,372	13,830	20,291	25,604	21,453	17,458	18,980	17,562	22,506	15,945	8,688	197,107	16,426	52.46
1995	7,169	9,276	14,502	20,263	25,737	24,413	18,964	20,027	18,870	23,558	17,832	8,792	209,403	17,450	52.50
1996	7,593	8,801	13,136	20,581	28,048	24,680	20,663	22,262	20,281	24,304	16,405	9,327	216,161	18,013	49.82
1997	7,837	9,321	15,282	22,414	29,112	24,924	19,771	22,276	20,480	25,901	13,386	8,644	219,348	18,279	47,26
1998	8,278	11,099	16,811	23,086	32,796	18,621	14,738	16,072	14,702	21,272	14,021	7,265	198,761	16,563	44.60
1999	6,378	7,246	12,654	20,181	27,248	25,208	19,049	19,728	19,914	26,744	16,678	9,162	210,188	17,516	42.09

주 : 환산계수는 잠재노임(Shadow Wage)을 농촌노임(Rural Market Wage)으로 제한 것임.

연평균 잠재노임(m) = $\left(\sum_{j=1}^{n} Dj\,Wj/Sj\right)/n$n, 여기서 Dj = 월별 농가노동투하일수,

Sj = 월별 농가호당 노동 가능일수, Wj = 월별 농촌노임 (성인남자기준), n = 12개월

월별 잠재노임 = (월별노동투하량 x 월별농촌노임)/월별평균노동가능일수.

평균잠재노임(m) = Σ(월잠재노임) / 12개월.

잠재노임환산계수 = (각 년도의 평균잠재노임 /각 년도의 평균농촌노임)*100%.

〈표 15-7〉 년도별, 월별 농촌 노임 (1970 ~ 1999)

성인남자기준　　　(단위 : ₩ / 1일)

월 년	1	2	3	4	5	6	7	8	9	10	11	12	합 계	월평균
1970	524	530	536	541	547	585	585	585	596	610	639	658	6,936	578
1971	648	651	653	673	673	705	711	708	716	722	738	739	8,337	695
1972	737	734	742	749	759	825	837	841	843	858	858	858	9,641	803
1973	852	852	855	858	875	896	896	899	902	919	919	918	10,641	887
1974	972	998	1,040	1,090	1,102	1,160	1,175	1,187	1,187	1,250	1,255	1,280	13,696	1,141
1975	1,282	1,304	1,313	1,366	1,411	1,507	1,532	1,536	1,570	1,590	1,574	1,597	17,582	1,465
1976	1,622	1,677	1,705	1,792	1,832	1,978	1,993	1,994	2,026	2,081	2,050	2,088	22,838	1,903
1977	2,099	2,173	2,216	2,301	2,313	2,340	2,318	2,420	2,453	2,488	2,507	2,571	28,199	2,350
1978	2,646	2,718	2,773	2,910	3,114	3,568	3,606	3,642	3,698	3,915	4,055	4,072	40,717	3,393
1979	4,216	4,302	4,521	4,698	5,143	5,498	5,347	5,481	5,495	5,664	5,559	5,697	61,621	5,135
1980	5,803	6,042	6,177	6,222	6,622	6,656	6,683	6,684	6,734	6,844	6,870	6,762	78,099	6,508
1981	6,735	6,841	6,877	6,941	7,134	7,514	7,538	7,605	7,823	7,853	7,873	7,873	88,607	7,384
1982	7,873	7,873	7,873	7,939	8,199	8,212	8,212	8,222	8,332	8,408	8,408	8,408	97,959	8,163
1983	8,408	8,408	8,408	8,408	8,493	8,820	8,726	8,726	8,776	8,850	8,850	8,756	103,629	8,636
1984	8,745	8,751	8,751	8,851	9,089	9,321	9,272	9,231	9,298	9,434	9,434	9,434	109,611	9,134
1985	9,346	9,346	9,425	9,469	9,582	9,869	9,792	9,748	9,774	9,997	9,989	9,998	116,335	9,695
1986	9,975	9,966	10,063	10,112	10,569	10,293	10,224	10,105	10,144	10,198	10,202	10,157	122,008	10,167
1987	10,097	10,097	10,147	10,189	10,451	10,609	10,609	10,509	10,774	10,983	11,193	11,160	126,818	10,568
1988	10,993	11,050	11,904	11,834	12,666	12,830	12,703	12,703	12,731	13,008	12,829	12,853	148,104	12,342
1989	12,853	13,455	14,184	14,581	15,592	15,837	15,932	15,824	15,887	15,917	15,955	15,929	181,946	15,162
1990	15,925	15,951	16,002	16,266	17,957	18,390	18,469	19,125	19,959	21,121	21,796	21,796	222,757	18,563
1991	22,475	22,475	22,578	22,977	23,550	24,300	25,102	25,356	25,823	26,231	26,231	26,231	293,329	24,444
1992	27,086	27,086	27,678	28,122	29,006	29,336	29,369	29,431	29,431	29,439	29,461	29,656	345,101	28,758
1993	29,656	29,656	29,714	29,824	30,506	30,556	30,556	30,568	30,713	30,791	30,827	30,827	364,194	30,350
1994	30,827	30,827	31,042	31,180	31,044	31,094	31,196	31,381	31,616	31,923	31,763	31,864	375,757	31,313
1995	32,407	32,407	32,693	32,939	33,102	33,154	33,195	33,716	33,757	33,757	33,858	33,858	398,843	33,237
1996	34,737	34,737	34,912	35,082	35,947	36,111	36,535	36,679	36,851	37,487	37,394	37,394	433,866	36,156
1997	37,394	37,750	38,069	38,362	38,483	38,535	38,949	39,019	39,135	39,399	39,541	39,541	464,177	38,681
1998	39,541	39,494	37,343	37,343	37,353	36,558	36,350	36,343	36,261	36,350	36,350	36,350	445,636	37,136
1999	36,350	36,350	38,213	40,705	40,751	40,751	41,556	41,556	44,531	45,471	46,554	46,554	499,342	41,612

자료 : 농협중앙회, 「농촌물가 총람」, 각 연도

〈표 15-8〉 년도별, 월별 농가노동 투하량

(단위 : 일)

년 \ 월	1	2	3	4	5	6	7	8	9	10	11	12	합 계	월평균
1970	9.38	3.84	12.30	16.82	17.88	34.10	29.22	19.60	14.84	28.34	25.80	11.47	223.59	18.63
1971	7.27	5.52	14.44	16.78	17.67	36.63	27.10	19.20	18.34	30.47	24.37	10.07	227.86	18.99
1972	7.67	5.52	16.08	17.95	18.80	43.43	30.84	20.71	17.97	31.87	22.86	13.69	247.39	20.62
1973	7.45	5.38	14.63	13.87	19.52	35.07	25.85	19.36	18.11	31.67	18.24	8.06	217.21	18.10
1974	4.35	4.03	10.42	12.70	13.90	29.25	19.01	16.69	14.50	26.45	17.74	7.25	176.29	14.69
1975	6.91	3.53	12.36	12.61	15.41	30.78	20.31	16.58	15.86	28.28	13.26	7.70	183.59	15.30
1976	6.03	5.47	13.89	12.40	14.21	32.05	21.84	15.22	15.08	27.88	15.25	5.95	185.27	15.44
1977	5.05	3.77	6.84	12.26	18.00	29.78	19.80	15.35	18.11	28.95	9.32	7.09	174.32	14.53
1978	5.97	4.63	10.66	13.61	16.67	30.59	18.76	13.71	17.14	26.32	9.95	6.79	174.80	14.57
1979	7.20	6.56	11.53	12.08	17.95	33.28	20.56	16.73	16.73	30.33	13.75	9.21	195.91	16.33
1980	7.39	7.47	12.08	14.52	20.29	33.41	18.82	15.34	15.31	26.88	18.08	8.61	198.20	16.52
1981	7.15	6.99	12.43	16.19	21.52	31.56	19.86	17.00	17.63	27.97	17.26	9.34	204.90	17.08
1982	7.51	8.54	12.58	14.88	22.43	19.36	17.45	15.41	18.10	26.55	10.17	6.93	179.91	14.99
1983	7.68	6.18	13.27	17.85	29.72	32.35	20.62	21.18	20.95	31.40	16.57	10.25	228.02	19.00
1984	7.99	7.43	11.76	17.75	26.80	29.57	18.91	17.63	20.82	32.13	13.24	8.93	212.96	17.75
1985	8.46	7.64	13.47	19.11	29.69	29.84	19.17	19.68	18.81	30.46	17.63	9.58	223.54	18.63
1986	8.97	7.64	13.33	19.13	27.63	28.59	19.07	20.33	18.55	27.42	19.51	9.27	219.44	18.29
1987	8.13	8.63	13.30	21.56	28.21	32.40	18.77	19.47	19.75	26.34	15.57	9.07	221.20	18.43
1988	7.77	7.70	12.09	19.51	29.29	34.58	21.06	21.91	21.03	32.65	14.83	7.67	230.09	19.17
1989	6.76	7.03	12.35	21.36	29.85	32.30	20.27	21.51	19.24	29.56	15.79	8.67	224.69	18.72
1990	6.49	6.45	12.37	17.95	25.88	28.25	19.38	18.33	18.49	25.78	12.59	6.96	198.92	16.58
1991	5.85	5.69	9.98	17.98	23.50	26.47	16.73	16.54	16.80	24.06	11.51	6.52	181.63	15.14
1992	5.22	5.61	8.98	12.93	17.88	18.92	15.07	14.70	13.59	16.60	10.73	5.82	146.05	12.17
1993	5.78	7.27	11.78	17.07	23.70	21.28	15.93	15.96	15.73	18.97	13.12	7.12	173.71	14.48
1994	6.39	6.35	11.83	17.28	21.90	18.32	14.86	16.06	14.75	18.72	13.33	7.24	167.03	13.92
1995	5.75	7.44	11.53	15.99	20.21	19.14	14.85	15.44	14.53	18.14	13.69	6.75	163.46	13.62
1996	5.60	6.55	9.64	15.03	19.99	17.51	14.49	15.55	14.10	16.61	11.24	5.39	152.70	12.73
1997	5.33	6.28	10.21	14.86	19.24	16.45	12.91	14.52	13.31	16.72	8.61	5.56	144.00	12.00
1998	5.52	7.41	11.87	16.30	23.15	13.43	10.69	11.66	10.69	15.43	10.17	5.27	141.59	11.80
1999	4.79	5.44	9.04	13.54	18.25	16.89	12.51	12.96	12.21	16.06	9.78	5.37	136.84	11.40

자료 : 농림부, 「농가경제통계」 각 연도.

최근 2004년부터 2009년까지 농어촌공사가 농촌개발사업에 취업하는 미숙련노동에 지급되는 노임을 경제분석노임 즉 잠재노임으로 환산하기 위한 농촌노임환산계수를 보면 다음 〈표 15-9〉와 같다.

〈표 15-9〉 농촌노동의 실취업율 및 노임단가 조정계수 추정

(단위 : 원)

연도별	영농 종사자 수 (인)	60세 미만 인구 비율	1인당 취업가능 시간 (일/년)	농가호당 취업가능 시간 (일/년)	농가호당 취업가능 시간 (일/월)	농가노동 투하시간 (일/년)	연평균 실취업율 (%)	**농촌노임 조정계수**	노임단가			
									재무가격 (i)		경제분석가격 (k)=i * h	
	(a)	(b)	(c)	(d)	(e) =d/12	(f)	(g) =f/d	**(h)=g* 0.987**	남자	여자	남자	여자
2004	2.24	0.597	2,160	1,689	141	1,513	89.6	**88.5**	57,467	38,314	50,839	33,895
2005	2.26	0.607	2,160	1,763	147	1,470	83.4	**82.3**	58,955	40,043	48,511	32,949
2006	2.22	0.592	2,160	2,342	195	1,393	59.5	**58.7**	60,000	40,173	35,231	23,589
2007	2.23	0.580	2,160	1,594	133	1,354	84.9	**83.8**	61,216	40,912	51,325	34,302
2008	2.67	0.565	2,160	2,059	172	1,229	59.7	**58.9**	68,405	44,672	40,322	26,332
2009	-	-	-	1,889	-	1,392	75.4	**74.5**	71,506	46,444	53,237	34,578

주:1. 2009년 실취업율 및 농촌노임조정계수는 5개년('04~'08) 평균율 적용.
2. 농가호당취업가능일수(d) = (a)×(b)×(c) - 부녀자가사노동시간(1,200시간)
- 부녀자 가사취업일수 = 〈5시간(일)×240일〉 = 1,200시간.
3. 2009년 재무가격은 5개년 ('04~'08) 단가의 조정가격평균단가를 적용하여 산출.
4. 경제분석가격 = 재무가격(i) × 농촌노임조정계수(h).

2. Cobb-Douglas생산함수에 의한 노동의 한계가치생산추정

이 방법은 다음 4절에서 자세히 논하기로 한다. 실 취업률의 계측이나 노동의 한계가치생산을 추정하는 두 가지방법은 경제발전 초기단계에 있어서는 비슷한 수치를 보여주나 경제의 고도성장기에 있어서는 실 취업률에 의한 잠재노임추정이 불합리하고 현실에 맞지 않는다. 따라서 우리나라에 있어서 농업노동(보통인부)의 잠재노임을 추정 할 경우에는 C-D Model에 의한 노동의 한계가치와 농촌 노임과의 비율을 적용하는 것이 보다 합리적이라고 생각된다. 경제분석을 위한 노동의 환산계수는 2000년 현재 0.85로 보는 것이 타당하다고 하겠다.

제 4 절 Cobb-Douglas모형에 의한 자원의 한계가치생산(VMP)추정

Cobb-Douglas생산함수를 응용하면 잠재노임 즉 노동의 한계가치생산과 자본의 기회비용인 자본의 한계가치생산을 쉽게 계측 할 수 있고 토지의 한계생산성인 지대를 추정할 수 있다. Cobb-Douglas생산함수는 다음 공식과 같다.

Cobb-Douglas 모형 : $Y = A\ e^{rt}\ L^{a}\ K^{b}\ B^{c}$

또는 $LogY = LogA + rt + a{\cdot}Log\ L + b{\cdot}Log\ K + c{\cdot}LogB$

여기서 Y = 경지규모별 농업조수익

A = 절편

t = 시간변수(1,2,3,⋯⋯n)

L = 경지규모별 노동투하일수(또는 시간)

K = 경지규모별 자본투하액(영농자재 및 동물비)

B = 경지규모별 경지면적

r = 기술진보율

a = 노동의 생산탄력성,[(dY/Y)/(dL/L)]

b = 자본의 생산탄력성,[(dY/Y)/(dK/K)]

c = 토지의 생산탄력성,[(dY/Y)/(dB/B)]

노동의 한계가치생산(VMP_L) = a(Y/L) = 잠재노임

자본의 한계가치생산(VMP_K) = b(Y/K) = 자본의 기회비용(이자)

토지의 한계가치생산(VMP_B) = c(Y/B) = 지대(Rent)

1966년부터 1977년까지는 이미 분석된 자료를 이용하였고 1981년 이후 1994년까지도 기존의 자료를 이용하였으며 1996년 이후 2002년까지는 동일한 방법으로 분석하였는데 이는 농가경제조사결과의 관련 자료를 이용하여 Cobb-Douglas 생산함수를 응용 노동, 토지 및 자본의 요소배분율(Factor Share)인 생산탄력성(Elasticity of Production)을 다음 〈표 15-9〉 및 〈표 15-10〉과 같이 추정하였다.

〈표 15-9〉 COBB-Douglas생산함수 추정모형(1966~1977)

독립변수	추정계수	표준편차	T-통계치
절편	6.24627	0.16627	37.5669
Log L(노동)	0.18482	0.092796	1.99168
Log K(자본)	0.08101	0.03741	2.16521
Log B(토지)	0.638291	0.734105	8.69483
T (시간)	0.035756	0.004309	8.29684
D (더미)	-0.07097	0.017959	-3.95174

주 : R-Squared = 0.9923

Durbin-Watson Statistic(ADJ. For 0.GAPS) = 1.3245

F-Statistic(5,54) = 1396.9

자료 : 임재환, Shadow Prices for the Evaluation of Agricultural Investment Projects, 서울대 석사학위논문, 1980.

〈표 15-10〉 COBB-Douglas생산함수 추정모형(1981~2002)

독립변수	추정계수		T-통계치	
	1981-94	1996-02	1981-94	1996-02
절편	0.943	2.17	6.19	6.97
Log L(노동)	0.291	0.286	3.11	1.88
Log K(자본)	0.254	0.352	7.65	7.43
Log B(토지)	0.438	0.388	7.32	4.67
T (시간)	0.041	0.014	9.80	2.12

주 : (1) R-Squared = 0.985(1981-94)

= 0.989(1996-02)

(2) Durbin-Watson Statistic(ADJ. For 0.GAPS) = 1.576(1981-94)

= 1.818(1996-02)

(3) F-Statistic(5,70) = 1116.6 (1981-94)

= 0.000(1996-02)

(4) Two tail significance level : 0.01-0.05.

1. 노동의 한계가치생산추정(Value of Marginal Product)

상기 3개 모형에서 얻어진 노동의 생산탄력성을 이용하여 계측된 농촌 노임의 환산계수는 1966년 0.43, 1977년 0.65, 1980년 0.53, 1995년 0.857 및 2002년 0.84로 각각 추정되었다. 이러한 증가추세는 농업의 기계화로 노동의 생산탄력성이 증가하고 있고 농촌노동력의 부족과 더불어 농촌잠재실업이 줄어들고 있기 때문이다. 따라서 2000년대 이후에 시행되는 공공투자사업비 중 보통 인부임 또는 미숙련공 노임을 잠재노임(Shadow Wage)으로 환산할 경우에는 환산계수 0.85를 적용하는 것이 바람직하다고 생각된다.

〈표 15-11〉 농촌노임과 농업노동의 한계생산성

연 도	평균노동생산성(Y/L) (A)	농촌노임 원/일 (B)	노동의 한계 생산성(dY/dL) (C)	B/A (%)	C/A (%)	C/B (%)
1966	602	256	111	42.5	18.48	43.3
1970	1,512	579	279	38.3	18.48	48.2
1975	5,419	1,467	1,002	27.1	18.48	68.3
1980	11,819	6,509	3,439	55.0	29.1	52.8
1985	24,500	9,695	7,190	39.6	29.1	73.5
1990	47,796	18,563	13,909	38.8	29.1	74.9
1995	97,955	33,237	28,505	34.0	29.1	85.7
2000	144,545	48,039	41,339	33.2	28.6	86.0
2002	153,473	52,447	43,893	35.1	28.6	84.0

주 : MPL(노동의 한계생산) : dY/dL = 0.184821 Y/L(1966-1977).
dY/dL = 0.291 Y/L(1981-1994).
dY/dL = 0.286 Y/L(1996-2002)

자료 : 농림수산부, 농가경제조사결과보고 각 년도 및 농협중앙회, 농협조사월보 각 년도 자료에 의거 계산함.

2. 자본의 한계가치생산(VMPk)

농업자본의 한계가치생산은 농업조수입을 농업자본액과 물재비를 합한 자본액으로 나눈 값을 말하는데 이는 바로 농업자본을 1난위 추가지출할 때 얻어지는 농업조수익의 증가분을 의미한다. 1966년부터 2002년까지의 농업자본의 한계생산가치로써의 잠재이자율은 다음 〈표 15-12〉에서 보는 바와 같은데, 이는 1980년의 19%, 1990년의 18%, 2002년의 18%로 나타나고 있다. 이들은 과거의 영농자금이자율 10-12%수준에 비교하여 높은 수치를 나타내고 있음을 알 수 있고 은행에 예금하여 이자소득을 얻는 것 보다는 농업에 투자하여 생산활동을 하는 것이 보다 경제적으로 유리하였다는 것을 증명해 주고 있다.

<표 15-12> 농업자본의 한계가치생산 분석

(단위 : 원, %)

연도	농업 조수익 (Y)	자본액			자본 생산성 (Y/K)	금리와의 비교	
		농업자본액	중간재비	합계(K)		자본의 한계 가치생산 (dy/dk)	연간 금리 (%)
1980	2,342,169	2,497,079	588,063	3,085,142	0.76	0.19	22.0
1985	5,476,908	6,488,409	1,780,969	8,269,378	0.66	0.17	12.0
1990	9,077,953	10,815,339	1,838,133	12,653,472	0.72	0.18	14.0
1995	16,011,701	21,323,318	4,031,318	25,354,636	0.63	0.16	12.4
2000	19,513,632	31,425,235	6,403,227	37,828,462	0.52	0.18	5.5
2002	19,951,491	32,144,716	6,378,544	38,523,260	0.52	0.18	4.2

주 : 1) 한계자본생산성 : dY/dK) = Y/K x 0.254 (1978-1995).
dY/dK) = Y/K x 0.352 (1996-2002).
2) 금리 : 1980-1985 : 농협의 일반대출금리적용.
1990-2002 : 한국은행의 콜금리적용.

3. 토지의 한계가치생산(VMPB)

토지의 한계가치생산은 농지의 규모를 추가적으로 증가시킬 때 단위면적당 얻어지는 농업조수익의 증가분으로 정의 되는데 이는 일정단위 토지에 대한 한계수익으로써 지대와 같다고 볼 수 있다. 토지가격의 평가는 지대(Rent)를 이자율(i)로 나눔으로서 계측되는데 이때 경제분석을 위한 용지매수보상가격은 토지의 한계생산을 기준으로 평가하여야 한다.

1990년대 이전에 있어서 우리농촌은 농업노동력의 부족과 노령화 내지는 부녀자화로 인하여 많은 한계농지가 유휴상태에 있고 농지를 임대하여 경작 할 경우에 농지임대료인 지대가 토지의 한계생산성에 비하여 매우 낮게 책정되었었다. 그러나 2000년대에 들어서서는 농업의 기계화와 농지규모화사업의 성공적인 추진으로 토지의 한계생산가치와 농지임차료간의 격차가 과거 30~40%에서 약 60%수준으로 좁혀지고 있음을 다음<표 15-13>에서 알 수 있다.

〈표 15-13〉 토지의 한계가치생산

연 도	조수익 (Y) (원)	경지면적 (B) (평)	토지생산성 (Y/B) (원/평)	토지의 한계생산 (dY/dB) (C) (원/평)	평당농지 임차료 (D) (원/평)	D/C비율 (%)
1980	2,342,169	3,079.76	760.50	333.10	105	31.5
1985	5,476,908	3,443.14	1,590.67	696.71	258	37.0
1990	9,077,953	3,666.74	2,475.76	1,084.38	344	31.7
1995	16,011,701	4,094.57	3,910.47	1,888.75	388	20.5
2000	19,513,632	4,248.85	4,592.69	1,781.96	1,056	59.0
2002	19,951,491	4,370.19	4,565.36	1,771.36	1,056	60.0

주 : 토지의 한계가치생산 : dY/dB = Y/B x 0.438. (1978-1995).
dY/dB = Y/B x 0.388. (1996-2002).

제 16 장

재무분석과 경제분석의 차이점

제 1 절 경제 및 재무분석의 관점

사업의 재무분석과 경제분석의 차이점[1]은 다음과 같은 측면에서 찾아 볼 수 있다.

1. 투입산출물의 적용가격(Input and output prices)
2. 이전적 지출(Transfer Payment)
3. 융자금 상환(Debt Service)
4. 감가상각(Depreciation)
5. 물가변동 예비비(Price Escalation)
6. 물량변동 예비비(Physical Contingency)
7. 용지매수 보상비(Right of Way and Compensation)
8. 농산물의 생산비(Production Cost)

한 사업의 타당성분석은 사업의 경제적 관점과 재무적 관점에서 이루어진다. 사업의 경제분석은 국민경제적인 입장에서 사업에 투입되는 모든 기자재와 산출되는 생산품을 잠재가격으로 평가하여야 한다.

사업의 투입산출물을 평가하기 위한 잠재가격은 자유경쟁시장에서 수요와 공급에 의하여 결정되는 균형가격으로서 자원배분기능, 소득형성기능, 자본형성기능을 가지고 있다.

반면에 사업의 재무분석은 사업으로 인한 투입산출물을 사업시행주체 및 농민들이 직접지불

[1] 임재환, 투자심사편람(농업부문), 경제기획원 투자심사국, 1982. 12.
J. Price Gittinger, Economic Analysis of Agricultural Projects, IBRD, 1982.

하고 있는 시장가격 즉 농가지불 및 수취가격으로 평가한다.

사업의 경제적 편익과 비용으로 표시되는 사업의 우선순위지표들은 희소자원의 배분기능을 가지고 있다. 그러나 사업의 재무적 편익비용으로 표시되는 지표들은 사업시행에 있어 농민들의 실제적인 참여여부를 결정하는 기능을 가진다.

〈표 16-1〉 경제분석과 재무분석의 차이점

항목	경제분석	재무분석
1. 투입산출물의 적용가격		
교역상품	수출입균형가격(잠재가격)	시장가격(농가수취지불가격)
비교역상품	농가수취지불가격×s.c.f	시장가격(농가수취지불가격)
2. 조세 및 관세 부담금	사업비용에서 제외시킴	사업비용에 포함시킴
3. 정부보조 및 이전적 지출	사업비용에 포함시킴	사업비용에서 제외시킴
4. 공사기간중 이자부담	사업비용에서 제외시킴	사업비용에 포함시킴
5. 노임평가(Wage)		
미숙련노동	노동의 기회비용적용	사업지구의 시장노임적용
	시장노임×노임조정계수	
숙련노동	시장노임적용	시장노임적용
	시장노임×s.c.f	
6. 외환구성항목		공정환율로 평가
국내화폐가치	US.$ × s.e.r	
외화가치기준	US.$ × o.e.r	
7. 내자구성항목		조종이 불필요함
내자가치	외자를 잠재환율로 평기할 경우는 내자가치를 조정하지 않는다.	
외화가치기준	외자를 공정환율로 평가할 경우는 내자가치에 s.c.f를 승하여 조정한다.(내자 × s.c.f(oer/ser)	
8. 예비비 처리		
물가변동예비비	사업비용에서 제외	사업비용에서 제외
물량병동예비비	사업비용에 포함	사업비용에 포함
9. 용지매수보상비	토지의 기회비용적용	실제매수보상액적용
	토지가격=지대/이자율	
	현금유동표에 연차별	
	지대수입 표시	
10. 입찰자의 이윤		사업비용에 포함시킴
내국인 입찰자	비용에서 제외시킴	
외국인 입찰자	비용에 포함시킴	
11. 감가상각비	사업비에서 제외시킴	사업비에서 제외시킴
	〈이중계산회피원칙〉	〈이중계산회피원칙〉
12. 생산비의 노임		
자가노임	생산비에 포함시킴	생산비에서 제외시킴
고용노임	생산비에 포함시킴	생산비에 포함시킴
13. 암묵비용		
토지용역비(지대)	생산비에서 제외시킴	생산비에서 제외시킴
자본용역비(이자)	생산비에서 제외시킴	생산비에서 제외시킴

주 : Standard Conversion Factor(s.c.f) : SER/OER = 1.019 OER/SER = 0.981

제 2 절 사업비 조정 및 환산계수

재무분석 사업비를 경제분석을 위한 사업비로 조정하기 위해서는 다음과 같은 조정계수를 적용하여야 한다. 이와 같은 조정계수는 국민 경제적 모수와 정부의 이전적 지출 등을 고려하여 추정한 값이다. 실제적인 사업비를 경제분석을 위한 사업비로 조정하기 위해서는 다음 〈표 16-2〉를 참조하여야 한다.

〈표 16-2〉 경제분석을 위한 사업비 조정계수

사 업 비 내 역	조정계수	비 고
1. 순공사비	( )	
가. 노무비	-	
- 비숙련노임	0.850	노동의 한계가치생산(고용율)
- 숙련공노임	0.850	[노임-(노임× scf x 세율)]/노임
나. 재료비	0.850	[재료비-(재료비× scf x 세율)]/재료비
다. 유류대	0.509	비이전적금액/대리점가격
라. 중기사용료	0.868	수입.국산장비의 가중평균
마. 잡비	0.486	순공사비 수준별 조정계수 - 5억미만 : 0.476 - 5-30억 : 0.486 - 30억 이상 : 0.496
바. 간접노무비	0.850	[노무비-(노무비× scf x 세율)]/노무비
사. 산재보험료	0.987	
아. 부가가치세	0.000	사업비에서 제외
2. 지급자재대	-	
가. 자재대	0.981	
나. 부가가치세	0.000	제외시킴.
3. 용지매수보상비	0.234	[감정가격/보상가격]x환산계수
4. 측량설계비	0.850	[설계비-(설계비× scf x 세율)]/설계비
5. 공사감독비	0.850	[공감비-(공감비× scf x 세율)]/공감비
6. 관 리 비	0.850	[관리비-(관리비× scf x 세율)]/관리비
7. 기 타	0.987	
8. 예 비 비	-	
가. 물량변동	( )	순공사비의 조정비율 적용
나. 단가인상	0.000	
9. 공사기간중 이자	0.000	

자료 : 농어촌진흥공사, 농업경제조사 분석기준에 의거 조정함, 2000.

제 3 절 생산비 조정원칙

재무분석 생산비(경영비)를 경제분석 생산비(경영비 + 자가노임)로 전환하기 위하여는 다음 〈표 16-3〉에서 제시하는 대로 분석한다. 경제분석 생산비는 경영비에 자가노력비를 포함한 비용으로 추정한다. 각 비목은 국내화폐가치로 평가되어 있기 때문에 일반환산계수를 승하여 잠재가격으로 평가 될 수 있도록 가치평가기준을 통일시켜 주어야 한다.

〈표 16-3〉 생산비 구성항목별 조정계수

농축산물 생산비목	재무분석 (농가구입가격)	잠재가격 조정계수	경제분석 (잠재가격)
1. 유동비 또는 직접비			
종묘비	포함	x 0.987	포함
비료비	포함	x 0.700	포함
사료비	포함	x 0.987	포함
방제비	포함	x 0.987	포함
제재료비	포함	x 0.987	포함
고용노력비	포함	x 0.850	포함
자가노력비	제외	x 0.987	포함
제임차료	포함	x 0.987	포함
기타유동비	포함	x 0.987	포함
2. 고정비 또는 결합비			
자가축력비	포함	x 0.987	포함
농기구비	포함	x 0.987	포함
건물비	포함	x 0.987	포함
차지료	포함	x 0.000	제외
조세공과금	포함	x 0.000	제외
기타고정비	포함	x 0.987	포함
3. 농업경영비(1+2)	재조정		재조정
4. 암묵비용 또는 내급비			
자기토지용역비	제외	x 0.000	제외
자기자본이자	제외	x 0.000	제외
자가노동보수	제외	x 0.850	포함
5. 총생산비(3+4)	재조정		재조정

자료 : 생산비항목은 농촌진흥청의 농축산물표준소득 참조.
주 : 일반환산 계수임(공정환율/잠재환율) = 0.987.

〈표 16-4〉 농업기반조성사업 재원별 부담률

사 업 별	기 준 보조율	총사업비 비율(%)		
		국 고	지방비	자부담
1. 군단위 종합개발계획수립	정액보조	100	-	-
2. 농어촌가로등 설치	50	50	50	-
3. 경지정리	정액보조	80	20	-
4. 배수개선	100	100	-	-
5. 농조 수리시설 개보수	100	100	-	-
6. 방조제 개보수				
o 국가관리	100	100	-	-
o 지방관리				
- 일반지구	30	30	70	-
- 특수지구	50	50	50	-
7. 대, 중규모 농업용수개발	100	100	-	-
8. 소규모 농업용수개발				
o 지표수	70	70	30	-
o 지하수	100	100	-	-
- 암반층				
9. 지하댐	100	100	-	-
10. 한발대비 용수개발				
o 소형관정개발	100	100	-	-
11. 보강개발				
o 지표수	70	70	30	-
o 지하수				
- 암반층	100	100	-	-
- 방사상집수정	100	100	-	-
12. 밭 용수개발				
o 소형관정	70	70	30	-
o 대형관정				
- 암반층	100	100	-	-
o 밭 기반정리	60	60	40	-
13. 제주도 지하수개발				
o 지하수개발	50	50	50	-
o 해수침수조사	100	100	-	-

자료 : 농림수산부 농어촌개발국, 1994.

제 4 절 재원별 사업비 부담률

군단위 농업종합개발수립 및 농업기반조성사업에 적용되는 재원별 보조율은 다음 〈표 16-3〉과 같다. 경제분석에 있어서는 국고 및 지방비보조를 포함하는 총사업비를 비용으로 보나 재무분석에서는 사업시행주체인 농민들이 실제적으로 부담하는 비용만을 고려하게 된다.

우리나라는 사업비의 대부분이 보조이기 때문에 농민입장에서 본 재무수익률은 너무 커서 계산을 요하지 않는다.

제 5 절 중기사용료 조정계수

투자사업비의 한 구성요소인 중기사용료에는 관세 및 수입부과금 및 기타 이전적비용이 포함되어있기 때문에 국민경제적측면에서 순수한 비용을 추정하기 위하여는 이들 제 이전적비용을 제외한 중기사용료를 도출하여야 하고 또한 재무분석을 위한 중기사용료와 경제분석을 위한 중기사용료 간의 환산계수를 만들어 사용하면 사업비조정에 있어 편리함을 기할 수 있다.

1. 공사장비 가격조정

가. 수입장비

- 장비수입원가 : CIF가격
- 관　　세 : CIF가격의 0%
- 부가가치세 : (CIF + 관세) × 10%
- 통관제비용 : CIF가격의 3%

○ 수입가격 = 수입원가+관세+부가가치세+통관제비용+기타제세

= (100 + 0 + 10 + 3) = 113.0

○ $\text{수입장비조정계수} = \dfrac{\text{수입원가}(100)}{\text{수입가격}(113.0)} = 0.885$

나. 국산장비

○ 장비가격=생산원가(100%)+부가세(10%)+기타제세(3.4%) = 113.4%

○ $\text{국산장비조정계수} = \dfrac{\text{국산장비가격}(100.0)}{\text{제세포함가격}(113.4)} = 0.882$

2. 조정계수

[(수입장비비율(10%)×수입장비조정계수(0.885)]
+ 〔국산장비비율(90%)×국산장비조정계수(0.882)〕 × 0.984
= 0.868

자료 : (주) 혜인 무역팀.
계산근거 : 한국농어촌공사, 2009. 5(통권 제39호) 농업부문 투자사업 타당성분석기준.

제 6 절 유류가격의 조정계수

투자사업비의 한 구성요소인 유류비용에는 관세 및 수입부과금 및 기타 이전적 비용이 포함되어있기 때문에 국민경제적측면에서 순수한 비용을 추정하기 위하여는 주유소가격에서 이들 제 이전적 비용을 제외한 순수 유류비용을 도출하여야 하고 또한 재무분석을 위한 유류비용과 경제분석을 위한 유류비용 간의 환산계수를 만들어 사용하면 사업비조정에 있어 편리함을 기할 수 있다.

1. 정유의 이전적 지출가격

구 분	도입원가	이전적 비용			계 (공장도가격)	비 고
		관세	수입부과금	기타		
달러($)기준 (A)	98.78	0.99	2.31	21.28	123.35	(1B=159 l)
원 화기준(원) (B)	108,915	1,089	2,544	23,459	136,007	B=(A)×1,102.6원)
1 l 당 (C)	685.00	6.85	16.00	147.54	855.39	C =(B)/159 l

주: 1. 도입원가는 2008년 1~12월 평균도입가격, 관세 1%, 수입부과금 16원/ l 적용.
2. 2008년 평균환율 1$=1,102.6원 적용.
3. 이전적 비용은 2008년 경유의 세전가격(공장도가격)을 기준으로한 추정가격임.

2. 경유의 공장도가격 및 주유소 가격

(단위 : 원/ l)

구 분	정유사 판매가격			주유소 가격	
	공장도	제세금	계	마진 및 부가세	가격
경 유 (0.003)	855.39	613.24	1,468.63	145.81	1,614.44

주: 1. 정유판매가격 및 주유소가격은 2008년 평균가격임.
   2. 경유의 (0.003)은 황함유량 임.
자료 : 한국석유공사 2009. 5.

3. 이전적 지출 가격산출

□ 정유의 이전적 지출 = (관세 + 수입부과금) ÷ 정유 가격
= (1,089 + 2,544) ÷ 136,007 = 2.67%

□ 대리점가격의 이전적 지출

- (공장도가격 × 정유의 이전적지출 비율) + 제세금 + 수수료
= (855.39 × 0.0267) + 613.24 + 145.81 = 781.90

4. 유류가격 조정계수

$$1-\frac{\text{이전적지출액}}{\text{주유소가격}}=(1-\frac{781.90}{1{,}614.44})=0.516\times0.987=0.5090$$

자료 : 한국석유공사 2009. 5.
계산근거 : 한국농어촌공사, 2009. 5(통권 제39호) 농업부문 투자사업 타당성분석기준.

제 7 절 용지매수보상비 조정계수

농어촌개발사업에 있어 가장 중요하며 비중이 큰 사업비의 하나가 용지매수보상비다. 용지매수보상비는 현실지가를 중심으로 토지평가사가 감정한 가격으로 평가되는데, 여기에는 부

동산투기 등및 충분한 보상욕구 등 비경제적인 요인이 작용한다. 경제분석에 있어서는 용지매수 대상토지의 가격을 생산성에 기초한 진실 된 토지가격으로 평가하여야한다. 따라서 매수대상토지의 기대수익을 할인율로 할인한 현재가치총액을 경제분석 지가로 책정하고 현실보상지가와 이론지가간의 환산계수를 만들어 사업비를 조정하는데 사용한다.

1. 현실지가와 수익지가

구분 / 년도	현실지가 (원/㎡) (a)	토지용역비 (원/10a) (b)	수익지가 (원/㎡) (c)	조정계수 (c/a)
2004	13,313	258,044	4,692	0.352
2005	17,900	238,165	4,330	0.242
2006	19,582	240,361	4,370	0.223
2007	20,906	246,621	4,484	0.214
2008	22,360	245,072	4,456	0.197
평균	18,805	245,072	4,456	0.237

주 : 1. 현실지가는 「자작토지 자산평가액(원) ÷ 자작토지소유면적(평)」으로 계산되나 '99년 부터 자작토지 자산평가액이 공시지가로 조사되어 현실지가를 반영하지 못하므로 한국농어촌공사자료(「농지가격동향」)를 인용함.
2. 수익지가 = 10a당 토지용역비 ÷ 이자율(5.5%) ÷ 1,000㎡

자료 : 통계청, 『농가경제통계』, 2009.
김정부, 『농지가격의 형성에 관한 연구』, 1989.
한국농어촌공사, 『2008 겨울호 농지은행조사』, 2009.

계산근거 : 한국농어촌공사, 2009. 5(통권 제39호) 농업부문 투자사업 타당성분석기준.

2. 용지매수보상비 조정계수

○ 연도별 현실지가와 수익지가의 5개년('04~'08) 평균값 산출

○ $조정계수 = \frac{수익지가(4,456원)}{현실지가(18,805원)} = 0.237 \times 0.987 = 0.234$

제 17 장
다목적사업의 비용배분방법

다목적 사업이란 어떤 특정 구조물(「댐」·저수지)이 발전, 생활용수 공급, 공업용수공급, 관개용수공급, 홍수조절, 관광, 공업단지조성 및 기타의 용도 중 두 개 이상의 특정 용도에 공용되는 구조물을 설지하는 사입을 말힌디.

예를 들면 대단위 농업종합개발사업으로서 이미 개발이 완료된 영산강 제2단계사업(1976-1983)은 목포하구에 하구언(estuary dam)을 설치함으로써 담수호를 만들고 농업용수공급과 목포시 및 부근공업단지에 생활 및 공업용수를 공급하며, 이 하구언은 바다로부터 밀려오는 밀물을 막아줌으로써 6-7월의 우기에 발생하는 영산강류역의 홍수를 조절한다.

한편 하구언의 정상은 목포와 영암을 잇는 교량역할을 하게 되며 또한 영산호는 관광지로서 각광을 받고 있다. 1971년에 착공하여 1976년에 완공을 본 낙동강 상류에 있는 안동「댐」도 발전 이외에 유역내의 농경지에 대한 관개용수공급과 관련도시에 생활 및 공업용수를 공급하고 있다.

금강하구둑은 1983년에 착공하여 1990년에 완공을 보았으며 총투자액은 경상시장가격으로 101,000백만원에 달한다. 경상시장가격에 의한 연차별 투자 사업비를 1994년 불변시장가격으로 평가한 사업비 총액은 경상투자사업비의 120%에 해당하는 120,843백만원으로 추정되었다.

금강하구둑은 금강주변의 농경지에 농업용수를 공급할 뿐만 아니라 군산공단에 생 · 공용수를 공급하고 하구둑의 왕복4차선 도로와 왕복2차선의 진입도로는 군산 장항간을 110km 단축시킴에 따라 괄목할만한 교통효과를 보여주고 있으며 금강하구둑 주변은 군산시와 서천군 당국에 의하여 관광단지가 조성되어 있다.

또한 하구둑은 홍수시 바닷물의 유입을 막아주어 금강하류에 위치하고 있는 저습지의 홍수피해를 방지하여 주는 효과를 가져다주고 있다. 따라서 금강하구둑 건설에 투자된 사업비와 이의 유지관리비 등의 결합비용 또는 공통비용은 개별 목적별 대체비용 및 편익에 의하여 기능별로 배분되어야 할 것으로 생각된다.

이와 같이 여러 가지의 효과를 얻게 될 영산강 제2단계사업의 하구언과 금강하구둑 및 안동「댐」등은 이에 소요된 투자액을 관개나 발전과 같은 단일 목적에만 부담시킬 수는 없는 것이다.

따라서 이러한 결합비용 또는 공통비용은 사업목적별로 배분시켜야 한다. 이를 비용배분이라고 한다. 이와 같은 비용배분은 재무분석의 한 부분으로서 재무비용총액을 개별 목적별로 배분하게 되는 것이며 이의 결정은 특정 다목적「댐」법에 의하여 국무회의의 의결을 거치게 되어 있다.

제 1 절 용어의 정의[1)]

1. 다목적 사업(multipurpose project)[2)]

다목적 사업이란 어떤 특정구조물(「댐」, 저수지)이 발전, 생활 및 공업용수, 홍수조절, 관개용수 및 기타의 용도 중 2개 이상의 특정용도에 공용되는 것을 말하고 해당구조물과 일체가 되어 그 효용을 보전하는 시설 또는 공작물을 포함하여 특정용도에 전용되는 시설 또는 공작물은 제외한다.

2. 후보사업비(alternative costs)

다목적 사업에 있어서의 기대수익과 동일한 수익을 낼 수 있는 단독사업인 후보사업비용을 말한다.

1) 건교부, 특정 다목적댐법 시행령(1970년 7월 28일, 대통령령 제5234호)참조.

2) Department of Agency for International Development, Office of Engineering, Washington. D.C.20523, Benefit-Cost Evaluations as Applied to AID Financed Water or Related Land Use Projects, Supplement No.1 to Feasibility and Technical Soundness Analysis Capital Projects, May 31, 1963.

3. 분리성 비용(separable costs)

분리성 비용은 보통 개별 목적사업에 투입될 수 있는 하한 비용으로 만약 그 하나하나의 목적사업이 그 목적사업에서 제외된다면 그 목적사업에서 차감해 버릴 수 있는 비용이다.

4. 특수비용(specific costs)

특수비용은 한 개의 사업목적에만 소요되는 비용으로서 용배수로비는 관개배수만을 위하여 수도관은 생활 및 공업용수의 공급을 위하여 전주는 발전만을 위하여 소요되는 비용이다.

제 2 절 비용배분의 원칙

대체비용(또는 분리비용, 특수비용) - 잔여편익법에 의한 결합비의 배분에 있어서 지켜야 할 비용배분의 일반원칙은 :

1. 사업목적별 수익액을 초과하여 결합비용을 배분할 수 없다.
2. 다목적 사업의 하나가 다른 사업의 수익으로 충당될 수 없다는 것이다. 예를 들면 발전비용을 충당하기 위하여 농민의 수세를 인상시킬 수 없다는 것이다.
3. 단일 목적을 위하여 발생한 모든 비용은 그 단일목적에 전부 배분 하여야 한다. 즉 수로는 농업용수개발부문에 전주는 발전부문에 배분시켜야 한다는 것이다.
4. 개별사업에 배분된 비용의 총액은 총사업비와 동일하여야 한다.
5. 배분방법은 복잡한 계산과 비용이 많이 소요되는 자료의 분석을 회피하여야 하며 복잡한 배분방법이 단순한 것보다 정확하다고 할 수는 없다.
6. 배분된 금액에 의거 개별목적별 부담액을 결정하여야 한다. 관개의 경우는 정부의 보조율을 감안한 장기채의 원리금상환과 유지 관리비를 산출하여 농민으로부터 징수되는 수세를 결정하는 것이다.
7. 공동시설물은 비용배분과 일치하여 운영되어야 한다.

제 3 절 공통비용배분방법 Methods of Joint-cost Allocation)

다목적댐 법 및 재무회계학상의 결합비용배분방법은 다음과 같은 것이 있다. 이들 방법은 상호 보완적으로 이용되고 있다.

1. 수익할법(Allotment of Joint-costs by Benefits)

수익할법은 결합비용인 공통비용을 전체 수익 총액에서 각 목적별 기대수익의 비율에 따라 배분하는 방법으로 농업생산비분석에 있어서 농기계 및 각종 시설의 감가상각비를 작물별로 배분하는데 이용되는데 대규모 다목적사업의 경우 이 방법을 적용 할 수도 있으나 목적별 배분비용이 목적별 수익을 초과하여 배분 될 경우에는 문제가 생김으로 주의를 요한다.

2. 우선대체 타당 지출법

우선대체 타당 지출법은 다목적댐의 건설목적인 각 용도 중 긴요도가 특히 큰 용도에 관하여는 건설부장관이 관계중앙행정기관의 장과 협의를 거쳐 전조의 규정을 적용하여 각 용도에 관한 부담액을 산출하고 기타의 용도에 관하여는 다목적댐 건설에 필요한 비용에서 긴요도가 특히 큰 용도에 관한 부담액의 합계액을 공제한 잔액을 다목적댐 건설에 필요한 비용으로 보고 이에 대체 타당 지출법을 적용하여 각 용도에 관한 부담액을 산출하는 방법을 말한다.

3. 분리비용-잔여편익지출법(Saperable Costs-Remaining Benefits Method)

분리비용 잔여편익 지출법은 다목적댐의 건설목적인 각 용도의 분리비용과 각 용도에 관한 대체 건설비 및 타당 투자액중 적은 금액으로부터 각 용도의 분리비용을 공제한 각 용도의 잔여편익의 비율로 잔여공동비용을 배분한 금액과의 합계액을 각 용도에 대한 부담액으로 하는 방법을 말한다.

4. 대체건설비(Alternate Costs)

대체건설비는 다목적댐의 건설목적인 각 용도에 관하여 다목적댐 및 다목적댐의 관련시설에 대체하여 다목적댐 및 다목적댐의 관련시설이 가지는 효용과 동등한 효용을 가지는 시설 또는 공작물을 설치하는데 필요한 추정비용을 말한다.

5. 타당투자액(Justifiable Investment)

타당투자액은 다목적댐의 건설목적인 각 용도에 관하여 다목적댐 및 다목적댐의 관련시설이 지니는 효용을 금액으로 환산한 것으로부터 그 용도를 위한 다목적댐 및 다목적댐의 관련시설의 운영 및 관리 등에 필요한 추정된 비용을 공제한 금액을 건설부장관이 관계중앙행정기관의 장과 협의하여 정하는 이자율 및 감가상각율로 나눈 금액을 말한다.

6. 대체타당 지출법

대체타당 지출법은 다목적댐의 건설목적인 각 용도에 관한 대체건설비 및 타당투자 2개 중 적은 금액에서 수로 건물 기계 기타의 시설 또는 공작물로서 오로지 당해 용도에 공용되는 것의 설치에 요하는 비용을 공제한 금액을 산출하여 그 금액의 합계액에 대한 금액의 비율로써 다목적댐 건설에 필요한 비용을 배분한 금액을 각 용도에 대한 부담액으로 하는 방법을 말한다.

7. 우선지출법

우선지출법은 다목적댐의 건설목적인 각 용도의 우선순위에 따라서 순차적으로 그 용도에 관한 대체건설비 및 타당 투자액중 적은 금액에서 관련시설로서 오로지 당해 용도에 공용되는 것의 설치에 요하는 비용을 공제한 금액을 산출하여 그 금액을 각 용도에 대한 부담액으로 하는 방법을 말한다.

결합비용배분을 위하여는 사업의 내구연수 동안의 개별 목적별 기대수익과 투자비용 및 유지관리비 일체를 일정한 할인율(자본의 기회비용)을 적용하여 현재가치(Present Worth)로 나타내야 한다. 다음 항목들의 현재가분석은 비용배분에 들어가기 전에 우선 실시하여야 하는 항목들이다.

제 4 절 대체비용(분리비용) - 잔여편익법의 계산과정

1. 다목적 구조물의 총비용과 유지관리비의 현재가치총액을 계산한다.
2. 개별목적별 수익을 추정한다(내구기간중의 수익의 현재가치총액).
3. 개별목적별 기대수익을 달성하기 위한 후보사업비의 추정(유지관리비의 현재가치총액포함)
4. 개별수익을 성취할 수 있는 최대대체타당지출액을 결정한다. 이것은 (2)와 (3)의 금액 중 작은 금액과 같다.
5. 개별목적별로 분리성비용을 추정한다.(유지관리비의 현재가치총액을 포함한다.)
6. 잔여편익을 결정한다. (4)의 대체타당 지출액과 (5)의 분리성비용과의 차액을 결정하는 것이다.
7. 결합비의 결정 : 이것은 다목적 사업의 전체사업비와 개별목적사업을 위한 분리성비용의 총액과의 차이를 말한다. 본 결합비용은 총 잔여편익에 대한 개별목적사업의 잔여편익 비율에 따라 개별목적별로 배분될 것이다.
8. 분리성비용을 배분된 결합비용에 가하여 개별목적별 비용배분 총액을 결정한다.

제 5 절 다목적사업 비용배분 사례[3)]

금강하구둑은 장항과 군산을 연결하는 교량으로서의 역할뿐만 아니라 담수호를 만들어 금강유역의 농지에 농업용수를 공급하고 군산, 장항, 이리, 전주 등지에 생활 및 공업용수를 공급하며 하구둑의 주변에 관광단지가 조성되어 많은 관광객들이 찾아오고 있고 또한 금강유역의 홍수피해를 경감시켜주는 역할을 함으로서 다목적기능을 가지고 있다.

---

3) 임재환, 담수호 원수가 산정에 관한 연구, 원수가결정 및 다목적사업의 비용배분, 충남대학교 지역개발 연구소, 농림수산부 농어촌진흥공사, 1995년 11월.

〈표 17-1〉 금강 하구둑의 비용배분개념

목적별	농업개발	관광단지	생공용수	교 통	홍수조절
사업내용	관개개선 및 경지정리[1) 계:25,554ha 하구언공사	관광단지 전북 21만평 충남 5만평	생활 및 공업용수 공급 :120백만톤/년[3)	군산-장항간 110km의 거리 단축효과[5)	금강류역 6022ha의 홍수, 염해 방지(배수개선)
최적후보 사업계획	동 상	관광지의 토지매입[2) 50-65만원/평	특수목적의 양수장, 저수지 편익의 15%	군장교량건설 :1.84km[6)	홍수방지를 위한 하구둑 건설.
배분될 공동시설물	금강하구둑 92,244백만원	금강하구둑	금강하구둑	금강하구둑	금강하구둑
특수시설물	수로, 양수장 개답, 경지 정리, 방조제 및 기타	없거나, 후보 사업계획에 포함	양수장, 정수장, 수도파이프 비용 편익의 25%[4)	군산장항간의 기존도로 포장완료됨[7)	배수장 건설 제방축조
편 익	농산물증가 수익:219,583 (현재가총액)	관광지토지 가격과 같음: 38,077백만원[2)	물 판매금액과 같음:44,633 백만원(현가)	시간절약에 해당하는 노임, 차량운영비의 절감 :154,452백만원	홍수피해 방지액: 11,317백만원 (현가)[8)

주 : 1) 금강 하구둑 설치에 따른 금강호의 물은 금강 제2단계(옥서지구)의 농업용수로 공급하게 됨(공사기간 : 1989-2004).
2) ha당 지가는 15-19.5억원(50-65만원/평당)으로 추정하였음(군산시 및 장항읍의 하구언 인근 상업지역 지가 적용).
3) 물값은 생활용수 : 171원/톤, 공업용수 : 52.9원/톤.
4) 생공용수공급을 위한 특수비용은 총편익의 25%를 적용함.
5) 금강하구둑은 19.0m의 노폭을 가진 4차선 포장도로로 이용되고 본 하구둑은 군산-장항까지의 도로와 연결됨(도로 연간평균유지관리비 = 500,000원/33.3평, 전주 국도유지건설사무소,1995).
6) 금강교량의 대체건설비는 하구둑(교량)1.841km로 442억원으로 추정함. * 240억원/km당 : 한국도로공사 서해안고속도로 현장사무소, 1994.
7) 군산-장항간의 신설도로 7.741km의 연간유지관리비는 2.32억원으로 추정함.
8) 금강하구둑의 홍수 및 연수피해면적은 6,022ha로 추정함.

자료 : 농어촌진흥공사, 금강사업단, 1995.
[대단위농업종합개발사업, 금강II지구 기본계획서(보완),1989.6.]을 기초로 분석함.

2. 금강유역 개발 제1단계사업 금강 하구둑의 비용배분

금강 하구둑은 특수비용 잔여편익법으로 하구둑의 비용을 각 목적별로 배분하였는데 그 결과는 다음 〈표 17-2〉과 같다.

〈표 17-2〉 특수비용-잔여편익법

(Specific cost-remainning benefit method)

(단위 : 백만원)

구 분	농 업	관광단지	교 통	생 · 공용수	홍수조절	계
1.편익(현재가치)	219,583	38,077	154,452	44,633	11,317	468,062
2.대체비용						
대체시설	92,244	92,244	47,430	12,245	92,244	336,407
투자비	87,816	87,816	44,200	6,695	87,816	314,343
관리비	4,428	4,428	3,230	5,550	4,428	22,064
특수시설	184,041	35,505	0	20,180	5,270	244,996
투자비	160,299	34,677	0	11,254	5,270	211,500
관리비	23,742	828	0	8,926	0	33,496
소 계	276,285	127,749	47,430	32,425	97,514	581,403
3.대체비용에 의한 제한 편익(1과 2중의 적은것)	219,583	38,077	47,430	32,425	11,317	348,832
4.특수비용	184,041	35,505	0	20,180	5,270	244,996
5.잔여편익	35,542	2,572	47,430	12,245	6,047	103,836
배분비율(%)	34.2	2.5	45.7	11.8	5.8	100.0
6.배분비용	31,547	2,306	42,156	10,885	5,350	92,244
7.총비용(4+6)	215,588	37,812	42,156	31 065	10,620	337,240
B/C Ratio	1.02	1.01	3.66	1.44	1.06	1.39

주 : 1) 사업의 내구기간 : 60년, 교통의 증가율 및 기타 수익의 연도별 증가율은 현금유동표에 의함.
2) 할인율은 7%를 사용하였음.
3) 모든 사업비는 1994년도 불변가격으로 환산함.
4) 투자비 : 현재가치총액임.
5) 유지관리비 : 현재가치총액임. 교통 : 2.3억원 × 현가계수14.039 = 3230백만원.
6) 배분될 공통비용총액 : 92244백만원(하구둑 사업비, 대체비 및 하구둑 유지관리비).

자료 : 농어촌진흥공사, 금강사업소자료에 의거 추정함, 1995.

제 6 절 담수호의 원수가책정방법

1. 건설부(한국수자원개발공사)의 계산방법

한국수자원공사의 수도료금은 공공요금 산정기준(경제기획원 :'82.12)에 근거하여 건설부장관이 제정한 수도요금 산정지침에 의해 적용된다.

요금체계는 지역사회의 균형발전, 편익에 대한 부담의 형평화를 위해 전국 각지역에 동일한 요금단가를 적용하는 전국 단일 요금제이며, 요금수준은 총괄원가를 보상하는 수준에서 결정되는 공정보수주의 방식입니다.

톤당 원수가 = [배당된 하구둑 사업비의 연간감가상각비
+ 배당된 하구둑 연간운영비 + 법인세액
+ 적정이윤(원수원가의 5%)]/원수공급가능량 (생 · 공 · 농용수)

여기서 :

- 연간운영비 : 인건비, 수선유지비, 전력요금 및 기타비용.
- 법인세액 : 법인세법 제2절 세액의 계산 제22조에 의함

법인세액 = 적정이윤 x 세율(1억원 미만은 18%, 초과하는 금액에 대하여는 30%가산)

예 : 1억 5천만 원일 경우

법인세액 =[(1억 x 0.18) + (5천만원 x 0.3)]

2. 농림수산부(농어촌진흥공사)의 목적외 용수가 계산방법

[농어촌정비법 제23조(농업기반시설 및 용수의 목적외 사용) 제2항 2 : 용수를 사용하게 한때는 사용량 1톤당 당해시설 수혜농지 1천 제곱미터를 기준으로 하여 이에 부과되는 평균조합비와 조합운영비 국고보조금을 합산한 금액의 600분의 1에 해당하는 금액]에 근거하여 계산한 농업용수 톤당단가를 원수가로 적용한다.

1톤당 원수값(WP) = [O & M]원 / WR

여기서 : O&M = 당해시설관리 농조의 연간 유지관리비(농민부담 + 정부보조)

WR = 1ha당 농업용수수요량 : 6,000톤

3. 하구둑의 주요구조물별 감가상각

1) 하구둑의 구조물별 취득원가

금강 하구둑이 준공된 1994년을 기준으로 산정한 취득원가는 다음 〈표 17-3〉과 같다.

〈표 17-3〉 감가상각 대상액의 결정

(단위 : 백만원)

사업종별	1994년도 기준 1990년 현재가치 총액	법정 내용년수	감가상각대상액			
			투자액	지급자재	기 타	계
-순공사비	85,477(100.0)					
방조제	8,280(9.7)	100년	8,280		1,786	10,066
배수갑문	22,419(26.2)	40	22,419	35,958	4,825	63,202
준비정리 및 부대공사	3,222(3.8)	40	3,222	-	700	3,922
건축	241 (0.3)	60	241	-	55	296
진입도로	1,368(1.6)	무한대	(1,368)	-	(295)	(1959)
기계	37,595(44.0)	40	37,595	-	8,103	45,698
전기	2,901(3.4)	35	2,901	-	626	3,527
홍수예경보시설	396 (0.5)	10	396	-	93	489
배수개선	9,055(10.5)	40	(9,055)	-	(1,934)	(10,989)
-지급자재대	35,958	공통비용	-	-	-	-
-용지매수보상	14,097	무한대	-	-	-	-
-기타	18,417	공통비용	-	-	-	-
총투자액	153,949	-	75,054	35,958(100)	16,188 (18,417)	127,200 (140,148)

주 : 내용연수 = 법인세법 동시행령 및 농림부의 농업토목설계편람에 의함.
진입도로의 감가상각액은 계상하지 않고 연간유지관리비로 별도 계상한다.
2) 감가상각액의 계산

공통시설인 하구둑은 여러 가지 주요시설물로 구성되어 있는데 정액법과 자본회수법에 의거 감가상각을 하였다. 그 분석결과는 다음 〈표 17-4〉에서 보는 바와 같다.

〈표 17-4〉 감가상각액계산

(단위 : 백만원)

주요구조물	내용연수	취득가격	감 가 상 각 액	
			자본회수법	정액법
방조제	100년	10,066	705	91
배수갑문	40	63,202	4,741	1,422
준비정리 및 부대공사	40	3,222	245	72
건축	60	296	21	4
기계	40	45,698	3,428	1,028
전기	35	3,527	255	91
홍수예경보시설	10	489	70	44
계		127,200	9,465	2,752

주 : 1) 자본회수계수(연리자율 = 7%일 경우)
100년 : 0.07008, 40년 : 0.07501, 60년 : 0.07123
35년 : 0.07223, 10년 : 0.14238
2) 정액법 : 상각률은 법인세법 및 농림부 [농업토목설계편람]
3) 철도교량 가설비 약 90억원이 포함된 감가상각액임.
4) 배수개선사업비는 공통시설이 아니므로 감가대상에서 제외함.

3) 목적별 감가상각액의 배분

공통시설물인 하구둑의 연간 감가상각비는 이용목적별로 배분시켜야 된다. 농업단일목직으로 하구둑이 이용된다면 농업단일목적에 전부 배분시켜야하나 그렇지 않을 경우에는 다음 〈표 17-5〉와 같이 목적별로 배분하되 목적별 배분율은 〈표 17-2〉의 특수비용-잔여 편익법에 의거 계산된 목적별 배분율을 적용하여야 한다.

〈표 17-5〉 사용 복석별 감가싱긱액의 배분

(단위 : 100만원)

대 안	농 업	교 통	생 · 공용수	관 광	홍수조절	계
농업단일목적	100.0%	-	-	-	-	100.0%
자본회수법	9,465	-	-	-	-	9,465
정액법	2,752	-	-	-	-	2,752
다목적일 경우	34.2%	45.7%	11.8%	2.5%	5.8%	100.0%
자본회수법	3,236	4,326	1,117	237	549	9,465
정액법	940	1,258	325	69	160	2,752

4. 하구둑의 원수값 책정

1) 회계학적방법에 의한 원수값 책정

하구둑으로 조성된 담수호의 물은 농업용수와 생활 및 공업용수로 이용된다. 담수호의 물을 농업용수로 전부 이용한다면 공통시설물의 연간 감가상각비는 물론 유지관리비, 준설사업비, 문비 및 통선문비, 법인세 및 적정이윤 모두를 농업용수원가로 계산하여야 한다. 그렇지 않고 하구둑을 여러 목적별로 이용할 경우에는 이들 관련비용을 해당용도에 적절히 배분하여야 한다.

생 · 공용수의 회계학적 원가는 감가상각방법에 따라 큰 차이가 나는데 다음 〈표 17-6〉에서 보는 바와 같이 정액법일 경우에는 생 · 공용수의 단가가 톤당 9.12원이고 자본회수법을 이용하면 톤당 16.11원으로 계산된다.

〈표 17-6〉 담수호의 용수원가 계산내역

(단위 :백만원)

구 분	목적별 비용배분				농업단일목적			
	자본회수법		정액법		자본회수법		정액법	
	총액	톤당	총액	톤당	총액	톤당	총액	톤당
하구둑감가상각비(생공용수)	1,117	9.31	325	2.71	9,465	25.93	2,752	7.54
유지관리비(생 · 공용수)	80.8	0.67	80.8	0.67	685	1.87	685	1.87
연간준설비용배분액	564.0	4.70	564.0	4.70	2,090	5.73	2,090	5.73
문비 및 통선문도색	63.7	0.53	63.7	0.53	236	0.65	236	0.65
소 계	1,825.5	15.21	1,033.5	8.61	12,476	34.18	5,763	15.79
적정이윤(5%)	91.3	0.76	51.7	0.43	-	-	-	-
법인세(이윤의 18%)	16.4	0.14	9.3	0.08	-	-	-	-
계	1,933.2	16.11	1,094.5	9.12	12,476	34.18	5,763	15.79

주 : 1) 연간 생공용수공급량 = 120백만톤.
2) 유지관리비 = 685백만원/년 × 0.118 = 80.8백만원.
3) 농생공용수총공급량 = 365백만톤/연간.
4) 연간준설비용 = 연평균침전량 774,000m^3 × 2,700원/m^3 = 2,090백만원.
배분율 : 농업용수 = 73%, 생 · 공용수 = 27%.
5) 주.기타문비 및 통선문권양기도색비(5년주기시행) : 1,355백만원.
연간도색비 = 1,355백만원 × 현가계수 0.713 × 자본회수계수 0.24389 = 236백만원. 생 · 공용수배분액 = 236백만원 × 0.27 = 63.7백만원.
배분율 : 농업용수 = 73%, 생 · 공용수 = 27%.

2) 목적별 배분비용 및 단위당 부담액분석

공통시설인 하구둑의 감가상각비와 유지관리비는 농업, 관광, 교통, 생 · 공용수, 홍수방지 등에 목적별로 배분율에 따라 배분시켜야 하며 하구둑의 도로 유지관리비는 교통목적에만 배분하고 담수호의 준설사업비와 문비 및 통선문비는 농업 및 생 · 공용수 부문에만 배분시켜야 한다. 위의 원칙에 따라 배분된 각 목적별 총배분비용은 감가상각법에 따라 상이한데 이를 물량으로 제한 단위당 부담액은 다음 〈표 17-7〉에서 보는 바와 같다.

〈표 17-7〉 목적별 관련비용 배분내역과 단위당 원가분석

(단위 : 백만원)

구 분	농 업	관 광	교 통	생 · 공용수	홍수방지	계
(배분비율(%)	34.2	2.5	45.7	11.8	5.8	100.0
하구둑 감가상각배분액						
자본회수법	3,236	237	4,326	1,117	549	9,465
정액법	940	69	1,258	325	160	2,752
하구둑 유지관리비배분액	234	17	313	81	40	685
하구둑 도로유지관리비	-	-	232	-	-	232
연평균준설사업비	1,526	-	-	564	-	2,090
문비 및 통선문도색비	172.3	-	-	63.7	-	236
합 계						
자본회수법	5,168.3	254	4871	1,825.7	589	12,708
정액법	2,872.3	86	1803	1,033.7	200	5,995
연간물량(백만톤, 대, 평)	245	0.26	2.89	120	정부보조	-
평균단가(원/단위)						
자본회수법	21.10	976.9	1,685.5	15.20		-
정액법	11.72	330.8	623.8	8.61		

주 : 1) 농업투자액이 100% 정부보조이나 원수값을 계산해 봄.
차종별 교통부담금은 차종별 수익비율에 따라 배분하여야함.
2) 연간준설비용 = 연평균침전량 774,000m^3 × 2,700원/m^3 = 2,090백만원.
배분율 : 농업용수 = 73%, 생 · 공용수 = 27%.
3) 문비 및 통선문도색비 : 농업 = 172.3백만원, 생 · 공용수 = 63.7백만원.
4) 원수값에는 법인세 및 법정이윤을 계상치 않음.

3) 농어촌정비법 제23조에 의한 원수값 책정

[농어촌정비법 제23조(농업기반시설 및 용수의 목적외 사용) 제2항 2 : 용수를 사용하게 한때

는 사용량 1톤당 당해시설 수혜농지 1천 제곱미터를 기준으로 하여 이에 부과되는 평균조합비와 조합운영비 국고보조금을 합산한 금액의 600분의 1에 해당하는 금액]에 근거하여 계산한 농업용수 톤당단가는 다음 〈표 17-8〉과 같다.

〈표 17-8〉 목적외사용 농업용수단가 책정(금강지구), 1993

구분	조합비(백만원)			부과면적	ha당조합비	톤당물값(원/톤)	
	농민부담	정부보조	계	(ha)	(원/ha)	조합비	농민부담
부여	335	1,450	1,786	5,876	303,948	50.7	9.5
논산	702	2,341	3,043	12,293	247,539	41.3	9.5
금강	555	2,153	2,708	9,928	272,764	45.5	9.3
평균	1,592	5,944	7,536	28,097	268,214	44.7	9.4

주 : 1) 톤당 물값 계산액에는 농업용수시설의 감가상각비(100%정부보조)가 포함되지 않음.
2) Ha당 농업용수 사용량은 6,000톤으로 계산함.
3) 조합비는 시설물의 유지관리비임.
자료 : 농어촌진흥공사, 농업기반조성사업통계연보, 1992, 1993.

제 7 절　수자원개발을 위한 다목적댐의 비용배분실예

1. 대체타당지출법과 분리비용잔여편익법의 적용

수자원개발공사가 다목적댐법에 명기된 대체타당지출법과 분리비용잔여편익 지출법을 적용하여 다목적댐의 공통비용을 배분하였는데 분석과정은 다음 〈표 17-9〉 및 〈표 17-10〉과 같다.

대체타당 지출법을 적용하여 결합비용을 분리할 경우에는 다음과 같은 10단계의 절차가 필요하다.

1) 총건설 투자비를 공통시설비와 전용시설비로 구분한다.
2) 각 목적별로 대체건설비를 추정한다.
3) 각 목적별로 기대되는 예상수익을 자본의 기회비용으로 할인한 현재가치 총액을 계산한다. 이것이 타당투자액으로 투자의 상한선이 된다.
4) 타당지출액을 결정 할 때는 대체건설비와 타당투자액 중 작은 금액을 택한다.

5) 1)에서 추정한 각 목적별 전용시설비를 다시 기입한다.

6) 공동시설투자한도액은 타당지출액에서 전용시설비를 차감한 금액이다.

7) 공동시설투자한도액의 총액을 100%로 볼 때 각 목적사업별 투자한도액의 점유율을 계산한다.

8) 1)의 가에 기입된 공동시설비총액을 7)의 배분율에 의거 각 목적사업별로 배분시킨다.

9) 총건설비 부담액은 8)의 총 건설비 배분액과 5)의 각 목적사업별 전용시설비를 합계하여 목적별 부담액을 결정한다.

10) 9)의 목적별 부담액의 배분율을 계산하면 이것이 개별목적사업별 공동사업비 부담률이 확정된다.

분리비용 - 잔여편익법에 있어서는 5)번의 전용시설비가 분리비용으로 바뀌는 것 이외에는 대체타당지출법과 동일하다.

〈표 17-9〉 대체타당 지출법 예시(홍천다목적댐)

(단위 : 백만원)

구 분	홍수조절	관개용수	생 · 공용수	발 전	계
1. 총건설비					538,548
가. 공동시설비					443,927
나. 전용시설비	961	205	1,339	92,116	94,621
2. 대체건설비	177,495	114,485	382,179	569,274	1,243,433
3. 타당투자액	120,063	25,043	115,473	549,179	809,758
4. 타당지출액 (2,3중적은것)	120,063	25,043	115,473	549,179	809,758
5. 전용시설비	961	205	1,339	92,116	94,621
6. 공동시설투자한도액 (4 - 5)	119,102	24,838	114,134	457,063	715,137
7. 공동시설배분율(%)	16.65	3.47	15.96	63.92	100.00
8. 공동시설배분액 (1의 가 × 7)	73,913	15,404	70,851	283,758	443,927
9. 총건설비부담액(5+8)	74,874	15,609	72,190	375,974	538,548
10. 총건설비부담률(%)	13.91	2.90	13.40	69.79	100.00

자료 : 한국수자원개발공사, 수자원개발사업 투자소요자원의 효율적 조달 등을 통한 재무구조개선방안 연구, 1988.12.

〈표 17-10〉 분리비용-잔여편익 지출법예시(함양다목적댐)

(단위 : 백만원)

구 분	홍수조절	관개용수	생 · 공용수	발전	계
1. 총건설비					538,548
가. 공동시설비					443,927
나. 전용시설비	961	205	1,339	92,116	94,621
2. 대체건설비	177,495	114,485	382,179	569,274	1243,433
3. 타당투자액	120,063	25,043	115,473	549,179	809,758
4. 타당지출액					
(2.3 중 적은것)	120,063	25,043	115,473	549,179	809,758
5. 분리비용	56,778	-	-	170,737	227,515
6. 잔여타당지출액					
(4 - 5)	63,258	25,043	115,473	378,442	582,243
7. 잔여타당지출비율(%)	10.87	4.30	19.83	65.00	100.00
8. 공동비용					
(1 - 5)	-	-	-	-	311,043
9. 공동비용배분(7 x 8)	33,809	13,374	61,678	202,172	311,033
10. 총건설비 부담액(5 + 9)	90,587	13,374	61,678	372,909	538,548
11. 총건설비부담률(%)	16.82	2.48	11.45	69.25	100.00

자료 : 한국수자원개발공사, 수자원개발사업 투자소요자원의 효율적 조달 등을 통한 재무구조 개선방안 연구, 1988.12.

2. 각 댐별 비용배분방법 및 용도별배분비율

수자원개발공사가 그동안 추진해온 각 댐별 비용배분방법과 용도별 비용배분비율을 보면 〈표 17-11〉과 같다. 이와 같은 자료는 4대강 유역을 중심으로 전개되는 농업종합개발사업의 목적별 비용배분을 시도하는데 있어 좋은 참고 자료가 된다.

〈표 17-11〉 댐별 비용배분방법 및 용도별 배분율 비교

(단위 : 백만원)

구 분	소양강댐	안동댐	대청댐	충주댐	합천댐
1. 비용배분방법	대체타당 지출법	대체타당 지출법	대체타당 지출법	분리비용 잔여편익법	분리비용 잔여편익법
2. 건설비배분액	28,838	39,535	152,991	552,417	267,519
3. 용도별배분율(%)	100.00	100.00	100.00	100.00	100.00
발전	59.20	46.80	51.27	65.87	51.30
농업용수	-	16.50	11.40	2.89	2.20
생 · 공용수	21.80	24.80	25.37	14.39	38.70
홍수조절	19.00	11.90	11.96	16.85	7.80

자료 : 한국수자원개발공사, 수자원개발사업 투자소요자원의 효율적 조달 등을 통한 재무구조개선방안 연구, 1988.12.

한국산업개발연구원, 합천다목적댐 재산권 처리 및 사업별 운영방안연구, 1988.12.

제 18 장

간척사업과 국토확장효과분석

간척사업은 농경지를 조성하여 국민이 필요로 하는 식량을 생산 공급하는 기능 이외에 국토를 확장함으로써 기존의 농경지를 산업용지 및 도시용지로 전환사용을 가능하게 함으로써 막대한 국부를 창출하게 한다. 우리나라에서 가장 희소한 자원은 바로 토지라고 생각되며 1인당 경지면적을 볼 때 132평으로 세계에서 가장 작은 나라에 속한다.

경제발전 과정에서 도시화 공업화로 농경지는 계속하여 감소하고 있고 과거의 절대농지제도가 농업진흥권역 보호제도로 전환됨에 따라 농업진흥권역 밖의 농경지는 급속도로 감소하고 있어, 식량자급율이 30% 미만인 우리나라로서는 식량안보차원에서 농경지면적의 확대개발이 불가피한 실정이다. 농지는 다음 〈그림 18-1〉에서 알 수 있는 바와 같이 그의 경제적 사용에 있어서 매우 경쟁적인 동시에 개발에 따른 환경 및 생태계의 변화를 가져오게 된다.

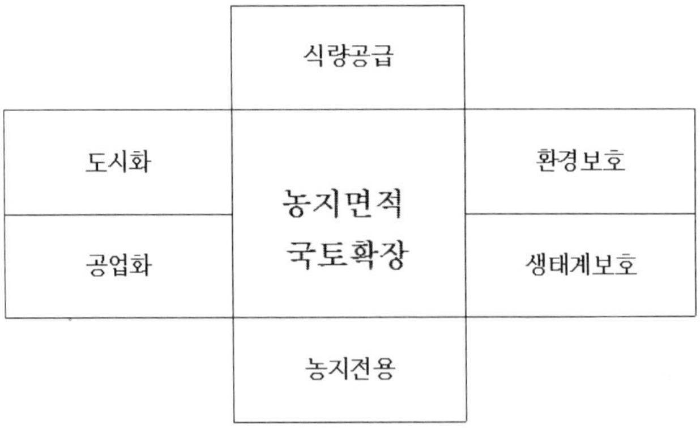

〈그림 18-1〉 국토의 균형개발과 농지의 효율적 이용

2005년 현재 식량자급률을 30% 정도까지 유지 할 수 있는 것은 우리의 주식인 쌀의 자급률을 100%에 가깝도록 유지하고 있기 때문이다. 쌀 자급률을 100%에 가깝도록 유지 할 수 있었던

것은 기설 논 면적의 감소분을 간척을 통하여 보전해 왔기 때문이다. 간척사업에 따른 투자재원은 일반농지의 전용부담금으로 조달되는 대체농지조성비로 충당되고 부족분만이 국고로 지원되고 있다.

간척사업은 바다를 육지화하여 국토를 확장하는 입지조성기능이 있는데 입지조성에 해당되는 국토확장효과는 조성토지의 기회비용(간척사업으로 조성된 토지를 최선의 용도에 사용하지 못함으로 잃게 되는 경제적 가치)으로 평가되는데 사업지구 인근지역에서의 농지전용보상가격과 농지가격과의 차액지대로 평가된다. 일본은 모든 간척사업의 경우 국토확장효과를 사업의 편익으로 추정하고 있다. 우리나라는 지금까지 간척사업을 하면서 국토확장효과를 경제적 가치로 추정하지 않고 사업보고서 상에 간접효과로써 일정면적의 국토확장효과가 있다는 설명으로 끝나고 말았다.

1. 주요국의 국토이용현황

세계 주요 국가들의 토지이용형태를 보면 다음 〈표 18-1〉과 같다. 특히 한국의 1인당 국토면적은 0.208ha이고 이중에 우리 국민의 생명의 젖줄인 농경지면적은 0.044ha로 132평에 해당된다.

세계의 1인당 농경지 평균면적은 0.246ha인데 우리나라의 1인당 농경지면적은 이의 17.8%에 불과한 실정이다. 1인당 농경지면적이 제일 큰 나라는 호주로서 2.54ha이고 다음으로는 미국으로서 0.7ha이다.

일본은 우리보다 1인당 농경지면적이 27평이 작은 0.035ha에 달한다. 일본과 한국은 세계에서 경지규모가 제일 작은 나라로서 국민의 식량안보를 위하여 농업 정책적 차원에서 많은 보호정책을 펼치고 있다.

〈표 18-1〉 주요국의 국토이용형태

국 명	총면적 (천 ha)	육지 면적 (천 ha)	농경지 면적 (천 ha)	인구수 (천명)	1인당 총면적 (ha)	1인당 농경지면적 (ha)
세 계	13,381,589	13,045,423	1,450,838	5,892,50	2.214	0.246
한 국	9,939	9,559	2,033	45,991	0.208	0.044
일 본	37,780	37,652	4,422	125,672	0.300	0.035
미 국	936,352	915,912	187,776	268,189	3.415	0.700
중 국	959,696	932,641	95,782	1,247,315	0.748	0.077
독 일	35,698	34,927	12,015	81,845	0.427	0.147
호 주	771,336	764,444	47,196	18,550	41.210	2.544

자 료 : 통계청, 국제통계연감, 1997.

2. 대체농지조성비의 조달

국토면적이 협소하고 농경지가 부족한 우리나라는 농업농촌기본법 제41조와 동 시행령 제25조에 의거 농지를 타 용도로 전용 할 경우에는 농지전용부담금을 부담토록 명문화하고 있으며 농지법 제40조 제4항에는 농지 조성비를 전용면적에 부담하도록 하여 농지전용부담금을 간척과 같은 농지의 확대개발에 투자하도록 규정하고 있다. 농지별 부과율과 고시단가는 다음과 같다.

부과율 = 허가면적(m) × 고시단가 × 감면비율

부과율 = 해당농지의 개별공시지가 × 20/100

〈표 18-2〉 농지별 고시단가(1999년 2월 1일)

농 경 지 조 건	원/m^2	평당전용 부담금 (원/평)	평당농지 전용가격 (원/평)
1. 경지정리가 시행된 논	7,200	23,760	118,800
2. 용수개발이 시행된 논	11,900	39,270	196,350
3. 경지정리와 용수개발이 모두 시행된 논	14,600	48,180	240,900
4. 밭 경지정리가 시행된 밭	6,000	19,800	99,000
5. 기타농지(1,2,3,4를 제외한 농지)	4,500	14,850	74,250

자료 : 농업기반공사, 2000.1.

농지조성계정의 수입은 농지조성비와 조성토지매각대금으로 구성되는데 1993년의 연간 총수입액은 117,885백만원에 달하였으나 농지가 계속하여 전용됨에 따라 연평균 23.5%씩 증가되어 1998년에는 농지조성계정의 총수입이 338,771백만원으로 증가하였다. 1998년의 농지조성계정의 자금 배분율을 보면 농지조성사업에 83.4%, 농지재개발사업에 1.3%, 기본조사에 0.5%, 농지전산화에 1.56%, 기금관리 및 이월금으로 13.24%를 각각 배정하였다. 농지조성계정에 의한 수입은 앞으로도 계속하여 농지를 확대개발 하는데 쓰여질 것이다. 전국 평당 농지전용가격은 〈표 18-2〉에서 알 수 있듯이 경지정리와 용수개발이 완비된 논의 경우 평당 240,900원으로 추정되는데 간척지 논이 이에 해당된다.

3. 국토확장효과의 경제분석이론

간척지의 국토확장효과는 전용농지(도시 및 산업용지)의 고부가가치 생산기능과 식량자급율의 유지 내지는 감소방지와 연계하여 추정하여야 하는데 다음 〈그림 18-2〉에서 알 수 있는 바와 같이 FS_1 과 FS_2는 국내총생산수준을 나타내는 등생산량곡선(Isoquants)이고 F는 기존농지가 도시화 공업화에 따라 전용되는 면적이고 T는 대체농지조성에 따라 개발되는 간척농지를 의미한다. 일정한 국내총생산(GDP)를 생산하기 위 하여는 A점에서 생산하던지 아니면 B점에서 생산이 이루어져야 한다.

그런데 도시화 공업화로 인하여 기존 농경지가 $-\Delta F$만큼 전용되면 일정수준의 국내총생산 및 식량자급을 유지하기 위하여 $+\Delta T$만큼의 신규농지가 확대개발되어야 한다. 농지전용 가격을 Pf라하고 간척지의 가격을 Pt라고 한다면 최소의 비용으로 일정수준의 GDP를 생산하고 또는 일정한 쌀의 자급률을 유지하기 위하여 다음조건이 충족되어야 한다. 즉 MRS_{tf}(限界代替率) = -Pt / Pf이다.

한계대체율과 등비용선의 기울기가 같을 때 이 조건 식은 $-\Delta F \times Pf = \Delta T \times Pt$로 표시 할 수 있고 이 조건이 충족되어야 최소비용으로 일정한 수준의 GDP와 식량 자급률을 유지 할 수 있게 된다.

여기에서 전용되는 농지면적 $-\Delta F$가 대체농지로 확장되는 간척지면적 $+\Delta T$와 같고 즉 $-\Delta F = \Delta T$이고 전용되는 농지가격이 일반 농지가격이 아닌 농지전용 보상가격 Pf로 평가된다면 간척농지가격 $Pt = (\Delta F / \Delta T) \times Pf$ 로 $(\Delta F / \Delta T)$값이 1(Sign은 무시)이 되기 때문에 간척지의 땅값 Pt는 반드시 도시 및 공업 용지를 조성하기 위한 농지전용 보상가격 Pf와 같게 된다. 만약에 기존의 농지전용면적이 커지면 커질수록 간척사업을 통한 국토확장효과는 커지게 된다.

간척지의 평가가치 Pt에는 농지의 가치가 포함되어 있음으로 순수한 국토확장효과로서의 가치는 Pt에서 농지가격을 빼주어야 될 것이다. 그 이유는 간척지를 농지로 이용하여 농업편익을 얻기 때문이다.

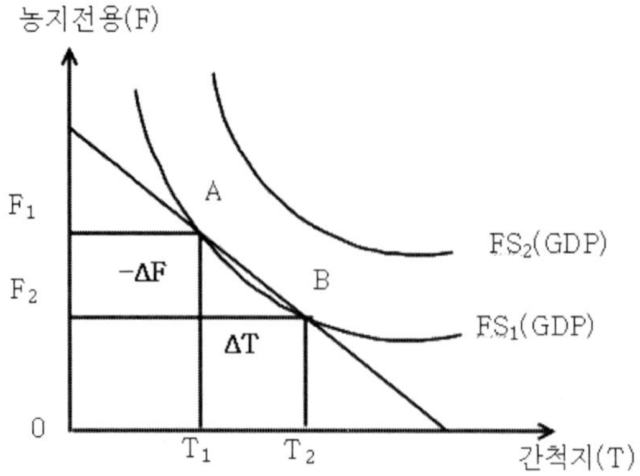

〈그림 18-2〉 농지전용과 대체농지평가이론

일본의 간척사업에 있어 국토조성효과계측방법[4]을 소개하면 다음과 같다.

(1) 간척사업은 바다 또는 호소를 육지화하여 거기에 농용지를 조성하는 사업이다. 이 사업은 바다를 육지화하여 국토를 확장하는 입지조성과, 그것을 농용지로 이용할 수 있게 하는 농토조성이라는 양면성을 갖고 있다.

국토조성효과는 이 입지조성 부분의 평가액을 효과로 보는 관점이다. 토지의 절대량이 부족한 일본(또는 한국)에서 국토를 확장하여 토지의 절대량을 증대시키는 것은 토지의 수급완화를 위해 가장 유효한 수단이다.

즉 간척사업에 의해 국토가 새로 조성됨에 따라 토지의 이용기회가 증가하는 잠재적 효과를 가지고 국토조성효과로 보는 것이다. 우리나라는 영산강유역에서 조성된 간척면적 17,365ha중 1,436ha(8.3%)가 산업용지로 이용될 계획이고, 충남 석문간척지는 2,831ha중 921ha(32.5%)가 공업용지로 전용되었고, 이원간척지는 777ha중 285ha(37%)가 산업용지로, 김포간척지는 1,649ha중 1,461ha(88.6%)가 국제업무 및 레저용지로 전용되고 있어 간척지의 국민 경제적 가치는 매우 크다고 생각된다.

(2) 구체적으로는 농지가 타 용도에 이용되는 경우의 지대와 농지로 이용되는 경우의 지대차액(지대상당액의 차액)을 산출하여 여기에 효과발생면적(간척면적)을 곱하여 얻은 금액을 가지고 연간 국토확장효과로 평가하고 있다. 국토조성의 효과산정절차는 다음 〈그림 18-3〉과 같다.

---

[4] 대성출판사, 해설, 개정 토지개량의 경제효과, 일본, 평성 9년 3월.

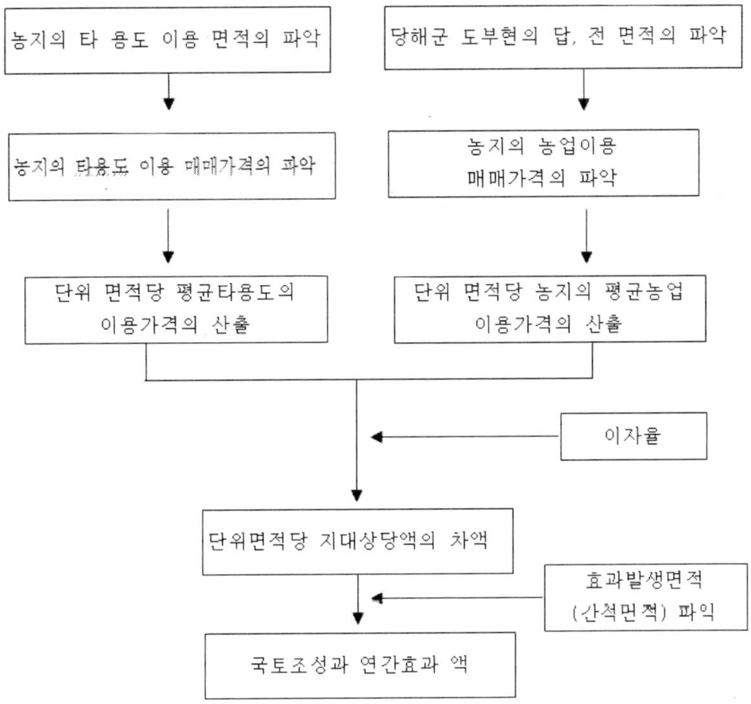

〈그림 18-3〉 국토조성 효과산정의 Flow Chart

4. 새만금 관련 시 군의 농지전용실적

새만금 지구와 관련된 군산시, 김제시 및 부안군의 과거 농지전용실적을 보면 다음 〈표 18-3〉과 같다. 3개 시군 공히 연평균 농지전용면적은 50~60ha로 보통 농촌의 3~5개 부락이 점유하고 있는 들이 해마다 사라지고 있고 이는 2,500명~3,000명의 인구가 1년간 먹고 살 수 있는 쌀의 생산 공급기지가 없어지고 있는 것과 같다.

3개 시군의 용도별 평균 농지전용비율을 보면 주택지가 15.0%이고 공장부지는 6.0%로 적은 편이나 이는 주위지역에 많은 산업공단이 조성되고 있기 때문이다. 그리고 도로 및 공공용지로 전용되는 면적이 13.0%를 점유하고 있으며 나머지 66.0%의 면적은 도시 상업용지 등의 타 용도로 이용되고 있다.

특히 군산시, 김제시 및 부안군의 3개 지역은 김제 만경평야를 중심으로 한 답작지대에 위치하고 있어 공업화 도시화에 따른 토지수요를 충족시키기 위하여 농경지를 전용 할 수밖에 없다고 생각된다.

따라서 농지전용에 따른 대토로서 간척지 개발은 이 지역의 간석지의 발달 여건으로 보아

당연하다고 생각된다.

〈표 18-3〉 시군별 농지전용실적

(단위:ha)

구 분	전체면적	주택지	공장부지	도로 및 공공시설	기 타 도시토지
군산시 (구성비율)	338.23 (100.0)	64.42 (19.0)	14.43 (4.3)	50.49 (14.9)	208.89 (61.8)
1993	38.70	7.66	2.78	3.24	25.02
1994	70.67	15.42	3.30	29.39	22.56
1995	40.65	12.66	2.90	0.73	24.36
1996	46.28	11.62	3.57	11.89	19.20
1997	55.96	11.00	1.80	0.09	43.07
1998	85.97	6.06	0.08	5.15	74.68
김제군 (구성비율)	319.18 (100.0)	48.91 (15.3)	28.67 (9.0)	19.63 (6.2)	221.97 (69.5)
1993	47.16	9.70	3.96	4.50	29.00
1994	57.17	10.60	4.87	3.70	38.00
1995	48.20	8.04	3.76	2.40	34.00
1996	76.91	11.03	4.88	-	61.00
1997	45.53	5.52	4.67	1.84	33.50
1998	44.21	4.02	6.53	7.19	26.47
부안군 (구성비율)	283.57 (100.0)	30.99 (10.9)	13.44 (4.7)	50.92 (18.0)	188.22 (66.4)
1993	54.65	4.86	0.82	13.30	35.67
1994	60.05	6.46	1.88	13.76	37.95
1995	55.48	5.43	2.37	8.76	38.92
1996	20.86	2.23	0.33	-	18.30
1997	59.05	7.75	7.81	0.65	42.84
1998	33.48	4.26	0.23	14.45	14.54
총합계	941.25	144.32	56.54	121.31	619.08
비율(%)	100.0	15.0	6.0	13.0	66.0

자료 : 군산시, 김제시 및 부안군청, 1999.

5. 새만금간척지의 국토확장효과 분석[5)]

새만금 간척사업은 전라북도 군산시, 김제시, 부안군의 18개 읍·면·동에 걸쳐 있으며, 전북 부안군 변산면 대항리부터 고군산 신시도와 군산시 비응도를 잇는 방조제 33㎞를 축조하여 농지

5) 국무총리실 수질개선기획단, 새만금사업 환경영향공동조사 결과보고서(경제성분야), 새만금 사업 환경영향공동조사단, 2000.

위주의 내부간척지 28,300ha를 개발하는 사업이다. 새만금 간척지의 총면적은 다음 〈표 18-4〉에서 알 수 있는 바와 같이 40,100ha로서 이중에 28,300ha는 식량단지 17,950ha, 근교원예단지 2,500ha, 수산개발단지 2,000ha, 농촌도시 800ha 및 방조제, 도로 및 용배수로 5,050ha로 각각 이용될 것이다.

그리고 나머지 11,800ha는 담수호를 만들어 농업용수 및 생·공용수를 공급 할 수 있는 담수호로 이용 되도록 계획하고 있다. 새만금 사업의 국토확장효과와 관련이 있는 면적은 전체면적 40,100ha에서 담수호 면적과 방조제 및 하천 등의 면적을 공제한 23,250ha에 달한다.

〈표 18-4〉 시행후 새만금 간척지 토지이용계획

(단위 : ha)

지목	답	원예단지	수산개발단지	농촌도시	담수호	방조제 및 기타	합계
면적	17,950	2,500	2,000	800	11,800	5,050	40,100

자료 : 농어촌진흥공사, 새만금사업단, 기본계획서, 1989.6.

새만금 간척지의 국토확장효과를 측정하기 위하여 현실적인 농지가격과 농지전용 후의 보상가격을 지역농민과 시군을 대상으로 실거래가격을 조사하였다. 다음 〈표 18-5〉에서 알 수 있는 바와 같이 3개시군의 농지가격이 큰 차이가 나고 있는데 특히 군산시에 있어서는 지가가 높음을 고려해 볼 때 도시토지에 대한 수요가 매우 큼을 알 수 있다.

군산, 김제 및 부안군의 전체평균 농지가격은 평당 63,750원으로 농지규모화사업에서 추정한 논 가격에 비하여 상당히 높은 편이나 농촌의 논 가격이 보통 4-5만원임을 고려하면 이 지역의 높은 토지수요를 고려할 때 적절한 가격으로 생각된다.

논을 도시의 여러 가지 용도로 전용한 후의 가격은 개발 유형별 보상가격을 가중평균 하였는데 도시토지로의 평균보상지가는 평당 241,150원으로 추정되었고 논과 도시토지간의 지가차액이 평당 177,400으로 나타났다.

이 가격은 앞에서도 지적하였듯이 현실지가를 반영한 토지가격으로 새만금 간척지의 국토확장효과를 측정하는 자료로 사용하는 데는 매우 합리적인 가격이라고 생각된다.

〈표 18-5〉 새만금지역의 논 가격과 농지 전용가격 조사자료

(단위 : 원/평)

시·군	동·리	농지가격	주택지	공장부지	도로,공공시설	가중평균
부안군 부안읍	동중리	40,000	850,000	85,000	110,000	189,485
	선운리	40,000	800,000	100,000	100,000	176,300
	봉덕리	40,000	800,000	100,000	100,000	176,300
	명당리	35,000	700,000	95,000	100,000	165,165
	서외리	40,000	800,000	100,000	100,000	176,300
	평 균	39,000	790,000	96,000	102,000	176,710
김제시	요촌동	27,000	420,000	162,000	81,000	140,157
	옥산동	25,000	400,000	150,000	75,000	131,475
	검산동	25,000	400,000	150,000	75,000	131,475
	신풍동	30,000	500,000	180,000	90,000	160,830
	평 균	26,250	430,000	153,160	80,200	140,984
군산시	소룡동	100,000	300,000	250,000	400,000	386,050
	미장동	200,000	400,000	300,000	600,000	572,100
	사정동	100,000	200,000	200,000	400,000	373,400
	산북동	80,000	160,000	160,000	320,000	298,720
	평 균	120,000	265,000	227,500	430,000	389,942
전체평균		63,750	433,810	158,512	281,403	241,150

주 : 1) 지역농민과 시군을 대상으로 현지 조사함, 1999.8.
　　2) 도시토지의 평당 지가는 면적에 의한 가중평균치 임.

우리나라는 지금까지 대단위농업종합개발사업 및 간척사업을 통하여 많은 국토면적을 확장시켜왔다. 그러나 지금까지 국토확장효과를 계측할 수 있는 방법론이 개발되어 있지 못하였다. 따라서 본 장에서는 일본에서 간척사업의 경우 국토확장효과를 평가하는데 적용하고 있는 방법에 따라 평가하였다.

새만금 지구의 국토확장효과는 사업지구와 인접해 있는 해당 시군의 농지가격과 농지전용 후의 도시 및 산업용지 가격과의 지대차액으로 평가되는데 다음 〈표 18-5〉에서 알 수 있듯이 지대차액은 평당 177,400원이며 이는 ha당 5억 3천 2백만 원에 달한다.

(1) 국토확장효과 = 국토확장면적 × 차액지대

(2) 연간차액지대 = [사업지구 인근지역의 농지전용가격(면적에 의한 가평균)-사업지구 인근지역의 농지가격] x 이자율(자본의 기회비용)

(3) 국토확장면적 = 전체간척지개발면적 - 유지 및 방조제 면적

이를 국토확장면적 23,250ha에 승하면 국토확장효과는 총 123,610억원에 이른다. 국토확장효과를 연간 금액으로 계산하면 자본의 기회비용인 연 이자율을 8%로 가정할 경우 9,889억원에 달한다. 국토확장효과의 추정내역은 다음 〈표 18-6〉을 참조하기 바란다.

〈표 18-6〉 논과 도시토지와의 ha당 지대차액추정

구 분	농지가격	농지전용가격	지가차액	이자액	연간지대액
평당(원)	63.750원	241,150	177,400	8%	14,190
ha당 (백만원)	191.2	723.5	532.3	8%	42.6

주 : 지가차액 = 새만금 3개시군의 논 가격과 도시토지가격과의 차이임.

〈표 18-7〉 새만금 간척지의 국토확장효과

(단위 : 억원/년간)

간척조성면적 (A)	ha당 지대액 (B)	총 지대액 (A × B)	연간 지대총액
23,250ha	5.32	123,610	9,889

자료 및 방법론 ; 일본의 토지개량과 경제효과 해설집, 1992.12.
(주)대성출판사, 토지개량의 경제효과

주 : 1) 총 간척면적 40,100ha에서 유지 11,800ha, 방조제 및 기타면적 5,050ha를 제외함.

제19장

환경과 투자분석[1]

제1절 Marshall과 Hicks의 보상수요이론

1. 보상수요-보상변화(Compensated demand)

Marshall의 수요함수를 적분한 값 또는 일반적인 수요함수의 아래 부분 면적은 소비자잉여로써 개개인의 경제적 복지를 나타내는 지표가 된다. 상품X에 대한 개인의 복지수준은 개별수요곡선에 의하여 설명할 수 있다. 상품X에 대한 Marshall의 수요곡선은 다음 〈그림 19-1〉의 DD와 같다.

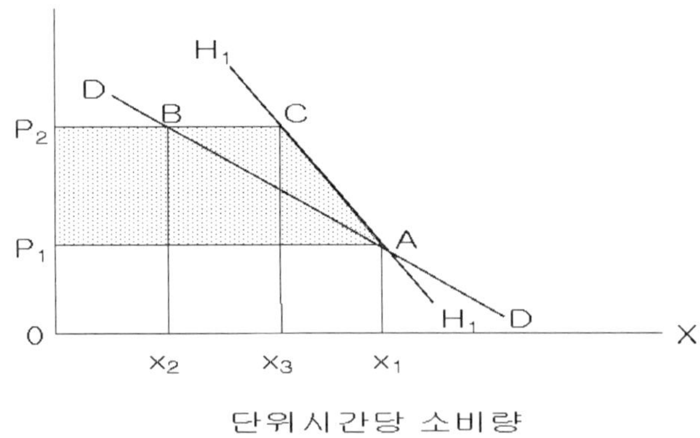

〈그림 19-1〉 Hicks의 보상수요곡선에 의해 측정된 보상변화

---

[1] Eckstein, Otto. Water Resource Development: The Economics of Project Evaluation. East-West Center, Application of Benefit-Cost Analysis to Natural Systems and Environmental Quality Aspects of Economic Development (Draft), 1981.

A점에서 개개인이 상품X를 OX단위만큼 소비함에 있어 OP_1의 가격을 지불하고 있다고 가정하자. 만약에 가격이 OP_2로 상승하면 상품X에 대한 수요량은 OX_2로 감소하고 그는 수요곡선상의 B점으로 옮겨갈 것이다. Marshall의 수요곡선에 의하여 측정된 소비자잉여의 손실은 P_2BAP_1의 면적으로 나타난다. 상품X의 소비량을 감소시키는 대체효과에 관하여 부언하면 보다 높은 가격은 개인의 실질소득의 감소를 가져오게 되고 타상품의 소비량을 감소시킨다. 소비자를 A점에서와 같은 효용 수준을 유지시키기 위하여는 보상변화(Compensating Variation)라고 하는 추가적 화폐소득을 그에게 제공해야 한다.

이러한 추가 소득의 일부는 상품 X에 지출될 것이고 최종균형점을 C점으로 이동시킬 것이며 새로운 OP_2가격에서 개개인은 OX_3단위를 수요할 것이다. 동일한 이유로 해서 C와 같은 점들은 보다 높은 가격에 대응하여 그려질 수 있다. 점 A를 통과하는 새로운 수요곡선 즉 Hicks의 수요곡선-소득보상수요곡선으로 알려진 H_1H_1곡선을 얻을 수 있다. 이 곡선은 개개인들을 동일한 효용 수준에 머물러 있게 하기 위하여 필요한 상품X의 가격-수량 관계를 나타낸다. OP_1보다 밑에 있는 가격에서는 실질소득이 증가하거나 또는 복지가 증가함으로 이 소득은 개개인들로부터 몰수되어야만 한다.

보상변화는 Hicks의 수요곡선 밑의 면적으로써 측정된다. 가격이 OP_1에서 OP_2로 상승할 때 보상변화는 P_2CAP_1의 면적과 같다. 이러한 측정은 개개인들을 상품의 가격과 소비량이 변할 경우 맨 처음의 복지수준에 머물러 있게 하기 위하여 필요한 화폐적 이전을 추정하기 위하여 노력할 때 경제학자들이 추구하는 이론적 이상인 것이다. 우리가 알 수 있는바와 같이 동일한 개념을 환경의 질적 파괴에도 적용시킬 수 있다. 예를 들면 오염에 의하여 공기의 질적 감소를 화폐가치로 평가하기 위하여는 공기를 정화하기 위한 Hicks의 수요곡선이 이론상 구체화되어야 히며 화폐적 피해액이 보상변화로 평가되어야 할 것이다.

2. 보상변화-동등변화

Hicks의 보상수요곡선의 제2의 유형은 복지측정이론에서 자주 논의되고 있다. 이 또한 상품X와 관련시켜 설명될 수 있다. 〈그림 19-1〉에서 보여준 상품X의 가격이 또다시 상승한다고 생각해 보자. 보다 높은 가격OP_2는 개개인들을 보다 낮은 효용 또는 B점의 복지수준에 머무르게 한다. B점에서와 같은 동일한 효용수준을 갖는 당초가격 OP_1에서 소득의 동등한 손실은 동등변화로 알려져 있다.

A점이 B점보다 높은 효용수준을 나타내기 때문에 개개 소비자들을 A점에서 보다 B점에 머무르게 하기 위해서는 보다 적은 소득이 요구된다. 가격OP_1에서 B점에서와 같은 복지를 산출해 내기 위해서는 보다 적은 X의 양이 필요한 것이다. 이러한 양은 〈그림 19-2〉의 OX_4로 나타난다. 점E는 B점을 통과하는 H_2H_2로 표시된 hicks 수요곡선상에 놓이게 된다. H_2H_2상의 다른 점들은 B점에서와 같이 동일한 복지수준에 개개 소비자들을 머물게 하는 상품 X의 양을 보여준다. 어떠한 가격 변화에 대한 동등변화는 Hicks 수요곡선의 밑의 면적으로써 측정될 수 있다. 〈그림 19-2〉의 경우에 있어서와 같이 가격이 OP_1에서 OP_2로 상승할 경우 동등변화(Equivalent Variation)는 P_2BEP_1의 면적으로 나타난다.

보상변화와 동등변화간의 차이는 전자가 소비자들을 당초의 경우에 있어서와 같은 효용수준에 머무르게 하기 위하여 필요한 화폐의 이전을 측정하는 것인데 반하여 후자는 어떠한 상황에서 다른 상황으로 변화될 때 복지의 변화에 상응하는 화폐액으로 측정된다.

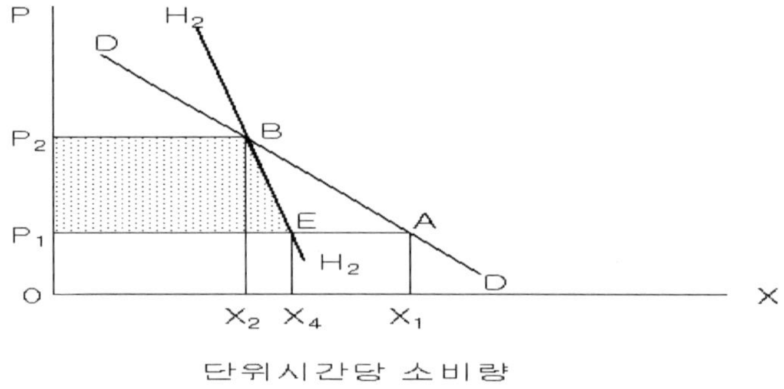

〈그림 19-2〉 Hicks의 보상수요곡선에 의하여 측정된 동등변화

3. Marshall과 Hicks의 수요곡선비교

앞에서 분석한 내용들은 개개인들의 상품 X에 대한 수요의 소득탄력성이 양이라는 가정에 기초하고 있다. 소득탄력성이 높으면 높을수록 그리고 소득에 대한 소비자잉여의 비율이 높으면 높을수록 Hicks와 Marshal의 수요곡선의 괴리는 보다 크게 된다.

〈그림 19-1〉과 〈그림 19-2〉를 검토해 보면 비교표를 〈표 19-1〉과 같이 만들 수 있다. 〈표 19-1〉은 가격의 등락에 대한 Marshall의 소비자 잉여에 대한 보상변화와 동등변화의 관계를 설명해 주고 있다.

〈표 19-1〉 Marshal의 소비자잉여와 관련된 보상변화와 동등변화의 비교

	보상변화	동등변화
가격상승	소비자잉여를 초과함	소비자잉여보다 적음
가격하락	소비자잉여보다 적음	소비자잉여를 초과

수요의 소득탄력성과 소득에 대한 소비자잉여의 비율은 마샬과 힉스의 추정치간에 큰 차이가 생기면 매우 높게 나타난다. 대부분의 실제적 경우에 있어서 그 차이는 무시된다. 더군다나 힉스함수의 보상변화와 동등변화를 유도하는 것은 경험적으로 거의 불가능하다. 마샬 수요곡선에 국한해서만이 전형적인 자료가 이용가능하다. 소득탄력성이 영이면 DD, H_1H_1, H_2H_2곡선들은 일치하며 세 가지의 측정치는 모두 같게 된다.

만약에 소득탄력성과 소비자잉여의 계산치가 부정확할 정도로 크다면 〈표 19-1〉은 최소한 편익의 방향만을 나타내 주게 된다. 이러한 문제에 관한 보다 발전적인 참고도서는 Maler, 1974와 Freeman, 1979를 참조하기 바란다.

제 2 절 투자분석과 지속적 환경의 질적개선

1. 환경의 외부성(Environmental Externalities) 이론

경제의 고도성장과정에서 발생된 환경문제는 최근 들어 매우 심각하게 대두되고 있다. 오염되지 않은 쾌적한 환경을 유지하고 저질의 환경을 개선하기 위해서는 환경의 질을 현시적으로 관리해야만 한다는 필연성이 강조되고 있는데 이는 개개인, 단체 또는 개발기관들이 자연계 또는 피해자에게 준 영향을 충분히 깨닫지 못하고 있는데 문제점이 있기 때문이다. 석탄생산업자는 산성비에 관심이 없으며 오직 석탄생산으로 인한 이윤의 극대화에 관심이 있다.

전자회사는 공기오염에 관심이 없고 주주에게 배분될 이윤에 보다 많은 관심을 가지고 있다. 농부들은 특히 그들이 농지를 직접 소유하고 있지 않을 때 금년의 작황에 따른 경제적인 가치에 보다 많은 관심을 끌고 있지 앞으로 발생될 토양유실에는 관심을 두지 않으며 그들이 사용하는 농약과 화학비료의 증시가 하천오염 및 생태계에 주는 영향에 관하여는 관심을 두지 않고 토지생산성제고를 통한 소득의 극대화에 보다 많은 관심을 갖는다. 또한 어민들은 바다의

어자원의 재고를 과대평가한 나머지 어획고를 올려 수입을 극대화하는데 관심이 있지 그들의 지나친 어획고가 어자원의 재고를 감소시켜 앞으로 출어의 기회가 줄어들 것이라는 것은 전혀 고려하지 않는다.

위와 같은 모든 환경영향을 우리는 외부효과(External Effects)라고 부르며 또한 기술적 외부성(Technological Externalities)이라고도 부른다. 어느 한 외부효과가 발생하면 한 사람의 효용 또는 생산함수는 타인의 활동에 영향을 받는다. 외부성(Externality)은 좋을 수도 있고 나쁠 수도 있다. 환경의 질적외부성이 발생하면 자연자원의 체계에 물리적인 영향을 주게 된다. 공기오염은 매우 좋은 예가 된다. 인간의 건강에 해를 주는 식료품점에 있어서의 공업적 공해물질의 생물학적 농축은 나타나지 않는 외부성의 하나이다.

경제학적 용어로 표현하면 환경의 질적 외부성은 그의 효과를 발생시키는 개인 또는 단체가 사회적 비용과 사회적 편익에 대하여 전혀 생각하지 않을 때 일어난다. 제지공장은 폐기물을 환경적으로 건전한 방법에 의하여 처리하지 않고 그대로 하천에 내다 버린다. 개개인들은 그들이 부담하여야 할 시간과 자원의 사용에 따른 비용을 사회에 전가시키고 있다. 30년 전 농민들은 농약의 사용과 관련된 위험을 아마 모르고 있었을 것이다.

또 다른 예는 사람들은 해로운 효과를 충분히 알고 있었음에도 불구하고 제도적인 이유 때문에 그들의 행위에 책임을 지지 않았다. 이것은 자유시장 또는 불완전시장의 일반적인 실패 요인이다. 이와 유사한 예는 중앙통제 계획경제에서도 찾아볼 수 있다. 근본적으로 이와 같은 실패는 환경의 질적개선 목표가 경제개발의지에 흡수되었기 때문이며 또한 사회적 비용과 편익이 개인적 비용과 편익 간에 괴리가 생겼기 때문이다.

2. 공공재산적 자원

환경의 질을 악화시키는 또 다른 요인은 소위 공공의 비극(Tragedy of Commons)이라는 말에서 유도된 공공재산적 자원의 개념이다. 수많은 소유자들은 바다, 공기, 어자원, 지하수, 기름 및 가스 같은 공공재산적 자원을 사용할 권리를 가지고 있다. 권리는 사용하지 않는다고 해서 없어지는 것이 아니며 개개인의 활동수준에 있어 시간과 양에 제한을 갖는 것도 아니다. 사용자들의 공동활동에 통제를 가하지 않는다면 자원의 낭비가 발생하게 된다.

개개 사용자들은 자기들이 그 자원을 최대로 사용하지 않으면 다른 사람들이 그 자원을 최대로 사용할 것이라는 가정하에 그들이 자신들의 경제적 입장을 최적화 하려고 노력한다.

공공재산적 자원에 관한 논문들이 과거 25년 사이에 많이 축적되어 왔다. 특히 Gordon의 수산자원(1954)과 지하수, 기름 및 유전(May, et al, 1979)에 관한 문헌이 많이 있다.

경제적 관점에서 볼 때 공공재산적 자원의 낭비가 발생하고 있는데 이는 실질적인 낭비를 방지 할 만한 자율적기구가 없기 때문이다.

이러한 자원들은 공짜임으로 그 자원을 사용하는 행위에 대한 비용에 실질적인 희소성이 반영되지 않기 때문이다. 개발계획을 수립하는데 있어 자연자원의 사회적 개발비용을 포함 시키는 것은 경제적으로 효율적인 자원배분의사결정을 하도록 하는 것을 보장해 줄 것으로 생각된다.

3. 정부의 역할

지속적인 경제적 사회적 개발은 적절한 환경의 질적수준의 유지를 요구하고 있기 때문에 환경의 질을 관리하는데 있어서 정부는 적극적인 역할을 할 책임이 있다. 환경의 질적 파괴는 실질적인 비용을 발생시키고 장기 개발목표를 위협하게 된다. 그러나 환경의 질적 관리계획은 그들이 사용하는 자원의 희소성 때문에 많은 비용을 요구하게 될 것이다. 편익/비용분석은 환경의 질적유지와 개선을 얼마나 지속시킬 수 있는가를 결정하는 기법이다.

편익/비용 분석은 두 가지 유형의 의사결정을 위하여 사용된다.

1) 어떤 일정한 공간과 인간활동 수준에 대한 환경의 질적개선 계획이 얼마나 지속될 것인가?
2) 제의된 경제개발사업 혹은 계획을 사입의 총합체로써 환경의 질적개선 문제를 포함시키기 위하여 어떻게 수정하는가 이다.

4. 피해함수(Damage Function)

경제활동은 주위환경의 질에 관하여 여러 가지의 영향을 끼친다. 환경의 물리적인 영향을 묵시적 또는 현시적 화폐가치로 가중평균 할 수 있고, 발생한 사회적 총비용을 추정할 수 있다면 경제전문가는 여러 가지의 환경영향을 단일 피해액으로 추정할 것이다. 적절히 평가되고 종합된 일련의 물리적 피해효과는 피해액의 원천별 점추정(Point Estimation)을 가능하게 할 것이다.

경제활동의 구성내용과 수준이 변화하면 물리적 환경의 질적 피해의 크기에 영향을 줄 것이다. 일련의 새로운 영향은 새로운 피해비용의 원천별 점추정을 가능하게 한다. 근본적으로 경제활동의 계속적인 변화는 비용발생의 연속성을 가져와 화폐적 피해 비용함수를 도출하게 한다.

가설적 환경피해비용곡선은 〈그림 19-3〉에서 보여주는 아황산가스의 배출량과 피해비용과의 관계와 같다. 이 곡선은 정의 기울기를 가지고 있어 아황산가스의 배출량이 증가함에 따라 화폐적 피해액이 증가함을 나타내주고 있다. 피해함수는 자원배분을 위한 의사결정에 있어 두 가지 유형으로 응용될 수 있다.

첫째 비용함수는 경제개발사업 혹은 계획의 환경피해효과를 내부화하는 수단으로 이용되고 편익비용분석에 있어서 사회적 비용을 포함시키는 선택적 개발사업에 대한 화폐적 피해액의 원천별 점추정을 가능케 한다. 둘째 비용함수는 환경의 질을 적절히 유지하고 개선하도록 특별히 고안된 사업계획의 경제적 편익을 계산하기 위한 기초자료를 제공해 준다.

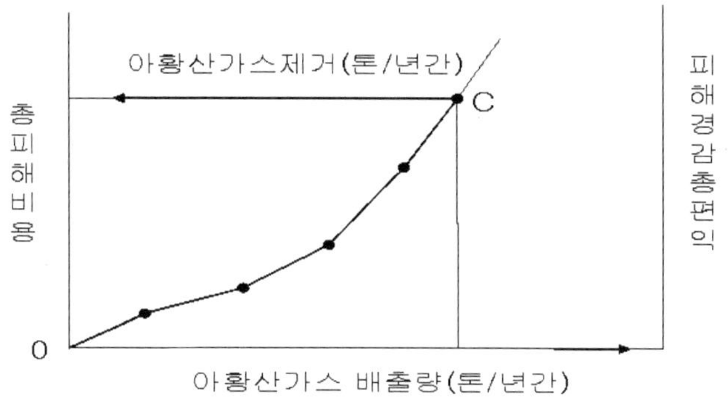

〈그림 19-3〉 가설적 아황산가스의 피해비용곡선

환경의 질적 피해함수의 호혜적 성질은 〈그림 19-3〉에서 알 수 있다. 아황산가스로부터 발생하는 피해비용은 신규 발전소건설사업과 관련되어 있음을 비용커브에서 볼 수 있다. 역으로 일정한 아황산가스 배출량과 피해비용 간의 조합에 대하여 또는 신규 개발사업의 존재에 대한 예측하에서 아황산가스 배출량을 경감하기 위한 도표는 C점에서 역으로 선을 그어 얻을 수 있다.

피해 비용곡선은 피해경감을 위한 총편익곡선이 된다. 피해함수의 이러한 응용은 보다 세밀하게 계속 논의될 성질의 것이다.

5. 피해비용함수의 도출

실제적으로 환경피해비용함수를 얻기 위하여는 복잡한 상관분석이 요구된다. 〈그림 19-4〉는 어떤 특별한 활동으로부터 나온 환경폐기물에 의하여 발생한 피해비용의 원천별 점추정을 얻는데 포함된 과정을 보여준다. 원천별 배출량을 결정하기 위하여는 기술적 자료가 필요하다. 피해를 받는 자의 입장에서 주위환경에 공해물질의 집적과 피해자와 공해물질의 배출량간의 관계를 정확하게 정립시키기 위하여 감시장치가 필요하다.

광화학적 스모그 혹은 물의 부영양화현상 및 공해물질의 집적과 같은 화학적 생물학적 반응은 이러한 일을 매우 복잡하게 만든다. 개개인에 대한 주위환경의 물리적 공해영향은 노출의 정도를 결정하기 위한 인간활동 유형에 관한 정보의 양과 반응과의 관계를 구명하기 위한 의학적 세부 정보가 요구된다. 물의 혼탁에 의한 불쾌감 혹은 공기의 불쾌한 냄새와 같은 비효용이 있는가 하면 공기와 물의 공해에 의한 식생의 피해 때문에 자연환경의 즐거움을 경감시킨다.

주위환경의 질을 개선하기 위한 수요함수는 모든 개개인들과, 기업들 혹은 기타 의사결정단위들이 그들의 지불의도가격(Willingness to pay)결정 혹은 상실된 편익의 지표로써 보상을 받기 위하여 결정되어야만 한다. 끝으로 서로 다른 개개인의 비교 가능한 효용수준에 대한 가치판단은 반드시 하여야 하고 사회적 발생비용수준을 결정하기 위한 유일한 수치를 얻기 위하여 개개인의 가치는 총합되어야 한다. 이러한 추정과정은 여러 가지 효과들을 최소한 관측할 수 있는 현상황하에서는 매우 어렵다.

완전한 피해함수를 유도하기 위해서는 모든 연관된 변수들의 가설적인 변화를 고려하여야 한다. 수학적인 함수 혹은 보다 세련된 분석체계들은 추정과정의 연속적인 단계를 연결하고 있는 화살표의 방향을 바꾸게 한다.

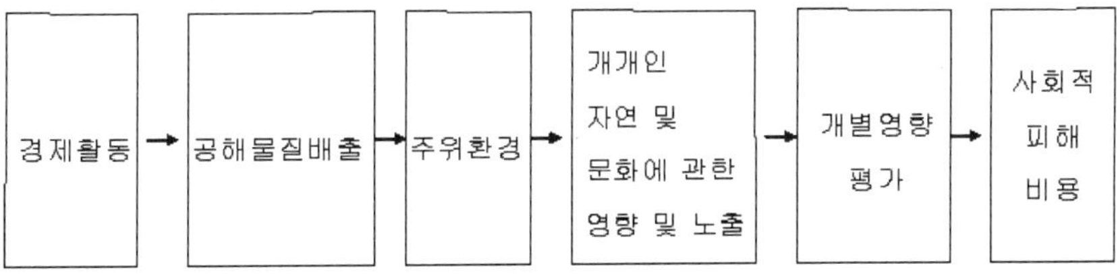

〈그림 19-4〉 사회적 피해비용의 추정

6. 피해액의 평가

사업계획 또는 사업은 가능한 한 환경의 질적 피해를 화폐액으로 평가하는 것이 보다 바람직하다. 이것은 매우 어려우나 몇 가지의 분석기법들이 이용가능하다.

피해가 토양, 어자원, 하부구조와 같은 생산적인 자원이라면 문제는 상대적으로 단순하다. 농업 생산량 및 수산업의 어획량 감소는 시장가격으로 측정할 수 있다. 저수지의 침전은 관개량과 수력 발전량의 감소를 가져오며 이는 시장가격으로 평가가 가능하다.

환경피해액이 인간의 건강 즉 사망과 질병이라면 평가문제는 보다 어려우나 건강의 쇠약과 사망직전의 노동생산성경감으로 인한 경제적 손실을 추정하는 몇 가지 방법들이 이용된다. 레크레이션과 쾌적한 삶의 질에 관한 피해액을 평가하는 기법은 야외 레크레이션 서비스와 기회에 대한 사람들의 지불의도가격을 조사하는 것이다.

여행경비의 계산은 레크레이션을 평가하는 간접적인 방법이다. 끝으로 공기와 물이 오염된 지역에 있어서의 재산평가는 환경악화와 관련된 비용을 비교하여 평가하게 된다.

7. 환경 보호 계획

환경의 질적 피해함수를 기초로 한 편익/비용분석은 공기와 물의 오염을 감소시키기 위한 계획에 종종 응용하여 왔다. 경제적인 관점에서 볼 때 최적정책은 공해경감순수익을 극대화 하는 것이다. 이것은 다음 〈그림 19-5〉의 공기오염방지에서 설명되고 있다. 공해경감(공해물질의 양을 제거함)은 수평축을 나타내고 비용과 수익은 수직축을 나타낸다.

총비용경감액은 보다 높은 수준의 공해경감수준에서 증가하게 된다. 총 편익곡선은 피해방지 가치를 나타내고 환경피해비용함수로부터 유도될 수 있다.

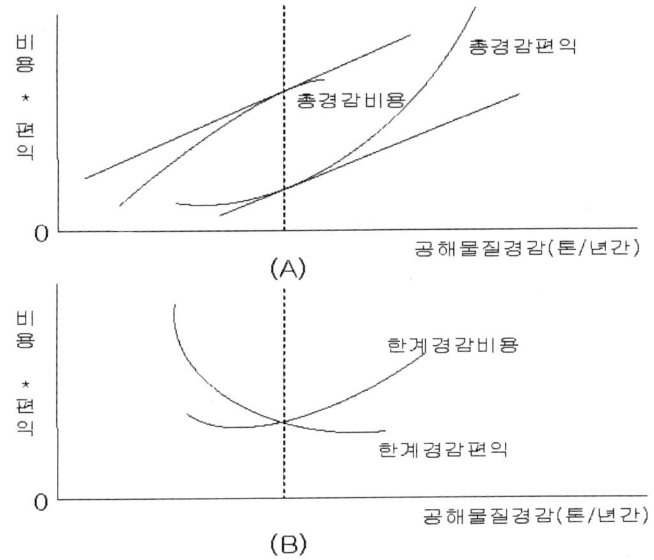

〈그림 19-5〉 공해경감의 최적수준

공기오염 방지의 순편익은 오염경감에 따른 사회적 한계비용과 사회적 한계편익이 같을 때 최대가 된다. 한계곡선이 만난점인 최적교차점은 〈그림 19-6〉의 B와 같다. 공해의 최적수준은 공해로 인한 피해의 정도에 의존되며 다른 생산유형 대신에 공해경감사업에 희소자원을 사용하는 기회비용에도 의존된다.

비록 동일한 이론적 결과를 얻는다 하더라도 이러한 동일한 문제는 서로 다른 방법으로 접근할 수 있다. 사회에 대한 총 공해비용은 환경의 질적 피해비용과 공해경감비용을 합한 비용을 말한다. 〈그림 19-6〉의 A는 그러한 관계를 곡선으로 나타내 준다.

그 두곡선의 수직적 합계는 U자모양의 총 공해비용곡선을 보여준다. 경제적인 최적점은 총비용이 최소인 점에서 결정된다. 〈그림 19-6〉의 B에서 보는 바와 같이 이 점은 한계경감비용과 한계피해 비용이 만나는 점으로 사회가 참을 수 있는 최적 공해물질 배출수준(OL)을 말해준다.

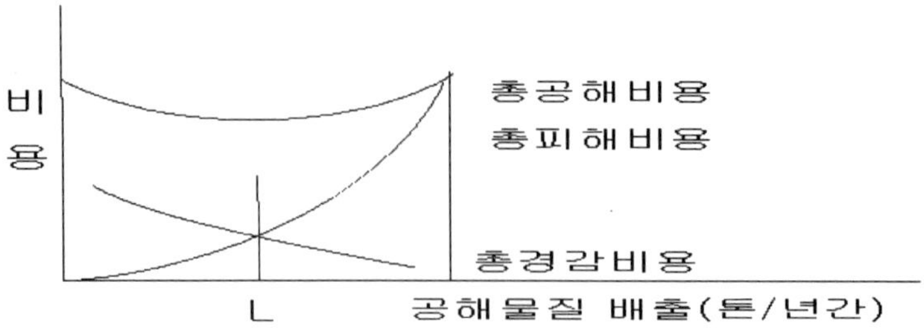

(A)

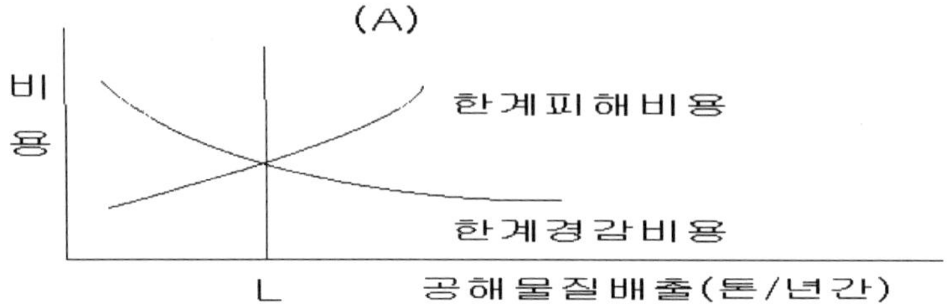

(B)

〈그림 19-6〉 최적공해물질 배출수준

8. 최적 경감 수준의 정책적 함축

환경 피해물질의 최적경감수준을 성취하기 위 하여는 어떤 종류의 정부간섭이 요구된다. 환경 피해물질의 배출과 주위환경의 질적 표준치는 가장 널리 사용하는 접근방법이다. 이론적으로 살펴보면 적절한 배출기준치의 강행은 환경계획으로부터 얻어지는 순편익을 극대화한다.

그것은 배출량과 극단적인 피해복구 비용간의 관계를 적절하게 결정할 수 있다는 가정을 하여야 한다. 역시 이론적으로 볼 때 주위환경의 질적표준의 최적기준은 세부적으로 구분될 수 있고 성취할 수 있다. 시행조치는 개인적 활동에 의한 배출량이 환경기준치를 충족시키는 방향에서 통제되어야 한다. 배출량에 따른 반응의 타당한 예측과 정확한 피해의 평가가 요구된다.

부록 II는 우리나라 환경부가 작성한 대기, 수질, 소음, 토양에 대한 환경기준치를 나타낸 표로써 공공투자사업의 환경 영향평가 시 기준치로 이용될 수 있다.

9. 비용절감효과(Cost effectiveness)

실제적으로 환경의 질적 개선편익을 경제용어로 표현하기란 매우 어렵다. 정책결정은 완전한 편익/비용 분석보다는 비용효과(비용최소화를 의미함)를 근거로 하여야 한다. 사실 비용효과는 환경의사결정에 있어서 가장 보편적으로 사용되고 있는 개념이다. 환경통제의 편익은 경제적으로 평가하기가 어려운 경우가 많다. 환경의사결정은 심미적 가치, 생태계의 기능, 인간의 건강 등이 경제적 비용과 서로 상호관련이 있어야 평가가 가능하다.

비용효과분석(Cost effectiveness analysis)에 있어서는 환경의 질적편익 혹은 목적이 비화폐적가치로 세분화되며 성취비용은 화폐적가치로 표시된다. 이 개념은 근본적으로 두 가지 방법으로 적용될 수 있다. 첫째 예를 들면 일정한 공기의 질적수준과 같은 고정된 환경의 질적유지 목적은 몇 가지 대체적 기술 혹은 행정수단에 의거 성취될 수 있다.

비용효과는 경제적으로 가장 효율적인 수단임을 보여준다. 둘째 환경의 공공적 환경질의 개선계획에 있어서 일정한 사업비가 배분되었을 때 비용효과분석은 성취할 수 있는 최대의 개선량을 지적 할 것이다. 편익과 비용간의 교호작용은 감응도 분석에서 찾아 볼 수 있다. 많은 경우에 있어서 환경의 질에 대한 의사결정을 함에 있어 하나의 투입물로 작용하는 경제정보의 신빙도는 편익비용분석 보다는 비용효과분석을 통하여 제고 시킬 수 있다.

환경적 보건은 이를 적용하는 한 분야인 것이다. 환경의 질적개선에 관한 보건편익에 경제적인 가치를 부여하는 방법은 의사결정자가 의심스럽게 생각하는 경우가 있다. 의료전문가가 결정한 육체적 정신적 영향에 보다 관심을 가져야 한다. 이러한 효과들을 화폐가치로 환산하려고 노력하는 대신에 과학적인 지식에 기초하여 환경기준치를 유도해 내는 현실적인 접근방법이 요구되고 그러한 기준치를 달성하기 위한 비용을 최소화하는데 주의를 집중시켜야 한다. 예를 들어, 미국은 두 종류의 공기의 질적표준치를 가지고 있다는 것이다.

첫째는 의학적 자료를 기초로 한 공중건강에 관한 표준치이고 둘째는 식생, 물질과 쾌적한 환경 서비스에 대한 피해방지를 포함하는 기타 고려사항을 종합한 표준치이다. 이와 같이 이차적인 기준치는 일차적인 것보다 더욱 엄격하다. 일차적 표준에서 이차적 표준으로의 전환과 교호작용이 가능하여 비용효과분석기법은 보다 유용한 평가방법이 되고 있다.

10. 환경의 질적표준

환경의 질적표준은 비용효과와 연계하여 결정된다. 일반적인 원칙은 〈그림 19-7〉에서 보는 바 와 같다. 종축은 비용경감을 나타내고 수평축은 경감의 정도를 나타낸다. 약한 공해물질 배출 수준은 OW이고 보다 강력한 배출수준은 OS가 된다. 기준치의 변화에 따른 경감비용의 감응도는 물리적 공해방지편익을 경제적인 비용으로 바꾸는데 환경관리자에 대한 가치 있는 길

잡이가 된다. 만약에 총비용경감곡선이 상당히 완만하다면 낮은 수준에서 높은 수준으로 이동함에 따라 발생하는 증가비용은 적을 것이다.

만약에 비용경감곡선의 기울기가 급하면 반대의 현상이 나타난다. 실제적으로 비용곡선은 통상 대체적인 통제기술을 설명하는 일연의 점들인 것이다. 한 점에서 다른 점으로 이동됨에 따라 생기는 증가비용은 비용경감활동을 위한 민감한 한정수준(Cutt off levels)을 가리킨다.

11. 공해부담금과 환경표준치

규정된 표준치에 도달케 하는 경제적으로 효과적인 방법은 공해부담금체계를 수립하는 것이다. 일정한 비용경감수준은 공동배출 및 방출부담금부과의 경우 사회에 대한 최소총비용에서 성취된다. 개개공해업자들은 한계경감비용이 부담금과 같은 점까지 공해를 감소시킬 것이다. OECD(경제협력개발기구)는 부담금을 공해업자들로 하여금 그들의 행위를 수정하도록 유도하는 유인부담금으로 정의하고 있다.

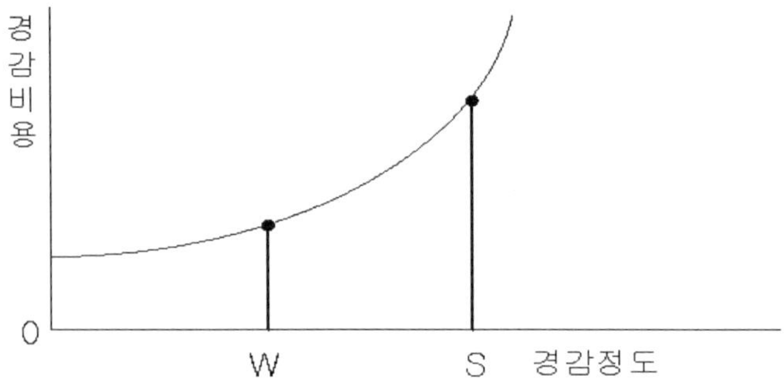

〈그림 19-7〉 경감도함수로써의 공해경감비용

만약에 새로운 잔류물 처리기술이 생기지 않는다면 폐기물 방류량에 대한 부담금제도는 주위환경의 질을 개선하기 위한 재분배적 방도로서 사용될 수 있다. 공해업자들로부터 징수한 기금은 정부 또는 가계부문으로부터 나오는 방류물을 처리하기 위하여 고안된 공공투자에 배분된다. 이러한 기금의 타 용도는 기업체 또는 가계들에 의한 공해방지지출에 대한 보조금을 포함하고 있고(예를 들면 소음방지 생산물 혹은 옥외연료를 대체하기 위한 전기히터) 또한 환경감시체계의 재정지원과 환경의 질을 규제하는데 들어가는 행정관리비의 지출로 이용된다. 공해물질의 환경적 집적과 배출량과의 관계는 거의 알려져 있지 않고 비용효과접근방법은 채택되고 있으나 배출기준치와 부담금은 바람직한 환경의 질적표준을 성취하기 위한 반복적 방법으로 운영되고 있다.

공해물질배출에 대한 제재와 강제적인 부담은 가능하며 그에 대한 반응은 관측되어야 한다. 받아들일 만한 주위환경의 질적 표준치를 얻을 때 조정이 가능해진다. 이러한 접근방법 하에서 정보수집비용은 주로 공해업자의 조정비용인 것이다. 공해방지활동에 있어서는 심각한 과소 또는 과다투자가 발생한다. 만약에 환경당국이 정책변경을 통하여 비합법적인 논평을 받는다면 개인기업체들로부터 협조를 받기가 어렵게 된다.

네델란드에 있어서 환경규제기구가 낮은 수준의 부담금에서 출발함에 따라 발생한 문제점들을 극복하기 위하여 점진적으로 부담금을 인상하였으며 계획된 부담금의 수준을 기업체들에 통보하였다. 더군다나 부담금과 더불어 직접적인 규제를 하였다. 보다 완전한 환경의 질을 개선하기 위한 경제분석기법은 James, et al(1978)에서 찾아볼 수 있다.

12. 경제개발사업계획에 환경적 비용편익분석의 통합

많은 경제개발사업들은 사업지구 또는 사업지구로부터 멀리 떨어져 있는 곳에 있어서 환경적 질에 부의 영향을 주고 있다. 이러한 문제는 경제개발사업의 초기형성과정에 있어서 환경의 질에 관한 부의 영향을 경감시키는 현시적 수단으로 통합시켜야 한다. 부의 환경효과를 경감시키기 위한 수단은 추가적인 자원의 사용을 요구하게 된다. 이러한 환경보호비용, 방류량으로부터의 피해액, 정상적인 생산비를 더한 값이 총사업비용이 된다.

총사업편익은 사업산출량의 편익, 사업으로부터 발생한 환경의 질을 개선함으로부터 생긴 편익을 더한 값이 된다. 편익/비용 분석에 있어서 환경보호대책에 의한 환경의 질적 개선으로부터 얻어진 편익을 포함하는 총편익이 환경보호대책에 의한 비용을 포함하는 총비용보다 클 때 사업은 수행되어야 한다.

경우에 따라서는 통상적인 사업비에서 환경보호대책에 따른 비용을 분리하기가 곤란하다. 예를 들면 발전소의 건설사업에 있어서 정전기적 침전기(특수배출량 경감)는 2~3%의 유황 성분을 가진 석탄이 사용될 때 가장 높은 수준의 효율에서 가동된다(Guthrie and Royston, 1978). 0.3~0.8 %를 포함하고 있는 석탄의 연소율은 침전효율을 보다 경감시킨다.

추가적인 비용으로 백휠터를 추가하면 침전물은 보다 더 경감된다. 대안으로는 젖은 스크러버를 장치하는 것이다. 총편익의 극대화는 서로 다른 연료투입물, 보일러 설계, 다각적인 공해

방지 기술, 폐기처분량의 구성 및 수준, 환경피해비용, 기본적 투자비 및 운영비를 조심성 있게 검사하는 것이다.

13. 자연자원에 대한 편익/비용분석의 적용

편익/비용 분석은 자연자원의 관리에 적용할 수 있으나 그의 적합성 여부는 자원의 동태적 특징에 크게 의존된다. Pearce(1976)에 의하면 편익/비용분석은 복잡한 생태계의 행위, 누적적 효과 및 공간적 효과의 전파 등을 포함하는 경우의 분석에는 잘 맞지 않는다. 자연체계를 위한 관리목적은 동태적 최적화 또는 시뮬레이션모형의 현시적 이용을 요구한다. 각각 다른 시점에 있어서의 관리행위의 편익과 비용은 지금도 계량화시킬 필요가 있는 것이다.

자원사용량을 분석함에 있어서 재생가능자원과 재생불능자원 간에는 명확한 구분을 짓는 것이 통례이다. 동일한 자원의 시간사용율에 대한 전통적인 경제분석접근방법은 자원투입으로부터 생산된 최종재의 소비흐름까지 순현재가치를 극대화하는 것이다. 재생가능자연자원 관리에 대한 경제분석 응용문헌 특히 산림과 수산에 있어서는 많은 것이 있다(Hufschmidt and Hyman, 1981).

14. 일반적 결론

편익/비용 분석을 응용하고 있는 제도적 맥락을 고려할 필요가 없이, 이 방법의 주요 이점은 의사결정자로 하여금 투자사업 또는 관리계획의 모든 효과를 고려할 수 있게 하는 것이다. 환경의 질적 효과는 간접적, 계측불능 혹은 측정곤란한 모든 효과를 포함시켜 생각하여야 할 것이다. 주위환경의 질적효과를 평가하는 데는 경제적 가치가 유발되는 정치적 대안을 실행함에 있어 국가 간의 차이가 있다.

서구의 경제전문가들은 개인적 가치를 가장 크게 강조하지만 의사결정의 분야에 있어서 정부의 책임이 요구된다는 데에는 의견의 일치를 보고 있다. 환경의 질에 관한 의사결정은 정부의 관여 필요성이 현시적으로 인정되고 있다. 정치적인 기상을 고려할 필요는 없지만 모든 경제적인 의사결정은 편익과 비용에 국한된 것이다.

현시적이든 묵시적이든 간에 편익/비용의 평가는 이루어져야 한다. 최종평가에 있어서 개발계획 기법으로서의 편익/비용 분석의 적합성에 관한 의견의 차이는 사회 정치적 가치관의 다양성에 기인한다. 많은 서부국가에 있어서 편익/비용 분석의 일반적 범주는 현재 공공투자 분야, 자연자원 및 환경의 질적계획과 정책결정에 일반적으로 사용되고 있다. 이러한 기법은 홍수조절, 관개 및 수력발전을 위한 수자원개발사업에 특히 적합하다.

비용효과접근법은 공기와 수자원오염방지사업에 적합하다. 자연자원분야에 있어서 특히 농업, 어업 및 임업에 있어서도 역시 편익/비용 분석법을 적용하고 있다. 편익/비용 분석은 제약성을 가지고 있으나 많은 개발도상국가에 있어서는 투자사업의 경제적 타당성분석에 신축적으로 응용하고 있다.

제 3 절 환경편익평가의 경제적 기법

1. 서론

본 장에서는 개발에 따른 환경의 질적 측면과 생태계에 관한 평가기법에 관하여 다루고자 한다. 본 장에서는 주로 환경의 질과 생태계의 개선에 의한 편익을 평가하는 문제를 다루고 생태계의 악화와 관련된 피해액의 관측과 평가에 대해서도 다룬다.

본 장에 있어서의 평가기법들은 환경의 질과 생태계의 개선에 대한 소비자 또는 생산자들의 지불의도(Willingness to pay) 혹은 자연계와 환경의 질을 악화시킨 데 대한 보상에 대하여 수용할 의사(Willingness to accept)에 기초하고 있다.

2. 평가기법의 분류

평가기법을 분류하는 방법은 많이 있다. 여기서 사용된 접근방법과 〈표 19-2〉에서 설명하고 있는 방법들은 시장지향적이며 조사지향적인 방법으로 우선 분류하였다. 시장지향적인 분류 내에는 산출물을 시장가격으로 직접 평가하는 기법들을 열거하였다. 이 기법은 전통적인 편익/비용 분석 이론에서 매우 잘 전개되어 있다.

〈표 19-2〉 자연계 및 환경의 질적 효과에 대한 편익/비용 기법의 분류 - 응용 예

평가방법	생산재와 용역	소비재와 용역
시장지향적 기법		
(1) 산출물의 시장가격을 사용한 편익평가 (전통적 편익평가방법)	폐수방류 또는 화학독극물에 의한 농작물의 손실평가(시장가격 평가, 농약회사)	
(2) 투입물의 시장가격으로 비용을 평가	지열발전사업으로 나온 폐수처리의 대안의 비용평가 (Phillipines)	
(a) 비용효과분석 (cost effectiveness)		
(b) 대체비용접근법 (replacement cost)	수자원개발사업에 의한 상업적 연어업에 대한 손해복구비의 평가(Columbia River, U.S.A)	홍수방지사업에 의한 낚시와 물을 이용한 리크레이션 서비스를 대체하는 비용의 평가(Netherlands)
(c) 기회비용 : 비가역적 의사결정		자연계보존의 기회비용을 결정하기 위한 미래의 전기공급비용추정 (Hell's Canyon, U.S.A)
대체시장가격을 사용한 편익비용분석		
(a) 여행비용접근법 (travel cost)		공원사용의 리크레이션 편익의 평가
(b) 재산평가접근법 (property value)	상업적재산에 관한 영향평가 공기, 소음공해에 의한 주위환경질의 변화에 따른 평가	
(c) 토지평가접근법 (land value)		야생동물 및 시각적 심미적 가치를 보존하기 위하여 토지에 대한 정부의 지불가치 추정
(d) 인간자본접근법 (human capital)	공해로 인한 질병과 사망으로 인한 사회전체의 생산적용역의 손실총추정(U.S.A)	
(e) 임금차별접근법 (wage differencial)		개선된 환경의 질에 대한 노동자들의 임금수령 의도액추정
조사지향적 평가방법(가설적 평가기법)		
(a) 지불의도가격의 직접질문		
- 입찰시합 (bidding games)		도시공원의 접근성에 대한 지불의도가격 추정
(b) 양의 선택에 관한 직접질문		공기오염에 대한 가설적응용
- 무비용선택방법 (costless shoice)		

시장지향적 접근방법중에 제2의 범주에 속하는 기법들은 실제적인 시장가격을 적용하여 비용을 평가하는 것이다. 이러한 접근방법들은 비용효과(Cost effectiveness), 대체비용, 기회비용을 적용하는 것이다.

제3의 범주는 대체적 시장접근법과 관련되는 것으로써 사업산출물, 투입자원의 시장가격 과 외부효과가 쉽게 이용가능하지 못할 경우이다. 이러한 접근방법들은 여행비용(Travel Costs), 재산평가(Propety Value), 기타 토지가치(Land Value), 인적자본(Human Capital), 임금차별(Wage Differential) 등의 방법들로 구성되어 있다.

제2의 주요 범주로써 조사지향적 접근방법들은 (1)지불의도가격을 직접 조사 하는 것 (2)상품의 선택에 관한 직접질문을 통하여 지불의도가격을 간접적으로 추정하는 것이다.

제 4 절 대체시장접근법

1. 여행비용접근법(Travel Cost Approach)

1) 이론적 개념

여행경비접근방법은 야외오락의 편익을 평가하는 것을 돕기 위하여 개발되었다. 야외오락은 미국에 있어서 비시장상품(Non-market Goods)으로 개발되었다. 시장의 결여는 레크레이션 용역의 생산에 대한 귀속가치를 필요하게 한다. 이러한 경제적인 평가는 의사결정에 있어서 자연 자원의 사용에 영향을 줌을 생각할 수 있게 한다.

여행경비접근방법은 야외 오락장소까지의 여행경비와 관련한 소비자 자신들의 실제적인 지출 행위에 의한 그들의 가격수량반응에 기인한다. 본 방법의 중심적 테마는 레크레이션 장소까지의 여행경비가 방문자의 수에 영향을 준다는 것이다. 이것은 다음과 같은 수요함수로써 나타낼 수 있다.

$$Q = f\ (\ TC, X_1, X_2, \text{------------}\ X_n)$$

여기서 Q = 방문자수

TC = 여행경비

X_1X_2 ---- X_n = 소득과 기타설명변수

여기서 수요곡선은 기타 다른 요인들이 불변이라고 가정할 경우 여행경비에 대한 방문객 수를 대비함으로써 구할 수 있다. 한계사용자는 오락활동에 참여함에 있어 거리가 가장 먼 사람이다. 멀리 사는 사람들은 오락장소를 전혀 사용하지 않을 것이다. 평가의 근본원리는 사용자 j의 소비자잉여는 한계사용자의 여행경비에서 사용자 j의 여행경비를 차감한 것과 같다.

CSj = TCm - TCj

CSj = j 의 소비자잉여

TCm = 한계사용자의 여행경비

TCj = j 의 여행경비

이 원리는 〈그림 19-8〉에서 보여주고 있다. 이 그림에서 사용자당(가족당) Qi의 양은 사용자가 오락장소까지 도착하는데 지불하는 비용에 따라서 변화한다. 사용자 j는 연간 Qm단위를 취하고 여행비용을 OB만큼 지불한다고 가정하자. 이와 같이 모든 단위에 대한 소비자잉여의 총액은 DAB와 같다.

여행경비원리의 시행은 수요곡선 DD의 추정을 요구한다. 또한 다음과 같은 가정들이 뒷받침 되어야 한다.

(1) 모든 사용자들은 동일한 총편익을 얻고 이것은 한계사용자의 여행경비와 같아야 한다.
(2) 한계사용자의 소비자잉여는 영이다.
(3) 여행경비는 믿을 만한 대용가격이다. 거리를 극복함에 따른 부의 효용은 화폐적비용으로 유도된다.
(4) 모든 권역 내에 있는 사람들은 일정한 비용으로 동일양의 활동을 소비한다. 즉 모든 권역에 대한 수요곡선은 동일한 기울기를 가지고 있다.

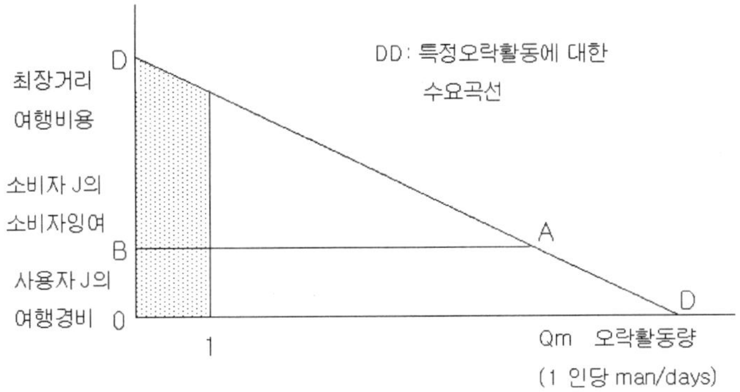

〈그림 19-8〉 특정장소에 있어서 야외오락의 수요곡선

2) 가정적 예시(Knetsch and Davis, 1966)

공원과 호수 같은 자유오락지역을 가정하자. 상당한 기간 그곳에 온 사람들을 조사함으로써 여행거리, 여행경비, 여행목적, 기타 사회경제적 특성에 관한 정보를 얻을 수 있었다. 방문객이 오는 지역을 여행경비 증가에 일치토록 지역을 구분한다. 각각의 권역에 대하여 전체 인구수를 명기한다. 이것은 다음 〈표 19-3〉과 같다.

〈표 19-3〉 가정적 오락장소에 대한 방문자

권역	인구수	평균여행경비	방문객수	인구 1,000명당 방문객수
I	1,000	1$	400	400
II	2,000	3$	400	200
III	4,000	4$	400	100
지역 외	-	-	0	-

입장료는 없다. 특정기간 동안에 각 권역으로부터 온 방문객의 수는 여행경비와 기타 다른 요인에 의한 함수관계를 갖는다. 여행경비는 여행시 발생한 운임, 숙박 및 식대를 포함하게 되는데 이는 분석자가 그때그때의 경우에 따라 적절한 비목을 포함시키면 된다.

단위 인구당 방문객수(V)는, 즉 인구 1,000명당 방문객수(V), 방문객당 평균비용에 대하여 도식화할 수 있거나 통계적 절차에 따라 V/1,000과 여행경비간의 관계를 결정할 수 있다.

상기의 예에서와 같이 그 관계는 편의상 선형으로 표시할 수 있는데 다음과 같다.

$$V/1,000 = 400 - 100C$$

이러한 수요함수를 전체경험수요곡선(Whole experience demand curce)이라고 한다. Siden (1979)은 이 곡선으로부터 소비자잉여를 구하는 방법을 보여주고 있다. 그러나 전체경험의 추정은 가장 먼 곳에서 온 사용자는 소비자잉여가 영이라는 가정 때문에 최소치를 나타낸다. 그리고 관광장소에 대한 그들의 최대지불의도가격을 보여주기 위한 기회가 없다. Clawson (1959)은 두 번째의 문제를 극복하고 현장경험을 평가하기 위하여 전체경험이론을 확장시켰다.

두 번째의 단계는 권역간 비용의 차이를 입장료를 시뮬레이션 하는데 사용될 수 있다는 가정에 기초하고 있고 그리고 입장료에 대한 사람들의 반응은 그들의 보다 높은 여행경비에 대한 반응과 동일하다는 것이다. 이러한 가정과 〈표 19-4〉의 자료를 사용하여 현장경험수요곡선을 다음과 같이 도출해 낼 수 있다.

(1) 관광지를 방문하는데 현재로선 입장료가 없고 그리고 총방문객 수는 특정기간동안에 1,200명이다. 이것은 〈그림 19-9〉의 점A에 해당된다.
(2) 1$의 입장료를 가정한다. 이것은 여행경비에 추가된다. 방문빈도와 여행경비관계를 사용하여 동일한 입장료가 여행경비에 추가될 때 전체방문객수를 계산할 수 있다.

〈표 19-4〉 1$의 입장료를 받을 경우 레크레이션 장소의 방문

지역	신규비용	인구 1,000명당 방문객수	인구수 (1,000)	방문객수
I	2$	300	×1	300
II	4$	100	×2	200
III	5%	0	×4	0
				500

(3) 입장료가 2$, 3$, 4$일 경우 2단계를 계속 반복한다.

〈표 19-5〉 입장료가 있을 경우 레크레이션 지역의 총방문객수

입장료에 의한 추가된 비용	총방문객수
0$	1,200
1$	500
2$	200
3$	100
4$	0

(4) 총소비자 잉여는 〈그림 19-9〉의 수요곡선하의 면적으로 계산할 수 있다. 이의 가정적 예에서는 다음과 같다.

$$\frac{(1,200-500)}{2}\times 1\$ = 350$$
$$\frac{(500-200)}{2}\times 1\$ = 150$$
$$(500-200)\times 1\$ = 300$$
$$\frac{(500-100)}{8}\times 1\$ = 50$$
$$(200-100)\times 2\$ = 200$$
$$\frac{(100-0)}{2}\times 4\$ = 200$$
$$(100-0)\times \frac{3 = 300}{1,550}$$

혹은 1,550/1,200 = $1.29 /1인 방문객

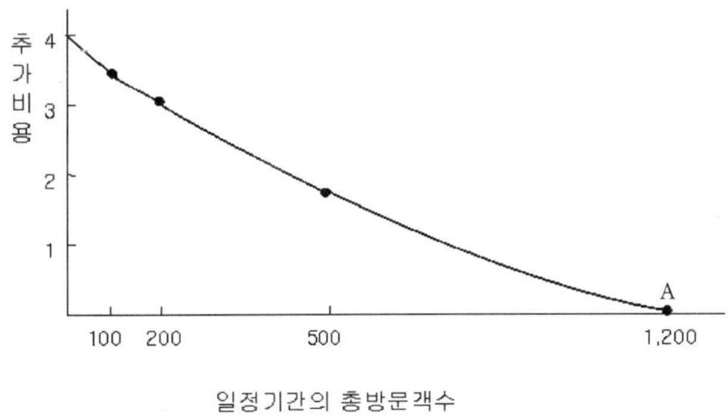

3) 여행경비접근법의 실제적 예시

여행경비접근법은 근본적으로 많은 단점을 가지고 있다. 방문객의 수는 여행경비의 유일한 함수라는 가정을 이론적 기초로 하고 있는데, 그 가정은 같은 지역에 사는 사람들은 동일한 선호를 가지고 있다고 하기 때문에 받아들이기가 곤란하다. 더구나 여행시간은 무시되고 있고 모든 여행이 단일목적으로만 이루어지는 것은 아니다. 모든 이러한 문제들을 인식한 나머지

그러한 문제들을 극복하기 위한 시도가 이루어졌다. 그러나 이러한 문제들을 론의 하기 전에 보다 현실적인 여행경비접근방법을 제시하고자 한다.

이 예는 저수지 레크레이션 편익분석에서 찾아 볼 수 있다(R.C.Tussey Jr., 1967). 이것을 선택한 것은 두 가지 이유가 있다.

1) 본 논제는 개발도상국가의 상황에 관련되어 있고

2) 본 예는 여행경비접근법을 응용하는데 필요한 명확한 절차를 보여줄 수 있기 때문이다.

그리하여 본 장의 주요 강조사항은 응용기구, 자료원천과 문제점들에 관한 것이다. 통계적 중요성과 전반적인 결과의 본질에 대해서도 약간 언급했다. 본 예는 일반적인 오락시설이 갖추어있는 켄터기 저수지의 분석을 다룬다. 이 관광장소를 방문하러 오는 방문객들의 출발장소(OA)는 켄터기의 120개군과 미국의 47개주로 정의된다(하와이 및 콜럼비아군을 제외함). 그리하여 본 분석에서는 168개군을 포함시켰다.

방문객 자료 : 연도별 방문객 수는 다음 〈표 19-6〉에서 보는 바와 같다.

〈표 19-6〉 켄터기 저수지의 연도별 방문객수

(단위 : 인)

연도별	방문객수
1963	554,318
1964	695,300
1965	777,500
1966	824,200

출발지별 방문객수를 결정하기 위하여 두 가지 유형의 방문객자료를 이용하였다. 하나는 1963년부터 1966년까지 미공병단이 수집한 자료이고 다른 자료는 차량의 원적지 자료이다. 추후 시험을 통하여 이 두 자료를 통합하여 사용하였다. 출발지별 방문객수의 분포는 면접조사 자료와 3, 4, 5, 6, 7월에 조사한 자가용승용차 방문객자료를 통합하여 사용하였다. 총방문객수는 70,976명이었다.

- 총인구자료 : 이 자료는 1960년의 센서스 자료를 이용하였다. 그 이후의 인구 숫자는 이용할 수 있었으나 센서스 연도들 간의 인구추정치가 차이가 커 정확성이 없었고 얻기가 곤란하였다. 저수지를 둘러싸고 있는 주들의 인구통계는 1960년 이래 큰 변동이 없었음을 보여주고

있다.

- 거리자료 : 거리는 출발지역내의 한 점(인구중심 지역)에서 저수지의 주요입구까지 측정하였다. 즉 다음과 같은 3가지 방법들이 사용되었다.
  (1) 항공거리
  (2) 육로거리
  (3) 소요시간
- 인구특징 : 사용한 방법은 보다 전망이 좋은 특성을 가진 많은 인구와 방문자료와 통계적 상관관계가 큰 사람들을 선정하였다. 앞으로의 분석을 위하여 다음과 같은 변수들을 선정하였다.
  (1) 중위 가구소득(7개 소득계층)
  (2) 출발지의 도시화
  (3) 개개 연령의 중간치(7개 연령계층)
- 접근로의 특징 : 4개의 변수를 고려하였다.
  (1) 육로 대 항공거리 비율
  (2) 4개 이상의 고속도로차선을 가진 육로거리의 비율
  (3) 연방정부 표준인 2차선 고속도로의 비율
  (4) 주표준인 2차선 고속도로의 비율
- 경쟁적 저수지 오락자료 : 본 분석에 응용된 계산요소는 비율로써 정의하였다.
- 출발지로부터의 항공거리 : 동일한 출발지로부터 저수지까지의 항공거리가 연구되었다. 모든 주의 출발지는 저수지에 가까이 있는 사람들과 경쟁관계에 있고 비율이 0이라고 가정하였다.
- 유효거리 자료 : 일반적으로 출발지에서 저수지까지의 총 여행거리는 저수지 연구에 포함시키지 않았다. 관광장소까지 여행한 거리는 사업지구까지 도착하는데 지불한 비용을 결정함으로써 고려될 수 있다. 저수지까지 단거리를 여행하는 방문객들은 저수지를 방문하는 단일목적 이외에는 없고 보다 먼 거리에서 오는 방문객들은 친구와 친척을 방문하기 위하여 중간 중간 쉴 것이다. 따라서 그들의 저수지까지의 여행거리 비율은 그들의 집에서 저수지까지 거리의 일부분이 될 것이다.

유효거리를 결정하기 위하여 1966년 여름 동안 우편물을 배포하였다. 엽서상의 첫째 질문은 당신의 여행은 저수지를 방문하는 목적 이외에 다른 목적을 가지고 있습니까? 만약 그렇다면 당신의 방문 길로부터 얼마나 멉니까? 그리고 저수지에 오기 위하여 그곳에 가셨습니까? 이

조사의 결과는 이탈거리에 대한 육로거리관계를 곡선으로 표현하였다. 이 곡선은 분석자로 하여금 육로거리 관측자료로부터 유효거리자료를 얻는데 큰 도움을 주었다.

한 예의 응용 :

다음 방정식의 값을 추정하기 위하여 다중회귀분석을 위에서 얻은 자료를 이용하여 시행하였다. (이의 첫 추정은 연속회귀분석에 따라 이루어졌으며 다른 자료를 포함하여 테스트하였다)

$$V = KP/d^{n}$$

여기서 V = 연간 방문객수의 추정치-관광장소에서 소비한 일수,

P = 출발지의 총인구수,

d = 저수지에서 출발지까지의 거리,

n = 거리와 방문간의 관계를 설명하는 지수,

K = 출발지 인구의 저수지 방문성향을 설명하는 절편.

자료로부터 얻은 전체참석방문자수 70,976명이었다. 연간 총방문객수는 824,000명이었으며 〈표 19-7〉에서 보여준 바와 같이 70,986명의 방문객수와 같은 형태로 분포되어 있다고 가정하였다.

$$\log_{10} V/P = 3.411 - 2.445 \log_{10} d \quad \text{혹은}$$

$$V = 2577\ P/d^{2.445} \text{------------------------------} (1)$$

최종에 얻은 방정식은 〈표 19-7〉의 3란에서 보여주는 것과 같이 출발지에서 저수지까지 연간방문객수를 추정하는데 사용될 수 있다.

〈표 19-7〉 저수지 방문객수

OA	검산한 방문객수(1)	실제 방문객수(2)	방정식에 의한 추정치(3)	방정식에 의한 추정치(4)*
1 Adair	72	836	985	1,327
2 Allan	88	1,022	4,167	1,541
⋮				
56 Jefferson	28,198	327,446	70,646	310,639
121 Alabama	145	1,684	7,380	22,569
168 Wyoming	4	46	31	0

* 방정식(5)에 의한 K의 추정치는 방문율을 얻기 위하여 공식(1)에 대입시켰다.

본 분석의 다음 단계는 추가변수를 도입하여 상기방정식의 상관계수를 개선하도록 노력하는 것이다. 타변수의 테스트는 타변수들이 방정식(1)에 의하여 추정된 방문객 수와 실제적인 방문객 수간의 차이의 한 부분을 최소한 설명하였다라는 가정에 기초하고 있다. 테스트한 변수들 중(상이한 소득과 연령계층이 포함됨) 7개 변수는 다음 단계의 분석에 돌려졌다. 그것들은 다음과 같다.

(1) 중위 가구소득
(2) 연간 15,000$~20,000$간의 가구수의 비율
(3) 연령 10~19세 사이의 인구구성비율
(4) 인구 50,000 이상의 도시에 사는 주민수의 비율
(5) 개별연령의 중위수
(6) 레크레이션 경쟁요소
(7) 4차선고속도로에 있어서 출발지에서 저수지까지의 육로거리 비율

다음 단계로 세 가지 유형의 방정식을 구했다.

(1) $V = a+b\ KDd^{-n}+cX_1+dX_2+eX_3+fX_4+gX_5+hX_6+iX_7$ ---------(2)

회귀방정식은 $V = 1410 + 0.7555KPd^{-n} + 253X_4 \quad R^2 = 0.311$

$$\text{(2)} \quad V/P = a + b\,KPd^{-n} + 7 \text{ variables} \text{ --------------------(3)}$$

회귀방정식은 $V/P = 0.320 + 0.555\,Kd^{-n} \quad R_2 = 0.970$

로그함수로 변형한 결과는 다음과 같다.

$$Log_{10} V/P = 2.55 + 0.901 \log_{10} Kd^{-n} - 0.141 \log_{10} X_4 + 0.971\log_{10}X_1,\ R^2=0.89 \text{ ------------------------(4)}$$

(3) 개개 시발점에 대한 K의 귀속값은 이미 알고 있는 변수 K, P, d로부터 계산하였다. 168이라는 귀속값은 7개 변수에 관한 레크레이션한 값이다(K는 OA에 있어서 검산방문객수의 차이를 수정하기 위하여 가중치를 부여했다).

$$K = a + bX_1 + cX_2 + dX_3 + eX_4 + fX_5 + gX_6 + hX_7 \text{ ------(5)}$$

$$K = 1116.33 + 221.33\,X_4 - 0.403\,X_1 - 1684.04\,X_2 + 382.38X_3R^2 = 0.8367$$

이러한 K의 추정치들은 방정식(1)에 대입하여 〈표 19-7〉의 칼럼4에서 보여 주는바와 같이 수정된 방문객수를 얻었다.

<u>편익추정(Benefit Estimation)</u> :

방정식(1)과 (5)는 거리, 인구수, 루트 및 어느 한 출발점에 적용되는 경쟁성격 등의 조합에 상응하는 방문객수를 추정하는데 이용되었다. 만약에 모든 특징들이 일정불변하다면 거리는 증가되고 방문객수는 감소된다. 증가된 거리에 해당하는 여행경비의 증가는 거리증가, 전체거리에 대한 이탈거리의 비율 및 마일당 단위비용의 적으로 계산된다.

수요곡선이 창출한 증가량에 대한 비용함수로써 각 증가량에 대한 방문객수를 도식화 할 수 있다. 수요곡선을 적분하면 OA에 대하여 발생한 연간편익을 구할 수 있다.(Jefferson군).

(1) OA의 인구수 = 610,947

저수지까지의 항공거리 = 60마일

1966년의 실제방문객수 = 327,445

공식6-5로부터 추정된 방문객수 = 319,204

(2) 1마일당 비용 = $ 0.304

〈표 19-8〉 OA-Jefferson Country까지의 한계편익 곡선의 계산

(1) 추가적 거리(마일)	(2) 유효거리 (마일)	(3) 비 용 ($)	(4) 방문거리 (마일)	(5) 실질 K치 $V=KPd^{-2.445}$	(6) K추정값 방정식(1)
0	0	0	60	327,445	319,204
10	10	.340	70	224,615	218,962
20	20	.680	80	162,045	157,966
80	77	2.533	140	41,243	40,205
1,200	150	5.100	1,260	191	187
2,400	150	5.100	2,460	37	36

설명(Explannation) :

5칼럼 : 방문객에 대하여 계산된 KP값은 방정식 6-5를 풂으로써 계산 되는데 이는 Vdn의 n값을 2.445로 취하여 계산하였다. 따라서 $KP=Vd^n$ = 327.445 x $60^{2.445}$ = 7,297,000,000이다. 기리가 증가함에 따라 방문객수가 감소하는 것은 $KPd^{-2.445}$에서 구하였다.

6칼럼 : KP는 방정식6-9에 의거 구했는데 이는 KP = K의 추정치* 인구수 - 11,643 x 610,947 = 7,113,000,000이다.

우리들은 칼럼3과 5 및 칼럼3과 6을 도면에 표시함으로써 두개의 수요곡선을 그릴 수 있다. 〈그림 19-10〉은 이 두 수요곡선 중 첫 번째 것을 보여준다. 수요곡선 밑의 면적으로 추정된 편익은 Jefferson군의 방문객의 경우 연간 381,537$에 해당된다. 방문객 1인당 1일의 편익은 대략 1.16$로 추정되었다.

이 계산은 모든 168개 OA에 대하여 반복 계산된다. 일정한 거리증가에 대한 모든 OA로부터의 변화량의 총합계는 총수요곡선상의 한 점을 말한다. 개개 거리증가에 대한 반복계산은 비용의 함수로써 방문객수로 표시한 저수지의 전체오락수요곡선을 도출할 수 있게 한다.

총편익은 1,043,839$/년간 또는 1,573,540$로 추정되었다. 방문객 1인당 일일의 실제평균 편익은 0.36-4.61이고 대다수의 값은 0.50-2.25에 속한다.

이 예시는 여행비용접근법을 응용하는데 포함된 문제점들을 제시하였다. 방문객 방정식을 추정하기 위한 본 접근방법은 물론 분석자마다 다르고 경우에 따라서도 서로 다르다. 본 예시

가 비록 대부분의 사회경제적인 변수들이 중요하지 않게 나타났지만 전체 여행거리에 유효한 대체적 방법은 함축적인 의미를 가지고 있다. 더군다나 본 예는 여행경비분석을 수행하는데 필요한 자료의 유형을 보여주었다고 생각된다.

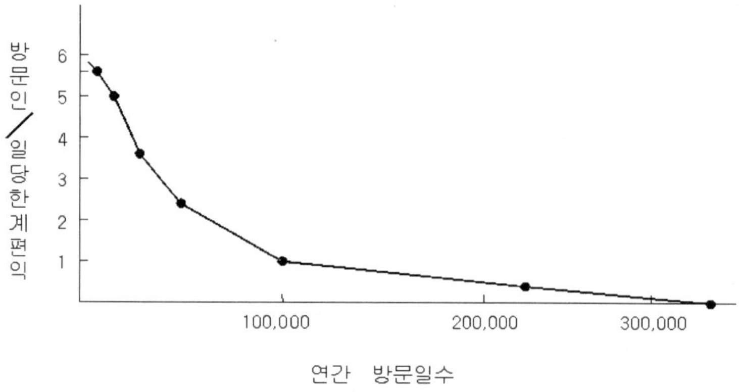

〈그림 19-10〉 저수지사용 - 연간방문객 - 방문일수 수요곡선

2. 재산가치 접근법

사람들은 환경의 질적 수준이 낮은 상태에 노출 되었을 때 비록 건강과 물질, 식생 및 토양에 중요한 영향을 주지는 않지만 비효용 또는 복지의 손실을 경험하게 된다. 이러한 심미적 영향은 특별한 경제활동 또는 명백한 물리적 영향과 전형적으로 관련되지 않기 때문에 그들의 영향을 직접적으로 측정하기가 곤란하다. 미적 편익을 측정하기 위한 한 가지 방법은 가능한 미적 변화요인들을 설명하고 조사기구를 통하여 사람들에게 미적 변화를 성취하는데에 대한 그들의 지불의도가격을 질문하는 것이다. 또 한 가지 방법은 사람들이 시장에서 상품을 구입할 때 그들의 취향을 가능한 한 관찰하는 것이다. 구매욕구는 공기의 질, 주위의 소음수준, 호수의 질 또는 오락적으로 이용되는 물과 같은 미적효과의 수준에 의하여 영향을 받는다.

토지 및 가옥과 같은 고정자산의 가치는 그 자산과 관련된 미래의 순편익가치를 할인한 현재가치와 같다. 이와 같이 모든 토지와 가옥의 효용의 흐름은 재산의 가격으로 총합된다. 재산의 특징은 소비자의 효용으로부터 유발되며 재산의 수요에 영향을 준다. 이러한 특징을 가진 토지를 공급하는 기회비용은 재산의 공급에 영향을 미친다. 재산가격의 변화는 재산의 특성 중의 하나가 변화함에 따라 발생한다.

주위환경의 질적 변화는 하나의 공간적 현상이다 이는 재산가치접근법의 기본가정인데 주위환경의 질적 변화는 재산의 미래편익흐름에 영향을 주고 그 결과로 재산의 판매가격은 변동하게 된다. 이와 같이 오염지역에 있어서는 재산가치에 부정적인 영향을 준다. 이러한 현상은 시장에서 실제적으로 일어나기 때문에 충분히 많은 구매자의 수가 위치의 욕망이 감소되었음을 동의 하여야 하고 반드시 통일된 행동을 하여야 한다.

어떤 환경의 질적 특성간에 관계를 분석하는 방법들은 사적 재화의 가격인 재산가치접근법, 토지가치 접근법 또는 심미적 가치(Hedonic Price)접근방법이 있다.

Rosen(1974)은 그러한 접근법을 다음과 같이 요약하고 있다.

"쾌락가치의 접근법은 상품을 그들의 효용에 근거해서 또는 특징에 근거해서 평가하는 것이다. 심미적 가치는 상품속성의 암묵적 가격으로 정의되고 분화된 상품의 가격과 그들과 관련된 특징적 양을 관찰함으로부터 경제행위자들에게 보이게 된다. 그들은 모형에 의거 설명되는 경험적 크기를 형성한다. 계량경제학적으로 암묵적 가격들은 헤도닉 가격지표를 만듬으로써 일단계 회귀분석으로 추정된다(생산물의 가격은 특성에 관하여 회귀분석 된다)".

환경의 질에 대한 수요를 추정하는데에 헤도닉 가격기법을 응용하기 위하여는 몇 가지의 주요가정들이 충족되어야 한다.

이론적 기초 :

재산가치접근법의 기본 목적은 연구자로 하여금 환경개선편익에 관한 가치를 부여할 수 있도록 하는 것이다. 설명적 목적으로 공기오염이 사용될 것이나 그 방법은 다른 환경의 질적 평가 또는 심미적 요소의 평가에도 물론 적용할 수 있다. 이 기법의 응용은 개개인의 지불의도가격은 공기의 질적개선에 따른 편익을 측정하고 정의하는데 적절한 기초가 된다는 가정에 근거하고 있다.

주택은 방의 수 규모 및 위치 등에 의하여 분화되고 여러 계층의 주택으로 구성된다. 어느 대도시지역에 다양한 규모, 특성 및 위치상의 주택들이 있을 때 공기의 오염도가 도시를 가로질러 서로 다르게 나타날 수 있다. 재산가치접근법을 적용하기 위하여는 두 가지의 가정이 이루어져야 한다.

1) 도시전체의 지역은 유일한 하나의 주택시장으로 취급하여야 한다. (즉 개개인들은 모든 정보들을 알고 있어야 하며 도시시장의 어느 곳에라도 주택의 위치를 자유롭게 선택할 수 있어야 한다.)
2) 주택시장은 수요공급의 균형점 또는 균형점의 부근에 있어야 한다.(즉 모든 가구들은 기

존의 주택재고량과 특징하에서 그들의 효용을 극대화하는 방향으로 주택지를 선택하고 있다) (Freeman, 1979a).

이러한 가정하에 주택가격은 구조적, 이웃, 환경적 질적 수준에 따른 함수관계를 취할 수 있다. 만약에 P_h가 집의 가격이라면 이 함수는 다음과 같이 쓸 수 있다.

즉 $P_{hi} = f(S_i, N_i, Q_i)$

여기서 Si는 i번째의 주택단위 : 주택의 구조적 특성으로 규모, 방수, 연수, 건축방법 등.
Ni는 i번째 주택이 위치해 있는 주위의 특징으로 즉 학교의 질적준, 공원, 상점, 작업장 등의 접근성, 범죄 발생률.
Qi는 i번째 주택의 공기의 질적수준.

이 함수는 헤도닉 또는 재산가치 함수이다. 만약에 가격과 특징에 관한 관측이 가능하다면 이 함수는 다변량분석에 의하여 계측할 수 있다. 예를 들면 만약 함수가 선형함수라면 우리는 다음 함수를 얻는다.

$$P_{hi} = \alpha_0 + \alpha_1 C_{1i} + \alpha_{2i} C_{2i} + \text{-------} + \alpha_n Q_i$$

여기서 C's는 서로 다른 특징들이고 Q는 지역 i의 공기의 질적 수준임.

어떤 재산적 특성의 암묵적가격은 주택가격방정식을 특성에 관하여 미분하여 찾을 수 있다. 상기 방정식에서 만약 a_n이 α_n의 추정치라면

$$\partial P / \partial Q_i = a_n$$

여기서 a_n은 공기의 질적수준 Q를 한 단위 개선함에 대한 한계지불의도가격이다. 앞으로 논의 하게 될 어떤 가정하에서 도시지역전체의 암묵적 가격은 단위 지역당 암묵가격을 공기의 질적개선수준에 승하여 얻어지는데 이는 공기의 질적개선 계획에 의한 도시의 주택재산가치를 평가예측하는데 사용된다. 전체주택재산가치의 한계변화인 dV는 다음과 같다.

$$dV = \Sigma\ a_n (Q_i` - Q_i)$$

상기의 선형방정식에 있어서 암묵가격은 공기의 질적 특징상 단위변화에 대하여 불변인 것이다.

그러나 추가적단위당 암묵가격은 구입된 재화의 질적특성에 의존된다. 이것은 한계암묵가격이 불변임을 의미하지 않는다.

3. 임의가치평가법(Contingent Value Method)

임의가치평가법은 비시장재화(Non-market Goods)인 환경재와 시장이 형성되어 있지않은 신상품의 편익을 측정하고 수요를 추정하기 위하여 비시장재화의 가상시장을 염두에 두고 소비자들의 지불의도가격(Willingness to pay)을 조사하여 계량경제방법을 응용 수요함수, 소비자잉여 및 경제변수와 변수간의 관계 등을 구명하는 것이다.

임의가치평가법[2)]을 처음으로 제안한 사람은 Ciriacy-Wantrup(1952)이며 이를 처음으로 현실에 응용한 사람은 Davis(1963)였다고 한다.

임의가치평가법(CVM)은 미국연방정부에서 공인한 환경영향평가방법으로 이를 적용하는데는 소비자 개개인들의 지불의도가격을 정확하게 조사하여야 하는데 그러기 위하여는 조사목적에 맞는 조사방법을 선택하여야 한다.

가치평가의 대표적인 조사방법은 1)구매의향 설문조사방법, 2)대체유사상품의 가치를 조사하여 신상품의 가치를 유추하는 방법, 3)테스트마케팅(Test Marketing)에 의한 방법, 4)면접조사방법(Interview), 5)델파이법 등이 있다.

임의가치평가법에 의한 인공씨감자의 경제가치평가 실례 :

생명공학연구소에서 개발한 "인공씨감자"라는 농업 신상품에 대한 경제적 가치를 구명하기 위하여 충청남도 농민들을 대상으로 조사를 실시하였고 이 자료에 의거하여 인공씨감자에 대한 농민행태와 소비자잉여를 분석하였다.

인공씨감자에 대한 지불의도가격 조사, 농민행태분석 및 소비자잉여의 산출을 위해서는 현재 감자를 재배하고 있는 농민들을 대상으로 한 직접 설문조사법을 사용하였으며 설문조사의 이론적 기법으로는 비시장재가치평가법 중 임의가치평가법(CVM, Contingent Valuation Method)

---

2) 현병환, "인공씨감자의 경제가치평가를 위한 농민행태분석 -임의가치평가법(CVM)을 중심으로-", 충남대학교 박사학위 논문, 1996.2.
현병환, 임재환, "임의가치법을 이용한 인공씨감자의 경제가치평가", 농업과학 연구 제3권 제1호, PP 150-158.

을 이용하였다. 그리고 본 예시에서는 임의가치평가법이 환경재가 아닌 농업 신상품에도 훌륭히 적용될 수 있음을 입증하였다.

설문조사는 충청남도에서 감자를 재배하는 전체 1,500여 농가 중에서 비교적 규모가 커서 본 조사연구에 적극적인 관심을 보일 뿐 아니라 인공씨감자의 잠재고객으로 기대되는 1,000평 이상 감자를 재배하는 총 413개 농가를 모집단으로 하여 우편설문조사를 실시하여 57농가로부터 회신(응답회송률 13.8%)을 받았으며 이중 설문이 정확히 실시된 50농가를 유의성이 있는 것으로 선정하여 샘플로 이용하였다.

CVM은 피설문자들의 정확한 가치평가를 유도하기 위하여 직접질문법(Direct Question Method)을 사용하는데, 그 방법으로는 경매법, 개방(폐쇄)형 질문법, 지불카드형태, 이선선택 질문법, 의존적 순위 등 여러 가지를 사용하고 있다. 본 실례에서는 이러한 방법들 중에서 우리나라의 문화적, 지역적 특성과 감자 품종상의 특성을 고려하여 이선선택 질문법과 변형된 지불카드형태를 제시한 복합적 방법인 중복 개방/폐쇄형 질문법(Double-Bounded Open- Ended Question)이라는 새로운 설문방식을 적용하였다.

한편 농민들의 인공씨감자에 대한 정확한 지불의도가격(WTP)을 조사하기 위하여 본 연구에서는 인공씨감자 1kg당 지불제시금액을 제시하고 그에 따라 인공씨감자 1kg당 지불의도가격을 도출한 뒤 이를 사용종서량과 곱하는 방법을 사용하였다.

이러한 방법을 통해 얻어낸 설문자료를 이용하여 최대 지불의도가격을 도출하였으며, WTP와 설명변수간의 요인별 관계를 구명하기 위해 3단계최소자승법(3SLS)을 적용하였다.

1) 충청남도 지역 조사개황

1994년 현재 충남지역의 감자 총 재배면적은 789ha였고, 10a당 수량은 2,108kg이었으며, 생산량은 16,633M/T으로 전국 생산량의 0.03%를 차지하고 있다. 이 지역의 50개 표본농가들의 인공씨감자에 대한 지불의도가격(WTP)을 보면 평균은 84만 9,000원이며 최고치는 586만 7,000원, 최저치 7만 5,000원이다.

〈표 19-9〉 충청남도 지역 조사농가 (50호)

변수명 (variable name)	평 균 (mean)	표준편차 (standard deviation)	최저치 (minimum)	최고치 (maximum)
WTP(천원/호)	849	1.3E+06	75	5,867
인공씨감자 1kg당 지불의도가격(원/호)	891	193	500	1,250
감자 재배면적(평/호)	2,693	3,861	300	16,000
감자평당생산량(kg/평)	7.1	2.3	3	13
감자총생산량(kg/호)	21,201	36,977	2,020	187,500
감자 총수입(만원/호)	1,003	1.8E+07	80	9,025
총종서비(만원/호)	96	1.5E+06	7	600
평당종서비(원/평)	345	121	80	806
종서제외 총경영비(만원/호)	343	7E+06	108	4,500
종서제외 평당경영비(원/평)	1,091	771	200	4,000
총경영비(만원/호)	439	8.2E+06	211	5,028
평당경영비(원/평)	1,436	800	386	4,338
사용종서량(kg/호)	898	1,287	100	5,333
감자재배자 연령(세/호)	52.5	10.6	21	70
감자재배 종사연수(년/호)	12.1	8.2	1	32
감자재배자 가족수(명/호)	4.2	1.8	2	8

호당 평균 감자재배면적은 2,693평, 평당 생산량은 7.1kg, 감자 총생산량은 21,201kg, 감자 총수입은 1,003만원, 총종서비는 96만원, 평당 종서비는 345원, 종서제외 경영비는 343만원, 종서제외 평당 경영비는 1,091원, 종서비를 포함한 호당평균 총경영비는 439만원, 평당 경영비는 1,436원, 사용 종서량은 897kg이었다. 경영주의 평균 연령은 52.5세였으며 그 가족수는 4.2명이었다. 경영주의 감자재배 종사년수는 12.1년 정도로 나타났다. 50개 표본농가들의 인공씨감자 이대손 1kg에 대한 평균 지불의도가격은 891원 정도로 조사되었다. 가장 큰 지불의도가격은 1,250원 이었고 가장 낮은 지불의도가격은 500원이다

정부보증종서 공급가격인 kg당 650원(작년의 정부보증종서 공급가격은 지역마다 약간의 차이는 있지만 kg당 약 650원 내외였다) 이하로 지불의도가격을 표명하여 연구개발에 대한 무임승차 내지는 정부의 보조를 통해 낮은 종서비와 높은 질을 향유하려는 농가가 4농가(전체의 8%)였으며, 강원도산 일반감자 가격인 kg당 980원 이하(작년의 종자로 사용한 강원도산 일반

감자는 지역에 따라 차이가 있지만 대개 980원 내외로 조사되었다)로 지불의사를 밝힌 농가는 28농가(전체의 56%)였으며 980원 이상의 농가는 22농가(전체의 44%)로 나타났다. 다수의 농가가 자신이 다른 일반종서를 구입하는데 드는 비용보다 낮은 지불의도가격을 보인 것은 본 조사가 우편조사로 실시되어 아무런 추가적인 정보없이 피설문자들이 일방적으로 자신의 의사를 밝힌데다가 지불제시금액(Payment Card Money)을 1,000원으로 제시한 것에 기인된 것으로 보이지만 전체적으로 인공씨감자의 잠재적 가치를 인정한 것으로 판단된다.

2) 농민행태분석과 경제적 가치평가

(1) 분석모형의 설정과 농민행태분석

표본농가조사자료(50개)를 이용하여 WTP와 사회·경제적 변수들간의 요인별 분석을 하고 이를 통해 인공씨감자의 소비자이면서 감자 생산자인 감자 재배농민들의 인공씨감자에 대한 행태분석(Behavior Analysis)을 하였다. 먼저 본 예시에 사용될 최적 분석기법을 선택하는데 있어서 선험적 정보가 전혀 없기 때문에 WTP와 설명변수들간의 관계를 가장 잘 설명해주는 계량기법을 선택하기 위하여 통상 최소자승법(OLS; Ordinary Least Square Method), 2단계 최소자승법(2SLS; Two Stage Least Squares Estimation Method), 3단계 최소자승법(3SLS; Three Stage Least Squares Estimation Method)을 사용하였다. 또한 최적 분석기법을 찾기 전에 본 계량분석에 이용될 설명변수 상호간의 '변수간 상관관계 매트릭스(Correlation Matrix of Variables)'를 확인하여 보았는데 이는 만약 변수간의 상관관계가 있는 변수들을 모두 사용하면 모형설정시 다중공선성(Multicollinearity)을 유발시킬 가능성이 높기 때문이다. 그 결과 재배면적, 총생산량, 총종서비, 사용종서량 상호간에, 종자제외 평당경영비와 평당경영비간에, 그리고 종자제외 경영비와 총경영비간에 Correlation Matrix계수가 0.9 이상으로 나와서 변수를 취사선택해야 할 필요성을 확인했다.

다음으로 OLS, 2SLS, 3SLS 중 최선의 모형을 도출하기 위하여 Linear Model, Semi-log Model, Double-log Model, Quadratic Model과 이를 혼합한 복합모형으로 각각 계량분석을 하여 보았는데 그 결과 연립방정식 모형중의 하나인 3SLS의 Double-log Model에서 유의성이 가장 확실하게 도출되었다. 그래서 본 예시에서는 3SLS의 Double-log Model을 분석기법으로 선택하였다. 또한 변수 설명력을 높이는 시도의 일환으로 Dummy 변수를 사용하였는데 정부보증종서, 강원도산 일반종서, 자가재배 채종종서 각각에 대하여 사용하는 농가는 1을, 사용하지 않은 농가는 0을 놓아 변수로 활용하였다.

3SLS를 이용하여 최선의 계량경제학적 모형을 찾은 결과 본 연구에서는 다음과 같은 모형이 도출되었다.

$$\begin{aligned} \ln WTP &= \beta_0 + \beta_1 \ln K + \beta_2 \ln X_1 + \beta_3 \ln X_2 + \beta_4 \ln X_3 \\ \ln K &= \gamma_0 + \gamma_1 \ln X_4 + \gamma_2 \ln X_5 + \gamma_3 \ln X_6 \end{aligned} \quad \text{----------} \ (1)$$

WTP : 인공씨감자에 대한 지불의도가격 (단위:원)

K : 감자 재배 총수입 (단위:원)

X1 : 평당 생산량 (단위:kg/평)

X2 : kg당 종서 구입비 (총종서비÷사용종서량, 단위:원)

X3 : 총경영비 중 종서구입비률 (총종서비÷총경영비, 단위:%)

X4 : 감자 재배자 연령 (단위:세)

X5 : 감자재배 종사년수 (단위:년)

X6 : 사용종서량 (단위:원)

* 여기서 ln은 natural log임

식을 통해 얻어낸 변수들의 추정결과를 보면 〈표 19-10〉과 같다.

〈표 19-10〉 모형분석(3SLS)

변 수 명 (variable name)	계수치(탄성치) (estimated coefficient)	T 통계치 (T-ratio)
lnK	1.04 (β1)	16.9**
$\ln X_1$	-0.75 (β2)	-6.25**
$\ln X_2$	-0.16 (β3)	-0.92
$\ln X_3$	0.07 (β4)	0.58
$\ln X_4$	-0.34 (γ1)	-1.56
$\ln X_5$	0.11 (γ2)	1.50
$\ln X_6$	0.92 (γ3)	11.19**

주 : R^2 = 0.91, ** : 1% 유의수준에서 통계적 유의성이 있음

변수들의 추정결과에 의하면 감자재배 총수입(K), 평당 생산량(X_1) 및 사용종서량(X_6)은 1% 유의수준에서 통계적 유의성을 찾을 수가 있어 변수설명력이 매우 높게 나타났으며, ㎏당 종서구입비(X_2), 총경영비 중 종서구입비률(X_3), 감자재배자 연령(X_4) 및 감자재배 종사년수(X_5)는 10% 유의수준에서도 통계적 유의성을 찾을 수가 없어 변수설명력이 매우 낮게 나타났다.

(2) 지불의도가격(WTP)의 요인별 분석결과

농민행태분석은 WTP와 설명변수들과의 함수관계를 통하여 알 수 있는데 이를 위하여 식에서 설명변수 하나하나에 대해 WTP를 편미분하면 다음과 같다.

먼저 식 〔1〕 의 첫번째 방정식을 편미분한 뒤 이를 정리하면 다음과 같다.

$$\left.\begin{aligned} \frac{\delta WTP}{\delta K} &= \beta_1 \frac{WTP}{K} \\ \frac{\delta WTP}{\delta X_1} &= \beta_2 \frac{WTP}{X_1} \\ \frac{\delta WTP}{\delta X_2} &= \beta_3 \frac{WTP}{X_2} \\ \frac{\delta WTP}{\delta X_3} &= \beta_4 \frac{WTP}{X_3} \end{aligned}\right\} \quad \text{---------------------- (2)}$$

식 (4-2)에다 〈표 19-10〉의 계수치를 대입해 보면 식 (4-3)과 같다.

$$\left.\begin{aligned} \frac{\delta WTP}{\delta K} &= 1.04 \frac{WTP}{K} \\ \frac{\delta WTP}{\delta X_1} &= -0.75 \frac{WTP}{X_1} \\ \frac{\delta WTP}{\delta X_2} &= -0.16 \frac{WTP}{X_2} \\ \frac{\delta WTP}{\delta X_3} &= 0.07 \frac{WTP}{X_3} \end{aligned}\right\} \quad \text{---------------------- (3)}$$

다음으로는 식 (1)의 두 번째 방정식에 반응변수 K를 각 설명변수에 대하여 편미분한 뒤 이를 정리하면 식 (4)와 같다.

$$\left.\begin{aligned} \frac{\delta K}{\delta X_4} &= \gamma_1 \frac{K}{X_4} \\ \frac{\delta K}{\delta X_5} &= \gamma_2 \frac{K}{X_5} \\ \frac{\delta K}{\delta X_6} &= \gamma_3 \frac{K}{X_6} \end{aligned}\right\} \quad \text{---------------------} \ (4)$$

식 (4)에다 〈표 19-10〉의 계수치를 대입해 보면 식 (5)와 같다.

$$\left.\begin{aligned} \frac{\delta K}{\delta X_4} &= -0.34 \frac{K}{X_4} \\ \frac{\delta K}{\delta X_5} &= 0.11 \frac{K}{X_5} \\ \frac{\delta K}{\delta X_6} &= 0.92 \frac{K}{X_6} \end{aligned}\right\} \quad \text{---------------------} \ (5)$$

WTP와 설명변수와의 함수관계를 알아보기 위하여 연쇄법칙(chain rule)에 의거 식 (5)를 다음과 같이 변환시킨다.

$$\left.\begin{aligned} \frac{\delta WTP}{\delta X_4} &= \frac{\delta WTP}{\delta K} \times \frac{\delta K}{\delta X_4} = -0.34 \frac{WTP}{X_4} \\ \frac{\delta WTP}{\delta X_5} &= \frac{\delta WTP}{\delta K} \times \frac{\delta K}{\delta X_5} = 0.11 \frac{WTP}{X_5} \\ \frac{\delta WTP}{\delta X_6} &= \frac{\delta WTP}{\delta K} \times \frac{\delta K}{\delta X_6} = 0.93 \frac{WTP}{X_6} \end{aligned}\right\} \quad \text{------------} \ (6)$$

이제 식 (3)과 식 (6)의 행렬식에 의거하여 농민들의 WTP와 설명변수와의 관계를 설명해 보면 다음과 같다.

가. 인공씨감자의 WTP와 감자재배 총수입(K)

인공씨감자의 WTP와 현재 사용하는 종서를 통해 얻은 감자재배 총수입(K)과의 관계식에 의하면 감자재배 총수입에 대한 WTP는 증가함수이다.

나. 인공씨감자의 WTP와 평당 생산량(X_1)

인공씨감자의 WTP와 현재 사용하는 종서를 통해 얻은 평당 생산량(X_1)과의 관계식에 의하면 평당 생산량에 대한 WTP는 감소함수이다.

다. 인공씨감자의 WTP와 ㎏당 종서구입비(X_2)

인공씨감자의 WTP와 현재 사용하고 있는 종서의 ㎏당 종서구입비(X_2)와의 관계식에 의하면 ㎏당 종서구입비에 대한 WTP는 감소함수이다.

라. 인공씨감자의 WTP와 감자재배 총경영비 중 종서구입비율(X_3)

인공씨감자의 WTP와 총경영비 중 종서구입비률(총종서비÷총경영비, X_3)과의 관계식에 의하면 총경영비 중 종서구입비율에 대한 인공씨감자의 WTP는 증가함수이다.

마. 인공씨감자의 WTP와 감자 재배자 연령(X4)

인공씨감자의 WTP와 기존 감자 재배자 연령(X_4)과의 관계식은 기존감자 재배자 연령에 대한 인공씨감자의 WTP가 감소함수임을 보여주고 있다.

바. 인공씨감자의 WTP와 감자재배 종사연수(X_5)

인공씨감자의 WTP와 감자재배 종사연수(X_5)와의 관계식에 의하면 감자재배 종사연수에 대한 인공씨감자의 WTP는 증가함수이다.

사. 인공씨감자의 WTP와 기존감자 사용종서량(X_6)

인공씨감자의 WTP와 기존감자 사용종서량(X_6)과의 관계식에 의하면 기존감자 사용종서량에 대한 인공씨감자 WTP는 증가함수이다.

(3) 인공씨감자의 소비자잉여측정

가. 수요함수의 도출

본 예시에서는 기존의 CVM 연구에서 주로 사용되어 왔던 전통적 수요곡선 도출방법을 채택하지 않고 대체재를 이용한 Hicks의 역수요곡선 도출방법을 사용하였다.

식(1)의 함수식들 중에서 소비자잉여의 측정에 이용될 수 있는 함수식은 기존감자 사용 종서량(X_6)에 대하여 WTP를 편미분한 것으로 다음의 식 (7)과 같다.

$$\frac{\delta WTP}{\delta X_6} = 0.93\frac{WTP}{X_6} ------------------(7)$$

여기에서 사용 종서량(X_6)를 Q로 놓으면 식(7)을 다음과 같이 쓸 수 있다.

$$P = \frac{\delta WTP}{\delta Q} = 0.93\frac{WTP}{Q} ---------------(8)$$

식 (8)을 이용한 수요곡선을 도출하기 위하여 평균 P(981원)와 평균 Q(1,388kg)을 대입시키면 식 (9)와 같은 평균개념의 WTP를 구할 수 있으며 이를 이용하여 식 (10)과 같은 수요곡선을 얻을 수가 있다.

$$WTP = \frac{P \times Q}{0.93} = \frac{981 \times 898}{0.93} = 860432 ---------(9)$$

$$P = 0.93\frac{WTP}{Q} = 0.93\frac{860342}{Q} = \frac{800118}{Q} ------(10)$$

식 (10)의 함수형태는 LOG형태로서 X축은 감자 재배농민들이 사용하고 있는 기존감자 사용종서량을 나타내고 있고 Y축은 인공씨감자에 대한 1kg당 지불의도가격(P)를 나타내고 있는데 우하향형태의 곡선을 이루고 있다.

나. 소비자잉여의 측정

인공씨감자의 설문조사에서 인공씨감자 1kg에 대한 평균 지불의도가격은 891원을 얻었으며 최대 지불의도가격은 1,250원, 최저 지불의도가격은 500원으로 조사되었다. 한편 대체재인 정부보증종서 1kg 가격은 평균 650원, 강원도 일반종서 1kg 가격은 평균 980원으로 조사되었는데 이를 통해 인공씨감자로 얻게 되는 감자 재배농민들의 소비자잉여를 도출할 수 있다.

기존 감자재배 사용 종서량을 이용하여 인공씨감자의 소비자잉여부분을 정리한 후 인공씨감자의 경제적 가치를 측정하여 보면 다음과 같다.

먼저, 강원도 일반종서 1kg 가격인 평균 980원을 지불하며 씨감자를 사용하고 있는 농민이 인공씨감자 1kg에 대한 평균 지불의도가격인 891원에 비하여 얻게 되는 추가적인 소비자잉여, 즉 미래기대 소득가치를 구하여 1인당 약 7만 6,000원으로 나타났다.

$$\int_{891}^{980} \frac{800118}{P} dP = [800118 \ \ln P]_{891}^{980} \fallingdotseq 76252$$

다음으로 정부보증종서를 650원에 구입하는 농민들이 인공씨감자의 가치에 대해 느끼고 있는 추가적인 소비자잉여 부분을 구하여 보면 약 25만원으로 나타났다.

$$\int_{650}^{891} \frac{800118}{P} dP = [800118 \ \ln P]_{650}^{891} \fallingdotseq 252301$$

농민들이 현재 지불하고 있는 정부보증종서보다도 더 높은 가격을 인공씨감자에 지불하려는 의지를 보이고 있는 이유는 인공씨감자를 통하여 최소한 현재 산출된 소비자잉여(순편익)보다도 같거나 높은 수익의 발생을 인공씨감자의 구매에 의하여 얻을 수 있다는 기대가 반영된 것이라고 볼 수 있으며, 또한 인공씨감자의 장점 즉 무병, 다수확의 가치를 인정한 것이라고도 볼 수 있다.

제 5 절 농림업의 환경공익적 기능과 가치평가

1. 농업의 다원적 기능의 분류

농업의 다원적 기능의 평가는 한국, 일본 등과 같이 농산물수입의 비중이 큰 국가의 경우에 무역자유화의 완화와 국내농업보호의 대응논리로 이용되고 있는 핵심 근거가 되고 농업투자분석에 있어서는 개발에 따른 환경공익적 가치의 상실을 비용으로 취급하고 또한 개발로 인한 환경공익적 기능을 개선 내지는 증진시킬 경우 이를 사업 편익으로 추정함으로써 경제적인 사업편익비용 뿐만 아니라 환경공익가치까지 포함한 사업의 사회경제적 타당성을 평가하는데 목적이 있다. 농촌진흥청 농업경영관실에서 연구발표한 "논농업의 환경보전 및 경관가치평가 보고서"와 산림청의 연구자료를 중심으로 농림업의 다원적 기능과 평가방법 및 평가액을 검토해 보고자 한다.

그러나 다원적 기능에 대한 중요성에 비해 그에 대한 개념규정과 지표도출 및 실증분석에 대하여는 국가에 따라 차이가 있어 국제사회에서의 합의점 도출에는 많은 문제점이 있다. 농업의 다원적 기능에 대해 포괄적으로 다루고 있는 OECD(2001)는 다음과 같이 개념을 정의하고 있다.

① 농업생산과 결합되어 생산되는 다수의 시장재화와 비시장재화의 존재

② 비시장재화의 일부는 외부효과 구현이나 공공재의 특성으로 시장 형성이 안되거나 미약함

즉 농업의 다원적 기능은 농산물과 결합되어 생산되는 환경 공익적 기능으로 비시장재화로 분류되며 시장에서 거래가 되지 않는 자유재에 속한다. 비시장재화인 농업의 다원적 기능은 시장기구가 작동되지 않고 사회적으로 적정 수급이 이루어지지 않기 때문에 정부의 정책개입이 제기되고 있는 것이다. 농업의 다원적 기능과 관련하여 정책개입의 당위성을 가지기 위해서는 농업생산과의 결합생산성, 시장의 실패(공공재 성격), 낮은 거래비용(시장실패를 제거하기 위한 정책비용)이 입증되어야 한다.

국제사회에서 농업의 다원적 기능에 대한 구체적 항복 규정은 각국별로 자연직, 사회 문화적 및 경제적 여건에 따라 다르게 나타나고 있다. 다원적 기능에 관한 기능분류를 보면 공통적으로 포함되는 항목은 환경보전기능, 농촌경관 및 전통문화의 계승발전기능, 농촌활력 제공기능(rural viability), 식량안보기능(food security) 등이다.

〈표 19-11〉 국제기관의 농업의 다원적 기능분류

구 분	기 능	
OECD	① 경관(Landscape) ② 종·생태계다양성(Species and ecosystem diversity) ③ 토양의 질(Soil quality) ④ 수질(Water quality) ⑤ 대기의 질(Air quality) ⑥ 물이용(Water use) ⑦ 경지보전(Land conservation) ⑧ 온실효과(Green-house gasses) ⑨ 농촌활력화(Rural viability) ⑩ 식량안보(Food security) ⑪ 문화유산(Cultural heritage) ⑫동물복지(Animal welfare)	
FAO	사회적 기능 (Social function)	① 도시의 완화(Mitigation of urbanization) ② 농촌공동체 활력(Viability of rural communities) ③ 피난처 기능(Sheltering function)
	문화적 기능 (Cultural function)	④ 전통문화계승(Transmission of cultural heritage, identity, values and tradition) ⑤ 경관제공(Offering beautiful rural landscape)
	환경적 기능 (Environmental function)	⑥ 홍수방지(Preventing flood) ⑦ 수자원함양(Retention of water) ⑧ 토양보전(Soil condervation) ⑨ 생물다양성(Biodiversity)
	식량안보(Food security function)	⑩ 국내식량공급(Supplying domestic foods) ⑪ 국가 전략적 요청(National stategic needs)
	경제적 기능 (Economic function)	⑫ 공동체의 균현발전과 성장(Balanced development and growth of commuties) ⑬ 경제위기 완화(Buffer of economic crisis)
일본	① 국토보전 ② 수자원함양 ③ 생물다양성 보전 ④ 농촌경관의 창조 ⑤ 전통문화의 유지 ⑥ 휴양처 제공 ⑦ 식량안보	
한국	식량안보	① 식량안보(안정적 공급과 안정성 보장)
	환경적 기능	② 홍수조절효과 ③ 수자원 함양효과 ④ 토양유실경감효과 ⑤ 대기정화효과 ⑥ 폐기물처리
	농촌경관과 사회·문화보전 등의 기능	⑦ 자연경관유지 및 생태계 보전 기능 ⑧ 사회·문화적 순기능
	농촌활력	⑨ 도시화 완화 ⑩ 공동체의 균형발전과 성장
노르웨이	① 농촌경관 및 문화적 전통기능, 생물다양성, 휴양처기능, 과학적 교육적 기능 ② 식량안보, 식품안전기능 ③ 농촌활력기능	
핀란드	① 식량안보 ② 환경보전 ③ 농촌활력화 ④ 동물복지 ⑤ 식품안전기능	

자료 : 농촌진흥청, 농업경영정보관실, "논농업의 환경보전 및 경관가치평가", 2002. 11.

2. 농업의 다원적 기능해설

1) 환경보전기능

농업이 환경에 미치는 영향은 양(+)과 음(-)의 외부효과를 갖는다. 즉 농업은 홍수방지, 수질정화, 수자원 함양, 대기정화, 토양유실 방지, 폐기물 처리, 생물종 보전 등의 환경보전적 기능을 갖는 동시에 수질오염, 토양오염 등을 유발한다.

농업이 환경공익적 기능에 미치는 영향과 관련하여 우리나라의 농업특성을 살펴보면, 기후는 아시아 몬순기후로 여름철에 집중호우가 잦아 홍수 가능성이 매우 높다. 농지는 물을 저장하여 서서히 방류함으로서 댐의 건설과 같은 홍수조절기능효과를 갖고 있다. 농지에 물이 저장되는 동안 땅속에 물이 침투하여 지하수로 이용되는 수자원 함양기능을 가지고 있다.

최근 수십년 동안의 화석연료의 사용은 탄산가스 발생량을 증가시켜 지구온난화가 유발되었고 이에 따라 여러 가지 피해가 발생하였다. 이에 반해 농작물은 탄소동화작용을 통해 대기정화에 기여하였고, 동시에 작물재배로 토양유실을 경감시키는 기능을 수행하고 있다.

또한 농업은 수질을 오염시키는 주요 오염원인 생활하수, 산업폐수가 농작물 재배기간에 농지에서 농업용수로 이용되는 동안 상당부분 정화시키는 수질정화기능을 가지고 있다. 농업이 갖는 환경보전으로 빼놓을 수 없는 것이 폐기물 처리 기능이다. 가정 또는 산업에서 발생하는 많은 오폐수가 하천으로 방류되고 있는 실정이다. 토양 중에 포함되어 있는 미생물은 음식물 쓰레기, 분뇨, 생활하수 등을 분해하는 기능을 가지고 있고 분해된 오폐수는 농작물에 다시 비료성분으로 환원되어 이용되고 있다.

과거에 면화, 밀 등은 우리나라의 주요 농산물이었으나, 수입대체로 이들 작물들의 한국 고유종들이 사라졌으며, 유전정보의 손실이 발생하였다. 농작물의 지속적 생산은 생물의 유전정보를 보전하고 유지시키는 기능을 가지고 있다.

2) 농촌경관 및 문화적 전통의 유지기능

농지는 계절에 따라 생명의 기운, 녹의 경관, 풍요로움의 상징을 나타내는 경관으로서의 가치를 지닌다. 또한 농촌은 휴양처 제공과 영농체험을 통한 다양한 교육의 장을 제고하고, 전통문화를 보존하는 역할을 한다. 수출국과 수입국간의 입장차이를 보이는 환경보전기능과는 달리 농업·농촌이 제공하는 경관이나 전통문화 보존의 기능은 대부분의 국가들이 인정하고 있는 다원적 기능이다.

그러나 농촌경관 및 전통문화 보존기능은 각 국의 역사와 도시화 정도에 따라 그 중요성이 다르다 할 수 있다. 도시화 산업화가 진행될수록 농촌의 경관과 전통문화 보존기능의 가치는 크게 증가할 것이다.

3) 농촌의 활력유지기능

농업은 농촌지역의 주요 산업으로서 지역의 노동력 흡수와 농촌경제를 유지하는 데 결정적인 역할을 한다. 동시에 산간오지의 경제활동을 촉진하는 데 있어 농업이 매우 중요한 역할을 하고 있다. 또한 도시화, 산업화로 인한 농촌지역의 급속한 이농은 도시문제를 야기한다. 따라서 농촌을 유지 발전시키는 농업은 도시문제를 완화시키는 기능이 있다.

농촌지역에서 농업의 침체는 농업노동력의 감소와 지역경제의 침체를 유발하고 동시에 노동력의 고령화 및 질의 저하로 인한 농업생산성 저하, 농업소득의 감소 등 악순환을 야기시킨다. 농촌지역에서 이러한 문제를 해결하기 위해서는 농촌공업화 등이 활성화되어야 하지만 이는 산업기반시설이 뒷받침 되어야 한다.

비농업부문이 큰 비중을 차지하는 농촌지역에서는 노동력 고용과 지역 활성화면에서 농업의 역할이 작을 수 있다. 따라서 농촌의 활력화 기능을 농업의 다원적 기능으로 인정할 수 있느냐에 대해서는 주어진 환경에 따라 다르기 때문에 논쟁이 많은 사안이다.

우리나라와 같이 농촌지역에서 농업의 비중이 큰 경우에, 농업이 농촌을 유지·발전시키는 기능은 국가 및 사회전체에 대한 외부경제효과를 유발하는 하나의 순기능으로 간주되어야 할 것이다.

4) 식량안보

식량문제는 식량수요 증가에 비해 공급증가가 획기적으로 이루어지지 않기 때문이며, 특히 식량은 수요와 공급의 비탄력성으로 조그마한 수급변화에도 시장가격이 급격하게 변화하고 자연적, 정치적, 경제적 요인에 따라 국제곡물가격이 급등하는 경향이 주기적으로 발생한다. 식량안보의 기능이 다원적 기능의 세부항목으로 포함되어야 하는지에 대해서는 매우 큰 논란이 있다. 식량안보에 대한 논의는 우선 무엇을 식량안보로 볼 것인지에 대해서도 의견일치를 보지 못하고 있다. 식량안보가 다원적 기능 가운데 하나인가에 관한 논의에 있어 핵심이 되는 사항은 식량안보를 자급(self-sufficiency) 또는 자조(self-reliance)를 통해 달성하느냐에 있다

(OECD, 2000b). OECD(1998)는 식량안보를 보장하기 위해 필요한 요소로서 가용성(availability), 접근성(access), 이용성(utilization)의 3가지 요소를 지적한 바 있다.

자조의 입장은 자유무역체제의 정착을 통해 자국의 경제적 자원을 가장 효율적으로 배분하고, 전세계 곡물시장이 보다 효과적으로 작동되게 하여 국가간 식량배분을 원활하게 할 수 있다는 것이다. 반면에 식량안보가 기본적으로 식량자급을 통해 이룩될 수 있다는 주장은 각국은 적어도 주곡에 관한 한 최대한의 식량 자급도를 유지하여야 하고, 이를 통해 발생할 수 있는 식량위기에 대처하여야 한다는 입장이다.

따라서 자급을 우선하느냐 아니면 자조를 우선하느냐를 선택하는 것은 자국의 식량생산기반을 최대한 유지하느냐 아니면 식량생산기반의 유지 노력 없이도 식량안보를 달성할 수 있는 방도를 찾느냐의 선택문제이다. 그러나 자조만을 통해서는 각국의 식량안보문제가 완전 해결될 수 없는 이유는 다음과 같다.

① 자조를 통한 식량위기의 극복은 전세계적인 식량위기 시에는 적용되기 어려운 측면이 있다. 식량안보란 잠재적인 위기발생을 예상하여 최소한의 안전장치(minimum safeguard)를 마련하는 것이다.
② 국제곡물시장의 불완전 경쟁성이다.
③ 자조를 통한 해결방식은 각국의 식량에 대한 선호를 반영할 수 없다.
④ 비교우위에 따른 산업구조개편을 통해 식량수입대금을 마련한다는 것이 결코 쉬운 것은 아니다.
⑤ 국내 농업생산기반의 약화는 비가역적(irreversible)인 현상임이 고려되어야 한다.

이상의 내용을 감안할 때 개방화와 자유화를 통한 국제곡물시장의 효율성 향상은 장기적인 관점에서 전세계적인 식량안보를 확보하는 하나의 방법이 될 수는 있으나, 각국의 국내 생산기반확보 역시 식량안보에 있어 그에 못지않게 중요한 의미를 가짐을 인정하여야 할 것이다.

지금까지 검토한 다원적 기능을 환경보전기능, 농촌경관 및 문화적 전통유지기능, 농촌의 활력화 기능, 식량안보기능 4개의 대분류로 구분하였고 각각의 분류에 따라 소분류한 내용은 〈표 19-12〉와 같다.

〈표 19-12〉 농업의 다원적 기능의 분류

대분류	소분류
환경보전기능	·홍수조절 ·수자원 함양 ·수질 정화 ·대기 정화 ·토양유실 방지 ·폐기물 처리 ·생물 다양성
농촌경관 및 문화적전통의 유지기능	·농업·농촌경관 제공, 휴양처제공, 교육기능 ·문화적 전통 및 향토문화 보전
농촌의 활력유지 기능	·농촌과 도시의 균형 발전
식량안보	·식량의 안정적 공급 ·식품의 안전성 보장

3. 환경 공익적 기능의 가치평가

환경공익적 기능에 대한 가치를 평가하는 방법은 여러 가지가 있으나 여기에서는 대체비용법을 이용하여 평가하였다. 평가대상은 홍수조절기능, 수자원함양기능, 기후완화기능, 토양보전기능, 대기정화기능, 수질정화기능, 폐기물처리기능 등 7개 기능을 대상으로 평가하였다.

1) 홍수조절기능

논농업의 홍수조절 효과는 홍수시 담수 또는 지하로 흡수되는 양과 동일한 양을 저류할 수 있는 댐의 사업비 및 유지관리비로 평가할 수 있다.

논둑의 높이는 26cm인데 벼 재배를 위한 담수 깊이는 4.5cm이며, 홍수기간 중 논 바닥을 통하여 빠져나가는 물량은 우리나라 토양투수속도의 가중평균치인 7.6mm/day와 1회 홍수 기간 3일을 적용하여 산출한 결과, 담수량은 237.1mm이다. 이를 논 면적(1,149천ha)에 환산할 경우 논에 저수 가능한 물량은 25.0억톤이 된다. 홍수조절기능에 대한 평가액은 총담수량에 톤당 댐건설사업비를 적용하면 58,344억원으로 추정된다.

2) 수자원함양기능

수자원함양기능은 지하수 저장기능과 하천유량 안정화기능으로 구분할 수 있다.

논에서 물이 담수중에 있을 때는 논바닥을 통하여 지하로 침투된다. 이때 물의 약 55%는 배수 및 복류수 등으로 생활용수나 공업용수로 쓰이는 하천으로 유입되고 나머지 45%는 지하수로 저장되게 된다. 우리나라 논 토양의 특성상 지하로 침투되는 물의 속도는 포화 상태의 논 토양 수리전도와 같다고 가정할 때 그 속도는 하루 7.6mm 정도이며, 농에서의 품종별 벼 재배기간과 분포 면적을 이용하여 가중평균치로 계산한 물 침투 기간은 137일이 된다.

담수를 통해서 지하로 침투 가능량은 ha당 4,685톤이며 논 전체로는 52.3억톤이 된다. 이 양을 우리나라 논의 총면적에 대하여 산출하면 542억톤이 지하수로 저장 가능하게 된다. 하천유량 안정화 가능량은 63.9억톤이다. 물량에 물 원수가격을 곱한 수자원함양기능의 경제적 가치는 14,575억원으로 추정되었다.

3) 기후완화기능

이는 물이 증발할 때 주위의 열을 함께 빼앗아가게 되어 시원하게 되는데 이는 같은 원리로 우리나라 여름철 논에 담수된 물이 수면 또는 벼를 통하여 대기로 증발될 때의 잠열을 생각하면 논이 있음으로 해서 여름철 대기의 온도는 그 만큼 덜 올라가게 한다. 우리나라의 고온 여름철의 경우 논에서 수면이나 벼를 통하여 증발산되는 양을 추정하면 다음과 같다. 고온기간은 1일 잠재증발산량이 3.35mm 이상인 기간으로 산정한 결과 그 양은 450mm로서 ha당 4,500톤이 되며, 우리나라 논의 총면적에 대하여 산출하면 51.7억톤이 되고 평가액은 6,486억원으로 추정되었다.

4) 토양보전기능

토양 유실은 작물이나 지형 등 어느 한 가지 요인에 좌우되는 것이 아니고 여러 가지 요인의 복합적인 결과로 나타나게 된다. 논은 경사가 전혀없는 평탄한 조건이며 또 논둑이 있어, 논에서의 토양 유실은 매우 적으며, 또한 경사지의 밭에서 유실되는 흙을 논이 담아서 보존하여 주기도 하므로, 최소한 밭에서의 토양유실량 만큼은 토양 유실 방지효과가 있다는 가정하에 평가하였다. 특히 경사지에서 유실된 흙이 곧바로 하천으로 떠내려갈 경우 하천의 바닥을 상승시킬 뿐만 아니라 하천의 수질이 오염되는 심각한 문제가 발생하게 된다.

우리나라 밭 경작지에서의 토양유실량은 ha당 연간 22.4톤 정도이다. 이를 전체로 환산하면 총면적에 대하여 산출한 결과 236.7억톤에 해당한다.

또한 토양이 유실되면 토양입자에 흡착되어 있던 여러 가지 비료성분도 유실하게 되어 재배작물의 양분 부족뿐만 아니라 하천의 오염도 유발하게 되는데 수질오염의 주요 원인이면서 작물에게는 가장 필요한 비료성분인 질소성분만 보더라도 토양유실에 동반하여 유실되는 질소의 양은 18.8천톤이나 된다. 토양보전에 대한 평가액은 2,069억원으로 추정되었다.

5) 대기정화기능

벼가 논에서 재배되는 동안 많은 양의 이산화탄소를 제거하여 공기오염을 정화할 뿐만아니라 이산화탄소를 이용하여 광합성 과정에서 발생된 산소를 다시 발산하여 공기를 신선하게 하여 2중으로 대기정화 기능을 한다. 산소발생량은 ha당 연간 8.84톤이나 된다. 대기정화기능에 대한 평가액은 26,119억원으로 평가되었다.

6) 수질정화기능

벼는 담수 상태에서 장기간 재배되는 작물이다. 논물의 상당량은 주변하천을 통해서 유입된다. 하천에 방류되는 오·폐수의 대부분은 하천에 들어오며 하천수질을 오염시키고 있다. 한편 논 농업을 지을 때 필요한 물은 하천에서 이용하게 되므로 논은 항상 오·폐수의 영향을 받고 있는 것이다. 농업관개수로 이용되는 주요 하천은 오염되고 이들 오염된 물은 다시 농업관개수를 오염하는 원인이 된다. 그러나 이렇게 오염된 일반관개수와 공장폐수, 그리고 생활하수로 오염된 질소와 인산은 관개수에 유입되어 수질을 오염시킬 수 있는데 이들 하수는 논에 관개수로 유입되었을 때 벼는 정화하는 기능을 갖는다. 즉 질소와 인산은 수질에 대하여는 오염물질이지만 벼에 있어서는 가장 중요한 비료성분이기 때문에 이를 흡수 이용하여 생육하게 된다. 수질정화기능의 경제적 가치는 13,633억원으로 추정되었다.

7) 폐기물처리기능

농업은 토양 중에 미생물을 포함하고 있어 음식물쓰레기, 분뇨, 생활하수 등의 유기물 쓰레기를 분해하는 기능을 가지고 있다. 더구나 분해된 쓰레기는 농작물에 다시 비료로 환원되기 때문에 환경보전과 토양의 비옥도 증진의 이중효과가 있다. 논 농업의 폐기물처리효과는

7,396억원으로 추정되었다.

〈표 19-13〉 논 농업의 환경보전기능에 대한 공익기능 평가내역(2000년 기준)

기능별내용	평가액 (억원)	평 가 내 역
홍수 조절 기능	58,344	○ (논둑높이 - 담수깊이) + (투수속도(토성별) * 1회 홍수기간 =(260mm-45mm) + (xmm/d * 3d) = 237.1mm ○ 총담수량 = 237.1(mm) * 10(톤/ha·mm) * 1,149천ha = 25.0억톤 ○ 평가액 = 총담수량 * 2145₩/톤(다목적댐건설비)
수몰 방지 기능	64	○ 수몰지역 방지 : 4,067ha - 전답수몰(2,590ha/29억톤 = 89.3ha/억톤) * 25.0억톤 = 2,234ha - 임야수몰(2,090ha/29억톤 = 72.1ha/억톤) * 25.0억톤 = 1,803ha (소양강댐 기준) ○ 평가액 - 전답수몰면적 * 1,702,630원/ha(전답의 평균임차료) - 임야수몰면적 * 470,12원/평(임지 평당가격의 5%)
수자원함 양 기능	14,575	수자원 함양기능 = 지하수저장기능 + 하천유량유지기능 1. 지히수 저장기능 ○ 수자원함유량 = 투수속도*담수기간*(1-하천유입률)*10[톤/ha/d]*면적 ○ 평가 = 52.3억톤 * 수가격(125.44원₩/톤) 2. 하천 유량 유지(안정화) 기능 ○ 하천유량유지량 = 투수속도(토성별) * 담수기간(137일) * 하천유입률(1-0.45) ○ 평가 = 63.9억톤 * 수가격(125.44원₩/톤)
기후 완화 기능	6,486	○ 고온기평균 일 증발산량 * 고온기간 = 7.5(mm/d) * 60(d) = 450mm ○ 총증발산량 = 450mm * 10(톤/ha·mm) * 1,149천(ha) = 51.7억톤 - 고온기 : PET ≥ 3.35(mm/d) ○ 평가액 = 증발산량 * 수가격(125.44원₩/톤)
대기 정화 기능	28,446	○ 대기정화기능 = CO_2 흡수제거기능 + O_2 방출기능 1. CO_2 흡수제거기능 = 대기오염 저감기능 ○ 산출 : (생산량) * 총 C함량 * [CO_2/C = 44/12 =3.67] = (단위면적당 생산량 * 면적) * 당함량 * [CO_2/당 = 1.466] ○ 단위면적당 CO_2 흡수량 - 정곡 : 단위생산량(톤/ha) * 당함량(78.1%) * (CO_2/당 = 1.466) - 볏짚 : 단위생산량(톤/ha) * 당함량(75.0%) * (CO_2/당 = 1.466) 2. O_2 발생량 = 대기청정기능 ○ 산출 : (CO_2 흡수량) * [O_2/CO_2 = 32/44 = 0.727] = 10775톤 ○ 단위면적당 O_2 발생량 - 정곡 : 단위생산량(톤/ha) * 당함량(78.1%) * (O_2/당 = 1.066) - 볏짚 : 단위생산량(톤/ha) * 당함량(75.0%) * (O_2/당 = 1.066) ○ 평가 - CO_2흡수기능=CO_2흡수량*[C/CO_2=0.273]*184.6천₩/톤(C제거비용, 미분탄) - O_2 방출기능 = O_2 방출량 * 194.7천₩/톤(공업용 산소제조원가)

기능별내용	평가액 (억원)	평 가 내 역
토양 보전	2,069	1. 토양유실량 ○ 유실량(톤/ha/yr)=강우인자*토성인자*지형인자*작부인자*토양관리인자 - 0.446*0.287*0.800*0.271*0.81 = 22.4톤/ha/yr ○ 연간 총유실량 = 22.4톤/ha * 논면적 = 236.7억톤 ○ 평가 : 236.7억톤 * 8043.7/톤(객토비용) 2. 토양 동반유실 N 성분 ○ 토양유실량 * 밭토양평균OM함량 ÷ C 환산계수 ÷ 토양 C/N율*면적 = 22.4톤/ha * 1.9% ÷ 1.724 ÷ 10 = 24.69kg/ha * 면적 ○ 평가액 = 동반유실 N양 * 580천원/톤(N 비료단가)
수질 정화 기능	14,847	○ 관개수량 * 오염관개수비율(10%) * 오염성분함량 * 정화율 - COD =1,226mm*0.1*22.3ppm*(50%) = 13.67 * 10^{-4}mm - N = 1,226mm*0.1*5.4ppm*952.1-66.1%) = 3.45 * 10^{-4}mm 1. COD 기준 ○ 관개수량 * 오염관개수 비율(10%) * 정화율 * 면적 (COD) = 1,226mm*0.1*0.5*10(톤/ha·mm)*1,149천(ha) = 6.5억톤 2. N 기준 ○ 지표수 : 질소(유입량(39.92kg)-유출량(5.06kg)/ha)*지표수유출비율*면적 ○ 침투수 : 질소(유입량(39.92kg)-유출량(14.59kg/ha)*침투수유출비율*면적 ○ 평가 : 28.8천톤(질소정화량) * 580,700원/톤
폐기물 처리	7,396	○ Sc [톤/ha/연] = -0.638 + 0.122D - D = (온도인자 + 강우인자 + 토성인자) * 경사인자 * 토지이용인자 - Sc(논) = 30.4 (톤/ha/연) ○ 소화량 = 30.4 (톤/ha) * 1,149천ha ○ 평가 : 소화량 * 21173원/톤(퇴비단가)

〈표 19-14〉 토성에 따른 투수속도

토성	투수속도 (mm/d)	분포면적(ha)	가중치	계산치 (톤/ha/100d)
사질	25.5	50,204	0.039	447.53
사양질	15.7	369,148	0.287	2027.66
미사사양질	5.1	91,238	0.071	162.95
미사식양질	3.7	199,691	0.155	258.08
식양질	2.7	446,607	0.362	439.83
식질	2.2	111,361	0.086	85.14
전국 평균	7.6	1,288,249	1.000	3421.17

자료 : 윤홍배 (2000) 농업과학 기술원.

〈표 19-15〉 논 농업의 환경보전 및 경관가치평가 종합

(단위 : 억원)

구분		평야지역	중간지역	산간지역	합계	분석방법
논면적(천ha)		871.7천ha	232.6천ha	44.7천ha	1,149천ha	대체법
환경 보전 기능	①홍수조절	43,970	12,165	2,383	58,518	
	②지하수함양	9,930	3,797	848	14,575	
	③기후순화	4,920	1,313	253	6,486	
	④대기정화	21,579	5,759	1,108	28,446	
	⑤수질정화	11,264	3,005	578	14,847	
	⑥토양보전	1,438	525	106	2,069	
	⑦폐기물처리	5,611	1,497	288	7,396	
	소계	98,712	28,061	5,564	132,337	
사회 문화 기능	⑧휴양처제공	5,618	1,499	288	7,406	
	⑨경관가치	8,779	2,343	451	11,573	가상가치법
	소계	14,397	3,842	739	18,979	

4. 산림의 공익기능(2000년도)

산림의 공익기능이란 산림내에서 생산되는 환경적, 문화적 기능 등을 통틀어서 말하는 것으로서 이러한 기능은 공공재(公共財)로서의 성격이 강하기 때문에 비경합성(非競合性)과 비배제성(非排除性)으로 시장에서 거래가 되지는 않지만 국민들에게 없어서는 안될 무한의 다양한 혜택을 무상으로 제공해 주는 공공재이다.

산림의 주요 기능들로는 수자원함양 및 수질정화, 이산화탄소 흡수 및 산소공급, 자연생태계 보호와 생물다양성의 보전, 보건휴양 및 생활환경 개선, 토사의 유출·붕괴방지 등으로서 산림이 발휘하는 유형·무형의 기능 등이 있다.

- 수원함양기능 : 홍수를 막아주고 가뭄 시에도 끊임없이 물을 공급해주는 기능
- 국토보전기능 : 토사유출과 산사태 등의 지표 토양침식을 막아주는 기능
- 산림정수기능 : 깨끗한 물을 제공하는 정수기의 역할을 하는 기능
- 대기정화기능 : 광합성 작용을 통하여 이산화탄소나 대기오염 물질을 흡수하고 맑은 공기를 만들어 내는 기능
- 산림휴양기능 : 쾌적한 휴식공간을 제공하는 기능
- 야생동물보호기능 : 새와 짐승들의 살기 좋은 보금자리를 제공하는 기능

○ 기　타 : 소음과 바람을 막아주거나 기상을 완화하며 다양한 생물종을 보전하는 기능 등

〈표 19-6〉 2000년 기준 산림의 공익기능 평가액

기능별 내용	2000년 기준 (6,422,000ha)		1995년 기준 (6,452,000ha)	
	평가액 (억원)	구성비 (%)	평가액 (억원)	구성비 (%)
총 평 가 액	499,510 (7,778)	100.0	346,110	100.0
① 수원 함양 기능	132,990 (2,070)	26.6	99,300	28.7
② 대기 정화 기능	135,350 (2,108)	27.1	72,280	20.9
③ 토사유출방지기능	100,560 (1,566)	20.1	64,000	18.5
④ 산림 휴양 기능	48,300 (752)	9.7	44,880	13.0
⑤ 산림 정수 기능	48,270 (752)	9.7	41,230	11.9
⑥ 토사붕괴방지기능	26,360 (410)	5.3	16,630	4.8
⑦ 야생동물보호기능	7,680 (120)	1.5	7,790	2.2
임 업 총 생 산	17,268 (268)	28.9배	9,798	35.3배
농림어업총생산	248,334	2.0배	230,129	1.5배
국 내 총 생 산	5,170,966	9.7%	3,773,498	9.2%

주 : (　)의 숫자는 연간(천원/ha당) 금액임. 자료 : 산림청, 임업연구원, 2001.

제 20 장

농업용수의 한계편익 및 한계비용

정부는 1963년부터 시작된 제1차 경제개발 5개년 계획을 효시로 전천후농업용수개발계획, 4대강류역 농업종합개발사업 및 중소규모농업용수개발계획을 착실히 수행하여 옴에 따라 수리안전답면적은 1970년의 58%에서 1999년의 76.2%로 증가하였다. 그 동안 정부는 농업용수개발사업에 막대한 투자를 하여왔으나 농업용수의 거시경제적 효과분석은 연구된 바가 없다. 농업용수의 한계편익(Marginal Benefit)과 한계비용(Marginal Cost)은 농업용수를 개발하는 정책방향을 결정짓는 투자의사결정 지표가 된다. 농업용수의 한계비용은 농업용수 1톤을 증산하는데 소요되는 추가적인 생산원가를 의미하고 한계수익은 농업용수 1톤이 가져오는 예상수익을 의미함으로 농업용수의 한계수익이 한계비용보다 클 경우에는 농업용수의 공급보다 수요가 크다는 것을 의미함으로 농업용수개발을 위한 투자가 계속 되어야 한다.

지금까지 저수지, 지하수, 양수장 및 보를 설치하는 개별사업별로 사업편익과 사업비용을 추정하여 사업의 경제적 타당성을 구명하는 연구는 계속해 왔으나 과거의 역사적인 시계열자료로써 (1) 농업용수의 공급량, (2) 미곡의 생산함수 및 (3) 농업용수개발을 위한 투자사업비 및 년차별 유지관리비 등을 이용한 거시경제적 모형분석을 통한 물의 한계수익 및 한계비용 분석에 관한 연구는 지금까지 시행된 바가 없다.

따라서 본 장에서는 제2장 제4절에서 검토한바 있는 (1) 농업용수의 수요공급이론을 기초로 하여 (2) 1965년 이후 1999년까지 이용 가능한 시계열 자료를 가지고 미곡의 총생산가치(Total Value Production)함수를 도출하며 (3) 같은 기간의 농업용수개발투자사업비와 농업용수공급량에 관한 자료를 기초로 하여 농업용수의 비용함수를 추정하여 (4) 농업용수의 한계편익과 한계비용을 도출하였다.

제 1 절　미곡생산함수모형설정 및 물의 한계생산 가치분석

우리나라에 있어서 농업용수의 한계편익분석은 지금까지 연구해본 경험이 없고 관련문헌을 찾아 볼 수 없다. 미곡생산함수는 연차별 생산액을 종속변수로 보고 독립변수로는 농업용수 총공급량, 미곡의 농업경영비 및 논의 식부면적으로 보았고 한발년도는 Dummy변수로 처리하여 함수식의 신뢰성을 높이도록 하였다. 미곡의 생산액의 함수식은 다음과 같다.

- 미곡 생산함수식 : Y = f(A, W, M, D)

여기서 Y = 연도별 미곡생산액(10억원)

A = 연도별 수도 식부면적(천ha).

W = 연도별 농업용수공급량(100만톤)

M = 미곡경영비 = 기초생산비 - 수리비 + 자본이자

D = Dummy 변수(한발년도).

- 물의 한계생산가치 = $\partial Y / \partial W$

물의 한계수익은 다른 투입물의 값이 일정할 경우 미곡의 생산함수를 물에 대하여 편미분 한 값이다.

제 2 절　종속변수 및 독립변수의 시계열 자료설명

1. 미곡총생산액추정(Y)

1965년부터 1999년까지의 미곡 총생산액은 연도별 미곡총생산량에 각 연도의 농가수취가격을 승하여 추정하였는데 〈표 20-1〉를 참조하기 바란다.

2. 전체 미곡식부면적(A)

같은 기간에 있어서 전체 미곡 식부면적은 농림통계연보 및 농림업주요통계를 이용하였다.

3. 농업용수공급량추정(W)

농업용수공급량에 관한 연차별 공급실적자료는 없다. 농업용수를 계기에 의하여 사용량을 측정하지 않기 때문이다. 본 절에서는 논의 단위 면적당 수량인 ha당 6,000톤과 수원공으로부터 논까지 가는 과정에서 손실되는 수량 40%를 감안하여 수리안전답면적(농업기반공사관리면적 + 수리계관리면적)에 곱하여 추정하였다. 자세한 추정내역은 〈표 20-1〉을 참조하기 바란다.

4. 미곡경영비추정(M)

본 분석에 합당한 농업경영비를 분석하고 이중계산을 회피하기 위하여 연도별 기초생산비에서 수리비를 제외 시켰고 경영자본 이자를 포함시켰다.

5. 연간 농업용수생산비추정(C)

1965년부터 1999년까지 연도별 농업용수 생산비는 연도별 농업용수개발사업 준공실적에 의한 투자사업비를 연 이자율 6%와 사업의 경제적 평균수명연한 60년을 고려한 자본회수계수 0.0528에 의거 연간 감가상각상당액을 추정하였고 이 연부상환액의 연도별 누계액에 연도별 유지관리비를 합한 금액을 당해년도 미곡생산을 위한 농업용수생산비로 취급하였다.

6. Dummy 변수의 결정

1965년에서 1999년 기간에 있어서 한발년도에 해당하는 `67, `68, `80, `87, '93년도의 시계열 자료들은 Dummy변수로 취급하여 통계적 유의성을 높이도록 하였다.

제 3 절 Cobb-Douglas 생산함수에 의한 모수추정

미곡의 생산액(Y)과 토지면적(A), 농업용수(W), 농업경영비(M) 및 Dummy 변수(D)간의 함수관계를 C-D함수로 표시하면

$Y = CA^{a}W^{b}M^{c}eD$ 와 같이 표시 할 수 있다.

여기서 C : 절편으로 기술진보를 나타냄.
a : 토지의 미곡생산탄력성
b : 물의 미곡생산탄력성
c : 경영비의 미곡생산탄력성
e : 자연대수 = 2.7184

이것을 자연대수함수로 표시하면 $\ln Y = \ln C + a \ln A + b\ln W + c\ln M + D$ 이 된다.

이것을 W에 대하여 편미분하여 물의 한계생산가치(VMPw)를 구하면 이것이 물의 수요함수가 된다.

물의 수요함수(한계생산가치) : $\partial Y / \partial W = b\,(Y/W)$ 와 같다.

Cobb-douglas 생산함수를 사용하여 추정한 미곡의 생산함수와 물의 한계수익함수는 다음과 같다. 이 모형에서 계측결과는 모두가 통계적으로 유의성이 있게 나타났다.

- 미곡의 Cobb-Douglas 생산함수 :

$$\ln Y = \ln 97 + 0.10 \ln A + 0.28 \ln W + 0.36 \ln M - 0.178\, D$$

T값 (1.37) (0.37)*** (1.81)** (2.39)* (-4.0)

* : 유의수준(Significant level) 98%.
** : 유의수준 92%.
*** : 유의수준 30%.
(R^2 = 0.72, Durbin-Watson Stat. = 1.49, F-Statistic = 18.967)

- 미곡의 선형생산함수

$$Y = 2,663 + 0.63A + 0.36W + 1.13M - 1,633D$$

T값 (0.875) (0.250)*** (1.62)** (2.593)* (-3.77)

* : 유의수준(Significant level) 98%.

** : 유의수준 89%.

*** : 유의수준 20%.

(R^2 = 0.68, Durbin-Watson Stat. = 1.44 , F-Statistic = 15.9)

- 물의 한계수익 함수 : $\partial Y / \partial W = 0.28(Y / W)$
- 물의 한계생산가치(VMPw) = 360원/톤

연도별 물의 한계수입은 상기 분석모형과 다음 〈표 20-1〉에서 알 수 있듯이 1965년의 444원에서 1990년의 364원으로 추정되었고 1999년도에는 388원으로 계산되었다. 과거 35년간의 전기간 동안의 한계수입의 평균값은 360원으로 추정되었다.

〈표 20-1〉 미곡총생산액 및 농업용수공급량(한국전체)

연도	전체 재배 면적 (천ha)	수리 안전답 면적(A) (천ha)	반 수 (kg/10a)		미곡생산량 (천톤)		미곡 총산액 (10억원) (Y)	농업용수 공급량 (백만톤) (W)	평균생산 가치(VAP) Y/W(원/톤)	한계생산 가치(VMP) ∂Y/∂W (원/톤)
			전 국 평균	수리 안전	전국	수리 답				
1965	1,209	538	287	296	3,729	1,592	7,178	4,519	1,588	444
1966	1,209	557	320	320	4,166	1,782	8,020	4,679	1,714	480
1967	1,214	566	294	329	3,844	1,862	7,400	4,754	1,557	436
1968	1,136	568	279	313	3,408	1,778	6,560	4,771	1,375	385
1969	1,208	716	336	381	4,367	2,728	8,406	6,014	1,398	391
1970	1,193	745	327	376	4,203	2,801	8,091	6,258	1,293	362
1971	1,178	746	363	375	4,279	2,798	8 237	6,266	1,314	368
1972	1,178	753	359	368	4,234	2,771	8 150	6,325	1,289	361
1973	1,170	764	386	388	4,509	2,964	8 680	6,418	1,352	379
1974	1,189	771	406	388	4,827	2,991	9 292	6,476	1,435	402
1975	1,198	790	416	412	4,908	3,255	9 448	6,636	1,424	399
1976	1,196	805	466	460	5,575	3,703	10,732	6,762	1,587	444
1977	1,208	834	494	503	6,421	4,195	12,437	7,006	1,775	497
1978	1,219	860	474	459	6,220	3,947	11,973	7,224	1,657	464
1979	1,224	867	453	465	5,969	4,032	11,490	7,283	1,578	445
1980	1,220	893	289	366	3,922	3,268	7,550	7,501	1,006	282
1981	1,212	908	416	456	5,422	4,140	10,437	7,627	1,368	383
1982	1,176	917	438	477	5,238	4,374	10,083	7,703	1,303	365
1983	1,220	929	442	469	5,392	4,357	10,380	7,804	1,330	372
1984	1,225	935	463	468	5,671	4,376	10,967	7,854	1,396	391
1985	1,233	948	456	468	5,622	4,437	8,955	7,963	1,125	315
1986	1,233	965	454	460	5,596	4,439	10,772	8,106	1,329	372
1987	1,259	976	436	441	5,490	4,304	8,836	8,198	1,078	302
1988	1,257	981	481	484	6,047	4,748	11,640	8,240	1,413	396
1989	1,254	985	470	471	5,895	4,639	11,348	8,274	1,371	384
1990	1,242	987	451	472	5,600	4,663	10,780	8,291	1,300	364
1991	1,207	988	446	476	5,381	4,703	10,358	8,299	1,248	349
1992	1,156	973	461	492	5,327	4,787	10,254	8,173	1,288	361
1993	1,135	955	418	446	5,161	4,259	9,935	8,022	1,238	347
1994	1,102	941	459	490	5,056	4,611	9,733	7,904	1,231	345
1995	1,055	907	445	475	4,696	4,308	9,040	7,619	1,187	332
1996	1,049	889	507	541	5,318	4,809	10,237	7,468	1,370	383
1997	1,052	882	518	553	5,447	4,877	10,485	7,409	1,415	396
1998	1,056	881	482	515	5,092	4,537	9,802	7,400	1,325	371
1999	1,058	880	495	529	5,240	4,655	10,087	7,392	1,365	388

주 : 1) 농업용수공급량 = 수리안전답면적(ha) × 6,000톤/ha × 조정계수1.4배.

2) 수도생산액 = 미곡총생산량(M/T) ×2000년도 톤당 추곡수매가격 1,925,000원(2등품기준).

3) 한발년도인 67, 68, 80, 87, 93년의 미곡생산액은 Dummy변수로 처리함.

4) 1992-1999기간의 수리안전답의 미곡수량 =[(당해년도 전국평균반수/전년도 전국평균 반수] x 수리안전답의 전년도평균반수]로 추정하였음.

〈표 20-2〉 미곡경영비분석(전국 답면적기준)

연도	전국답면적 (A) (천ha)	미곡생산비 (원/10a)		특수비용(원/10a)		조정미곡경영비(D) (B-C+D) (원/10a)	전국미곡 경영비 (A x D) (10억원)	농가구입가격지수 (%)	2000년 불변가격 조정미곡경영비총액 (10억원)
		생산비	직접생산비 (B)	수리비 (C)	자본용역비(D)				
1965	1,209	9,707	4,892	317	277	4,852	59	2.9	2,034
1966	1,209	10,923	6,542	436	397	6,503	79	3.3	2,394
1967	1,214	12,660	6,939	512	472	7,359	89	3.5	2,543
1968	1,136	14,587	8,288	486	580	9,788	111	3.9	2,846
1969	1,208	17,160	9,691	581	678	9,788	118	4.5	2,622
1970	1,193	20,008	11,183	759	783	11,207	134	4.9	2,735
1971	1,178	24,178	14,033	869	855	14,019	165	5.4	3,055
1972	1,178	27,185	16,064	956	1,092	16,200	190	6.3	3,016
1973	1,170	37,644	20,174	987	1,210	20,397	239	7.0	3,414
1974	1,189	53,291	29,041	1,089	1,475	29,427	350	9.4	3,723
1975	1,198	70,635	36,970	1,401	2,010	37,579	450	11.7	3,846
1976	1,196	88,920	44,080	2,190	2,475	44,365	532	14.5	3,669
1977	1,208	103,603	52,983	2,438	3,164	53,709	649	17.0	3,818
1978	1,219	125,430	69,197	3,284	5,657	71,570	872	22.1	3,946
1979	1,224	143,752	84,235	3,728	6,643	87,150	1,068	25.2	4,238
1980	1,220	178,169	103,056	5,221	8,432	106,267	1,296	31.3	4,141
1981	1,212	199,993	114,446	6,189	9,697	117,954	1,430	40.4	3,540
1982	1,176	227,444	117,453	5,691	8,848	120,610	1,418	45.4	3,123
1983	1,220	239,421	118,605	5,844	12,026	124,787	1,522	49.1	3,100
1984	1,225	252,140	124,512	5,725	12,034	130,821	1,602	47.1	3,401
1985	1,233	264,082	125,319	6,204	12,204	131,319	1,619	45.9	3,527
1986	1,233	277,885	129,162	6,826	12,486	134,822	1,662	45.6	3,645
1987	1,259	323,170	132,651	3,825	14,018	142,844	1,798	46.4	3,875
1988	1,257	360,314	153,399	2,507	14,998	165,890	2,085	50.1	4,162
1989	1,254	385,851	175,895	2,380	16,384	189,899	2,381	54.4	4,377
1990	1,242	400,065	196,630	2,689	17,795	211,736	2,630	59.4	4,428
1991	1,207	397,296	206,676	2,820	19,224	223,080	2,693	66.5	4,050
1992	1,156	397,534	218,359	2,977	22,667	238,049	2,752	71.0	3,876
1993	1,135	400,502	216,754	3,306	22,259	235,707	2,675	71.6	3,736
1994	1,102	411,975	218,713	3,536	21,295	236,472	2,606	74.4	3,503
1995	1,055	442,441	229,132	3,516	21,864	247,480	2,611	78.8	3,313
1996	1,049	458,240	236,587	3,624	22,131	255,094	2,676	82.2	3,255
1997	1,052	510,792	269,363	3,255	25,243	294,351	3,096	84.0	3,686
1998	1,056	522,700	266,725	3,412	25,414	288,727	3,049	93.0	3,278
1999	1,058	537,833	267,008	583	25,816	292,241	3,092	95.5	3,238

주 : 농가 구입가격 지수(기준년도 : 2000년 =100%).
자료 : 농림부, 농가경제 조사결과보고 각 연도.
농협중앙회, 농협조사월보, 1970, 2000년 5월.

제 4 절 농업용수의 한계비용분석

농업용수의 공급모형은 농업용수의 한계비용함수를 의미한다. 농업용수의 한계비용은 농업용수의 가격을 의미하는데 지금까지 우리나라에 있어서는 농업용수의 한계비용을 추정한 연구결과는 찾아 볼 수 없다. 물의 생산비용함수는 다음과 같다.

물의 생산비용함수 : C = f(w)로 나타낼 수 있는데 여기서;

물의 생산비용 C : 연차별 수리개발 투자사업비 총액의 감가상각누적액 + 연차별 유지관리비 총액으로 추정되고

농업용수생산량 W : 수리안전답면적(ha) × 포장용수량 6,000톤 ×조정계수1.4(누수율 40%로 추정함).

물의 한계비용(MCw)은 선형함수의 경우 $\partial C/\partial W$이고 로그함수인 경우는 $C/\partial W = a(C/W)$ 로 추정되는데 여기서 a는 물의 비용탄력성이다.

여기서 ha당 용수필요량은 6,000톤이고 1.4는 사수량, 침투량, 손실량 등을 나타내는 계수로서 우리나라에서는 일반적으로 필요수량의 1.4배로 보는 것이 타당하다고 수문 전문가들은 생각하고 있다. 물의 비용함수를 추정하기 위하여 Log-log 생산함수를 응용하였다.

물의 생산비용은 투자비용의 감가상각방법에 따라 두 가지로 구분하여 계산 할 수 있는데 정액법은 현행의 회계법상 일반적으로 이용되는 방법인데 물 값을 너무나 과소평가하는 경향이 있고 자본회수법은 사업내용기간동안의 이자를 가미한 비용회수법으로 물의 경제적가치를 평가하는데는 중요한 의미를 가지지만 물 값을 과대평가하는 문제를 안고 있다. 두 가지 방법에 의한 물의 비용함수와 물의 한계비용함수식은 다음과 같이 도출되었다.

가. 정액법에 의한 물의 한계비용추정(재무단가)

- 물의 로그 비용함수 : $\ln C = -0.126 + 2.88 \ln W$

T값 (-0.24) (10.8)*

* 유의수준 99%이상.

($R^2 = 0.78$, Durbin-Watson stst. = 0.19, F-Statistic = 116.4)

- 물의 선형비용함수 : $C = -413 + 97.2\ W$

T값 (-4.40)* (7.45)*

* 유의수준 99%이상.

(R^2 = 0.63, Durbin-Watson stst. = 0.16, F-Statistic = 55.6)

- 물의 공급곡선방정식(한계비용 추정공식) : $\partial C / \partial W = 2.88\ (C / W)$
- 물의 한계비용(1965-1999) = 97원/톤.

나. 자본회수법에 의한 물의 한계비용추정(경제적 단가)

- 물의 로그비용함수 : $\ln C = -1.06 + 3.54 \ln W$

T값 (-2.02)** (13.3)*

* 유의수준(Significant level) 99%이상.

** 유의수준 95%이상.

(R^2 = 0.84, Durbin-Watson Stat. = 0.184, F-Statistic = 176)

- 물의 한계비용함수 : $\partial C / \partial W = 3.54(C / W)$

- 물의 선형비용함수 : $C = -748 + 163.7W$

T값 (-5.15)* (8.11)*

* 유의수준(Significant level) 99%이상.

(R^2 = 0.67, Durbin-Watson Stat. = 0.12, F-Statistic = 65.8)

- 물의 한계비용(1965-1999) : dC/dW = 163원/톤.

정액법에 의거 계산된 물의 한계비용으로서의 물 값은 97원으로 여기에는 시설물의 감가상각비와 유지관리비가 포함된 회계학적비용 개념이나 현행의 물 값은 단순한 유지관리비로 정부의 보조와 농민들의 자담으로 구성된다. 따라서 현재 농민들이 부담하는 물 값은 진정한 의미의 물 값으로 볼 수 없다.

자본회수법에 의거 계산된 물의 한계비용은 163원으로 정액법에 비하여 약 1.8배정도 높게 나타났는데 이는 물의 진정한 경제적 가치로 평가 할 수 있다. 구체적인 분석내용은 〈표 20-3〉과 〈표 20-4〉를 참고하기 바란다.

〈표 20-3〉 농업용수의 재무적 한계비용(정액법)

연도	농업용수 투자사업비 및 유지관리비					농업용수총생산비 (A+B) (10억원) (C)	농업용수 공급량 (10억톤) (W)	평균비용 C/W (원/톤)	한계비용 ∂C / ∂W (원/톤)
	농업용수개발준공실적(10억원)				연차별유지 관리비(B) (10억원)				
	경상 가격	불변 가격	감가액 (정액법)	누적(A)					
1965	2.1	72.4	1.2	1.2	83	84.2	4.5	19	55
1966	3.1	93.9	1.6	2.8	94	96.8	4.7	21	60
1967	3.3	94.3	1.6	4.4	90	94.4	4.8	20	58
1968	4.2	107.7	1.8	6.2	85	91.2	4.8	19	55
1969	19.9	442.2	7.4	13.6	95	109.6	6.0	18	52
1970	15.0	306.1	5.1	18.7	100	118.7	6.3	19	55
1971	8.7	161.1	2.7	21.4	115	136.4	6.3	22	63
1972	10.7	169.8	2.8	24.2	113	137.2	6.3	22	63
1973	9.1	130.0	2.2	26.4	123	149.4	6.4	23	66
1974	12.8	136.2	2.3	28.7	122	150.7	6.5	23	66
1975	25.0	213.7	3.6	32.3	127	159.3	6.6	24	69
1976	37.0	255.2	4.3	36.6	133	169.6	6.8	25	72
1977	45.6	268.2	4.5	41.1	166	207.1	7.0	30	86
1978	67.9	307.2	5.1	46.2	180	226.2	7.2	31	89
1979	76.9	305.2	5.1	51.3	215	266.3	7.3	37	107
1980	73.1	233.5	3.9	55.2	206	261.2	7.5	35	101
1981	143.2	354.5	5.9	61.1	195	256.1	7.6	34	98
1982	150.6	331.7	5.5	66.6	181	247.6	7.7	32	92
1983	169.1	344.4	5.7	72.3	176	248.3	7.8	32	92
1984	192.2	408.1	6.0	78.3	214	292.3	7.9	37	106
1985	134.3	292.6	4.9	83.2	230	313.2	8.0	39	112
1986	104.4	228.9	3.8	87.0	246	333.0	8.1	41	118
1987	75.8	163.4	2.7	89.7	252	341.7	8.2	42	121
1988	94.2	188.0	3.2	92.9	264	356.9	8.2	43	124
1989	87.2	160.3	2.7	95.6	272	367.6	8.3	44	127
1990	94.0	185.2	3.1	98.7	355	453.7	8.3	55	158
1991	30.8	46.3	0.1	98.8	308	406.8	8.3	49	141
1992	42.3	59.6	0.1	98.9	342	440.9	8.2	54	156
1993	61.0	85.2	1.4	100.3	306	406.3	8.0	51	147
1994	122.5	164.6	2.7	103.0	316	419.0	7.9	53	153
1995	165.7	210.3	3.5	106.5	346	452.5	7.6	59	170
1996	130.4	158.6	2.6	109.1	393	502.1	7.5	67	193
1997	246.8	293.8	4.9	114.0	369	483.0	7.4	65	187
1998	253.8	272.9	4.6	118.6	319	437.6	7.4	59	170
1999	223.3	233.8	3.9	122.5	352	474.5	7.4	64	184

주 : 1) 2000년도 농가구입 가격지수(2000=100%)로 환산한 불변가격.
2) 농업용수공급량 = 수리안전답면적(ha) ×6000톤×1.4배.
3) 연차별 농업용수 투자사업비는 정액법(내용연수 60년)으로 계산함.
4) 물의 한계비용(∂C/∂W) = 물의 생산탄력성 2.88*물의 평균생산(C/W).

〈표 20-4〉 농업용수의 경제적 한계비용(자본회수법)

연도	농업용수 투자사업비 및 유지관리비			농업용수총생산비 (A+B) (10억원) (C)	농업용수 공급량 (10억톤) (W)	평균비용 C/W (원/톤)	한계비용 ∂C/∂W (원/톤)
	자본회수법(10억원)		연차별유지관리비(B) (10억원)				
	감가액	누적(A)					
1965	3.8	3.8	83	86.8	4.5	19	67
1966	5.0	8.8	94	102.8	4.7	22	78
1967	5.0	13.8	90	103.8	4.8	22	78
1968	5.7	19.5	85	104.5	4.8	22	78
1969	23.4	42.9	95	137.9	6.0	23	81
1970	16.2	59.1	100	159.1	6.3	25	89
1971	8.5	67.6	115	182.6	6.3	29	103
1972	9.0	76.6	113	189.6	6.3	30	106
1973	6.9	83.5	123	206.5	6.4	32	113
1974	7.2	90.7	122	212.7	6.5	33	117
1975	11.3	102.0	127	229.0	6.6	35	124
1976	13.5	115.5	133	248.5	6.8	37	131
1977	14.2	129.7	166	295.7	7.0	42	149
1978	16.2	145.9	180	325.9	7.2	45	159
1979	16.0	161.9	215	376.9	7.3	52	184
1980	12.3	174.2	206	380.2	7.5	51	181
1981	18.7	192.9	195	387.9	7.6	51	181
1982	17.5	210.4	181	391.4	7.7	51	181
1983	18.2	228.6	176	404.6	7.8	52	184
1984	21.6	250.2	214	464.2	7.9	59	209
1985	15.4	265.6	230	495.6	8.0	62	219
1986	12.1	277.7	246	523.7	8.0	65	230
1987	8.6	286.3	252	538.3	8.2	66	234
1988	9.9	296.2	264	560.2	8.2	68	241
1989	8.5	304.7	272	576.7	8.3	69	244
1990	9.8	314.5	355	669.5	8.3	81	287
1991	2.4	316.9	308	624.9	8.3	72	255
1992	3.1	320.0	342	662.0	8,.2	81	287
1993	4.5	324.5	306	630.5	8.0	79	280
1994	8.7	333.2	316	649.2	7.9	82	290
1995	11.1	344.3	346	690.3	7.6	91	322
1996	8.4	352.7	393	745.7	7.5	99	350
1997	15.5	368.2	369	737.2	7.4	100	354
1998	14.4	382.6	319	701.6	7.4	95	336
1999	12.4	395.0	352	747.0	7.4	101	358

주 : 1) 2000년도 농가구입가격지수(2000=100%)로 환산한 불변가격.
2) 농업용수공급량 = 수리안전답면적(ha) × 6000톤×1.4배.
3) 연차별 농업용수 투자사업비에 자본회수법(내용년수 60년, 연이자율 5%의 자본회수계수(c.r.f) 0.05283을 승함)으로 계산함.
4) 물의 한계비용(∂C/∂W) = 물의 생산탄력성 3.54*물의 평균생산(C/W).

제 5 절 한계수입과 한계비용의 비교

우리나라에 있어서 농업용수의 수요곡선으로서의 한계수입곡선과 농업용수의 공급곡선으로서의 한계비용곡선의 변화추세는 다음 〈그림 20-1〉과 〈표 20-5〉에서 알 수 있는 바와 같이 한계수입은 수리안전답률이 증가함에 따라 계속하여 감소하고 있고 한계비용은 농업용수원의 건설입지가 점점 불리해짐에 증가하고 있다.

이러한 현상은 우리나라에 있어서 농업용수의 한계수익이 계속 감소하고 있고 한계비용은 계속하여 증가하고 있는 현상은 고전생산함수의 제2영역에 와 있다고 말할 수 있다. 앞의 표에서 알 수 있는 바와 같이 농업용수의 한계편익이 농업용수의 한계비용보다 커서 한계편익/비용 비율이 1.0 이상임으로 앞으로도 농업용수개발사업을 위한 투자는 계속되어야 할 것으로 생각된다.

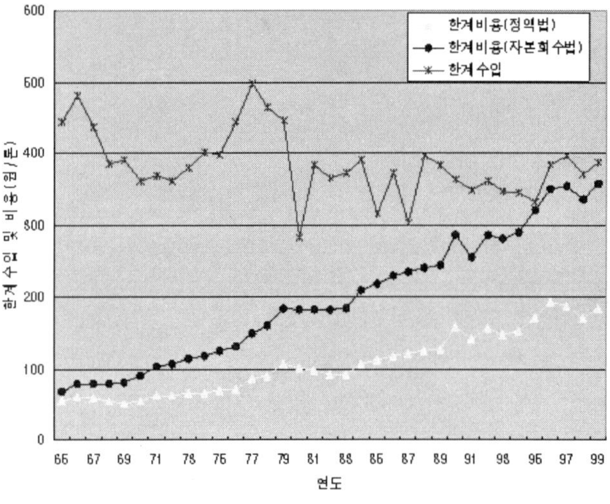

〈그림 20-1〉 농업용수의 한계수익 및 한계비용의 추이

<표 20-5> 한계수입과 한계비용의 비교

(단위 : 원/톤)

연도별	한계수입 (B)	한계비용		편익/비용비율	
		정액법 (C1)	자본회수법 (C2)	B/C2	B/C1
1965	444	55	67	6.6	8.0
1970	362	55	89	4.1	6.6
1975	399	69	124	3.2	5.8
1980	282	101	181	1.6	2.8
1985	315	112	219	1.4	2.8
1990	364	158	287	1.3	2.3
1995	332	170	322	1.0	2.0
1999	388	184	358	1.1	2.1

주 : 농업용수개발투자사업비의 연간가치를 계산할 경우
정액법은 회계학적방법이고 자본회수법은 경제학적방법임.

제 6 절 농업용수의 수요공급함수

농업용수의 한계생산가치는 농업용수의 수요가격을 의미하고 농업용수의 한계비용은 공급가격을 의미한다. 따라서 앞에서 분석한 년차별 한계생산가치와 한계비용은 농업용수공급량과 함수관계를 갖는다. 여기서 Pd 는 농업용수의 수요가격, Ps1은 정액법에 의한 농업용수의 공급가격을 의미하며 Ps2는 자본회수법에 의한 농업용수의 공급가격을 의미한다. 그리고 WD와 WS는 농업용수의 수요량과 공급량을 의미한다. 최소자승법에 의한 농업용수의 수요공급함수는 다음과 같이 분석되었으며 함수상의 모든 계수들은 99%이상의 유의수준을 보이고 있다. 물 값의 단위는 톤당 원이며 농업용수량은 10억톤이다.

-농업용수의 수요함수

Pd = 535 - 21.3 WD (R^2= 0.25, D-W=1.4, F-Statistic = 11.0)

(11.6)* - (3.3)*

$\ln Pd = 6.6 - 0.34 \ln WD$ (R^2= 0.24, D-W=1.6, F-Statistic = 10.3)

(32.6)* (-3.2)*

* 유의수준(Significant level) 99% 이상.

-농업용수의 공급함수

a. 정액법기준

Ps1 = 15.42 WS (R^2= 0.38, D-W=0.11)

(19.1)*

Ps1 = -89 + 27.7 WS (R^2= 0.48, D-W=0.16, F-S =80.8)

(-2.5)** (5.6)*

$\ln Ps1 = 0.98 + 1.86 \ln WS$ (R^2= 0.59, D-W=0.2, F-Statistic = 47.9)

(1.86)* (6.92)*

* 유의수준(Significant level) 99% 이상.

** 유의수준 98% 이상.

b. 자본회수법기준

Ps2 = 28.4 WS (R^2= 0.39, D-W=0.06)

(17.1)*

Ps2 = -244 + 6.2 WS (R^2= 0.56, D-W=0.13, F-S =42.6)

(-3.6)* (6.5)*

$\ln Ps2 = 0.24 + 2.53 \ln WS$ (R^2= 0.73, D-W=0.18, F-Statistic = 89.5)

(-0.45) (9.40)*

* 유의수준(Significant level) 99%이상.

제 21 장

농업기반조성을 위한 투자정책방향

제 1 절 생산의 3요소와 농지의 중요성

농지는 노동, 자본과 더불어 생산의 3요소의 하나이며 농업생산에 있어서 가장 중요한 생산수단의 하나이다. 농경지 면적의 대소는 농업소득의 크기를 결정하는 주요인자일 뿐만 아니라 한국에 있어서는 토지가 생산요소 중 가장 희소한 자원중의 하나로 되어있다. 농업생산성을 제고하고 근대적인 생화학적 기술(Bio-chemical Technology)과 기계적 기술(Mechanical Technology)을 수용할 수 있게 하기 위하여는 농지의 질적인 개선으로 경지정리를 통한 용배수로의 설치와 농업기계화를 위한 일정규모의 필지당면적을 유지시켜야 하며 지표수 지하수를 개발하여 농업용수를 공급할 수 있는 수자원을 확보해야한다. 농업용수의 확보와 경지정리는 농지의 이용도를 제고시켜 농지의 내연적인 확대가 가능토록 하며 UR대책으로 추진될 하이테크 기술집약농업이 가능토록 해준다. 농업기반정비가 없이는 농업기계화는 물론 고소득투입물(High Payoff Inputs)의 사용도 불가능하다. 특히 경지면적이 협소한 우리나라는 서남해안간척자원 및 개간가능지의 개발을 통하여 농경지의 외연적인 확대를 기하여 왔다.

경제개발5개년계획의 연속적인 추진과 수출주도형 공업화정책 하에서 농업은 농업노동력의 부족과 노령화·부녀자화로 인하여 농업생산에 있어 많은 어려움을 보이고 있다. 이러한 시책하에서 식량자급을 위한 미곡증산시책은 농업기반정비 및 비료, 농약 등의 공급을 통한 농업경영비(물재비 및 로임)의 합리적인 지출과 농업기계화의 추진이라고 할 수 있다.

본 장에서는 해방이후 오늘날까지 추진해온 농업기반조성사업의 실적과 사업별투자배분 및 재원조달에 관하여 살펴보고 농업기반조성사업을 위한 재정투융자가 미곡생산에 얼마만큼 기여하였는가를 구명해보고 앞으로의 농지개발방향을 제시하고자 한다.

제 2 절 농지의 질적개선실적

농지의 질적개선은 농업용수원의 개발과 용배수관리를 원활하게 하고 농업8기계를 효율적으로 이용할 수 있게 하는 경지정리사업이라고 볼 수 있다. 1945년 이후 오늘날까지 실시해온 농지의 질적 개선사업실적을 보면 다음과 같다.

1. 농업용수개발

우리나라의 농업용수개발사업은 1965년부터 실시해 온 전천후농업용수개발사업으로 추진된 대·중규모 수리개발사업과 세계은행, 국제통화기금, OECF 및 아세아개발은행 차관사업으로 추진된 4대강유역종합개발사업에 의거 오늘날까지 추진해오고 있다. 특히 1967-68년의 연속가뭄으로 인한 한발피해로 지하수의 개발 특히 관정개발이 대대적으로 추진되었으나 이는 영구적인 농업용수원으로 볼 수 없고 한발 시에 일시적인 용수공급에 불과하였다.

주요농업용수원으로는 지표수를 이용한 저수지, 양수장, 보 및 지하수를 이용한 관정이라고 할 수 있는데 우리나라의 수리안전답율은 1965년에 있어 총 답면적 1,286천ha의 42%에 해당하는 538ha 만이 관개되었으며 2007년에는 총 답면적 1,070천ha의 79%에 해당하는 848천ha가 수리안전답화 되어 한발피해를 경감 할 수 있었다. 그동안 수리안전답율은 상당히 향상되어 왔으나 아직도 24%에 달하는 천수답이 있어 농업소득 및 미곡의 생산성을 제고하는데 취약한 처지에 있다. 2009년 현재 수리안전답 848천ha는 농어촌공사가 관리하는 532천ha와 시군의 행정기관이 관리하는 일반수리답 316천ha로 구성되어 있으며 이는 용수관리의 이중적 관리체계로 차별적인 대농민지원에 따라 몽리민들의 불평이 상존하고 있어 농업용수관리의 일원화가 요청되고 있다.

정부사업에 의한 년차별 수리시설별 몽리면적 및 시설물설치수를 보면 〈표 21-1〉에서 알 수 있는 바와 같이 2009년 현재 전체몽리면적의 56.2%가 저수지에 의하여 관개되고 있고 양배수장에 의한 몽리면적은 24.8%로 나타났다. 보에 의한 몽리면적은 10.3%에 달하며 나머지는 집수암거 및 관정에 의하여 관개되고 있다. 한국에 있어 수리시설물의 중요도는 저수지, 양배수장, 보의 순으로 되어있다. 동 년도에 있어서 수리시설물의 총수는 69,324개소이며 저수지 및 보가 각각 17,569 및 18,114개로 가장 많으며 관정은 23,478개소로 많은 수가 있으나 몽리면적은 전체의 2.1%를 담당하고 있음을 알 수 있다.

〈표 21-1〉 수리답면적

(단위 : 1,000ha)

년도	총답면적	수리답			수리답율
		농어촌공사	일반답	계	
1965	1,286	285	253	538	42%
1970	1,284	317	428	745	58%
1975	1,277	364	426	790	62%
1980	1,307	424	469	893	68%
1985	1,325	471	477	948	72%
1990	1,345	512	475	987	73%
1995	1,206	504	403	907	75%
1998	1,157	512	369	881	76%
2007	1,070	532	316	848	79%
2009	1,010	521	285	806	80%

자료 : 농림수산부, 농어촌공사, 농업생산기반정비사업통계연보, 2010.

〈표 21-2〉 수리시설별 몽리면적 및 시설물수

(단위 : 면적= ha, 개소수)

년도	저수지	양배수장	보	집수암거	관정	합계
1945년 이전	144,481	13,232	33,996	754	57	192,520
	(9,805)	(193)	(5,481)	(155)	(67)	(15,701)
1946-1961	79,882	12,718	6,494	492	2	99,588
	(2,591)	(291)	(1,380)	(69)	(4)	(4,335)
1962-1966	78,482	4,377	4,855	224	15	87,953
	(1,232)	(189)	(1,042)	(64)	(21)	(2,548)
1967-1971	30,987	13,728	15,124	7,688	3,540	71,067
	(2,485)	(661)	(2,468)	(1,841)	(2,950)	(10,405)
1972-1976	66,154	32,206	18,842	2,198	135	119,535
	(738)	(609)	(3,432)	(437)	(172)	(5,388)
1977-1981	35,000	26,377	15,975	5,663	2,172	85,187
	(587)	(1,685)	(2,774)	(945)	(1,370)	(7,361)
1982-1986	35,733	32,652	4,314	1,728	4,220	78,647
	(312)	(1,082)	(875)	(231)	(2,230)	(4,730)
1987-1991	14,577	5,715	1,900	639	3,909	26,740
	(141)	(667)	(605)	(63)	(1,576)	(3,052)
1992-1999	32,669	9,371	1,391	767	19,386	63,584
	(234)	(1,114)	(344)	(59)	(8,892)	(10,643)
2000총계	510,969	149,366	101,178	19,755	33,080	814,348
	(17,956)	(6,398)	(18,320)	(3,739)	(17,134)	(63,547)
2009총계	453,311	199,960	82,544	12,726	17,141	806,475
	(17,569)	(6,653)	(18,114)	(2,696)	(23,478)	(69,324)
구성비율:면적	56.2%	24.8%	10.3%	1.6%	2.1%	100.0%
(시설)	(25.5%)	(9.6%)	(26.2%)	(3.9%)	(33.9%)	(100.0%)

주 : ( ) 수자는 시설물개소수임.

자료 : 농수산부, 농어촌공사, 농업생산기반정비사업통계연보, 2010.

2. 경지정리

경지정리는 수리안전을 전제조건으로 실시하는 농지의 질적인 개선을 의미하는데 이는 구획정리, 용배수로정비, 농로정비 및 지균작업을 통한 필지당면적의 적정화를 포함하고 있다. 경지정리는 용배수관리 및 농업기계화를 통하여 농업노동력을 절감하여 생산비를 절감하고 근대적인 시설영농을 가능하게 해주고 토지 및 노동생산성을 제고시켜주는 가장 기본적인 농업기반조성사업으로써 WTO협상에 따른 농산물수입개방하에서 국제경쟁력을 제고하기 위하여 계속 시행되어야하며 개별농가의 합리적인 농업경영을 위하여 교환분합이 반드시 이루어 져야 하는 사업이다.

그러나 지금까지는 원지환지원칙에 의거 경지정리를 해왔기 때문에 농가호당필지수가 약9개소로 분산되어 있고 농지의 집단화 내지는 단지화에 의한 농업경영의 합리화를 기하는데 많은 어려움을 주고 있어 이제서야 정부는 농지구조개선차원에서 농지의 교환분합을 권장하고 있고 이에 따른 금융지원을 실시하고 있다. 〈표 21-3〉에서 보는 바와 같이 2004년 현재 우리나라의 경지정리면적은 전체 답면적의 64%로써 아직도 40%정도를 더 경지정리 내지는 구획정리를 해야 하는 처지에 있다.

〈표 21-3〉 경지정리사업

(단위 : ha)

년 도	총 답면적	경지정리 면적	경지정리 누계면적	경지정리율 (누적)
1970년 이전	1,194,734	12,745	144,446	12.1%
1971-1975	1,276,599	132,760	277,206	21.7%
1976-1980	1,306,789	91,488	368,694	28.2%
1981-1985	1,324,932	78,649	447,343	33.8%
1986-1990	1,345,280	109,834	557,177	42.9%
1991-1995	1,205,867	132,512	689,689	57.2%
1996-1999	1,176,148	23,931	713,620	59.9%
2000-2004	1,115,000	112,380	826,000	64.0%

자료 : 농림수산식품업주요통계, 2009 및 농업생산기반정비사업 통계연보, 2010에 의거 계산함.

한국의 경지정리는 그 대상을 답에 국한하여 실시해 왔는데 앞으로는 전에도 농기계진입이 가능하고 용수관리가 가능하도록 경지정리를 해야하며 교환분합은 필수적인 요건으로 추진해야 할 것이다. WTO체제하에서 농업소득의 하락을 방지하고 국제경쟁력을 제고하기 위 하여는 농경지의 집단화 내지는 단지화를 통한 근대적인 기업경영이 요구되고 하이테크농업기술을 수용하기 위하여는 농지의 질적 개선사업인 경지정리를 계속해서 추진하는 것이다.

3. 배수개선

2005년 현재 배수개선면적은 129,286ha로써 전체배수개선대상면적 188,000ha의 69.0%에 달한다. 배수개선사업은 1970년경부터 착수하여 현재까지 시행해오고 있는데 이는 주로 배수가 불량하여 토지이용율의 제고가 곤란하고 답 이작으로 비닐하우스를 설치하여 고등채소의 재배가 곤란한 지역을 대상으로 하고 있다.

배수개선사업은 수도작의 생산성향상은 물론이고 토지 이용율을 제고하여 농경지의 내연적 확대를 기하는 사업으로 계속해서 사업을 추신해야 하며 WTO하의 개방농징에 부응하는 시설농업을 하기 위해서는 빠른 기간 내에 완공하는 것이 바람직하다.

〈표 20-4〉 배수개선사업

(단위 : ha)

년 도	배수개선 대상면적	기간중 배수 개선면적	배수개선 루적면적	배수개선율 (누적비율)
1970년 이전	210,571	2,948	2,948	1.4%
1971-1975	205,228	8,750	11,698	5.7%
1976-1980	206,736	10,216	21,914	10.6%
1981-1985	207,207	9,996	31,910	15.4%
1986-1990	206,660	20,995	52,905	25.6%
1991-1995	206,922	16,000	68,905	33.3%
1996-1999	234,600	23,263	92,168	39.3%
2000-2005	188,000	37,118	129,286	69.0%

자료 : 농림수산식품업주요통계, 2009 및 농업기반조성사업 통계연보, 2009에 의거 계산함.

제 3 절 농경지의 외연적 확대개발

한국은 노동, 토지, 자본 중 가장 희소한 자원이 농지이다. 또한 농지는 가장기본적인 생산수단으로써 농업소득의 크기를 결정하는 주요 요인으로 작용하고 있다.

오늘날 우리가 당면하고 있는 WTO협상 및 농산물수입개방문제는 대규모경영 대 영세경영간의 문제요 토지생산성 대 노동생산성간의 문제로써 농산물의 무역자유화에 따른 농업소득 감소방지대책의 하나로써 추진되고 있는 농업구조개선문제는 농가의 경영규모확대에 중점을 두고 있는 것이다.

농업구조개선을 위한 경영규모의 확대는 기존농지의 매매를 통한 소수농가의 경영규모확대 및 집중화뿐만 아니라 농경지의 외연적 확대를 통한 대규모 기업농의 육성도 동시에 고려해야 한다. 농지면적의 외연적 확대는 산지의 개간과 간석지의 간척을 통하여 가능한데 다행히도 우리나라는 〈표 20-5〉 및 〈표 20-6〉에서 보는 바와 같이 1,070,000ha의 야산개발가능지가 있고 이중의 655,000ha는 전작지로 이용이 가능하며 나머지는 초지 및 과수원으로 이용이 가능하고 서남해안에 펼쳐져 있는 간석지의 간척가능면적도 156,666ha가 있어 이를 모두 개발하면 현재 농경지 면적의 60% 이상을 확대 할 수 있게 된다. 따라서 농지확대개발은 과거와 같은 영세농의 확대재생산이라는 차원이 아니라 대규모 기업농의 확대재생산이라는 차원에서 개발이 지속돼야하고 WTO의 무역자유화에 따른 농가소득 감소문제는 간척지, 초지 및 과수원의 확대개발에서도 그 해결책을 찾아야 할 것이다.

1. 개간

전작지의 개간은 1995년 현재 197,113ha가 개간되어 전체개간가능면적의 30.1%가 농지화해서 경작되고 있고 초지가능면적은 299,000ha로 이중 90,400ha가 개간 되어 30.2%의 개발실적을 보이고 있다. 과수원으로 이용이 가능한 개발가능면적은 116,000ha로 1995년 현재 8,200ha가 개발되어 7.1%의 실적을 보이고 있다.

개간사업은 경제개발5개년계획이 시작된 1960년대 중반부터 1980년까지 활발히 추진되어 왔으며 그 이후에는 개간이 거의 중단된 상태에 와 있음을 알 수 있다. 전체개간가능면적의 개발실적은 288,900ha로 23.1%의 실적을 보이고 있다. 1987년 이후부터는 산지개간이 완전중단

상태에 있는데 UR대책과 관련해서 초지 및 과수원의 개간을 통한 가축 및 과실의 생산과 이의 수출전략도 고려해 볼 수 있다.

〈표 21-5〉 전작지 개간사업

(단위 : ha)

개발년도	대상면적	기간 중 개발면적	개발면적 누 계	개간율
1970년 이전	655,000	151,183	151,183	23.1 %
1971-1975	655,000	15,098	166,281	25.4 %
1976-1980	655,000	18,112	184,393	28.2 %
1981-1985	655,000	5,834	190,227	29.0 %
1986-1990	655,000	5,573	195,800	29.6 %
1991-1995	655,000	-	197,113	30.1 %

자료 : 농림수산부, 농림수산주요통계, 1993 및 농업기반조성사업 통계연보, 1992에 의거 계산함.

〈표 21-6〉 야산개발사업

(단위 : 천ha)

구 분	대상면적	87년까지	95년까지	개발실적
계	1,070	288.9	na	27.0%
전작	655	193.8	193.8	29.6%
단지화	195	20.9	na	10.0%
소규모	460	172.9	na	37.1%
초지	299	90.4	na	30.2%
과수	116	8.2	na	7.1%

자료 : 농림수산부, 농어촌개발국 초지과, 1993

2. 간척

서남해안에 산재되어 있는 간척가능면적은 약 240,000ha이며 이중 농경지로의 이용이 가능한 개답가능면적은 156,666ha로 추정되고 있다. 1999년까지의 총 간척면적은 75,738ha로써 전체간척가능면적의 48.3%에 해당된다. 간척은 사업비가 많이 소요되며 직접적 생산효과인 미곡편익만을 고려하면 투자의 효율성이 없다고 하나 간척농지의 국토확장효과, 환경공익적 효과, 관광효과, 교통효과, 수자원이용효과 등을 고려하면 갯벌의 수산물생산 및 환경효과를 비교해 보아도 경제적 타당성이 높은 것으로 구명되었다. 더구나 간척농지는 대규모집단농지로써 대형기계화기업농을 육성하고 항공방제에 의한 저투입 농법을 실현한다면 WTO하에서 가장 바람직한 영농형태로 발전시킬 수 있는 여건을 가지고 있다고 생각되어 앞으로도 가능한한 간척사업은 계속되는 것이 바람직하다고 생각된다.

간척사업으로 조성된 농지는 기존농지가 도시 및 산업용지 등의 타 용도로 전환할 수 있는 가능성에 따라 토지의 기회비용으로도 평가되고 있고 농지가격과 전용토지가격과의 지대차액으로 평가된 국토확장효과를 고려해 보면 간척사업의 계속적인 시행이 요구되나 이는 수산자원과의 경합과 환경영향평가결과에 따른 생태계의 변화와 생명자원의 보존이라는 부대적인 문제가 없다는 것을 전제로 한다.

간척사업에 있어서 가장 큰 문제는 보상비문제인데 이를 해결하기 위 하여는 양식업의 면허를 조건부면허로 전환해야하고 철저한 경제성분석 및 환경영향평가를 통하여 지역특성에 따라 선별적으로 간척을 시행하여야 하며 민간자본의 참여도 강구되어야 한다. 장기적인 관점에서 볼 때 농경지면적의 내외연적확대를 통한 농업구조의 개선과 고품질농산물을 생산할 수 있는 하이테크 환경농업의 정착만이 국제경쟁에서 이길 수 있는 길이라고 생각된다.

〈표 21-7〉 간척사업사업실적

(단위 : ha)

개발년도	대상면적	기간중 개발면적	개발면적 누 계	개발실적
1970년 이전	156,666	1,213	24,193	15.4 %
1971-1975	156,666	7,374	31,567	20.2 %
1976-1980	156,666	11,482	43,049	27.5 %
1981-1985	156,666	6,744	49,793	31.1 %
1986-1990	156,666	3,687	53,480	34.2 %
1991-1995	156,666	20,219	73,699	47.0 %
1996-1999	156.666	2,039	75,738	48.3 %
2000-2007	134,778	6,512	82,250	61.0%

자료 : 농림수산식품업주요통계, 2009 및 농업생산기반정비사업 통계연보, 2009에 의거 계산함.

제 4 절 농업기반조성사업 재정투융자실적

1. 재원별 투자실적

해방이후 최근까지 우리나라의 농업정책은 식량자급을 위한 수도작 위주의 미곡생산정책이었다고 볼 수 있다. 농업소득의 주원천인 미곡을 증산하는 것은 농가소득을 제고 하는 것이 되기 때문에 정부는 경제개발5개년계획의 일환으로 전천후농업의 실현을 위하여 농업용수개발사업과 더불어 경지정리, 개간 및 간척사업을 연차별로 추진하여왔다.

농업부문투자액의 대부분을 차지하고 있는 농업기반조성사업비는 〈표 21-8〉에서 보는 바와 같이 국고보조, 장기채, 외국차관 및 기타재원으로 조달되는데 국고 보조율은 70% 이상 수준으로 매년증가하고 있으며 장기채와 외국차관도 과거 10% 수준에서 0.1% 수준으로 감소하고 있으며 기타재원의 조달은 16%에서 5.0% 수준으로 감소하고 있다.

최근 1981년에서 1985년까지 5개년간의 총 투자액은 1조8천8백억 원이었으며 1986년부터 1990년까지의 총 투자액은 3조3천6백40억 원에 달하였고 1991년부터 1995년까지는 6조3천억 원 수준으로 증가하였다. 그러나 최근 1996년부터 1999년까지는 11조2천7백2억원이 투자되었다. 2000년에서 2009년까지는 총 12조 1,470억원이 투자되었다.

농업기반조성사업비의 기타 재원내역을 보면 1995년까지는 〈표 21-9〉에서 보는 바와 같이 지방비, 지원부담, 양곡비(WFP),융자 및 기타로 구성되는데 30-50%가 지방정부의 부담으로 해마다 부담이 늘어나고 있고 지원부담은 과거 40%수준에서 0%수준으로 농민의 부담이 경감되고 있음을 알 수 있다. 1995년 이후에는 투자사업비의 대부분이 국고 및 지방비와 농지기금으로 조달되었다.

농지관리기금은 도시화 공업화에 따라 전용되는 농지에 농지전용부담금을 부과하여 기금화하고 이를 대체농지조성사업 및 농업생산기반조성사업에 재투자하는 기금을 말한다.

농업기반조성은 농산업의 하부구조(Infrastructure)를 개발하는 사업으로 사회간접자본의 개발과 같은 맥락에서 정부가 전담하는 것이 바람직하다고 하겠다. 각종 농업용시설의 유지관리도 국고보조의 지원하에 농어촌공사가 대행하는 것이 농민의 부담을 경감하고 미작농업의 지속성 및 UR과 관련한 농민에 대한 간접적인 소득보상이라는 차원에서 볼 때 바람직하게 생각된다.

정부는 농산물수입개방에 대처하고 국제경쟁력을 강화시키기 위해서는 취약한 농업기반을 하루 속히 근대화하는데 보다 많은 재정투융자를 지속하여야 할 것이다.

〈표 21-8〉 농업기반조성사업재원별투자실적(경상시장가격)

(단위 : 백만원)

개발기간	국고 및 지방비	장기채	외국차관	기타	계
1945년까지	44.0	49.0	-	1.5	94.5
	(46.6%)	(51.9%)	-	(1.5%)	(100.0%)
1946-1975	135,031	32,370	29,771	71,016	286,208
	(53.5%)	(11.3%)	(10.4%)	(24.8%)	(100.0%)
1976-1980	494,614	63,840	88,481	130,872	777,807
	(63.6%)	(8.2%)	(11.4%)	(16.8%)	(100.0%)
1981-1985	1,325,370	144,304	107,480	308,695	1,885,849
	(70.3%)	(7.7%)	(5.7%)	(16.4%)	(100.0%)
1986-1990	2,442,932	101,962	9,615	809,886	3,364,395
	(72.6%)	(3.0%)	(0.3%)	(24.1%)	(100.0%)
1991-1995	4,632,370	-	6,087	1,663,646	6,302,103
	(73.5%)	-	(0.1%)	(26.4%)	(100.0%)
1996-1999	11,272,138	-	-	685,692	11,272,138
	(95.0%)	-	-	(5.0%)	(100.0%)
2000-2003	207,338	-	-	153,706	361,044
	(57.4%)			(42.6%)	(100.0%)
2004-2009	9,332,124	-	-	2,453,930	11,786,054
	(97.92%)	-	-	(2.08%)	(100.0%)

자료 : 농림부, 농림업 주요통계.2009, 농업생산기반정비사업통계연보. 2010.

〈표 21-9〉 농업기반조성사업 기타재원의 내역(경상시장가격)

(단위 : 백만원)

개발기간	지방비	지원부담	양곡대	융자	기타, 농지기김	계
1945년까지	-	-	-	-	1.5	1.5
	-	-	-	-	100.0%	100.0%
`46-`75까지	22,232	22,343	12,761	1,536	12,145	71,017
	31.3%	31.5%	18.0%	2.2%	17.1%	100.0%
`76-`80까지	51,660	53,309	647	12,382	12,874	130,872
	39.5%	40.7%	0.5%	9.5%	9.8%	100.0%
`81-85까지	117,797	99,933	-	42,486	48,480	308,696
	38.2%	32.4%	-	13.8%	15.7%	100.0%
`86-`90까지	330,585	145,797	238,776	58,652	37,075	810,885
	40.8%	18.0%	24.4%	7.2%	4.6%	100.0%
`91-`95까지	828,454	52,930	126,499	38,889	616,874	1,663,646
	49.9%	3.2%	7.6%	2.3%	37.0%	100%
`96-`99까지	11,272	-	-	-	686	11,958
	95.0%	-	-	-	0.5%	100%
2000-2003까지	134,690	-	-	-	15	134,705
	100%	-	-	-	-	100%
2004-2009까지	404,445	-	-	-	2,049,484	2,453,929
	16.5%	-	-	-	83.5%	100%

자료 : 농림부, 농어촌진흥공사, 농업기반조성사업통계연보, 2010.

2. 사업별투자배분

사업별 투자비의 기간별 배분내역을 보면 〈표 21-10〉에서 알 수 있는 바와 같이 기간에 따라 차이를 보이고 있는데 최근 5개년기간인 1991년부터 1995년 기간에 있어서는 생산기반 60%, 농업용수개발 26.3%, 대단위 농업종합개발사업추진 7.2%이고 방조제사업에는 약 6.5%의 자금을 배분하였다. 최근 2004년부터 2009년까지는 생산기반 54.6%, 농업용수개발 27.3%, 대단위 농업종합개발사업추진 7.6%이고 방조제사업에는 약10.4%의 자금을 배분하였다.

〈표 21-10〉 사업별 농업기반조성사업 투자실적(경상시장가격)

(단위 : 백만원, 1000ha)

개발기간	생산기반	농업용수[2)]	대단위[3)]	방조제	계
1946-1969	13,286	-	-	-	13,286
	100.0%	-	-	-	100.0%
1970-1975	51,372	81,372	79,024	1,115	212,883
	24.1%	37.8%	37.1%	0.5%	100.0%
1976-1980	175,072	300,557	257,725	5,764	739,118
	23.7%	40.7%	34.9%	0.7%	100.0%
1981-1985	443,563	825,866	614,316	23,722	1,907,467
	59.4%	43.3%	32.2%	1.2%	100.0%
1986-1990	1,402,233	1,291,695	488,743	36,157	3,218,728
	43.6%	40.1%	15.2%	1.1%	100.0%
1991-1995	3,789,037	1,656,865	451,805	4,06,749	6,304,456
	60.0%	26.3%	7.2%	6.5%	100.0%
1996-1999	7,840,934	2,178,181	543,244	709,780	11,272,039
	69.6%	19.3%	4.8%	7.3%	100.0%
2000-2003	6,093,477	2,497,033	599,663	563,200	9,753,373
	62.5%	25.6%	6.2%	5.7%	100.0%
2004-2009	6,437,480	3,224,912	901,031	1,225,935	11,789,358
	54.6%	27.3%	7.6%	10.4%	100.0%

주 : 1) 경지정리, 배수개선, 간척 및 수리시설 개보수비임.
2) 저수지, 양수장, 보, 지표수, 지하수개발사업비임.
3) 대단위농업종합개발사업비임.
자료 : 농림수산부, 농어촌공사, 농업생산기반정비사업통계연보, 2010.

제 5 절 농업기반조성사업이 미곡생산에 미친 영향분석

1. 모형설정

해방이후 한국에 있어서 농지개발정책은 앞에서 검토한 바와 같이 주로 미곡증산을 위한 논 중심의 생산기반조성에 중점을 두어 왔다. 그러나 농업기반조성을 위한 재정투융자가 미곡증산에 얼마나 기여하였는가에 관하여는 거시적인 측면에서 볼 때 아직 구명된 바 없다.

미곡생산액(Y)의 크기를 결정하는 요인을 투입산출물의 가격(P_y,P_x), 농업기반개발투자비(X_{1t-3}), 노동 및 물재비를 포함하는 농업경영비(X_2), 농업기계화비(X_3)라고 할 경우 미곡생산함수를 다음과 같이 표시 할 수 있다. 특히 농업기반조성사업은 투자의 효과가 최소한 3년 후에야 나타나므로 3년전의 투자가 금년의 미곡생산액에 영향을 미치는 것으로 가정하였다.

1) $Y = F (P_y, P_x, X_{1t-3}, X_2, X_3)$

종속변수인 Y를 년차별 미곡생산액으로 표시하고 독립변수인 X_1,X_2,X_3를 비용인 금액으로 표시할 경우 생산함수 1)식은 가격요인을 제외시킨 다음 2)식과 같이 표시된다.

2) $Y = F (X_{1t-3}, X_2, X_3)$

실제적인 요소배분율(Factor Share)의 추정은 Cobb-Douglas생산함수를 응용하여 추정이 가능한데 이는 C-D함수의 지수 값이 각 투입요소의 생산탄력성을 의미하고 요소배분율(기여율)을 의미하기 때문에 가능하게 된다.

3) Cobb-Douglass **생산함수** : $Y = C \cdot X_{1t-3}^{a} \cdot X_2^{b} \cdot X_3^{c}$

Y = 년도별 미곡생산액(10억원)

C = 절편

X_{1t-3} = 년도별 농업기반개발투자비(10억원)

X_2 = 농업노임 + 물재비(10억원)

X_3 = 년차별 농기계감가상각비총액(10억원)

표본기간 : 1965-1991(27개년)

2. 요인별 기여율 분석결과

1965년에서 1999년까지 35개년 간에 있어서 미곡의 총 생산탄성치는 3개 투입요소 만을 고려 할 경우 다음 〈표 21-11〉에서 알 수 있는 바와 같이 0.901으로 규모에 대한 수확체감(Decreasing Return to Scale)현상을 보였고 각 투입요소의 생산탄력성은 농업기반개발투자가 0.21로 미곡생산액의 증가에 22%를 기여한 것으로 나타났고 미곡의 직접생산비의 경우는 생산탄력성이 0.542로 60%의 기여율을 보이고 있다. 농업기계화를 위한 투자비의 생산탄력성은 0.158로 미곡생산액의 증가에 18%의 공헌을 한 것으로 나타났다.

1970년에서 1999년까지 30년간의 전체 생산탄력성의 값은 0.818로 역시 규모에 대한 수확체감(Decreasing Return to Scale)현상을 보이고 있고 농업개발투자의 생산탄력성은 0.179로 미곡생산액에 대한 기여율은 22%로 나타고 있어 농업기반조성을 위한 투자의 중요성이 재인식되었고 미곡의 직접생산비는 생산탄력성이 0.409로 50%의 미곡생산기여율을 보이고 있다. 농업기계화비의 생산탄력성은 0.23으로 미곡생산액에 대한 기여율은 동기간에 있어서 28%를 보이고 있다.

1965년에서 1990년까지 26년간(1965-1990)에 있어서 총생산탄력성은 0.873으로써 규모에 대한 수확감소(Decreasing Return to Scale)현상을 보이고 있고 농업기반투자의 생산탄력성은 0.155로써 18%의 기여율을 보이고 있는데 이는 `80년대에 들어 농업용수를 많이 필요로 하는 다수확품종의 재배면적이 축소되었고 현재에는 다수확품종의 벼를 재배하지 않음으로써 미곡수확량이 감소하였기 때문이며 WTO체제하에 있어서 미곡의 수입개방이 예상됨에 따라 농민들의 생산의욕이 저하된데 그 원인이 있다고 생각된다.

반면에 직접생산비의 생산탄력성은 0.471로써 54%의 공헌율을 보이고 있고 농업기계화비의 생산탄력성은 0.247로써 28%의 상대적인 높은 공헌율을 보이고 있는데 이는 `80년대에 있어 미곡의 생산이 생화학적기술을 중심으로 하는 농업경영비의 증투와 부족한 농촌노동력을 기계력으로 대체함에 의하여 지속될 수 있었음을 의미하고 있다.

전반적으로 농업개발투자비의 생산탄력성은 수리답율이 제고되고 경지정리면적이 확대됨에 따라 농업개발투자의 한계생산이 감소하기 때문에 생산탄력성의 크기가 농업기반조성사업이 진행됨에 따라 기간별로 감소하는 현상을 보이고 있음을 알 수 있었다. 그러나 전 분석기간을 통해본 농업기반투자의 생산탄력성은 0.20(기여율:22%)로써 분석상으로는 미곡생산에 기여한 바가 농업경영비의 증투 다음으로 중요한 위치에 있다.

그러나 농업기반조성사업은 생화학적 기술과 기계적 기술의 수용을 가능하게 해주기 때문에 미곡생산에 있어서 가장 기본적이고 중요한 위치를 점한다고 해도 과언은 아니라고 생각된다.

〈표 21-11〉 미곡생산에 있어서 요인별기여도분석(1965-1999)

기 간	상 수 (C)	요 인 별 기 여 도			생산 탄력성	D-W	R^2
		농업기반 개발투자 (X_1) a	직접 생산비 (X_2) b	농업 기계화비 (X_3) c			
1965-1999	2.427	0.201	]0.542	0.158	0.901	1.090	0.992
	(4.915)	(1.77)	(4.32)	(1.47)			
(공헌율)		(22%)	(60%)	(18%)	(100%)		
유의수준	0.000	0.087	0.002	0.153			
1970-1999	3.068	0.179	0.409	0.230	0.818	1.230	0.989
	(5.789)	(1.36)	(3.18)	(1.93)			
(공헌율)		(22%)	(50%)	(28%)	(100%)		
유의수준	0.000	0.185	0.004	0.065			
1965-1990	2.761	0.155	0.471	0.247	0.873	1.297	0.993
	(4.52)	(1.02)	(2.63)	(2.04)			
(공헌율)		(18%)	(54%)	(28%)	(100%)		
유의수준	0.000	0.316	0.015	0.053			

주 : 공헌율 : 생산탄력성을 100분율로 표시함.

〈표 21-12〉 전체미곡생산을 위한 투입-산출기초자료(경상시장가격)

(단위 : 10억원)

년도	미 곡 총 생 산 량 (백만톤)	미 곡 총 생 산 액 (Y)	농업기반 조성사업비 (X_1)	농기계비 제외 미곡 직접생산비 (X_2)	농업기 계화비 (X_3)
1965	3.501	148	5.0	47.0	1.2
1966	3.919	165	7.7	57.9	1.2
1967	3.603	167	8.7	66.5	2.5
1968	3.195	174	9.2	76.5	2.3
1969	4.090	277	23.0	96.4	3.7
1970	3.939	294	18.7	112.0	3.6
1971	3.975	373	14.8	125.7	6.0
1972	3.933	480	26.6	157.0	8.3
1973	4.190	535	34.3	178.4	9.5
1974	4.417	816	41.9	227.9	12.0
1975	4.669	1,084	79.2	323.5	24.4
1976	5.180	1,459	96.6	405.8	36.4
1977	5.965	1,857	117.4	483.3	49.2
1978	5.779	2,102	149.4	584.1	61.7
1979	5.546	2,618	189.7	760.7	86.3
1980	3.550	2,188	224.7	941.4.	86.3
1981	5.063	3,540	345.1	1,226.6	122.4
1982	5.175	3,580	376.5	1,203.4	142.5
1983	5.404	3,777	374.8	1,248.7	184.3
1984	5.682	4,102	415.6	1,268.3	184.6
1985	5.626	4,441	373.1	1,324.9	210.3
1986	5.607	4,832	437.2	1,310.4	234.8
1987	5.493	4,955	640.8	1,361.0	265.1
1988	6.053	5,994	652.7	1,327.2	340.2
1989	5.898	6,044	764.3	1,508.9	414.7
1990	5.606	6,538	869.4	1,686.9	497.7
1991	5.384	6,398	960.2	1,793.2	580.1
1992	5.331	6,504	997.5	1,776.1	613.1
1993	4,748	6,051	1,048.2	1,837.9	640.5
1994	5,058	6,630	1,063.2	1,742.4	646.2
1995	4,694	6,892	1,040.9	1,674.9	632.5
1996	5,322	8,925	1,246.9	1,734.2	669.4
1997	5,448	9,243	1,600.2	1,796.1	692.8
1998	5,089	9,248	2,254.3	2,074.7	769.8
1999	5,238	10,075	2,752.3	2,038.8	783.2

자료 : 1. Y : 농림수산부, 농림통계연보의 산업별생산액.
2. X_1 : 농림수산부, 농업기반조성사업통계에 의함.
3. X_2 : 전국평균 반당직접생산비를 전국수도재배면적에 승하여 구함(수리비는 유지관리비로 취급함).
4. 기계화비(X_3) : 반당농기계비 x 전국답면적.

제 6 절 농지확대 개발방향

1. 농업진흥지역설정과 농지전용

정부는 농어촌발전특별조치법에 의하여 농지의 효율적인 개발, 이용 및 보전을 통하여 안정적인 식량을 공급하기 위하여 농경지를 농업진흥지역과 농업진흥지역 밖으로 구분하여 관리토록 하였다. 농업진흥지역은 수리가 안전하고 경지정리가 되어 있는 지역으로 농업생산기반이 완전한 지역을 중심으로 구성되고 있으며 농업진흥지역 밖의 농지는 도시 내 또는 도시주변의 농지로써 도시화 공업화로 인하여 농지가 타 용도로 전용이 용이한 지역으로 장기적으로 보아 농지로써 보전이 어려운 지역을 말한다.

따라서 농업진흥지역에 대하여는 완전한 농업기반조성을 위한 집중투자가 요구 되지만 농업진흥지역 밖의 농지에 대하여는 장기적인 시설투자가 자원의 낭비가 될 뿐만 아니라 비경제적인 문제로 대두되게 된다. 〈표 21-13〉에서 보는 바와 같이 정부는 2000년도에 있어서 농업진흥지역내의 답면적을 약 76.8만ha로 책정하고 있으며 이는 전체답면적 115만ha의 약66.8%에 해당된다. 이는 장기적으로 볼때 약 38.2만ha의 논면적이 도시화, 공업화로 인하여 타 용도로 전용될 수 있음을 의미한다.

전은 총면적 740천ha중 140천ha만(19%)이 일반적으로 농업진흥지역에 속해있고 과수원은 11천ha(1.5%)가 기타 농지로써 136천ha(18.4%)가 농업진흥지역에 포함됨으로 인하여 전과 과수원은 총 전면적의 61% 이상이 농업진흥지역밖에 속함으로 농산물수입개방과 관련한 농가소득의 유지 내지는 제고에 문제점이 되고 있다. 그러나 국민식량수급의 여건변화와 산업화의 진전정도에 따라서 농업진흥권역의 면적은 계속하여 조정되어 2007년 현재에는 진흥지역의 농경지면적은 882천ha로 전체 농지면적의 49.5%로 줄었고 논과 밭도 점차 줄고 있는 처지에 있다. 농산물 수입개방과 관련해서 볼 때 전작과 과수원의 경영은 농가소득면에 있어 중요성이 인정되고 있기 때문에 기성전과 과수원의 농지전용은 야산개발 가능면적에서 대체되도록 하여야 할 것이다.

〈표 21-13〉 연도별 농업진흥지역 지정현황

(단위 : 천ha)

구 분		'95	'00	'01	'02	'03	'04	'05	'06	'07
농 지 면 적		1,985	1,889	1,876	1,863	1,846	1,836	1,824	1,801	1,782
진흥지역 농지면적		841	919	920	920	919	922	919	917	882
	진흥구역	723	790	792	792	791	794	792	790	763
	보호구역	118	129	128	128	128	128	127	127	119
	답	703	768	770	770	770	773	771	769	751
	전	138	151	150	150	149	149	148	148	131

자료 : 농림수산식품부, 농업정책국 농지과, 2008.

2. 개방하의 농업경영형태

UR협상에 따른 농산물수입개방은 특히 쌀의 수입개방은 현행의 영세소농경영체제를 대규모 기업경영체제로의 구조적 전환을 요구하고 있고 또한 국제경쟁력을 유지하기 위하여 토지자원의 지속적이고 생산적인 이용과 쌀 농사의 지속성을 위 하여는 대규모의 기업경영 또는 영농조합경영이 앞으로의 농업경영형태라고 볼 때 이는 노동절약적이면서 자본집약적인 노동생산성제고위주의 농업경영을 하게 되고 미질위주로 생산되기 때문에 토지생산성이 현재보다 저하하는 방향으로 나타나게 될 것이고 40-50만ha의 논 면적이 타 용도로 전환됨에 따라 미곡의 자급률은 50% 이하로 감소 할 것이 예상된다.

정부는 대규모기업농을 육성하기 위하여 농업진흥지역내의 현행법상의 농지소유상한인 20ha를 철폐하고 영농의욕이 있는 자본가의 농지소유 및 기업적 농업경영을 허용하는 방향으로 연구 중에 있다.

기존의 농지조건은 생산기반이 취약하고 이질적이며 농지가 농가호당 9개 필지이상으로 분산되어 있기 때문에 영농회사를 통한 위탁 및 임차경영에 있어서도 농업기계화의 효율성을 기하기 어려울 뿐만 아니라 협업 및 집단경영을 하는데 있어서도 많은 어려움을 안고 있다.

3. 간석지의 개발과 기업농육성

쌀농사는 이제 수지가 맞지 않고 간척사업은 막대한 투자가 소요되기 때문에 더 이상의 간척사업을 지속해서는 안 된다는 식의 사고방식은 버려야 한다. 경영방법에 따라서는 국제경쟁력을 갖는 농사가 될 수도 있다.

다행히도 우리나라는 서남해안에 산재되어 있는 157천ha의 간석지가 농지로의 전환이 가능한 토지자원이 있다. 1999년 현재 48.3%의 간척실적을 보이고 있을 뿐 아직도 35만ha의 간척 가능 면적이 있다. 특히 간척지답에 있어서는 미질이 양호하여 소비자들이 즐겨 찾고 있으며 미가도 육지의 논에서 생산된 쌀 보다 높게 형성되고 있다.

또한 간척지는 토질이 균일하고 농지의 제반조건이 유사함으로 일반답에서 발생하는 영농상의 문제점들이 적다. 따라서 간척지를 농민에게 분배를 한다 치더라도 단지화 집단화에 의한 조합경영 또는 대규모 위탁경영에 있어서 어려운 문제가 없다.

특히 간척지는 신규개발농지임으로 영농의욕이 있는 자본가의 유치가 용이하고 농지가 집단화 되어있음에 따라 대규모기계화 일관작업이 용이하여 UR대책의 하나인 농업구조개선과 전업적 기업농의 육성이 용이하게 실현 될 수 있다고 하겠다.

1999년 현재 간척농지의 평당 사업비는 지형지세에 따라 상이 하겠으나 약 20천원에서 30천원으로 추정되고 있다. 우리나라 전체의 간척자원 8만 1천ha에 소요되는 총사업비는 약5에서 7조 5천억원이 소요된다. 이의 재원은 농업진흥지역밖의 농지전용 시 평당 20천원 내지 50천원의 농지전용부담금을 부과하여 확보토록 하면 정부의 재정투융자지원 없이도 간석지의 개발이 가능하게 된다. 정부는 이를 제도화 할 수 있도록 토지개발공사와의 협조하에 정책적인 제도적 장치를 강구하여야 할 것이다. 특히 간척사업의 경제적 타당성분석에 있어서는 기존의 영세소농의 농업경영에 소요되는 생산비를 적용 할 것이 아니라 앞으로 전개될 대규모 기계화 기업경영을 고려하여 이에 상응하는 수익비용분석으로 분석기법을 전환하여야 할 것이다.

4. 야산개발과 과수 및 축산단지조성

우리나라의 농산물은 기후풍토가 세계 어느 나라와도 비교되지 않을 만큼 천혜의 조건을 갖추고 있기 때문에 품질면에서 매우 우수한 편에 속한다고 한다. UR협상이후 우리나라의 농업은 수입농산물을 걱정하는 수세적이 농업에서 우리의 질 좋은 농산물을 적극적으로 수출하는 공세적인 농업으로 나가야 할 것이다.

특히 우리나라는 년간 300억$ 이상을 수입하고 있는 일본이 바로 옆에 있으며 고급과실과 특용작물은 유럽과 북미지역까지도 수출이 가능하다고 한다.

우리나라에서 재배되고 있는 세계적인 고급 과일로는 배, 사과, 감, 매실, 포도, 유자가 있고 특산품으로는 인삼, 버섯, 엽연초가 있으며 색깔이 곱고 향기가 좋은 백합, 장미, 카네이션, 거베라, 원추리, 옥잠화, 국화, 작약, 선인장, 난 등의 화훼류가 재배되고 있으며 가축으로써는 맛이 뛰어난 한우를 비롯하여 돼지, 닭, 거위, 사슴, 염소, 꿩 등의 중소가축이 사육되고 있다. 이러한 농산물의 생산을 규모화해서 생산비를 절감하는 방향으로 경영을 쇄신 한다면 국제시장에 수출 할 수 있는 길이 열릴 것으로 확신한다.

우리나라의 야산개발은 1987년 이후 완전히 중단된 상태에 와 있으며 1995년 현재 시점에서 볼 때 아직도 462.6천ha의 전작지 개발이 가능한 면적을 가지고 있으며 이중 175.5천ha는 단지화가 가능함으로 대규모기업농의 육성이 가능하다. 한우 및 재래가축을 기를 수 있는 초지 개발가능면적도 208.6천ha나 있어 축산업의 개발에 의한 농가소득의 증대도 크게 기대되고 있다.

특히 앞에서 언급한 우리나라의 과실은 맛, 색 및 품질면에서 세계적인 고급과일에 속함으로 107.8천ha에 상당한 과수원적지를 개발하여 연차적으로 과수수출단지를 조성해 나가야 할 것이다. 1993년 현재 개간의 평균사업비를 평당 4,000원으로 본다면 5조 6천억원의 총사업비가 소요된다.

〈표 21-14〉 야산개발가능면적(1995년 현재)

(단위 : 천ha)

개발류형	개발면적	비 고
전작지	462.6	
-소규모	287.1	기존전의 증반
-단지화	175.5	기업농육성
초 지	208.6	한우단지조성
과수원	107.8	지역특산물생산
계	779.0	

자료 : 농림부, 농림업주요통계, 1999.

제 7 절 농지개발투자정책방향

정부는 경제개발5개년계획의 계속적인 추진과 함께 전천후농업용수개발, 4대강 유역종합개발 및 농지확대개발사업 등을 통하여 농지의 질적 개선을 통한 토지생산성의 제고와 개간간척 등의 사업을 통하여 농경지의 외연적 확대를 기하여 왔다.

정부는 주식인 미곡의 자급을 위하여 토지생산성을 높일 수 있는 생화학적기술의 보급과 더불어 관개, 배수 등의 용수관리를 원활하게 하기 위한 수문학적기술의 개발보급에 역점을 두어왔다.

1965년 이후 1999년까지 수리안전답율은 42%에서 76%로 제고 되었고 원활한 물 관리와 농업기계화를 위한 경지정리율은 1999년말 현재 59.9%를 시현하고 있다. 또한 동 연도에 있어서 배수개선실적은 배수개선대상면적의 39.3%를 나타내고 있다.

이와 같은 농업기반조성사업을 위하여 정부는 국고보조, 장기채, 외국차관, 지방비보조, 지원부담, WFP양곡대금 및 융자 등의 재원으로 막대한 투자를 하였다.

이와 같이 답을 중심으로 투자된 농업기반조성사업비가 미곡생산에 기여한 공헌율은 1965-1999년의 기간 동안에 있어 22%를 나타내었고 직접생산비 및 농업기계화비는 60%와 18%의 공헌율을 보였다. 우리나라가 가지고 있는 부존자원 중 가장 희소한 자원은 토지이다. 따라서 오늘날 우리가 고민하고 있는 UR문제는 농지면적의 협소에 따른 영세적 경영규모에서 그 원인을 찾아 볼 수 있다. 농업구조의 개선과 농업기계화를 통한 노동생산성의 제고와 생산비의 절감만이 UR문제를 해결 할 수 있는 길이라고 본다면 농경지면적의 외연적인 확대개발은 당연한 농지개발정책의 한 방향이 되야한다고 생각된다.

다행히도 우리나라는 서남해안에 산재되어 있는 15.7만 ha의 간석지와 야산개발가능면적 1,070천ha를 가지고 있고 이들의 개발실적은 1999년 현재 13.3%와 48.3%를 보임으로써 앞으로도 계속하여 농지를 확대 개발 할 수 있는 가능면적이 많음을 알 수 있다.

UR문제로 인하여 농업은 더 이상 수지가 맞지 않는 산업이다 또는 전망이 없는 산업으로 농지확대개발은 지양해야 한다는 등의 세속적이고 일반적인 통념은 불식시켜야한다. 농업은 지역적인 특수성이 있고 개간, 간척사업도 지형, 지세에 따라서 기술적 경제적인 타당성이 각각 달리 나타남으로 수지가 맞지 않는 다는 말로 전체를 매도하는 것은 농업의 발전을 위하여 매우 위험한 일로 생각된다.

수세적인 농업에서 공세적인 농업으로 수입농업에서 수출농업으로 전환하기 위하여는 취약한 농업기반을 계속해서 개발해 나가야 하겠고 답작지 뿐만 아니라 전작지까지도 농지의 질적 개발을 확대개발해 나가야 할 것이다.

농지확대개발사업으로써 개간, 간척사업은 종전과 같은 분배를 통한 영세농의 확대재생산의 차원에서가 아닌 대규모 기업농의 확대재생산이라는 차원에서 또한 국토확장이라는 차원에서 계속해서 추진해야 할 것이다.

이를 위하여 정부는 간척 및 개간가능자원에 대한 예비타당성조사(Pre-feasibility Survey)를 실시하도록 조치를 취하여야 하겠고 년차별 개발계획을 수립 적극적으로 개발해 나가는 것이 개방화 시대에 있어서 농업문제를 해결하는 길이라고 생각된다.

제 22 장
농업 및 농가경제조사기준

농업기반조성사업의 타당성분석은 농업 및 농가경제조사로부터 시작된다고 볼 수 있다. 따라서 사업지구 전체를 대표할 수 있는 작부체계, 농업생산량, 생산비 및 각종 투입 산출물의 통계학적 정확도 여부는 사업의 경제적 타당성분석 및 효과측정에 지대한 영향을 미친다.

사업의 타당성분석을 위한 조사는 사업지구의 농업통계자료를 사업지구에 국한하여 조사하는 일반조사와 사업지구의 표본농가를 대상으로 조사하는 농가경제조사로 구분된다. 농가경제조사의 주 목적은 사업시행전후의 사업효과를 분석하기 위한 기초자료를 수집하는데 그 목적이 있다.

따라서 농가경제조사는 사업지구내에서의 조사도 중요하지만 이미 개발된 인근지역에서의 조사도 병행되어야 한다. 그렇지 않고서는 사업의 효과를 측정하기가 어렵다. 특히 농가경제조사에 있어서는 모집단의 정의, 조사표본수의 배정, 조사표의 작성, 조사농가의 선정, 조사, 집계 및 분석단계에서 많은 오차를 범할 수 있다.

농업기반조성사업은 개발유형, 토지이용(답작, 전작, 과수, 목야지 등)형대 및 개발면적의 위치적 분산으로 인하여 조사농가의 선정에 일반성을 가질 수 없다. 표본조사농가는 영농유형별, 지구별 개발면적분포, 경지규모별 농가호수 비율을 고려하여 배분하고 임의 선정하여야 한다.

농업 및 농가경제조사는 다음의 준칙을 따라 시행하여야 할 것이다.

제 1 절 조사상 유의사항

1. 조사목적을 농민에게 충분히 납득시킨다.
2. 조사지역에서 관행되는 계량단위를 숙지한다.
3. 조사표는 그날로 정리한다.
4. 조사후 조사표의 기재사항을 검토한다.
5. 한 농가에 대해서 한 사람씩을 청취조사한다.

제 2 절 조사대상 및 조사사항

1. 조사대상

1) 관계기관

(1) 시행기관 : 도청, 군청, 읍면사무소

(2) 지도연구기관 : 농촌진흥청, 농촌진흥원, 농촌지도소

(3) 농　협 : 농협중앙회, 도지부, 군농협, 리 · 동단위농협

(4) 농　조 : 인근농조

(5) 기　타 : 인근어협, 잠협, 축협, 원예조합, 기타기관

2) 농 가 : 사업지구내에서 표본으로 추출된 농가

제 3 절 조사방법

1. 관계기관 조사

1) 농업현황 자료

최근 5개년간 기존통계자료수집 및 집계(사업지구내 읍 · 면단위 또는 리 · 동별로 사업지구내의 자료)

2) 농업개발계획수립 자료

(1) 기 수립자료 수집 및 발췌

(2) 상호 의견교환 결과 수록

(3) 연구 및 시험성적 수집 및 발췌

2. 농가조사

1) 표본유출방법

2단 단순임의추출법(two stage simple random sampling)

2) 표본추출 단위

(1) 제1차 추출단위 : 리, 동

(2) 제2차 추출단위 : 농가

3) 표본규모의 결정

(1) 1차추출

다음의 규모추정식에 의하여 〈표 22-1〉과 같이 추출한다.

추정식 : $n = \dfrac{no}{1 + no/N}$ --------------------(1)

$no: t^2 \times \dfrac{C^2}{\varepsilon^2}$

n : 추정표본수

t : 신뢰수준 비율의 t치

C : 모집단의 변이계수 (coefficient of variation)

ε : 허용추출오차

N : 사업지구내의 리 · 동 또는 농가호수

(2) 2차 추출

2차 추출단위인 농가 역시 일차추출방법과 동일한 추정식에 의하여 〈표 22-1〉과 같이 산정한다.

〈표 22-1〉 사업규모별 표본 농가수

규 모 별	추정총리동수	표본리 · 동수1)	표본농가수2)
1,000ha 이하	10개리동	7 개소	70 호
1,000 - 2,000	20	12	120
2,000 - 4,000	30	16	160
4,000 - 6,000	40	18	180
6,000 - 8,000	45	20	200
8,000 - 10,000	50	21	210
10,000 - 15,000	75	25	250
15,000 - 20,000	95	27	270
20,000 - 25,000	110	28	280
25,000 - 30,000	120	28	280
30,000 - 35,000	130	29	290
35,000 - 40,000	140	29	290
40,000 - 45,000	150	30	300
45,000 - 50,000	155	30	300
50,000 - 55,000	160	30	300
55,000 - 60,000	165	31	310

주 : 규모별로 본 공식에 의해 산출한다.

① C = 15%, ε = 5%, t = 1,96(95% 기준)

② 전국 평균 1개리동당 150호 농가를 기준하여 표본 리 · 동수와 동일한 방법으로 1개리당 10호로 산출한다.

③ 다), (1)항의 추정식에 의거 산출하였음.

3. 농가경제조사

1) 농가경제의 수입과 지출

가경제조사항목분류표

- 수입부문
  - 사업수입
    - 농업수입
      - 농작물수입
      - 농작물이외수입
    - 겸업수입
      - 임업
      - 수산업
      - 상공광업
      - 서비스업
      - 겸업잡수입
  - 사업외수입
    - 노임
    - 급료 및 사례금
    - 임차료 및 이자
    - 보조
    - 가사잡수입
  - 재산적수입
    - 고정자산의 매각
    - 유통자산의 감소
    - 차입금의 증가
- 지출부문
  - 사업지출
    - 농업지출
      - 자재 및 동물비
      - 노임비
      - 임차 및 수리비
      - 기타농업지출
    - 겸업지출
      - 임업
      - 수산업
      - 상공광업
      - 서비스업
      - 겸업잡수입
  - 사업외지출
    - 차입금이자
    - 조세공과
  - 가계지출
    - 음식물비
    - 주거비
    - 가계광열비
    - 피복비
    - 교육비
    - 가계잡비
  - 기타지출
  - 재산적지출
    - 고정자산의 구입
    - 유동자산의 증가
    - 차입금의 감소

2) 농가재산의 조사내용과 평가항목

- 농가자산
  - 자 산
    - 고정자산
      - 토지
      - 건물
      - 대동식물
      - 대농기구
      - 수산업
    - 유동자산
      - 미판매현물
      - 미처분농업생산자재
      - 소동물
    - 유통자산
      - 현 금
      - 준현금
  - 차입금
    - 차입금
    - 미불금

3) 영농계획 수립자료

① 지목별 작부체계별 식부면적, 토지이용률

② 작물별 단당수량

③ 농업용품 시용량 : 종자, 비료(N, P2O5, K2O, 퇴비, 석회, 규산 …), 농약(살충제, 살균제, 제초제)

④ 작물별 반당 투하노동시간 및 자가 또는 고용비율

⑤ 주요작업별 기계화율, 반당농기계 사용료

⑥ 기타 물적투입 산출계획(physical crop budget)작성에 필요한 자료

4. 고정자산 내용연수 일람표

〈표 22-2〉 주요수리시설 내용연수표

시설물별	내용수명(년)	시설물별	내용수명(년)
저 수 지	70	토　공	50
취 입 보	40	추　도	70
양수장및	40	수로구조물	30
전 동 기	40	방 수 제	100
내열기관	7	방 호 제	100
용 수 로	40	배수갑문	40

자료 : 농수산부, 「농업토목설계편람」

〈표 22-3〉 건물 및 구축물 표준 내용연수표

구 분		내 용 연 수(년)				
		주택	헛간	창고	축사	퇴비사
건물	목조와 가단층	60	50	60	40	30
	〃 2층	50	50	60	-	-
	〃 초가난층	50	40	50	35	25
	〃 2층	50	40	50	-	-
	〃 함석단층	40	30	30	-	-
	〃 2층	40	30	30	-	-
	철근 콘크리트 건물	80	70	80	60	60
	벽돌 또는 석조건물	70	60	70	50	50
	기타	30	20	20	30	20

구축물품		내용연수(년)	구축물품		내용연수(년)
보	철근콘크리트	30	유지및 용수정	철근콘크리트	60
	콘크리트	25		콘크리트	50
	진흙	25			
	목조	7		석조	50
명거	콘크리트	15	사일로(콘크리트)		50
	목조	5	분뇨통(콘크리트)		30
암거	토관	15	비 료 통		10
	철제	10	과수 지주	콘크리트	15
	목조	7		목(축)제	5
				목조철선	8

〈표 22-4〉 대농기구 표준 내용연수표

종 류		내용연수 (년)	종 류		내용연수 (년)
원동기	단상전동기	12	비용료구	비료배합기	10
	삼상전동기	14		액비통	5
	석유발동기	10	농용산 가공구	제승기	12
	디젤기관	15		가마니틀	12
	목탄가스발생기	7		감자절간기	7
	수차	7		제국기	15
펌프	회전펌프	10	축산용구	부화기	8
	족답펌프	10		육추기	8
경운기	동력경운기	7		사료분쇄기	10
	푸라우	10		봉밀분리기	10
	쟁기	7	운반용구	우마차	12
병충해 방제 용구	인력분무기	5		손수레	5
	동력분무기	10		배(소형선반)	8
	동력살분기	5		소형화물자동차	6
제초 용구	제초기	5		자전차	4
	중경제초기	5	계용 양구	됫말	10
탈곡제 조용구	족답탈곡기	10		저울	15
	동력탈곡기	8	기타	금속제 대농구	12
	선풍기	5		목제 및 비금속제	7

〈표 22-5〉 대동물 표준 내용연수 성축연령 및 잔존가격표

종류	용 도	내용 연수 (년)	성축 연령 (세)	잔 존 가격율 (%)	종류	용 도	내용 연수 (년)	성축 연령 (세)	잔 존 가격율 (%)
우	농업사용	6	3	50	마	화물운반용	6	4	20
	화물운반용	5	4	40		번 식 용	7	4	20
	번식용(한국소)	5	2	50		종 부 용	6	4	10
	번식용(젖소)	6	2	20		경 주 용	4	2	20
	종부용(한국소)	4	2	20					
	종부용(젖소)	4	2	20	양	종 부 용	3	2	10
	기 타	6	-	-		일 반 용	5	2	10

〈표 22-6〉 대식물 표준 내용연수표

구 축 물 품	내용연수(년)	구 축 물 품		내용연수(년)
사과나무	25	감 나 무		25
포도나무	18	살구나무		35
배 나 무	25	오얏나무		20
복숭아나무	13	뽕나무	고목	20
앵두나무	15		근예	20
밤나무	25		중예	15
			고예	10

자료 : (2),(3),(4),(5)는 농수산부의 농가경제조사결과보고에서 사용하고 있는 표준 내용연수임.

참고문헌

[국내문헌]

경제기획원, 공공부문투자사업의 경제성평가, 1979년 10월.

_________, 한국의 잠재가격계수추정, 구본영 투자심사자료, 1987.

김문식, 농수산업 관계사업의 투자우선순위 결정에 관한 연구, 과학기술처 연구보고서, 69-30. 1969.

_____, 농업부문의 경제계획 수립에 관한 연구, 농업경제연구 제11집, 1969.

강영복, 재무분석과 사업성검토, 경문사, 1977.

농림수산부, 농림수산주요통계, 각 연도.

_________, 농가경제통계, 각 연도.

농업기반공사, 농업생산기반정비사업통계연보, 각 연도.

___________, 농업기반조성사업 경제분석 평가기준, 각 연도.

___________, 농업기반조성사업 농업조사 및 경제분석업무편람, 1977.

___________, 대단위 농업종합개발사업 금강(II)지구 기본계획서(보완), 1989. 6.

___________, 영산강유역개발 제2단계사업, 기본조사보고서, 1976. 1.

___________, 농업기반정비사업 추진성과분석 및 효율적인 농촌개발 방안 연구(II), 1999. 12.

___________, 일본의 토지개량과 경제효과 해설집, 1992.12.

농협중앙회, 농협조사월보, 각 연도분.

_________, 농협연감, 각 연도.

반성환, 한규수, 농업부기, 한국방송통신대학 교재, 1983.

배준구, 비용.편익 분석론(역서), 신학사, 1984.

신의순, 자원경제학, 박영사, 1988.

오호성, 환경자원경제학, 법문사, 1989.

유한성, 공공경제학(역서), 박영사, 1986.

유지성, 계량경제학원론, 박영사, 1987.

문팔용, 현대농업경제학-이론과 정책-선진문화사, 1982.
문팔용, 임재환, 농업투자분석론(연구총서 27) KDI, 1979
임재환, 농업투자분석기준(단기 78 - 05), KDI, 1978
_____, 농업투자분석론(연구총서 27) KDI, 1979
_____, 수자원공업단지개발부문의 투자사업 심사지침(연구조사80-01) KDI, 1980
_____, 농업기계화의 투자효과분석(연구조사 80-06) KDI, 1980
_____, 농업신용사업의 경제성분석(연구조사81-08) KDI, 1981
_____, 결합비용의 배분방법, 농업정책연구 10권 1호, 1982. 12
_____, 투자심사편람(농업부문), 경제기획원 투자심사국, 1982. 12
_____, 농업투자사업평가를 위한 잠재가격 결정, 농업경제연구 22집, 1981. 12
_____, 배수개선사업의 경제적 효과분석, 충대농업기술연구보고 10권1호, 1983. 12
_____, 식량자급과 농업투자정책방향, 농업정책연구 11권 1호, 1984. 12
_____, 인도, NEWASA지역의 집수정관개개발의 경제성분석에 관한 연구, 충대농업기술연구보고 12권 1호, 1985. 6.
_____, 농업기계화의 투자효과분석에 관한 연구, 충대농업기술연구보고 14권 1호, 1987.
_____, 농어촌공업개발효과의 조사연구, 농촌경제연구원, 1988.3
_____, 농공지구 개발효과의 조사연구분석(충남도 연기군사례), 충청남도, 1989.
_____, 농공지구개발의 지역경제효과에 관한 연구, 충남대학교 지역개발연구 제2집, 1990.12.
_____, 충청남도 농외소득원개발전략, 농촌경제연구원, 농외소득원개발정책의 평가와 발전 전략(5), 1991. 11. PP 1-130.
_____, Fesibility Study on the Northern Terengganu Rural Development Project, Phase II, Malaysia, Ministry of Agriculture, Economic Planning Unit, Malaysia Government,1992.8.
_____, 말레이시아 북부 뜨렝가누 농촌개발 제2단계사업 타당성연구, 충남대학교 농업과학연구 제19권 제2호, 1992년 12월, PP201-237.
_____, Feasibility Study on the Northern Terengganu Rural Development Project, Phase II, Malaysia, Journal of Agricultural Science Vol.19, No.2, December 1992.
_____, 말레시아 북부 뜨렝가누 농촌개발 제2단계사업 타당성연구, 농어촌진흥공사 농공기술 제4권2호(통권43호), 1994년. 6월.
_____, 담수호 원수가 산정에 관한 연구, 원수가결정 및 다목적사업의 비용배분, 충남대학교 지역개발연구소, 농림수산부 농어촌진흥공사, 1995년 11월.
_____, 농업종합개발투자의 결합비용배분 및 담수호의 원수가 분석, 농업경제연구 제 37집 제1권, 1996 .6, PP173-184.
_____, 대단위 농업종합개발사업의 사회경제적 기대편익추정과 결합비용의 배분, -금강지구를 중심으로-, 충남대 농업과학연구 제23권 제1호, 1996. 6, PP 159-176.
_____, 한일간 논의 공익적 기능별 가치평가 비교분석, 충남대학교 농업과학연구 제26권 제2호, PP 70-76, 1999. 12.

______, 농업생산기반 정비사업의 산업연관효과분석,-황락 저수지지구를 중심으로, -충남대학교 농업과학연구 제26권 제2호, PP 77-92, 1999. 12.

______, 새만금 간척종합개발사업의 국토확장효과분석, 충남대학교 농업과학연구 제27권 제2호, PP 141-157, 2000. 12.

______, 경지정리사업의 사회경제적 효과분석, 충남대학교 농업과학연구 제27권 제2호 PP 158-175, 2000. 12.

______, 새만금사업을 통해본 간척농지의 경제적 가치, 농림부 농업기반공사, 농어촌과 환경 No71, PP 12-26, 2001. 6.

______, Economic Analysis of National Land Expansion Effects of Saemangeum Integrated Tideland Reclamation Project, CD, Workshop 19-20 September 2001, ICID Seoul, PP 10, 2001. 09.

______, Extended Benefit-Cost Analysis of Irrigation and Drainage Project, KCID, Journal, Vol. 8 No1, PP 115-124, 2001, 06, 사단법인 한국관배수위원회.

______, 미곡생산에 있어서 관개용수의 한계편익. 비용분석, 충남대학교 농업과학연구 제28권 제2호, PP 132-147, 2001. 12.

주봉규, 농지부문 투자에 관한 경제성연구, 서울대학교 논문집 인문사회과학 제16집, 1970.

______, 토지경제학, 서울대학교 출판부, 1980.

최승기, 이창우, 예해농업부기, 선진문화사, 1987.

통계청, 한국의 사회지표, 각 연도.

한국은행, 경제통계연보, 각 연도.

한국수자원공사, 안동댐 다목적개발사업타당성조사보고서, 제1권.

____________, 수자원개발사업 투자소요자원의 효율적 조달 등을 통한재무구조개선방안 연구, 1988. 12.

현병환, 인공씨감자의 경제가치평가를 위한 농민행태분석,-임의가치평가법(CVM)을 중심으로-, 충남대학교 대학원, 박사학위논문, 1996년 2월.

[외국문헌]

ADB, Appraisal of Nakdong River Basin Development project in Korea, 1977.

____, Appraisal of Namgang River Basin Development project in Korea, 1975.

____, Guidelines for the Economic Analysis of Projects, Economics and Development Resource Center, February 1997.

ADC, Nonsan Area in OGSEO Comprdhensive Agricultural Development project, 1977.

____, Feasibility Report on Yong San Gang Irrigation project Stage II, 1979.

____, Feasibility Report on Sapkyochun Area Development, Stage II, 1979.

____, and Sanyu consultants, Inc., Japan, Feasibility Report for Namgang Area Development project, phase 1, 1974.

Bank of Korea, Economi.ec Statistics Yearbook, 1979-1996.

Ban Sung Hwan, Mon Pal Yong and Perkins, Dwight H, Rural Development, Studies in the modernization of the Republic of Korea (1945-1975), Harvard University-KDI, 1980.

______________, Growth of korean Agriculture, 1918-71, KDI, 1974.

Charkravarity S., "The Use of shadow Prices in Programme Evaluation" in P.N. Rosenstein 'Roden edition of Capital Formation and Economic Development, published by George Allen & Unwin Ltd., 1965, pp. 57-63

Charles W. Howe, Natural Resource Economics, Issues, Analysis, and Policy, John Willey & Sons, Inc., 1979.

Chenery, H.G., "The Application of Investment Criteria, Quartterly Journal of Economics, Feb. 1953.

Department of Agency for International Development, Office of Engineering, Washington. D.C. 20523, Benefit-Cost Evaluations as Applied to AID Financed Water or Related Land Use Projects, Supplement No.1 to Feasibility and Technical Soundness Analysis Capital Projects, May 31, 1963.

Dillard, The Economics of John Maynard Keynes, Prentice Hall Inc., 1948.

Eckstein, Otto. Water Resource Development: The Economics of Project Evaluation.

East-West Center, Application of Benefit-Cost Analysis to Natural Systems and Environmental Quality Aspects of Economic Development(Draft), 1981.

Gauchon M. J, Methodology for Economic Evaluation of Comprehensive Watershed Management, 1973, FAO/UN.

Hanratty, M. Guidelines to the economic evaluation of agricultural development project, selected issues, 1977.

Hellmuth Bergman & Jean Marc Boussard, Guide to the Economic Evaluation of Irrigation Projects, Paris, 1976.

IBRD, Yong san Gang Irrigation project Stage II. Appraisal Report, Report No. 1247-ko, 1977.

_____, Appraisal of Yong Sang Gang Irrigation project-stage I Korea, Report No. PA-109a, 1971.

_____, Yong San Gang Irrigation Project Stage II, Appraisal Report, Korea, 1977.

_____, Pyongtaek-Kumgang Irrigation project, korea, 1969.

_____, Price Prospects for Major Primary Commodities, IBRD Report No. 814/80, Jan. 1980.

Squire, Herman G. Van Der Tak, Economic Analysis of project, 1975.

I. M. D. Little & J. A. Mirrlees, Project Appraisal and Planning for Developing Countries, Heinemann Educational Books, London, 1977.

J.A.N. Wallis, Aspects of Project Appraisal, IBRD EDI Training Materials, 1984.

James L. Donti-Esmael Adibi, Economic Analysis with MicroTSP Student Software, An Applications Approach, Prentice Hall Inc., 1988.

James Quirk & Rubin Saposnik, Introduction to General Equilibrium Theory and Welfare Economics,

McGRAW-Hill Book Co., 1968.

J. Price Gittinger, Economic Analysis of Agricultural Projects, I BRD, 1982.

______________, Compounding and Discounting Tables for Project Analysis with a Guide to Their Application, IBRD, 1984.

John B. Penson, Jr. Oral Capps, Jr. C. Parr Rosson III, Introduction to Agricultural Economics, Prentice Hall, 1995.

John B. Penson. Jr, Danny A.Klinefelter & David A. Lins, Farm Investment and Financial Analysis, Prentice-Hall, INC.,

Lyn Squire, Herman G. & Van Der Tak, Economic Analysis of Projects(Shadow Price), John Hopkins University Press, 1975.

Milton M. Snodgrass & L. T. Wallace, Agriculture, Economics, and Resource Management, Prentice Hall Inc., 1977.

Morris J. Solomon, Analysis of Projects for Economic Growth,

Nick Hanley & Clive L. Spash, Cost Benefit Analysis and the Environment, 1993.

Peter G. Sassone & William A. Schaffer, Cost-Benefit Analysis, A Hand Book, Academic Press, INC., 1978.

Richard Layard, Cost-Benefit Analysis, Selected Readungs, Penguin Books, 1972.

Rovert Cameron Mitchell & Richard T. Carson, Using Surveys to Value Public Goods: The Contingent Valuation method, Recources for the Future, 1989.

Soo Suk Tae, "Study on Export Incentive System in Korea", KDI Working Paper, Feb. 1979.

Solomon J. Analysis of projects for Economic Growth Jan. 1980.

Subcommittee on Evaluation Standards, Report to the Inter-Agency Committee on Water Resources, 1958.

UNIDO, Guide to Practical Project Appraisal, Social Benefit-cost Analysis in Developing Countries, 1978.

______, Manual for the Preparation of Industrial Feasibility Studies, 1978.

Ward A, Economic Valuation and Efficiency, IBRD EDI course notes, May 1976.

부록 I

농업관련사업의 타당성 보고서 작성 절차

1. 농업기반조성사업

1. 시 론

모든 유형의 개발업과 마찬가지로 농업기반조성사업(여기서 농지조성사업이란 관개배수, 개간 개척, 농지정리 및 대단위 농업종합개발 사업을 지적한다)의 타당성 검사 목적은 그 사업이

- 국가개발 목적과 일치하고 나아가서는 우선순위를 가지며
- 기술적으로 타당하고 현존의 기술 및 제약 조건하에서 가장 유리한 대안이며,
- 행정적으로 시행할 수 있고
- 경제 및 재정적으로 실행 가능한 사업인가를 점검하는데 있다.

이 지침서에서 타당성 검토란 세계은행의 전문가로 구성된 평가단이 상술한 주요사항에 대한 질문에 대해 답을 제공하는 종합적인 문서를 말한다.

사업을 구성함에 있어서는 비용을 최소화하고 (그러나 안전을 희생하지 않고) 이익을 최대로 하며, 단기일내에 투자를 활용할 수 있도록 끊임없는 노력을 경주하여야 한다. 후자를 위해서는 사업지구 내에서 조속히 영농방식을 전환 할 필요가 있는 것이다.

이러한 관점에서 농업기반조성사업의 타당서 연구 문제가 야기된다.

- 예정된 사업기간동안에 추천된 작부체계와 계획수량을 보장하고 또 사업의 규모를 결정하기 위하여 사업지구내의 물적자원, 특히 토양과 기후 및 용배수 등의 사항을 철저히 검토한다.
- 계획된 사업이 그 사업과 관련된 농민 또는 일반인의 태도나 능력에 적합한지의 여부를 확실히 하기 위하여 철저한 검사를 실행한다.
- 가장 경제적이고 안전한 방법으로 사업을 성취하기 위하여 사업지구의 관배수와 단계화에 대한 기술적 대안을 철저히 검토한다.
- 사업의 적합성 검토와 계단별 비용의 추산을 위하여 공정 및 농장개발계획을 세우고 이에 의하여 적절한 예비설계를 한다.

- 물적 및 인적자원과 현 토지이용 및 판매계획과 가격전망을 기초로 영농유형을 결정하고 계획한다(기업농의 규모와 형태, 작물과 단위수량).
- 영농계획 달성에 필요한 각종 방법 (수단)의 단계화와 자금/자재의 투입수준 결정
- 예정된 공정계획에 의하여 사업을 추행하고 건절하는데 필요한 관리 기구의 결정
- 국가에 대한 경제적 이익, 농민에 대한 재무적 수익, 운영기관의 재정적 결과 및 몽리민의 사업비 보상액 결정

여기서 강조할 점은 타당성 연구의 각항목이 각각 개별의 것이 아니라는 점이다. 각항목별로 결론을 짓고, 또 이들 결론을 하나로 융합함에는 각개 항목을 횡적으로 연관성 있게 검토함으로써 비로소 이룩할 수 있다.

어떤 두개의 사업이 같을 수는 없다. 예를 들면 상업적 농민이 지하수와 Sprinkler를 이용하여 집약적인 채소 생산을 하는 사업과 영세농민이 강물을 취수하여 지표관개로 수도를 재배하는 사업과는 큰 차이가 있고, 또한 기설농지의 개량사업 간척지 또는 개간지에 있어서 작물을 재배하는 사업에 있어서도 큰 차이가 있다.

이러한 사업들은 외형적으로 뿐만 아니라 내면적으로도 큰 차이가 있다(기구, 시장, 영농자금의 필요성, 농촌지도 등).

그러므로 이 지침서에서 지시한 일반적인 내용은 사업의 내용 및 성격에 따라 알맞도록 조정해서 사용하여야 한다. 본 지침은 사업의 주요공사가 공공기관에 의하여 수행되고 소유된다는 판정 하에서 작성한 것이다.

지하수사업의 경우를 보면 주요사업(관정과 장비)은 사유인 경우가 많고 자금은 신용대부에 의하여 조달된다. 이러한 형태의 사업은 본 지침서를 대신한 농업신용사업에 관한 지침서를 활용하여야 한다.

본 지침서에서는 다목적사업의 경우에 야기되는 비용 배분 등의 특별한 문제를 다루지 않고 앞에서 별도로 취급하였다(예를 들어 저수지를 관개목적이외에 홍수조절 혹은 발전 등의 목적으로 사용하는 경우).

경제 분석의 절에서 관개사업에 대한 사업비는 결합비로 되어 있다고 판정하였다.

그러나 이러한 성질의 사업비 분배에는 충분한 분석적 노력이 필요하게 된다.

2. 보고서의 양식

타당성 보고서는 양식보다는 그 내용이 더 중요하지만 보고서를 사용하는 독자의 범위는 한 두장으로 요약된 전체의 개요만을 원하는 일반적인 독자로부터 그의 전문분야를 상세히 검토해 보려는 전문가에 이르기까지 다양하다는 것을 명심할 필요가 있다.

보고서의 일반적인 목적은 제안된 사업의 최선의 대안이라는 것을 독자에게 확신시키기 위한 것이다. 따라서 보고서 작성자는 어떤 점이 중요하며 왜 중요한가, 얼마만큼 상세하게 설명해야 되는가에 관해 깊은 주의를 경주해야 한다. 따라서 보고서의 장단을(상황에 따라 차이가 있지만) 엄격히

규정할 수는 없다.

그러나 본 보고서는 사업내용을 간단명료하게 요약된 것이어야 하며 필요한 것은 부록으로 별책을 만드는 것이 편리하다. 본문의 내용은 20~40페이지로 함이 바람직하다.

본 보고서는 그 사업의 특징을 목차에 따라 간략하게 요약하여 쓰도록 한다. 그리고 내용을 종합적이고 완전무결하게 설명하면서도 간략해야 한다.

가능한 한 반복은 피하는 것이 좋으며 본문작성에 있어서는 전문가들만이 이해할 수 있는 내용과 상세한 기술적인 문제들은 포함시키지 말아야 한다.

부록은 본문에 있는 내용에 대하여 상세한 근기를 제시해야 한다.

지도, 설계도, 도표 등을 포함하여 모든 전문적인 기초 자료를 제시해야 한다. 본 지침서의 3장에서는 보고서작성에 관한 표준화된 개요를 기재하였다. 본 지침서는 최근 IBRD 평가보고서와 관개사업을 위한 FAO / IBRD의 사업 준비 보고서를 개작한 것이며 사업보고서의 작성지침으로 사용할 수 있다.

이 지침서에서의 배열은 사업보고서의 각 부분이 이해적 순서에 따라서 필연적으로 기술하도록 되어 있지만 사업계획을 체계화하는 대는 모든 항목들이 서로 관련이 있다는 것을 염두에 두어야 하다.

더욱이 농지기반조성사업의 타당성 보고서를 제공받는 융자기관의 과거 경험에 의하면 보고서에는 일반적으로 사업의 물적 · 기술 측면은 충분히 설명되어 있으나 경제적인 측면은 불충분하게 기술되고 기구와 관리에 관해서는 아주 불충분하였다고 한다.

다음의 지침서는 일반적으로 잘 알려진 관개사업의 기술적 측면보다도 경제적 측면에 보다 큰 비중을 두고 있다.

3. 보고서의 개요

- 요약 및 결론 -

본 절에서는 사업의 필수적요소인 사업의 우선순위, 목적, 위치와 규모, 수익자, 주요 구성요소, 개발기간, 비용조직과 경제적결과 등을 간략하게 기술한다.

가. 서론

이 절은 사업의 일반적인 배경을 기술하기 위한 것이다. 즉, 관계정부기관사업의 일반적 목적과 범위(예를 들면 농가의 정착, 현재 농가의 생산성 향상 등), 그리고 UNDP, 용역사회, FAO, IBRD등으로부터 지원을 받아 사업 준비를 행한 사실 등 사업추진 경유 등을 기술한다.

나. 배경

이 절은 자료의 엄선을 요하며 사업계획수립과 관계가 있는 범위 내에서 국가경제와 농업구조를 간단하게 설명한다. 또한 국가의 기초적 경제통계자료는 농업의 특성과 문제, 국가의 농업정책(가격정책을 포함) 등을 포함하여 표로 작성되어야 한다.

관개의 범위와 역할은 관개정책, 개발계획, 관계기관을 커버하여야 한다. 사업과 관련되는 특수 문제(예를 들면 국제하천에 대한 수리권과 법)를 모두 기술한다.

여러 대안 중에서 우선적으로 이 안을 택하게 된 이유와 그 사업과 관련 있는 계획, 정책문제들을 기술한다.

경우에 따라서는 이러한 면을 보다 충분히 설명할 필요가 있다.

만일 그 사업계획이 유역종합개발계획의 일부분이면 그 계획이 다른 대안보다도 우수하다는 정당성과 함께 전체개발계획을 기술해야 한다(부록에 상세히 기술).

다. 사업지구

이 절에서는 사업과 관련된 물적, 농업적, 사회적, 경제적, 제도적, 그리고 법적 조건의 기초를 제공하며 기존 개발사업 범위와 단계를 지적하는 것이다(근기가 되는 상세한 부록 및 지도첨부).

그 내용은 사업과 일치하며 설명적이어야 하고 그 사업의 목적을 달성할 수 있다는 것을 보이는 증거를 제시해야 한다. 또한 이 절은 계획된 사업에 초점을 두며 그 지역이 가지는 제약뿐만 아니라 개발 기회와 가능성을 평가해야 한다.

취급되어야 할 물적 사항은 지형, 지질, 토지, 기후, 수자원(지표수 및 지하수), 수문, 수질 등이다.

이러한 자료에 대한 확실한 근거를 제공함이 중요하다. (예를 들면 기상과 수분자료의 기록, 보유연수, 지도의 축적과 등고선간격, 토지등급 조사의 방법과 정밀도등).

토지이용구분에 대한 명세서(토양시료의 밀도, 토양실험의 종류와 회수 등)는 사업지구의 토지의 특성(수량, 크기, 가치 등의 변동성, 문제점 등)에 따라서 각 사업마다 달라진다.

이 조사의 목적은 계획생산량을 달성 할 수 있다는 근거를 주고 개간, 정지, 배수, 토양개량(예를 들면 치환성 나트륨 처리를 위한 석고투입 등에 대한 중요한 비용을 산출하는 데 편리하도록 관개농지를 구분하는데 있다.

IBBD는 관용적으로 USBR의 반정밀 토양조사법을 사용하는 것이 좋다고 보고 있다. 기존개발계획은 사업지구의 경제 및 농업현황에 관하여 간단히 기술하여야 한다. 지구내의 교통시설(도로 · 철도 · 공항), 기존의 판매시설 및 농업개발 산업 등과 같은 주요소들에 대하여 주의를 경주해야 한다.

특히, 기존의 관개, 배수, 홍수 조절사업에 관하여, 성패여부를 평가하고 설명한다. 과거에 개발된 사업의 성배에 대한 평가는 현재 추진하는 사업계획의 평가에 도움이 된다.

<u>소작제도의 절</u>에서는 소유토지의 규모와 분포, 세분화의 정도, 자작과 소작농의 비율, 소작료의 형태에 관하여 소작제도의 현황과 소작인수를 상술하고 근거를 제시한다.

소작제도 현황 중 가변인자(소유권 변동, 세분화, 겸병 등)도 설명해야 한다.

과거 또는 장래에 있어 정부가 계획적으로 실시한 토지개혁이나 계획 중인 것이 있으면 그것을 기술한다.

그 상황을 개발기회와 장애요인이라는 관점에서 평가하여야 한다.

<u>농업생산과 개발가능성의 절</u>에서는 토지용 현황과 작부체계, 영농법, 작물품종, 수확고, 투입물

의 사용, 용수, 관개방법, 가축수와 생산량 등을 포함시켜야 한다.

그 지구의 생산 가능성을 판단하는 지표로서 추진 중인 개발 사업지구의 일반농가 또는 독농가의 영농실적을 참고로 하며, 관개시험장과 전시 센터의 계획과 성과에 관하여 기술한다.

또한 이 절에서는 사업지구의 현 산출량을 산출하기 위한 모든 기초 자료를 제시하여야 한다.

인적자원의 절에서는 인구, 노동력, 취업률, 소득수준과 그 분포, 교육시설 등에 관한 자료를 포함한다.

이것은 또한 사업계획의 신빙성을 평가하기 위한 표준으로서 인적자원의 한계뿐만 아니라 수용능력과 장래성을 분석해야 한다.

기관의 절에는 사업지구에서 (정부 혹은 사설기관) 운영되는 기관에 관한 정보가 실려야 한다.

기관은 직접 혹은 간접적으로 그 사업에 관계가 있는 기관으로서 그들의 현존의 기능, 조직, 인사, 재정상태와 효율성 등의 정보를 제공해야 한다. 예를 들면 관개시설의 유지관리, 시험, 전시, 훈련과 지도, 협동조합, 신용대부조직, 유통시설, 투입물의 공급, 농기계의 유지관리 등이 포함되어야 한다.

경제문제의 절에서는 두입물과 산출물의 기격, 그리고 계절적 변동에 특별히 주의하면서 사업지구의 농가경제를 논해야 한다.

사업순수익을 계산하기 위한 기준으로서 현 생산량의 총 가치와 순 가치를 추정하여야 한다. 자연유하식 관개사업계획과 같이 사업지구 면적이 명확히 규정되어 있는 가 혹은 지하수사업계획과 같이 그 경계가 불 정확한가에 따라서 현 생산량의 측정방법이 변하게 된다.

정부의 농업경제정책

정부의 농업정책(수입대체, 수출증진, 가격유지, 투입물에 대한 보조금, 생산물에 대한 과세 등)과 재정정책이 농업생산을 장려할 것인지 혹은 제약요인이 될 것 인지데 관하여 사업이 필요로 하는 상품에 관한 정부의 간섭이 현존가격에 어떠한 영향을 미치는가를 분석하는 것이 필요하다.

특히 그 사업이 기대하는 증산량의 관점에서 농민의 농산경영의사결정에 미치는 가격정책의 효과를 분석해야 하다. 특정 투입물에 대한 보조, 생산물의 가격 유지와 같이 중요한 문제를 특기해야 한다.

정부지출을 수반하는 가격정책에서는 이러한 지출에 대한 사업의 결과를 추정해야 한다.

라. 사업

이상의 각 절에서는 사업의 가능성과 제한성 등에 대해 언급하였으나 본 절에서는(부록 및 단면 포함) 사업의 목적과 공사 활동, 범위, 사업의 단계구분 및 사업비와 자금인출계획 등과 관련시켜 설명하기로 한다.

1) 사업설명

본 절에서는 사업의 목적과 사업지구, 위치, 규모, 사업의 구성내용, 사업비, 단계구분, 사업의 시행방법, 생산유형 및 생산효과 등에 관해 간단히 설명하여야 한다. 이렇게 함으로써 사업을 위한 차관서류작성에 도움이 될 수 있고 또 독자로 하여금 각각 사항에 대한 상세한 내용(다음에서 설명하는 각 절)이 무엇인가를 미리 파악할 수 있게 된다.

2) 공사계획 및 기타 사업내용

본 절에서는 사업을 위한 공사계획과 기타 내용에 대하여 설명한다. (본 부분의 투자는 공사를 위한 것이기 때문에 본 절은 보고서 중 가장 중요한 부분이 된다)

(a) 주요 개발공사 (Dam, 양수장, 용배수로, 도로, 관정, 전력, 방조제, 배선)

(b) 농지조성공사(개간, 간척, 농지정리, 용배수간지선, 지거, 관정과 양수기)

(c) 부대공사와 건축(사무실, Workshop, 시험농장, 직원주택, 점포, 창고, 유통시설, 포장 및 가공설비 등)

(d) 사업의 운영관리를 위한 장비, Workshop장비, 농기계임대, 지도요원용 차량 등에 대한 계획

(e) 영농장비, 영농시설과 농업용 기계 및 기구, 가축과 영년생작물의 재배

(f) 농지분배 개선방법, 농지소유권과 소작제도, 정착, 농지정리, 시험연구 및 지도 유통서비스 또는 투입물의 공급 등에 관한 변동 사항

(g) 사업 내용 중 농민 개개인에 속하는 공사로서 영농자금 차입을 요하는 사항에 대한 신용대부계획(credit program)

(h) 사업의 초기 단계운영을 위한 용역단고용 계획(용역내용 포함)

본 절에서는 사업의 범위 및 각종공사시행에 대한 비용을 상세하게 설명하여야 한다. 사업의 수행방법에 대해서는 운영, 관리 절에서 언급한다.

(a) 주요 공사에 대해서는 실시설계단계 있어 중요한 (설계)변경이 없을 정도로 충분히 상세하게 설계하여야 한며 공사비 추산을 위한 공사비 산정은 10%이내의 유의성을 기할 수 있도록 하여야 한다. 예비 설계(preliminary design)에서는 요구되는 설계기준은 실시설계보다 상세하지 않아도 되나 비용 추정에 충분할 정도로 하여야 한다. Dam 과 같은 주요구조물의 설계는 부지측량과 지질조사 결과에 의하여 설계하여야 하며 간선은 종단측량과 시굴결과에 따라 설계하여야 한다.

그러나 용배수지거조직의 공사량은 표본지구(sample area)에 대한 예비설계 (preliminary design)결과로부터 추정하여도 되며 소형수리 구조물은 호형설계로 대신하는 것이 보통이다. 공사를 계약에 의하지 않고 직영하여 차관자금으로 공사장비대금을 직접 지불하는 경우는 각장비의 필요성을 입증하고 또 목록을 작성하여야 한다.

그러나 도급 계약에 의하여 공사를 시행하고 그 도급업자가 장비를 공급하는 경우는 그러할 필요가 없다. 부록에 첨부할 자료에는 주요 설계를 여러 가지 대안과 비교하여 결정한 사실을 입증하고(예: 중력관개와 양수의 수로라이닝과 비라이닝, 지표관개와 살수관개, 흙댐과 돌댐

(Rock-fill Dam), 배수로의 깊이와 간격 등의 비교) 또 채택한 설계 기준에 대하여 설명하여야 한다.(예: 댐 여수토의 설계, 홍수량, 수로유량, 유출계수-단위홍수량)

(b) 농지조성공사는 모형(model)에 의하여 설계하는 것이 보통이며, 지형이 불규칙한 경우는 면적을 크게 잡아 샘플(sample)측량을 하고 그에 따라 설계하는 것이 보통이다. 주된 농업형태(main farm type)에 대해서는 표준설계(typical design)를 하여야 한다.

또 정지량이 클 때는 그 정지량을 계산하기 위하여 sample 지역에 대해 상세한 지형측량을 할 필요가 있다. 토지분류를 정확히 하면 개간(land clearance)과 정지 및 배수비용 추산에 큰 도움이 된다.

그리고 부록에서는 계획된 관개방법 (토지구성 형식 포함)에 대한 기술적 사항을 부가하여 설명하여야 한다.

항목 (c), (d), (e) 및 (h)에 대해서는 설명의 필요를 느끼지 않는다. 이들에 대해서는 각기 해당 사항에 대한 현황, 계획내용 및 비용을 상세하게 설명하여야 한다.

(g) 신용대부계획(credit program)은 농장개발(on-farm development)과 그에 따른 운영을 위하여 신용대부(융사)의 필요성이 있을 때는 이 신용대부(융자)액의 내역을 상세하게 제시하여야 한다. 이 신용 대부 문제에 대해서는 대부규모, 대부유형(type), 대부건수 및 대부 목적 등에 관한 년차별 대부계획에 입각하여 실현되어야 한다. 그리고 융자가 기계나 장비를 구입하는데 필요한 고정자금인지 연간 운영자금인지에 따라 장기, 중기, 단기대부로 구분하여야 한다.

또 농가의 상환능력을 융자기관과 융자조건과 결부시켜 검사할 때 농업수지 (farm budget) 문제도 고려하여야 한다.(이자율, 상환기간과 상환계획, 거치기간 등.)

3) 용수공급 수요 및 수질

본 절에서는 월별 용수량의 수요와 공급이 충분하고 양과 질에 있어 적절한 가를 보여 주어야 한다(수량 결정을 위한 계산근거를 부록에 첨부하여야 한다). 또 본 절에서는 사업규모에 대하여 그의 타당성을 언급하여야 한다.

부록에는 계획에 응용한 각종의 기술적 계수(예: 작물별 소비수량, 관개효율, 손실수량, leaching 소요수량 등)에 대해 그 합리성을 입증하여야 한다.

또 이때 계산의 근거인 작부체계는 (6)의 “농업개발과 생산”절에서 언급한 작부체계이어야 한다.

저수지에 의해 관개를 하는 경우에는 관개기관과 물 관리기준을 설정하기 위하여 월별로 운영시험을 하여야 한다. 그리고 저수량을 계량화하고 저수량이 생산량에 미치는 영향을 언급하여야 한다. 이와 같은 제 검토는 저수량의 다목적운영과 침전문제를 고려하여야 하며 직접적인 관측이나 비교 조건 하에서 수집한 가용자료를 기준으로 하여야 한다. 지하수 사업에 있어서는 대수층의 기본적 특성(위치와 크기, 재충전, 수원, 입도, 수질에 대한 설명)과 내용(계절적 변화, 최대 및 가용채수량) 및 굴착방법(굴착, 최대 또는 초소의 양정)등에 대하여 설명하여야 한다.

한편, 배수조직에 대해서도 그 운영계획을 설명하여야 한다. 배수계획에는 각종의 가용 수원을 결합해야 할 경우가 있다. 급수문제를 검토함에 있어서는 급수제한성(즉 기타의 물 수요자에 대해 물을 급수할 필요가 있는 경우)을 고려하여야 한다.

4) 설계와 사업시행계획

본 절에서는 사전공사(설계 및 입찰심사), 공사 및 사업시행의 각 기간을 포함한 제사업시행의 시간적 단계화를 상세하게 기술한다. 이것은 화살표와 선으로 그린 정밀한 단면으로 나타내어야 한다. 또한 이 절에는 주공사와 농장에서의 공사뿐 아니라 적절한 농업개발활동에 관하여도 기술해야 한다.

이 절에서는 비용 사용계획과 차관지출계획의 수립내용이 포함되므로 매우 중요하다. 융자기관마다 각각 다른 대부절차를 밟아야 하므로 사업을 특수기관의 요구조건에 일치되도록 정비할 필요가 있다. 예를 들어서 처음 계획한 사업시행기간이 금융기관의 정상적인 지불 기간보다 길 다면 사업을 두간계로 나누어서 지불기간이 짧은 두 개의 차관으로 만들 수 있다.

5) 사업비 추정

가) 자본비 추정

2)항에서 기술한 항목에 대하여 정확한 비용을 추산한다는 것은 매우 중요하다. 그것은 사업에 대한 경제적 재정적 타당성과 또한 융자의 가능성을 결정하는 토대가 된다.

제비용은 내자와 외자로 구분해야 한다. 자본비의 추정은 다음 비목으로 (본문에는 요약만 쓰고 부록에 상세한 근거자료를 하는 것이 일반적이다) 구분한다.

· 주요 토목공사비
· 농장개발비
· 부대공사비 및 건축비
· 공사용 장비 자재 및 정부조달품비
· 영농기계, 가축비 등
· 농업개발 용역비(기술용역 및 지도사업 등)
· 공사기간중의 이자
· 예비비(물가 및 물량변동)

주요 토목공사비의 추정은 예비설계에 의한 사업량과 타당성 있는 가격에 의하여 계산한다. 주요공사에 투입해야 할 장비들은 주요 토목공사의 계약과는 별도의 계약에 의하여 달성할 경우에는 (예: 펌프와 원동기) 그 장비를 별도로 표시해야 한다. 만일 차관신청서에 건설장비의 직접 도입이 포함되어 있다면 (만약 관개과에서 인건비를 제공하여 시공한다면 이 사실은 있을 수 있다)그 장비 구입비를 별도로 분리시켜야 한다.

농장조성공사비는 일반적으로 표본설계를 기준으로 추산한다.

부대공사 및 건축비는 주요 공사비와 같이 항목별로 측정하지 않아도 된다.

공사용장비비, 자료 및 정부조달품비는 영구적 공작물을 건설하고 조립하는 것과는 관계가 없고 유지관리에 필요한 기계 등을 포함한다. 이 비용은 공장이나 판매점의 시가(C.I.F 가격 즉 비용, 보험운임포함가격)를 기준으로 계상한다.

농장의 건물, 장비, 기계, 가축, 영년생작물의 재배 등에 대한 비용

농업개발 용역비 공사기간이나 농장개발기간 동안에 사업관리나 농업개발용역 등에 참여하는 외국 용역단에 대한 소요외자는 사업비에 계상할 수 있다.

동일 기간 동안의 내자부담액도 사업비에 계상하거나 별도로 매년의 운영관리비에 계상할 수 있다.

차기단계사업에 대한 타당성 조사 보고서의 작성비도 이 항목에 넣어야 하는데 월별인건비도 추산해야 한다.

공사기간중의 이자 실제로 지불해야 할 이자만을 계상한다.

예비비

제비용에는 예비비를 가산해야 하는데 그 율은 사업비 추정에 대한 신뢰도와 물가상승의 가능성에 따라 변한다.

나) 연간비용 추징

연간 비용의 추정은 경제 분석과 수세액을 위하여 필요 한다.

IBRD 는 통상 본 비용이 단기 또는 중기의 내용연한을 갖는 공작물 (예: 펌프와 원동기)의 대체비와 주요공공시설물의 유지관리비(물세)를 포함한 최소한의 비용이어야 함을 요구한다.

연간비용에는 농업생산비는 포함되지 않는다.

유지관리비 유지관리비는 시설물 운영을 위한 고용원의 봉급과 투자비에 대한 적절한 비율로 표시된(예: 수로:2%, 도로:3%, 배수구:4%)유지비를 근거로 하여 계산하는 것이 보통이다.

여기에는 양수장에 대한 연료비나 전기비도 포함한다.

대체비: 내용연한이 끝날 때 그 공작물을 대체할 수 있도록 대체 비를 추정한다.

자본비의 상환을 위한 연간 지출액은 대체 비에서 공제한다.

기타 연간비용: 기타의 공공봉사(예: 지도사업)에 대한 세비를 계상한다. 이것은 물세 또는 후의 경제 분석에 포함시켜도 되고 안 해도 된다.

다) 사업비 추정 액의 종합정리

추산한 투자액 및 연간비용 그리고 공정 등을 기준으로 사업기간중의 연차별 사업비를 종합 정리한다. 사업이 착공된 후부터 생산이 이루어질 때까지 연간비용을 자본화하는 것이 대개 관례가 되어 있다. 사업기간에 대한 연간 비용은 별도로 표시해야 한다.

6) 자금계획

타당성조사단으로서는 사업에 대한 전체 융자계획을 세우는 것이 불가능하거나 또는 바람직하지 못한 경우가 일반적이다. 특히 내자이건 외자이건 재원별로 차관액을 할당하는 것에 대하여 그러하다. 그러나 자금조달에 관한 의사결정자를 돕기 위하여 타당성 조사보고서에는 사업의 융자기간 동

안에 비용합계를 내외자로 구분하여 년차별로 표시해야 한다. 비용은 다시 공공기관에 의한 것과 직접 농민이 부담하는 것, 또는 신용대부기관이 부담하는 것으로 구분한다.

7) 자금 조달 계획

사업을 계획할 때 고려해야 할 세 가지 인자에 의하여 조달방식이 정해진다.

세 가지 인자란,

첫째로, 정부가 잘 설립된 효율적인 구매조직을 소유하는 것이고

둘째는, 융자유형이며

셋째는, 개발융자를 얻으려는 기관이다.

후이자에 관하여 보면 대부분의 다면적 또는 이면적인 융자기관은 여기서 설명할 필요는 없지만 그 자체의 자금 조달 요구를 가지고 있다는 것이다.

첫 인자에 관하여 알고 보면 융자기관의 요구조건을 고려하면서 기존의 정부조달이 과거에 얼마나 효과적으로 운영되었는가, 그리고 특수사업의 경우에 어떻게 운영이 기대될 것인가 등에 관하여 설명을 해야 한다.

마. 기구 및 관리

본 절에서는 사업추행 및 운영방법과 이를 위한 행정지원사업의 적합성 등을 기술한다. 만족할 수 있는 경제적 이익이 있도록 공사를 완공하는 것이 필요하고 가급적 단시일 내에 농업개발을 완성해야 하기 때문에 일단 기술적인 그리고 경제적인 조건이 수락된 이후에는 효과적인 기구와 관리의 설립이 사업성공의 관건이 된다.

1) 일반사항

적절한 행정기구는

가) 공사시행

나) 관리시설의 후천적 유지관리

다) 농민에 대한 지도사업, 농지개혁 등을 포함한 사업지구의 농업개발을 위하여 필요하다. 하나 또는 그 이상의 기관 -정부의 관계국과, 별도의 관리청 또는 기업체-가 여러 가지 기능을 부담할 수 있다. 만약 하나 이상의 기관(예: 관개과 및 농업과)이 있으면 각종 정책 및 운영을 위한 적절한 조달이 있어야 한다.

일반적으로 구성에 따라 본 절에 있어서는 어느 기관이 사업수행과 운영의 각 측면에 대하여 책임이 있으면 어떻게 그 책임을 완수하는가, 또는 그들의 각 기능을 발휘하기 위하여 충분한 권한, 조직과 관리직원, 장비와 재정을 가지고 있는가, 또는 그들이 효과적으로 그 임무를 수행할 수 있는지 또는 여러 가지 사업 활동에 관하여 기관 간에 또는 자체내부에서의 조달을 위하여 적절한 조치가 취해져 있는지 등을 기술해야 한다. 각 기관에 대한 법적위치, 관계수리법의 사본을 포함한 기능과

권한, 내부기구, 직제, 예산과 재정, 회계와 조사, 그리고 사업현장경험 등에 관하여 기술할 필요가 있다. 기구표와 직제표를 반드시 마련해야 한다. 만일 그 기관이 정부기관이 아니면 전기한 것 외에 상세한 법적헌장(기본법)과 지휘계통(이사회, 그 임명절차, 정치적 지령의 대상이 되는 정도 등)과 그리고 예산에 관한 특수규정 등도 기술한다.

만약 사업관리체가 하나이상이면 사업조정을 위한 조치, 즉 각종회의에 대한 공동참석, 현장위치, 중앙정부예산의 이용가망성과 제사업비지출의 통제 등에 관하여 설명할 필요가 있을 것이다.

책임을 수행하는 기관과 관리 또는 기관의 의사결정자 사이에는 명확한 구분을 해 둘 필요가 있다. 기관의 역할이란 장관, 이사회 등 어느 선에서 행하여지든 간에 중요한 비용의 지출을 허가하고 관리에 관한 의사결정과 일상 업무에 대한 정책을 결정하여야 한다. 사업의 운영위원은 수에 있어서 충분해야 하지만 사업에 충분한 시간을 공헌하여야 한다.

주요관리직원의 자격과 경력을 제시하여야 하고 외국기술 원조의 필요성이 검토되어야 한다. 각 기관별로 사업의 필요성과 전문기술직원의 이용가능성을 직종별로 검토하여야 한다. 필요한 직원 모집이나 훈련에 관한 조치도 기술해야 한다.

2) 특수사항

편의상 기구에 관한 절에서 취급될 특수사항을 다음과 같이 항목별로 제시한다.

가) 공사

설계와 공사감독에 대한 기관내에서의 책임, 용역단의 이용 및 공사시행 방법:

(a) 주요토목공사

(b) 부대공사와 시설

(c) 농장개발의 공사계획 및 시행

특별히 배정된 농업신용자금에 의하여 농민 자신이 (c)항을 수행하는 것은 하나의 대안이 될 수 있다. 그러나 어떤 사업에 있어서의 경험에 비추어 보면 농장개발공사(농장공사, 암거배수시설)를 그 공사의 책임 하에 추진하면 더욱 빨리 운행할 수 있다는 것이다.

나) 관개 및 배수시설의 유지관리

유지관리를 위한 책임과 준비

(a) 현장기구, 용수의 배분, 분수관리 등

(b) 유지를 위한 준비: 기계수선시설, 전력의 수요와 공급

(c) 물세의 부과율 결정과 징수에 대한 조치, 임무, 법적권한, 부과근거, 수세액, 수세부과율에 대한 정책과 수세액은 사업평가에서 특별한 정사대책이 된다. 물세는 사업의 연유지관리비와, 투자액의 상환금을 지불할 수 있도록 결정해야 한다. 그러나 그 기준이 너무 높아서 농민의 증산의욕을 저해해서는 안 된다. 정부는 수세액에 대한 명확한 정책이 없는 것이 보통인데. 이런 경우에는 수세를 결정할 수 있는 대안을 강구해야 한다.

다) 농민봉사와 기타의 농지대책

농민조직과 생산개발에 관한 제 문제는 단독사업기관에서 책임질 수 있다. 그러나 대개의 경우에는 여러 기관이 농민봉사와 농민개혁에 관련이 되는 것이 보통이다. 어느 경우든 간에 각 기관의 과거경험과 책임수행능력을 검토해야 한다. 충분한 자금과 직원의 이용가능성을 제시하여야 하며 기관간의 효과적인 사업조정을 이루기 위한 대책이 마련되어야 한다.

· 토지개혁

소작제도와 농지에 관하여 책임 있는 기관, 관련된 농지법 및 지적에 관한 사항 등을 설명하고 평가할 필요가 있다. 만약 새로 정착할 경우, 누가 영농규모, 이주자선정, 소작조건을 결정할 것인가를 정해야 한다. 특히 토지개혁을 실시할 시기에 관하여 관심을 두어야 한다.

· 연구 및 지도사업

관련기관에 대하여 설명하고 평가해야 한다. 주요 직원의 자격과 경력을 제시하고 직원의 증원 가능성, 현장기구 및 감독에 관하여 기술한다.

· 신용대부

이 절에서는 추천된 신용대부기관의 기구와 관리를 주로 취급한다. 실질적 대부계획과 신용대부액에 대해서는 이미 설명한 바 있다. 그러나 대부기관의 성격에 영향을 미치는 대부계획의 내용에 관하여 이 절에서 기술한다. 농민이 필요로 하는 것은 생산이나 판매를 위한 단기대부(1년이상), 기계나 소작규모시설을 위한 중기대부(1~5년) 및 농지개발이나 자본항목을 위한 장기대부 등이다.

(a) 단기신용대부

연간투입물 산출물의 유통경로통제를 통해서 상환이 확보됨으로써 현물로 공급받는 경우에 있어서는 그 투입물의 구매를 위한 영농자금은 적합한 대부기관, 사업지국 또는 유통기관에 의하여 연기될 수 있다.

(b) 중기신용대부

이것은 더욱 대규모의 대출이나 금융경험을 필요로 한다. 가능한 한 기존 은행을 이용해야 하며 또 사업지구의 지점을 설립하는 것이 필요할지도 모른다.

(c) 장기신용대부의 필요성은, 농민이 직접 농장개발을 시행하느냐, 그렇지 않으면 직접 사업시행당국이 시행하느냐에 달려 있다. 만약 가장 우수한 신용대부기관이 비교적 약체로 예견되면 후자의 경로를 고려하고 농민의 상환금은 수세로서 징수한다.

신용대부기관은 대부계획의 수행능력에 따라 평가해야 한다.

고려하여야 할 사항들은 법적허가, 자본화, 권한과 기능, 지휘, 관리, 사업 당국의 대표, 내부기관, 직제, 회계와 그 통제, 검사, 재무회계와 계획, 운영책, 차관조건, 차관평가절차, 지출과 징수 및 차관금 상환 경험 등이다.

차관상환연기금 및 이자지불 · 불이행에 관련한 현황을 완전히 분석해야 한다. 외자를 보충하기 위한 내자의 이용가능성 또는 이와 같은 추가자금을 융통할 수 있는 금융기관의 능력을 평가해야 한다.

판매: 여기에는 농민의 생산품 판매를 위한 공사부문 모두의 조직체계를 기술하고 평가해야 한다.

현 상태에서는 독점정도와 그리고 현 상태를 수정하는 제안과 함께 다른 경직성이나 혹은 비효율성에 관해 특히 유의해야 한다. 농장과 시장간의 도로와 교통시설 및 유통구조의 적합성에 대하여 언급해야 한다.

투입물자의 공급: 농업생산에 필요한 투입물의 공급을 위한 책임과 절차, 그리고 개선의 필요성에 관하여 기술한다.

협동조합: 그 사업에서 협동조합을 이용하려 한다면 협동조합법, 그 조직, 협동조합의 운영과 구조, 그 사업지구 내에서 발전시킬 책임 등을 설명해야 한다.

농민조직과 참여: 사업에 대한 농민의 참여를 고취시키기 위한 방법과 이에 관한 책임을 기술해야 한다. 즉, 농민조합의 설립, 사업의 행정관리와의 관계 등을 기술해야 한다. 분명한 이유는 조직과 운영에 관한 견해차가 해결되지 못한 채 있기 때문이다. 이러한 경우에는 대안이 설정되어야 한다.

바. 농업개발 생산

이 절에서는 관개지역에 있어 미래의 토지이용, 작부체계, 기대수량 및 사업지구전체로서생산량과 대표농가의 생산량에 관하여 기술이 있어야 한다. 또한 필요한 투입물을 평가해야 하고 사업결과로서 생산되는 생산물의 시장과 가격의 전망을 예측한다.

1) 개발의 방향과 구조

시행할 개발형태(가구정착, 개간, 간척, 새로운 농장, 현존농장의 관개, 농기업 등) 뿐만 아니라 영농단위의 규모가 정의 되어야 한다.

미래에 있어 생산유형의 잠재력, 판매가능성(8)항에서 보다 자세히 설명할)그리고 농민의 태도와 기술 등을 근거로 하여 정당화되어야 한다. 또한 많은 사업의 경우에는 가축사육실습장소에 관한 검토가 필요할 것이다.

2) 장래사업 생산량

최종적으로 결정된 토지이용 형태를 토양특성의 변화와, 농가유형을 고려하여 지시해야 한다. 재택될 작물과 품종, 작부체계별 재배위치, 단위수량의 예측과 함께 낙농과 비축으로부터 기대되는 축산물(우유와 고기)에 관하여 예측해야 한다. 계획 수확고에 대한 타당한 이유를 제시해야 한다. 대표적 농가의 생산량의 생산량과 전체사업지구의 생산량을 산출하여야 한다. 대부분의 경우 최대 수확고와 최종의 작부체계는 사업의 초기년도 동안에는 달성할 수 없다. 그러므로 생산 및 개발계획을 작성하여야 하며 매년 사업으로 인한 생산량을 추정하여 도표화시켜야 한다.

이에 따른 고려사항은,

가) 공사기간중의 초기생산량 손실

나) 효과적인 관개면적의 증가

다) 영농방법의 개선으로 초래되는 작물수량의 증가

라) 과수의 생산과 가축의 증가의 시작

마) 작부체계의 점차적인 개선

3) 농업용품

작부체계와 기대수확고를 기초로 한 종자, 비료, 농약, 사료, 기계와 같은 여러 가지의 농업용품 수요량이 주요작물별 또는 전형적 농가단위별로 검토되어야 한다. 사업지구의 전체투입물량이 계산되어야 하며 투입물의 공급량과 이요가능성이 제시되어야 한다.

완전개발단계에서 필요한 관개수량을 대표적 농가단위별로 계산해야 한다.(대표농가의 생산고, 투입물 및 관개요수자료는 농가수지를 계산할 때에 사용될 것이다(.[(8)절])

4) 농업노동력

노동의 수요를 계절별로 필요하다면 농가별로 분리하여 추정해야 하며 노동공급현황과 비교하여야 한다. 또한 임노동과 비 임금노동을 구분하고 농업노임 명세표를 작성할 필요가 있다.

사. 시장과 가격전망

사업의 결과인 농산물의 시장전망에 관한 세심한 분석이 이루어져야 한다. 본 분석의 목적은 생산물의 가격이나 수량 면에서 만족할만한 시장판로가 있다는 것을 확신하기 위함이다. 이것은 사업과 관련된 생산물에 대한 개별적인 시장분석을 내포해야 하며 이의 중요성을 고려하여 기별로 가격과 수량을 예측한 표를 작성한다. 본 보고서에는 분석결과의 요약을 포함시키며 상세한 내용은 부록에 수록한다. 원칙적으로 가격예측은 사업으로 이한 생산물의 평가가 농가입장에서 평가되므로 농가수취가격(농장가격)과 관련시킨다. 만일 가공시설이 사업 활동에 포함된다면 사업생산물은 가공형태로 평가되어야 하며 그 경우 가공에 관련된 모든 비용은 그것이 자본비용이건 , 운전비용이건 계산에 포함되어야 한다.

시장분석을 하는데 있어서는 국내시장이건 국외시장이건 간에 여러 가지 판로에 대하여, 그리고 특수무역의 효과에 대하여 또는 장기계약판매에 대하여 주의를 기울여야 한다. 수출시장의 가격예측을 하는데 있어서는 세계의 추세를 고려해야 한다. 즉 FAO나 다른 특수기관의 상품편람과 같은 모든 정보원에 의존할 필요가 있다.

계절변동에 큰 영향을 받는 상품, 예를 들어 과채류나 축산물에 대하여는 연중기간별 가격을 제시할 필요가 있다. 이와 같은 상품이 생산물 가치의 대부분을 차지하고 있는 사업보고서는 계절적 가격차의 최대 유리성을 반영하도록 작부체계가 계획되었다는 사실을 보여 주어야 한다.

아. 농업소득

이 절의 목적은 사업에 의해 얻게 되는 농업소득 증액을 추정하는 데 필요한 자료를 수집하는 것이다. 관련된 보고서의 다른 부분에서 제시된 예측 예를 들면 기대생산가능량, 농민이 받을 수 있는 가격, 농민이 사용할 투입물의 량과 비용을 이곳에서 기술한다.

다음 장에서 기술한 분석 이외의 분석에 사용된 기초자료는 보고서의 부록에 제시해야 하는 것이 가장 중요하다. 각종대부기관은 각각 다른 경제 분석의 개념과 절차를 갖고 있어 그들 나름대로의 기초 자료를 필요로 하게 된다.

농업소득의 추정은 두 가지 기준에 입각하여 행해진다. 하나는, 농업부문의 소득을 국민소득정의를 사용하는 것이고 또 하나는 개개농가의 정의를 사용하는 것이다.

1) 농업부분 소득

본 절에서는 사업의 결과로서 농업부문에 의한 국민소득에 대한 부가가치의 증가에 관심을 둔다. 모든 비농업투입물은 비용으로 계산한다. 이 부문으로부터 나오는 모든 생산물은 소득의 일부를 형성한다. 사실상 이 수치를 얻기 위해서는 세 가지의 서로 다른 추정을 해야 한다.

가) 사업지구로부터의 농업생산량의 총 가치

나) 사업지구로부터의 농업생산량의 순 가치

다) 사업지구로부터의 농업생산량의 순증가 가치

(a) 농업생산물의 총 가치

이것은 사업지구의 농업생산물을 사업지구의 농민들이 받게 되는 농가수취가격으로 곱하여 얻는다.

(b) 농업생산량의 순 가치

이것은 위에 제시한 농업생산량의 총 가치로부터 사업지구에서 농업생산량을 얻기 위해 사용된 투입물 즉, 일반적으로 농기계의 유류대, 비료, 살충제 등의 유동비용항목을 감안하여 얻는다.

생산물이나 투입물에 관해 이중계산을 하지 않도록 주의해야 한다. 예를 들면 사업지구에서 산출된 사료의 가치는 사료를 소비하는 가축으로부터 얻는 생산가치에 부가해서는 안 된다. 종사나 농장에서 얻은 퇴비 등과 같은 항목도 유사하다.

농민의 영농비와 사업의 운영비는 구분되어야 한다. 후자는 수리구조물의 수선과 유지 등과 같은 항목을 비롯하여 경우에 따라서는 양수비도 포함한다. 관개시설과 운영비를 표시하는 항에서 농민의 운영비에 수세를 가산하는 것은 옳지 않다.

만일 농기계서비스가 사업에 의하여 제공된다면 농기계와 관련된 투자와 운영비뿐만 아니라 농기계서비스 이용을 위해 농민들이 지불하는 사용료를 순 생산량을 계산함에 있어서 감하지 않도록 주의를 기울여야 한다. 반면에 사업과 관련이 없는 계약자가 기계서비스를 제공한다면 이 서비스에 대한 농민의 부담금은 포함시키는 것이 옳다.

사업에 의하여 운용되는 기계의 수선유지 및 대체는 그들 비용이 생기는 연수에 대하여 비용으로 계상하며 감가상각을 개별항목으로 나타내지 않는다.

(c)농업생산량의 순증가가치

이것은 사업으로 기인한 생산가치의 증가를 말하는데 그 추정을 위해서는 (b)항에서 사업이 시행되지 않았을 경우 그 지역에서 생산될 수 있는 순 생산량을 감해야 한다. 여기에서는 사업지구가 동적인 상태에 있다는 사실을 고려해야 한다. 즉, 사업을 시행하지 않았을 경우라도 생산액이 얼마간은 증가 또는 감소할 수 있는데 그 변동을 측정하기는 물론 어렵다.

사업지구의 식부면적 ha당 수량, 총생산량, 적용된 가격, 총 생산가치 등은 표형식으로 사업시행 전후의 상황을 제시하는 것이 편리하다. 이러한 표는 사업의 주요한 경제적 특성을 요약할 뿐 아니라 사업지구가 보고본문에서 표시된 것과 일치하며 사업에 따른 경제적 효과추정에 사용된 작부부체계의 변화, 수량, 생산량 등이 예측과 일치하는지 등을 검토하는 수단이 된다. 사업에 사용된 투입물의 경우도 같은 표의 형식으로 나타낼 수 있는데 여기에서도 전체 수치가 작물별로 추정한 수치와 일치하는지를 주의해야 한다.

국민소득의 증가를 추정하는데 있어서는 가격결정 문제에 특히 주의해야 한다. 이는 투입물이 산출물의 가격을 추정하는데 가장 민감한 영향을 주는 요인 중의 하나이다. 소득분석에는 (7)절에서 주어진 현존 및 장래 시장출하량 추정치와 사업에 의한 생산량의 추정치가 어떠한 가격에 판매되는가를 분석해야 한다. 그러나 전반적 가격수준의 변동에 따른 가격상승 효과는 투입 · 산출에 특히 영향을 받으므로 고려하지 않는다. 사업시행에 따른 국민소득에 대한 부가가치의 증가액 추정은 농민이 받는 농가문전(수취)가격을 택하는 것이 편리하다. 그러나 분석을 완성하기 위해서는 생산물을 평가하는데 사용되는 가격에 대해 여러 가지 조정이 필요한데 여기에는 두 가지 방법이 있다.

첫째는, 정부가 특수 부류의 인구 또는 단체에 이익을 주기 위하여 보조금 및 세금 등의 방법으로 가격구조의 변동을 계획적으로 실시하는 것으로 이전지출(transfer payments)을 제외시키는 것이다. 따라서 이 경우는 투입 및 산출물의 평가에 사용되는 가격에서 정부의 간섭을 배제시켜야한 하는 것이다.

이러한 환경에서 사업의 경제적 평가를 위한 기준으로써 적절한 균형가격을 추정할 필요가 있다. 균형가격에 대한 유용한 지침은 국제시장가격이 될 수 있으나 설탕과 같은 경우에는 믿을 것이 못된다.

균형가격에 도달하도록 하기 위한 시장가격의 조정은 가장 일반적인 예로 두 가지가 있다. 즉, 외환율이 정확하지 않다든가 실업상태가 현행 임금율에 반영되지 않을 때이다.

이 두 경우에 있어서는 모두 시장가격을 비교하여 잠재가격(shadow price)을 결정하는 것은 쉽지 않지만 균형수준에서 투입 및 산출물의 평가가 되도록 해야 한다. 또한 노동에 관하여 보면 특수문제에 유의해야 하는데, 즉 농업노동수익은 농업부문소득의 일부이지만 실제로는 가족농 또는 자가노동과 임금노동으로 구분하고 있다. 임금노동은 투입으로 고려하여 적절한 잠재가격으로 평가한 후 총생산액으로부터 임노동비를 감해야 한다. 그러나 순농가수익은 가족노동에 대한 수익이므로 자가노동에 대해서는 차감하지 않는다.

2) 개별농가소득

본 분석의 목적은 사업이 개별농가소득에 어떠한 영향을 주는 가를 명백히 하기 위한 것이며 이를 위해서는 사업시행전후의 농가수지상태를 나타내야 한다. 사업지구내의 농가사이에는 농지규모 및 작부체계에 있어 상당한 변이가 있으므로 개개농가유형별로 분석하여야 하고 업태별 농가수를 추정하여야 한다.

또한 개별농가 수지분석에 사용되는 작부체계, 윤작, 생산량, 가격 등이 전체적 경제 분석과 일치하는 지를 점검해야 한다. 예를 들면 개별농가의 작물별 식부면적에 전체농가호수를 승하면 전체사업지구의 작물별 식부면적과 같아야 한다. 이것은 농가의 소득상태를 반영하는데 목적이 있으므로 정부보조 및 세금을 포함한 농민들의 실제적 수취 및 지불가격 또는 감가삼각, 차입금상환, 수세 등을 예측할 필요가 있다. 특히 후자는 사업비의 회수와 관련된 문제이다.

농가분석에 있어서 중요한 고려사항은 농민의 순소득증가액이 높은 기술수준에 도달하기 위한 추가적 노력을 보상하기에 충분한지를 반드시 고려해야 한다. 사업비의 상환과 관련한 실제적 제안의 작성에는 농가소득분석의 결과를 고려해야 한다. 농가분석은 위의 (3)항과 (4)항에서 지적한 노동분석과 더불어 노동「피크」기에 있어서 노동공급의 적합성을 결정하기 위해서 사용되어져야 한다.

3) 재정분석

본 절의 목적은 사업을 수행하는 기관의 재정상태에 관한 사업의 효과를 평가하는 것이 다. 본 분석의 방법은 주로 사업을 위하여 제안된 기구의 구조에 의존되지만 설명을 위해 두 가지 대안을 생갈 할 수 있다.

가) 정부의 관개농지국이 사업시행과 운영에 직접 책임을 가진다.

나) 사업은 반관반민기관에 의해 수행되고 운영된다.

첫째의 경우 수세는 관계국외부에서 발생하기 쉬우며 충당금을 만들어 비용을 변제하여야 한다. 추가예산재원의 이용가능성을 판단하기 위하여 정부의 예상수입과 지출을 추정할 필요가 있을 것이다. 비용에는 유지관리를 위한 비용과 사업에 필요한 증원된 지도원의 인건비를 물론 수입대체의 결과로 얻어진 정부관세수입과 같은 간접적요소도 포함시켜야 한다.

두 번째 경우는 독자적 재정을 관리하는 기관의 재무 분석에서는 농민으로부터 받게 되는 수세수입 뿐만 아니라 정부보조금과 같은 수입과 지출을 예측하여야 한다.

자. 수익과 타당성

이 절에 있어서는 무엇보다도 사업의 경제적 수익에 관심을 두어야 한다. 본 절에서는 주로 제8절 (8)에서 다룬 경제 분석의 특수성을 요약하게 된다.

부연하면 사업의 경제적 순수익은 내부 수익률(IRR)을 계산함으로써 요약되어 진다. 이것은 사업기간(life of the project)동안에 발생한 비용의 현재가치와 수익의 현재가치를 같게 하는 할인율로 정의된다. 투자사업에 있어서 수익은 일정시간이 경과한 후에 발생하기 시작해서 사업이 정상속도(순

항속도)(cruising speed)에 도달할 때까지 점차적으로 증가하는 반면에 비용은 사업초기에 집중되는 것이 전형적이다.

할인계수의 적용이 이러한 비용과 수익을 현재가치의 기준에 의하여 동등 수준으로 비교되어질 수 있다.

내부수익률을 계산하기 위하여는 수익과 비용의 주요항목 사업기간 중에 매년 발생하는 사업순수익의 크기를 표로 작성하여 부록에 제시한다.

여기서 사용한 개념은 상기 (8)항에서 언급한 경제적 개념과 일치해야 한다. 공사기간 연도별 지출액 주요 지출항목의 내구연한에 관하여 가정을 설정하여 둘 필요가 있다. 만일 이러한 것들이 사업기간(life of the project)보다 짧을 때는 대체비용을 그것이 발생하는 시점에 표시해야 한다. 또한 사업에 의한 생산물이나 소득과 비용이 완전한 수준에 도달할 시간을 지적해 주는 것이 필요하다. 이는 또한 농민들이 사업이 제의하는 개선점을 충분히 활용케 하여 속도를 추정하게 된다. 이중계산을 회피하도록 세심한 주의를 하여야만 한다. 예들 들면 유지관리를 위한 기계의 제공은 투자비 투정에서 보여준 사업항목이다. 그러나 만일 매년의 유지관리비의 산출이 기계의 감가상각비를 포함한다면 이 항목은 현금유동표(cash flow table)로부터 제외되어야 한다.

그리고 특히 잔존가치는 계산에 넣어져야만 한다. 어떤 경우에는 경제적 수익을 계산하는데 있어서 사업비 항목의 일부비용비율만을 포함시키는 것이 필요할 때도 있다. 이것을 사업에 의해서 건설된 시설물이 비농업적인 수익을 발생시켰을 때 나타나고 계산에는 포함시키지 않는다. 한 예로써 사업지구에 건설된 도로는 농민에게 뿐만 아니라 비농민에게도 사용된다. 다른 예를 들면 지도사업은 사업과 관련이 없는 농민에게도 제공되고 물 공급은 물론 사회간접자본도 마찬가지이다. 만일 수력발전, 관개사업과 같은 이중목적사업에 있어서 비농업적인 수익이 대단히 중요하다면 사업의 개별항목에 대한 비용과 수익을 배분하는 문제에 상당한 주의력을 집중하는 것이 필요하다.

경제적 수익을 추정하는데 있어서는 사업의 경제적 결과에 주요영향력을 줄 요인을 규명하고 이 결과들이 설정한 판정의 변화에 얼마나 민감한 가를 제시하는 것이 필요하다. 예를 들면 그러한 요인들은 예상수확량, 개발 속도, 주요투입물의 가격 등일 것이다.

경제수익을 국가개발에 유익한 방향으로 세분하는 것이 유리할 때가 있다. 이러한 특수 효과는 아래와 같이 구분된다.

(a) 외환에의 기여

외환가득의 추정 또는 사업에 필요한 투입 산출물에 관한 외화절약

(b) 사회적 영향

고용, 소득의 재분배, 농촌인구의 복지에 미치는 사업의 효과추정

(c) 기타 비농업 수익

농촌지역에서 고용기회를 제공함에 따라 야기되는 이도와 그에 따른 관련비용의 추정

(d) 예산상의 영향

사업이 정부의 예산세입과 세출에 변화를 주는 정도의 추정

차. 특기할 문제점

대부분의 사업들은 사업의 타당성 보고서 작성 시에 특기할 문제들을 해결하여야 한다. 그러한 것들은 보고서 본문에 세밀하게 열거될 것이다.

그러나 그들은 평가, 융자(차관), 사업시행 등 다음 단계에 제약요인으로 나타나게 되므로 필요한 조치를 하여야 하는 사람들에게 강력한 주의를 집중시켜야 되기 때문에 이 절에서 다시 요약되어야 한다.(적당한 근거자료를 제시할 것). 예를 들면 다음과 같다.

1) 이수법률개정을 위한 입법의 필요성(부록에서 필요한 수정사항을 제시)
2) 사업지구내의 지도직원수의 증가 필요성(수를 명기)
3) 국제경쟁입찰을 허용하는 공사계약법의 개정필요성
4) 사업지구의 용지매수 절차를 제정하는 필요성 등

4. 부록과 근본자료

타당보고서에 대한 부록은 많은 부피를 차지하며 보고서에 대한 상세한 근거를 포함하게 된다. 본 보고서에 기술된 요약자료는 이곳에서 추출된다.

이러한 이유 때문에 보고서에 기재한 결론, 제안, 수익과 비용추정 및 추천사항 등을 정당화하는데 필요한 모든 자료분석 및 계산을 제공할 수 있도록 보장하기 위해서는 보고서작성이 진행됨에 따라 계속 검토해야 한다.

본 보고서는 일반 독자가 읽는다는 것을 염두에 두고 작성하여야 하며 부록은 전문가들이 세밀하게 읽게 되므로 전문용어를 써야 한다. 부록자료의 대부분은 표와 지도, 그리고 설계도, 도표, 사진 등으로 제공된다.

부록은 일반적으로 다음의 7개범주로 구분되며 그 규모는 환경에 따라 사업간에 크게 다를 수 있다.

(a) (나)부 "배경"의 보완
(b) (다)부 "사업지구"에 대한 근거를 주기 위한 측량조사 및 시험결과, 자료분석과 기후 및 수문기록
(c) (라)부"사업계획" 대한 근거를 주기 위한 조사 및 설계추산 및 계획
(d) (마)부"조직 및 관리"에 근거를 주기 위한 제안
(e) (바)부"농업개발과 생산"에 근거를 주기 위한 농업에 관한 조사 설계 및 계획
(f) (사)부"시장과 가격전망"에 근거를 주기 위한 시장부석
(g) (아)부"농업소득"과 (자)부"수익과 타당성"에 근거를 주기 위한 경제 및 재무 분석

부록의 세밀한 「체크리스트」는 (3)부에서 언급한 내용과 반복되므로 이 지침에서 제시하지 않았다. 어느 특정사업을 위한 체크리스트는 (3)부를 통독한 후 선정해야 하고 그 사업의 중요문제가 될 항목들은 특별부록을 작성할 수 있도록 분리시킨다.

2. 농업신용사업

1. 서 론

개별농업투자사업에 주어지는 사업명은 사업의 주요 목적과 일치하게 된다. 즉, 토지정착, 가축사육, 소규모의 관개(전지관개 등), 특용작물재배, 비닐하우스재배, 과수원조성, 축산물 보관 및 저장시설, 농기계보급, 수산양식 등을 말한다.

이와 같은 사업의 대부분은 근본적으로 사업의 중심문제도 아니다. 사업수행을 신용확충 그 자체는 사업의 공공개발관계에 의하여 성취된다. 신용사업의 중심적 과제는 농업개발사업과 대부계획 범위 내에서 개별사업에 융자를 지원하는 것이다.

신용대부계획의 수행책임은 1개 혹은 그 이상의 신용기관에 귀속된다. 신용사업과 다른 사업과의 차이는 다소간의 독단이 있다는 것이지만 결과적으로 추행되고 있음이 증명되었다.

농업신용사업의 보고서작성 목적은 개개사업으로 구성된 대부계획이 국가개발목적과 일치하며 일반신용정책 및 계획과 관련하여 볼 때 급히 시행하여야 할 우선선위를 가지고 있는가를 증명하는 것이다. 즉,

1. 기술적으로 타당하고 기존조건하의 가능한 모든 대안 중 가장 최선의 것이고,
2. 행정적으로 수행이 가능하고
3. 재정적 · 경제적 타당성이 있는가?

본 지침서의 목적은 금융기관의 평가단이 제시한 문제에 대하여 모든 해답을 줄 수 있는 종합적인 타당성 보고서를 준비하기 위한 지침을 주기 위한 것이다.

신용사업보고서작성의 주제는 다음과 같다.

(1) 개별사업지구의 물적 자원에 관한 연구, 특히 작물과 목장, 토양, 기후, 식생, 용수공급, 현재의 영농유형, 현재의 작물별 수확량 및 미래의 예상수확량

(2) 소작현황, 경지규모 등을 관련시켜 본 사업지구, 농민의 사업수행 가능성에 대한 능력평가, 이와 같은 현황 하에서의 전형적인 대표 농가의 유형설정과 각종 운영에 대한 농가수지분석

(3) 개발유형별 신용자금의 수요를 입증하기 위한 주요 신용자금원과 현재의 이용가능성에 관한 연구, 왜 하나 또는 그 이상의 신용기관이 사업과 과련 되어야 하나 등의 연구

(4) 대부계획의 조건하에 물적 인적자원을 기초로 한 신용자금수요의 평가

(5) 현재의 농업용품 및 기타 투입물, 운전자본의 소유액과 신용기관의 강화방안과 더불어 신용기관의 사무지원방안에 관한 평가

(6) 사업과 관련된 신용기관의 면밀한 검토와 사업에 의거 대부될 융자금의 배분, 감독 회수에 대한 제반대책과 더불어 신용기관의 능력평가

(7) 신용자금수요를 기초로 한 사업규모 및 개발 단계구분, 축산물의 가격과 시장예측 등 본 건은 년차별 추정치를 포함시켜야 한다.

(i) 투자비용

(ⅱ) 대부계획을 관리 할 신용기관 및 지원기관을 위한 장비와 용역비

(8) 물적 인적자료를 기초로 한 사업산출유형의 단계화, 수익계산, 토지이용계획, 상품별 가격과 시장예측

(9) 생산자와 신용기관에 대한 재무수익의 결정과 국가에 대한 경제적 수익

여기서 강조하고 싶은 점은 본 연구의 주요 「테마」들을 별도로 분리하여 검토할 성질이 아니라는 것이며 각 「테마」의 내적결과를 횡적으로 상호관련 있게 고려함으로써 하나로 종합된 완성품을 만드는 것이다. 두 사업이 같을 수는 없다. 즉 농용트랙터 및 소규모 농장의 양수시설에 대한 대부계획과 영농자금 및 기술 「서비스」를 제공함으로써 생산성을 제고시키는 수많은 소농과 관련된 대부계획과의 사이에는 큰 차이가 있음이 명백하다. 그러므로 여기에서 제시하고 있는 일반적인 지침은 특별한 사업의 필요성에 따라 조정하여 사용해야 한다.

2. 보고서의 양식

보고서의 내용은 양식보다 중요한 것이다. 보고서를 작성하는 데에는 전체의 개요만을 원하는 일반적인 독자로부터 그의 전문분야를 세밀하게 검토해 보려는 전문가에 이르기까지 다양하다는 것을 염두에 두어야 한다.

보고서의 일반적인 목적은 제안된 사업이 최선의 대안이라는 것을 독자에게 확신시키기 위한 것이다. 따라서 보고서작성자는 어떤 점이 중요하며 왜 중요한가? 얼마만큼 상세하게 설명해야 되는가에 관해 깊은 주의를 경주해야 한다.

따라서 보고서의 장단을 엄격하게 규정할 수는 없다. 그러나 본보고서는 사업내용이 간단명료하게 요약된 것이어야 하며 필요한 것은 부록으로 별책을 만드는 것이 편리하다. 본문의 내용은 20~40 「페이지」로 함이 바람직하다.

본보고서는 그 사업의 특징을 목적에 따라 간략하게 요약하여 쓰도록 한다. 그리고 사업내용을 종합적이고 완전무결하게 설명하면서도 간략해야 한다. 가능한 한 반복은 피하는 것이 좋으며 본문작성에 있어서는 전문가들이 이해할 수 있는 상세한 내용과 기술적인 문제들은 포함시키지 말아야 한다.

부록은 본문에 있는 내용에 대하여 상세한 근거를 제시해야 한다. 지도, 설계도, 도표를 포함하여 모든 전문적인 기초 자료를 제시해야 한다.

본 지침서의 다음 장에서는 보고서작성에 관한 표준화된 개요를 기재하겠다.

본 지침서는 최근 IBRD 평가보고서와 신용사업을 위한 FAO/IBRD의 사업준비 보고서를 보충 개선한 것이며 사업보고서의 작성지침으로 사용할 수 있다. 이 지침서에서의 배열은 사업보고서의 각 부분이 이론적 순위에 따라서 필연적으로 기술하도록 되어 있지만 사업계획서를 체계화하는 데는 모든 항목들이 서로 관련이 되어 있다는 것을 염두에 두어야 한다. 더욱이 농업신용사업의 타당성 보고서를 제공받는 융자기관의 과거경험에 의하면 보고서에는 일반적으로 사업의 물적, 기술적 측면은 충분하게 설명하였으나 경제적인 측면은 불충분하게 기술되고 기구와 관리에 관해서는 아주 불충분하였다고 한다. 다음의 지침서는 일반적으로 잘 알려진 농업신용사업이 기술적 측면보다도

경제적인 측면에 보다 큰 비중을 두고 있다.

3. 개요 및 결론

사업의 필수적인 요소 즉, 사업의 우선순위와 농업신용사업의 주요 구성요인(사업의 목적, 위치, 규모, 수혜자)

개발 및 공사기간, 사업비, 사업추진기관의 조직적, 행정적 측면 및 사업추진상에 있어서의 주요 문제점을 명기한다.

가. 서 언

본장에는 사업추진경유를 약술하고 종전의 연구실적내용과 UNDP, 용역기관, FAO, IBRD 등의 연구 지원실적을 기술한다.

나. 배 경

국민경제의 산업별 성장 및 산업구조의 변경과정, 본 사업과 관련된 농업경제현황, 국가의 경제개발계획과 본 추진사업과의 관련성들을 설명한다.

1) 농업의 일반현황

사업을 추진하게 되기까지의 농업의 일반적 현황을 간략하게 설명한다.

2) 정부의 농업정책과 개발계획

국민경제 개발계획의 주요 구성요소와 목적을 본 농업신용사업과 관련되는 범위내에서 간단하게 설명하여야 한다.

정부의 농업정책(수입대체, 수출증진, 가격유지정책, 농업용품에 대한 보조, 투입산출물에 대한 조세, 재정시책 등)이 신용사업에 의한 농산물생산에 제약요인이 되는지 또는 유발요인이 되는지를 약술한다.

가격정책이 투자를 위한 농민의 의사결정에 미치는 효과를 분석한다.

3) 농업신용과 개발계획

국가개발계획에 있어서 농업신용사업의 역할을 약술하고 개개사업은 국가의 신용계획의 범주에 속함을 설명한다.

4) 토지이용상태와 농업

여기에서는 우리나라 농업에 있어서의 토지이용 및 작부체계현황, 영농작업, 품종, 단위수럽(토지생산성), 농업용품의 시용상황, 용수량, 관개방법, 가축사육두수와 육류생산현황을 제시한다. 보다 세밀한 자료는 개개사업, 특수지구 또는 지역개발을 설명할 때에 제시한다.

5) 토지소유와 소작제도

농지소유관계와 소작농가 호수, 소작지면적, 소작료의 형태와 경지규모별 농가호수, 인구 등의 자료를 제시하고 소작제도가 농업신용사업으로 인한 농업생산에 미치는 영향을 약술한다.

6) 농업관련기관의 서비스

농민교육, 훈련, 시험연구 및 기술지도, 농업경영지도 등을 설명하고 농업개발과 농업신용사업과 관련시켜 이들의 효율성을 평가한다.

7) 농산물 시장

주요 농산물의 유통경로, 증산을 요하는 농산물의 규모와 시장점유표 등을 기술한다.

다. 농업신용

1) 대농민신용자금원과 대부가능성

농민의 영농자금 수요 충족도를 검토하고 제도금융과 비제도금융(농촌사채, 상인, 대출업자, 농민 친지 등)의 역할을 평가한다.

2) 대출제도와 농업신용의 역할

영농자금의 대출제도를 약술한다. 정부 또는 중앙은행의 농업신용자금지원정책(농업신용차입금의 한도, 기간 및 조건 등)을 설명하고 농업신용자금의 증가에 있어 제도적 요인을 명기한다. 최근 5개년간의 금융자금 대출실적 중 농업신용이 차지하는 금액 및 비율을 표로 표시하고 앞으로의 추세를 약술한다.

본장이 목적하는 바는 농업신용자금의 증액필요성을 설명하는 것임.

3) 농업신용기관

(ㄱ) 설립목적과 법적성질

(ㄴ) 농업신용기관과 정부와의 상호관련성

(ㄷ) 자금원

(ㄹ) 차입자금의 내역과 사용

(ㅁ) 농업신용자금의 대출조건(대출기간, 거취기간, 이자율)

(ㅂ) 운영실적

(ㅅ) 상환과 관련한 농업신용기관의 당면문제

본항은 농업신용기관의 능력을 평가하고 농업신용사업을 담당할 기관을 선정하는데 있다.

라. 사 업

1) 사업내용

본 항은 사업을 정의하고 최고의사결정자로 하여금 앞으로 전개될 사업내용을 알 수 있게 설명한다. 사업의 목적, 위기. 규모, 공사기간, 기타사업의 성격, 사업시행방법, 기대효과 등을 약술한다. 그리고 개개 농업신용사업에 대한 대부계획과 대출범위, 대부계획에 포함된 개개사업의 목록을 다음 표와 같이 제시한다.

<표 Ⅰ-1> 사업별 투자현황

대출종류	영농규모	연도별 지원농장수			계	호당평균투자액	총투자액
		1차년도	2차년도	3차년도			
일반농가							
농업기계화							
낙농가							
비닐하우스							
저온저장							
전관개							
일반저장고							
기타							

2) 대부계획(세부내용)

본 항의 목적은 개별사업의 성격을 설명하고 사업의 성질, 비용, 여러 가지 시책의 타당성을 제시하는데 있다. 즉, 농가규모, 작부체계, 개발방향, 투자액, 운영비추정, 기대수확량과 생산량, 참여농가의 재무효과분석 등을 포함하는 영농모형을 수립하는 것이다.

가) 사업지구

본 항에서는 개별사업지구와 관련된 농업적, 물리적, 사회적, 경제적, 제도적 관련자료를 설명한다. 그리고 사업의 목적을 필히 수행할 수 있다는 증거를 제시하여야 한다. 사업시행 후 계획생산유형을 통하여 개별사업지구의 개발가능성과 잠재력을 보여 주어야 하며 개별사업지구의 투자와 대체적 토지이용의 가능성 및 사업선정이유를 약술한다. 만약 참여농가들이 전국에 산재되어 있다면 대표적인 지역의 조건을 설명하면 된다.

나) 개별사업지구의 비용과 투자

본 항에서는 차주가 시행하는 농업개발사업을 농가유형에 따라 설명하고 투자비용의 내역을 표로 제시한다. 공종별 사양, 시험연구 및 본 사업의 타당성을 증명하는 모든 자료를 포함하는 기술적인 문제는 부록에서 상술하여야 한다. 투자내용의 산출기초(즉, 단가와 수량)는 영농개발유형의 주서에 명기한다. 차주의 유형 혹은 농장의 규모를 선택하는 타당성(즉, 농민, 협동조합, 계약자 등)은 명확하게 설명하여야 한다.

다) 농업신용의 기대수요

농가수취 분석결과를 기초로 하여 다음과 같은 영농자금 수요액을 제시하여야 한다.

(1) 농장개발을 위한 대표농가의 투자비용, 장비, 가축, 현투입물의 비용을 농가수지분석에 포함시킨다. 필요한 차입금액은 농가가 소유하고 있는 자원비용(즉, 자기자금)을 감한 나머지가 된다.

(2) 전체차주의 수를 추정함으로써 농업신용에 의한 투자수요를 실질적으로 추정할 수 있다. 그리고 대출은 농장규모, 기술적 능력, 재정형편, 지목 등을 고려하여 자격이 있는 농민에게 시행하여야 한다. 총 대부 금액은 대표농가의 평균융자액에 참여농가호수를 승하여 추정한다. 매년 상환이 기대되는 계절적 대부금을 고려하여 연간증가분만을 계상하여야 한다.

라) 투자의 단계설정

본항에서는 개개사업에 포함된 농장개발의 투자단계를 상술하여야 하며, 이러한 투자단계는 농업신용사업으로 소요되는 자금의 효율적인 운영을 위한 관련기관의 능력, 개발사업의 생산품시장의 규모와 유효수요의 증가추세에 따라 구분되어야 한다.

마) 지원용역 및 시설

여기에는 농업지도 사업, 유통시설 및 농촌하부구조가 개별사업을 추진하는 데 적합한가? 또는 개선하고 확장할 필요성은 없는가에 대하여 상술한다.

그리고 장비구입 및 개발요원확보 등의 인사문제도 비용확정과 투자관계에 따라 세밀하게 설명되어야 한다. 이러한 추진방법과 내용들은 조직관리적인 측면에서 기술되어야 한다.

바) 농업용품의 가용성과 노동력

작부체계에 따라 농업용품의 소유량이 추정되어야 하고 개별사업별 농업용품의 총소유량을 계산하여야 하며 농업용품의 출처와 이용가능성을 명확하게 기술하여야 한다. 계절별, 단위농가별 농업활동 소유일수를 추정하여야 하고 그 지구의 농업노동공급현황과 비교하여야 한다. 임금노동자와 비임금 노동자를 구분하여야 하며 현금 지불노임을 추정하여야 한다.

3) 비용추정과 차관액

가) 비용추정

개별사업별로 추정한 사업비를 기초로 하여 총 농업신용사업비를 추정하고 고정비용을 포함시킨다.

(1) 자본비용

자본비용은 농업신용사업의 경제적, 재무적 타당성을 결정하는 기초가 되고 대부자금의 크기를 결정하는 기본자료가 된다. 이러한 비용은 다음과 같이 구분하는 것이 편리하다.

- 개별 사업별 투자비의 추정
- 개별 사업별 소요되는 운영비증가액
- 기술용역비와 사업운영을 위한 장비비

모든 비용은 외국차관사업의 경우 내자와 외자로 구분하여야 한다.

투자비는 개별사업의 단위투자비용에 장비농가호수와 참여농가호수와 개별사업의 수를 승하여 추정한다.

운영자본은 공사기간 중에 연도별로 계산하여야 하며 전체사업비 추정에 있어 구분되어야 한다.

예비비는 농장유형별 비용추정에 있어 물량노동(기술적), 예비비(통산 10%)와 공사기간중의 물가상승예비비를 포함(연평균 물가상승율)시켜야 한다.

<표 Ⅰ-2> 비용추정 총괄표

(단위 : 내자 : 백만원, 외자 : 천$)

구분	내자			외자			총사업비	외환비용
	내자	외자	계	내자	외자	계	(백만원)	(%)
㈀ 투자계획								
농업기계화								
전지관개								
비닐하우스								
저온저장								
일반저장								
총투자비								
㈁ 운영자본								
농업기계화								
전지관개								
비닐하우스								
저온저장								
일반저장								
총운영자본								
㈂ 지원용역								
장비 · 기타								
기술용역비								
지도사업비								
차량								
계산기								
총지원용역비								
㈃ 예 비 비								
총 합 계								

(2) 경상비

사업추진기구의 용역비와 참여농가의 경상비는 사업의 경제분석에 필요하다. 관계기관의 경상비는 인건비와 사업추진경비를 기초로 하여 계산한다. 만약에 비용추정을 차관액에 대한 비율로 할 경우에는 이에 대한 근거를 제시하여야 한다.

농업의 경영비는 대표농가의 농업수지분석에서 추정된 경영비와 참여농가호수를 고려하여 계산한다. 특히 여기에서 주의해야 할 사항은 이중계산을 회피하는 것이다. 예를 들면 농기계를 공급하여 농작업을 하는 경우 농민들은 농기계사용에 대한 사용료(임차료)를 지불한다. 한편, 투자비용에는 농업기계비용과 운영비가 계산된다.

4) 재원확보

사업평가단은 사업의 자금계획을 고려하여 사업비를 내 ·외자로 구분하게 되며 총투자액에 대한 전대차주의 부담액(즉, 농민부담)을 제시하여야 한다. 농민부담금은 개별 사업별로 다루기 때문에 다음 표에 의거 구분, 명시함이 좋다.

<표 Ⅰ-3> 재원별 사업비

개별사업명	총사업비	농민부담	차관액
농업 기계화			
전 지 관 개			
일반 저장고			
저온 저장고			
비닐 하우스			
:			
:			

5) 조 달

(1) 기자재조달을 위한 기존상품 취급(농기계취급상사) 또는 정부조달기관, 국제 경쟁입찰 등을 명기)

(2) 농민단체의 주문 가능성

(3) 국제 또는 국내경쟁 입찰을 요하는 농업신용기관의 여건 등을 고려하여 공사용기자재 및 장비의 조달 방법을 기술한다.

마. 조직 및 관리

1) 일반현황

본장에서는 차주가 될 기관과 사업실행 및 운영에 대해 책임 맡을 기관을 명기하고 외부금융기관 및 정부가 공급하는 사업자금을 최종적인 차주(농민)에게 어떠한 경로를 통하여 대출되는가에 대하여 상술한다.

주요사항은 다음과 같다.

㈀ 자금배분, 감독 및 최종차주에 대한 대출금의 상

㈁ 농민에게 기술지도를 수행할 지원사업내용

㈂ 기자재 및 투입물의 공급과 분배

여기에서는 사업수행을 위한 차주의 매매수행방법을 설명한다. 즉, 차주의 권한 조직 및 관리, 인사장비, 금융기능 등에 관한 적절성, 관계기관과의 업무조정 및 협조사항을 기술한다. 상기 사항 중 보완하고 개선할 사항을 기술한다. 한국에서는 농협조직을 통하여 신용사업이 수행되므로 협동에 관하여 상기내용을 상술한다.

2) 사업과 관련된 신용기관

신용기관은 농민에게 신용자금을 분배해 주고 사업기금의 조달과 감독에 대한 책임무을 지고 있기 때문에 신용기관에 대한 정보를 상세하게 서술하여야 한다.

신용사업을 통하여 얻은 경험은 건전한 신용기관을 건설하는 데 큰 도움이 됨을 강조하여야 하며 농업신용기관은 사업운영과 전반적인 신용사업활동에 만족한 처리가 되어야 한다. 따라서, 농업신용기관의 특성, 대출, 신용기관의 기능 및 능력을 부록(Annexes)으로 작성하여 상술한다. 추후에 개선될 사항과 변경될 내용도 세밀히 설명한다.

가) 설립, 관리 및 조직

법적지위, 기능 및 권한(관련법규포함)에 관한 설명, 주요 운영체로서 특히 이사회 혹은 의사결정체, 일상 업무에 관한 사무의 책임, 과거업무수행실적과 관련한 능력평가, 개개신용사업에 관한 의사결정이 정치적 간섭으로부터 독립되어 있음을 명기하고 위임자가 차관승인을 수행할 수 있고 신용업무를 조장할 수 있다는 것을 설명하여야 한다.

국내신용기관의 본부와 지사의 조직을 검토하여야 한다. 신용기계의 조직표와 전국에 분산되어 있는 지사의 위치를 표시한 도면을 제시한다.

직급별 전문분야별 자질과 경험직원수를 설명하여야 하고 고위관리직의 능력, 본사 · 지사의 기술직 · 수행직의 적합성을 조사하여야 한다. 회계체계 특히 문서의 정확성, 지연 등을 검토하여야 한다.

통계자료의 보관 및 취급, 정보관리조직의 질적 문제를 검토하고 회계감사의 질과 독립성을 평가하여야 한다.

나) 재무현황

회계감사 보고서를 기초로 하여 최소한 최근 5개년간의 재정상태를 검토하여야한다. 연간보고서에는 대차대조표, 손익계산서 및 회계감사보고서의 내용을 포함시킨다. 기 제출된 재무보고서가 6

개월 이상 경과하였을 경우에는 최근의 재무보고서를 다시 작성하여야 한다.

자원 : 자원분석은 필히 하여야 한다.

주요검토내용은 자산적 자본, 국내외적 차입금, 예금, 시설자금 등이며 자원조달에 있어서의 성공은 신용기관의 재정적 건전성을 보여주는 것이다.

각종 형태의 차입금 추세를 논하고 저축자금의 조달에 있어 성패요인을 설명하여야 한다.

자원의 사용 : 각종자원을 융자기한 및 조건의 측면에서 뿐만 아니라 질과 실질가치적인 측면에서 분석하여야 한다. 특히, 주의 할 점은 차관액과 투자목록이다. 차관금인출액과 추후차관액을 구분하여 표시한다. 제할인자금도 분리하여 명기하여야한다. 가능하면 개별사업지구에 대한 차관자금의 명세와 이와 동일한 목적에 제공되는 대부계획을 설명한다.

투자금액은 사업의 질과 수익에 따라 평가하여야 하며 재무분석을 병행하여야 한다.

성장과 재무구조 : 신용기관의 전반적인 성장과 재무구조를 검토하여야 한다. 즉 다음과 같이 주요 재무제표를 개시하여야 한다.

- 유동자산비율(liquidity ratio) : (수중과 은행에 예금되어 있는 현금 또는 쉽게 현금화 할 수 있는 투자액)/(단기부채)
- 유동부채비율(treasury ratio) : 유동부채에 대한 유동자산의 비율
- 고정자산비율(fixed asset ratio) : 고정자산에 대한 자기자본(net worth)의 비율
- 비유동부채(equity ratio)/(자본과 저금에 대한 중장기채무액 비율)

중앙은행(한국은행)이 제지표를 작성할 경우는 이를 입증하여야 한다. 경제정책을 위한 지표와 건전한 운영관리를 위하여 작성된 지표와도 구분되어져야 한다.

운영결과 : 신용기관이 그의 수입을 가지고 행정 및 재정적지출을 보존하고 감가상각적립, 악성부채와 투자 및 일반준비금(이익배당금 지급)을 지불할 수 있는지의 재정상태를 알기 위하여는 수입(income)과 지출(expenditure)분석이 요구된다.

주요 운영지표는 다음과 같다.

— 행정사무비(administration costs)
  평균총자산과 평균차관액에 대한 비율
— 재무비용(financial costs)
  평균총자산에 대한 비율
— 적립금(reserves)
  연말금액에 대한 비율
— 잉여금(surplus)
  평균총자산 및 평균자산의 순가치에 대한 비율

재무계획(financial projection) : 신용기관이 앞으로 5개년간 건전한 재정형편을 지속할 것이며 적절한 자금과 수입금으로 제반경비를 변경하고 남음이 있다는 사실을 확신시켜야 한다. 이러한 목적을

위하여 계획된 재무제표(손익계산서, 현금유동표, 대차대조표)가 필요하게 된다. 그리고 이러한 재무제표가 상호일치하고 있음을 확신시킬 필요가 있다.

- 현금유동(cash flow)은 현금소득과 지출(운영결산 계정상에 있는), 자본의 유입과 유출을 포함한다.
- 은행과 수중에 있는 현금은 현금잔고(cash balance)의 개선상태를 반영하여야 한다. 연간자본유입 및 유출은 계획된 대차대조표에 있는 연말자산이 반영되어야만 한다.

사업의 재무계획은 평가단계에서 결정되기 때문에 현금유동을 기초로 하여 사업에 관한 운영을 제시하는 것은 바람직한 일이다. 과거 또는 현재 계획 중인 대차대조표와 손익계산서는 같은 표에 포함시켜야 한다.

3) 대부정책과 절차

자금대부의 규정과 운영상의 실제적 측면을 설명하고 분석하여야 한다. 주요 검토사항은 다음과 같다.

- 차관수혜자(대소농가, 개인, 단협 등)
- 차관목적
  차관액
  대부상환액
  평균대차액
- 사업비중 차관액 비율
  차주의 순자본
  담보물의 추정가치
- 담보물의 평가와 한도
- 기간
- 이자율과 기타 부담금(계산방법, 농민의 실질이자부담 명기)
- 대부신청과정(평가방법)
- 대부의 의사결정
- 대부 협정
- 자금배분(연도별 배분)
- 감 독
- 상환강행
- 최근 5개년간의 대부실적과 상환실적에 관한 통계자료

상환현황에 관한 논술은 상환 지체에 관한 이율을 분석하고 개선시키기 위하여 반드시 하여야 한다.

4) 기타활동

신용기관은 대부업무이외에 다른 업무을 이행하고 있는데 이의 내용을 설명하여야한다. 이러한

일들이 대부업무와 신용기관의 재정에 미치는 영향을 분석하여야 한다.

5) 대차계획실행의 적합성

신용기관에 대한 모든 검열사항들은 다음의 결론을 얻게 한다.

- 신용기관의 조직 · 인사 · 건전한 재정정책의 적합성 여부
- 차관자금의 사용을 통한 대부계획의 수행가능 여부
- 대부정책 및 절차, 대금의 대출조건의 적합성 여부
- 신용기관의 능력에 맞는 사업규모의 조정

바. 생산 · 시장가격과 생산자 수익

1) 생 산

본장에서는 미래의 생산유형(production pattern)과 기대수량을 기초하여 대표농가의 생산량과 사업지구 전체의 사업율을 설명한다.(농가모형과 농가호수에 의함) 각 사업지구의 기존수량과 사업완전 운영시에 있어서의 생산량을 비교하고 증수량을 물량(physical term)으로 표시한다. 대부분의 경우에 있어서 사업의 초년도에는 최대수량(maximum yield)을 달성할 수 없다. 따라서 년도별 계획수량의 확정을 위한 개발계획을 수립하여야 한다.

(1) 농장개발중의 손실량

(2) 정시년석증가로 인한 증수량

(3) 영농작업의 점진적인 개선

2) 시장과 가격

각사업지구로부터 나오는 생산물의 시장전망을 분석하여야 한다. 본분석의 목적은 각 사업지구의 생산물 가격과 생산량을 고려할 때 만족할만한 시장 판로가 있음을 보여주기 위한 것이다.

여기에는 각종 사업지구에서 가장 중요한 생산물의 시장분석을 지시하는데 시계열적 가격예측 및 수량이 포함된다.

정보의 가격지불효과를 반드시 평가하여야 하고 시장분석결과의 개요를 기술한다. 가격분석은 농가의 문전(farm gate level)에 있어서의 가격예측과 밀접한 관계를 가져야 한다.

시장분석에 있어서의 국내시장 또는 국제시장, 무역절차의 효과와 장단기계약 등에 관하여 특별한 주의가 요망된다. 수출시장에 있어서의 가격예측은 세계적인 현황을 고려하여야 하고 FAO의 Commodity publication과 기타 특수국제기관의 모든 가용한 정보를 수집하여야 한다. 계절적인 가격변화가 심한 농산물에 대하여는 월별가격의 변화를 지시할 필요성이 있다. 이러한 가격의 변화가 심한 농산물의 생산과 관련된 사업보고서는 계절적가격차의 이득을 얻기 위하여 고안되었음을 명기하여야 한다.

또한 기존의 유통시설은 사업생산물을 위하여 매우 적절함을 확신시킬 필요가 있다.

3) 생산자 수익(producer benefits)

본분석의 목적은 개별사업에 농민의 소득에 미치는 영향을 보기 위한 것이다. 농가수지모형은 사업시행전후에 있어 소득의 변화를 보여 주어야 한다.

현금유동표(cash flow table)는 현금비용과 현금 조수입, 부채액을 변제하기 전과 후의 순현금소득(차관조건는 농업소득분석의 결과를 고려할 것)을 보여주어야 한다.

농가소득분석에 있어서는 앞에서 계측한 현재 또는 미래의 예측가격을 사용하여 추정하여야 한다. 전반적인 물가수준의 변화는 투입, 산출물이 다같이 영향을 받게 되므로 가격상승으로 인한 결과는 없는 것으로 한다. 보다 중요한 것은 농가의 순소득 증가액이 보다 고차원의 기술을 요하는 데 있어 당면하게 되는 위험(risk)과 추가적인 노력을 보상하는 데 적절한가를 고려하는 것이다.

농민에게 돌아가는 이윤은 재무수익률을 계산함으로써 얻을 수 있다. 이러한 재무수익은 연차별 재무수익의 현재가치와 연차별 투자비용의 현재가치를 같게 하는 할인율(이자율)이다. 감응도 분석은 수량과 가격의 변화가 재무수익률에 미치는 영향을 포함시켜야 한다.

사. 수익과 타당성

본장에서는 사업의 경제적타당성 분석을 하여야 하며 각 사업지구에 대한 다음 사항들을 추정한다.

1) 각 사업지구별 시행 후 농업 조수익 : 사업시행후의 농산물 생산량에 농장가격 (농가수취가격)을 승하여 계산한다.

2) 각 사업지구별 시행 후 순이익 : 시행 후 농업 조수익에서 시행 후농업생산비를 감한다.

3) 각 사업지구별 시행 후 순수익 증가액 : 앞에서 계산한 시행 후 농업 순수익에서 농가시행 후의 농가 순수익을 감하면 된다. 특히 주의를 요하는 것은 사업을 시행하지 않더라도 시행 전의 수익이 증감 할 수 있다는 것이다.

물론 사업불시행시에 있어서의 수익의 변동을 계측하는 것은 어렵다. 그러나 이를 고려해 넣어야 한다.

사업시행전후에 있어서의 생산량 적용가격, 조수익 및 순수익을 하나의 표로 제시하면 매우 편리하다. 이러한 표는 사업의 경제적인 면모를 요약할 뿐만 아니라 작부체계, 수량, 생산량, 개발면적, 사업의 경제적 효과를 체크하는 수단이 되기도 한다. 본 사업이 국민소득에 대한 부가가치증가액을 추정함에 있어서는 실제적인 농가수취가격을 적용함이 편리하다. 어떠한 경우든 이와 같은 농장가격을 표로 작성하여야 한다. 농가수준에서의 투입, 산출물을 평가하기 위하여는 농가수취 및 지불가격을 조정할 필요가 있다. 여기에는 통상 두 가지 방법이 있는데 첫째는, 가격구조에서 정부의 보조 및 조세수단에 의한 정부의 이전적 지출을 빼내는 것이다. 이 경우에 있어서 투입 산출물을 평가하기 위하여 사용하는 가격은 정부의 간섭효과를 배제한 것이어야 한다.

둘째로는 모든 가격이 균형수준에 있지 않다고 믿는 데서 문제가 발생된다.

이러한 것은 비용과 수익의 양면에서 발생되는데 이는 독점적 시장조직과 효과적 시장조직 때문에 야기된다. 이와 같은 환경에서는 사업의 경제적 평가를 위한 기준으로서 균형가격을 추정토록 노력할 필요가 있다.

균형가격추정에 대한 유용한 방법은 세계시장가격을 채택하는 것인데 우유제품에 대해서는 그리 신뢰성이 없다.

노동에 관하여는 특별한 문제가 주시된다. 비록 농업노동에 대한 수입이 농업부문소득의 일부이지만 실제적으로 가족노동과 임노동과는 구분하는 것이 일반적이다. 임노동은 투입물로서 농업조수입에서 감하여야 하며 이는 잠재가격(shadow price)으로 평가되어야 한다.

농가노동보수는 재무분석에 있어서 농업 순수익이 자가노동에 대한 수익이기 때문에 농업조수익에서 차감하면 안 된다. 그러나 경제분석에 있어서는 자가노력도 DRC의 한 구성분이므로 잠재노임으로 평가하여 비용으로 고려하여야 한다.

투자내부수익률(IRRO)은 개별사업의 경우에는 개별사업의 경제적 타당성을 평가하기 위하여 계산하여야 하며 전체사업의 경우에는 개별사업에 할당되지 않은 고정비(overhead costs)도 포함시켜야 한다. 투자내부수익은 사업의 내부기간동안에 발생한 비용의 현재가치총액과 수익의 현재가치총액을 같게 하는 할인율로 정의된다. 일반적으로 투자사업에 있어서는 사업 초기에 많은 비용이 들며 수익은 몇 년이 경과한 후에 발생하기 시작하여 급속도로 증가한다.

경제적 수익을 계산함에 있어서는 예상수확량의 크기, 개발속도, 주요 투입산출물의 가격 등에 가정들을 확인할 필요가 있다.

경제적 수익은 사업효과별로 구분하는 것이 국가의 일반적인 개발관점에서 볼 때 유용하다,

이와 같은 특별효과는 다음 사항을 포함시켜야 한다.

가) 외환에의 공헌 : 사업으로 인한 외화가득 또는 절약액(사업의 외환 비용에 대한 변제)

나) 사회적 효과 : 고용 효과 소득 분배 및 농촌인구의 복지효과, 농민의 영양에 관한 효과

다) 기타 : 비농업적효과 : 농촌지역에 고용기회를 제공함에 따른 도시 지역주민의 이동과 관련효과

라) 예산효과 : 정부의 예산수입 및 지출의 변화정도

마) 저축동원효과와 관련한 신용기관의 설립

아. 특수문제

사업의 타당성 보고서를 작성하는 시기에는 해결해야 할 문제들이 많이 있다. 이와 같은 문제들은 본 지침서에서 언급되었지만 이는 다음 단계, 즉 평가-차관협정 체결 - 사업수행에 있어 재론되어야 하기 때문에 필요한 조치를 강구하여야 한다. 그 대표적인 예는 다음과 같다.

1) 신용기관 조직법의 개정 필요성

2) 직원의 증원과 자금의 보강

3) 독립된 공인회계사에 의한 회계보고서 작성

4. 경제 및 재무분석표

<표 Ⅰ-4> 농장 모형 농장개발사업비추정

(단위: 백만원)

투자항목	단위	단가	농가당 단 위	총비용	연차별 투자사업비		
					1차년도	2차년도	n차년도
토지개량							
건물·구조물							
기계·장비							
:							
:							
:							
예비비							
소 계							
운영자본							

주) 1. 재무분석 사업비는 시장가격(농민지불가격) 또는 정부의 건설단가 고시에 의한다.
2. 경제분석 가격은 별도 조정하여 사용한다.(잠재가격 적용)

<표 Ⅰ-5> 농장모형 기본자료 농가규모별 식부면적, 수량 및 생산량 농가규모 (ha)

구분	시행전	시행후			
		1차년	2차년	3차년	…n차년
1) 작물별 작부면적(ha)					
………					
………					
………					
………					
2) 작물별 수량(ton/ha)					
………					
………					
………					
………					
3) 작물별 생산량(ton)					
………					
………					
………					

<표 Ⅰ-6> 농장모형 농장가격 판매계획 농장가격

작물명	단위	가격	순환산가격
………		원	원
………			
………			
………			

판매계획

(ton 또는 원)

작물별	시행전	시행후		
		1차년	2차년	……n차년
………				
………				
………				
………				
………				
………				

1) 영세소농에 있어서는 총생산량에서 자가소비를 뺀 나머지와 같다.

<표 Ⅰ-7> 농장모형 운영비 추정

구 분	시행전	시행후			
		1차년	2차년	3차년	……n차년
1. 노동력					
고용노동					
가족노동					
2. 물재비					
종자					
비료					
농약					
유류대					
수 세					
3.용역비					
지 대					
보 험					
………					
4. 유지비					
건물 · 구조물					
기계 · 장비					
소 계					
5. 조세공과금					
합 계					
운영비 증가액					

1) 가족노동은 비용으로 계산되지 않음(일/인으로 표시)
2) 조세공과금은 필히 계산하여야 하며, 차관자금에 대한 이자와 투하자본의 감가상각비는 본 표에는 들어가지 않는다.

<표 Ⅰ-8> 차주의 현금유동계획

구분	사업시행 후				
	시행전	1차년	2차년	3차년	n차년
1. 현금유입					
ㄱ. 판매액					
ㄴ. 기타소득					
ㄷ. 개발차관					
ㄹ. 단기차입금					
ㅁ. 농민부담					
ㅂ. 현금유입총액					
2. 현금유출					
ㄱ. 투자비 및 대체비					
ㄴ. 운영비 (표 4로부터)					
ㄷ. 현금유출총액					
3. 연간현금수시(서비스 비용부담 선)					
4. 서비스 부담액					
ㄱ. 단기차입금					
이자					
상환					
ㄴ. 개발차관					
이자					
연부상환					
ㄷ. 서비스 비용계					
5. 연간 현금수지(3-4)					
6. 현금수지 누계					

<표 Ⅰ-9> 경제적 수익률과 재무 수익률 사업지구번호( )

가. 재무수익률

구 분	사업시행전	사업시행후				
		1차년	2차년	3차년	4차년	…n차년
ㄱ. 판매액						
ㄴ. 투자갱신비 (표5의2-ㄱ)						
ㄷ. 현금운영비 (표5의2-ㄴ)						
ㄹ. 비용합계 (ㄴ+ㄷ)						
ㅁ. 재무수익 (ㄱ-ㄹ)						
ㅂ. 증가순수익						
ㅅ. 재무수익률(%) (FRR)						

나. 경제적 수익률[1)]

구분	사업시행전	사업시행후				
		1차년	2차년	3차년	4차년	…n차년
ㄱ. 판매액						
ㄴ. 투자갱신비						
ㄷ. 현금운영비						
ㄹ. 비용합계 (ㄴ＋ㄷ)						
ㅁ. 경제적수익 (ㄱ－ㄹ)						
ㅂ. 증가순수익[2)]						
ㅅ. 경제적 수익률(%) (ERR)						

1) 경제분석가격 적용.
2) 사업시행전후의 차액임.

<표 Ⅰ-10> 참여은행의 현금유동계획

구 분	연차별		
	1차년	2차년	……N차년
가. 현금유입			
은행자체차입금			
전대차주로부터의 원금상환액			
"이자"			
합 계			
나. 현금유출			
전대차주에 대한 대출액			
은행자체의 원금상환액			
"이자"			
행정사무비			
합 계			
다. 현금수지(가 - 나)			
라. 현금수지누계(연말기준)			

<표 Ⅰ-11> 참여은행의 현금유동계획

구 분	1차년도	2차년도	3차년도	4차년도	5차년도
연도초의 현금잔고					
현금유입					
지출초과수입[1)]					
ㅡ 비사업운영					
ㅡ 사업운영					
계					
현금유출					
수입초과지출					
ㅡ 비사업운영					
ㅡ 사업운영					
계					
연도말 현금잔고					

1) 표 10의 수지균형-부족으로부터 계산되며 감가상각과 적립금을 가산한 이월금을 말한다.

<표 Ⅰ-12> 참여은행의 자금회수실적

구분	1차년도	2차년도	3차년도	4차년도	5차년도
(1) 연도초 미회수액					
(2) 연중대출액					
(3) 계 (1) + (2)					
(4) 연중상환액					
(5) 연중갱신액					
(6) 연중취소액					
(7) (4) + (5) + (6)					
(8) 연말잔고 〔(3) - (7)〕					
(9) 상환율 + (4) / (3) × 100					

<표 Ⅰ-13> 경제적 수익률 계산

구분	연도					
	1	2	3	4	5	…n차년
1.경제적 수익 증가						
순수익(표 6의 ㄴ-ㅅ)						
지구명 ……						
……						
……						
……						
……						
2. 행정 및 기술용역비						
3. 사업순수익						
4. 경제적 수익률(ERR) : ( )%						

3. 농수산유통부문

1. 농수산유통부문일반

가. 서론

농산물 가공공장, 곡물저장소, 냉동저장소나 시장건물과 같은 것을 건설하는 것은 농업발전의 종합적인 과정에서 볼 때 매우 중요한 문제이다.

유통설비계획은 항상 전체 유통체계와 완전한 통합을 견지하기 위한 제반사항이 고려되어야 한다. 이는 설비를 성공적으로 조성하기 위하여 필요한 투자, 즉 수송, 등급화, 포장과 분배에 관한 제 문제가 특별히 강조되어 투자가 진행된다는 것을 의미한다.

농수산물 유통계획사업에 있어서 이 같은 형태의 타당성 연구는「엔지니어」, 식량기술자, 농학자와 같은 다른 적당한 부문의 전문가와 밀접한 관련하에 수행되어야 한다.

농수산물 유통사업의 타당성 검토 목적은

- 국가의 개발목적과 일치하고
- 우선순위를 가지고 있으며
- 기술적으로 타당하고, 현 기술 수준하에서 가장 유리한 대안이며
- 행정적으로 시행이 가능하고
- 경제적 재무적으로 타당성이 있는가? 를 밝혀내는 데 있다.

본 지침서의 목적은 금융기기관의 평가단이 제시하고 있는 상기문제에 대한 해답을 줄 수 있는 종합적인 타당성 보고서를 작성하는 데 필요한 지침을 제공하기 위한 것이다.

사업을 구상함에 있어서는 비용을 최소화하고, 이익을 최대화하며 단시일내 투자를 활용할 수 있도록 끊임없이 노력하여야 한다.

농수산물 유통사업 보고서작성 주제는 다음과 같다.

첫째, 사업의 규모와 입지를 결정하기 위한 기초연구, 특히 시장성 잉여(marketable surplus), 주요 생산지 및 소비지, 교통관계 및 변화가능성, 수요와 공급 등

둘째, 특정제품의 생산과 소비에 영향을 미치는 사회적요인, 특히 종교적, 관습적 금기(taboo)와 선호, 지역적 식생활습관(foodways) 등

셋째, 사업체(공장, 창고, 시장)와 관련되는 제반사항, 특히 사업체의 운영방법, 이윤의 귀속, 손실의 분담, 최고 또는 고급경영자의 선정방법 등

넷째, 식품의 성질과 관련되는 제문제점과 해결방안, 특히 부패성과 관련하여 수송, 저장방법, 산지 및 소비지에서의 노출시간 등

다섯째, 가격과 가격의 변화에 관련되는 제반사항, 특히 유통단계에서 발생하는 가격차(marketing margin)의 비용과 이윤, 가공식품과 비가공식품의 가격차, 계절적 가격변동, 국제시장에서의 가격과

가격변동 등

여섯째, 사업비와 단계별 비용의 추산을 위하여 공정 및 유통개발계획을 세우고 이에 의한 적절한 예비설계와 계획에 의한 사업수행, 건설에 필요한 관리기구의 결정

일곱째, 사업자금의 신용과 차용조건 특히 자금원, 조건, 자금제공자의 성격, 정부의 출자분 등

여덟째, 이 사업계획과 유통종합개발계획과의 관계

마지막으로 본 사업계획의 수행시 나타나는 사회경제적 편익과 사업체의 경제적수익

여기에서 강조되어야 할 점은 앞에서도 지적한 바와 같이 타당성 연구의 각 항목이 별개로 존재하지 않고 전체적으로 종합되어 완성된다는 것이다.

어떤 두 개의 사업도 같을 수는 없다. 예를 들어 농수산물 가공사업과 저장사업, 시장시설사업이 다르며 같은 시장시설사업 내에서도 취급품목에 따라 다르다.

따라서 여기에서 제시하고 있는 일반적 지침은 특별한 개개사업의 성격에 따라 조정하여 사용하여야 한다.

나. 보고서의 양식

타당성 보고서의 양식은 그 내용보다 덜 중요하지만 읽는 사람을 생각할 때 양식의 중요성은 무시될 수 없다.

일반적인 독자는 전체적인 개요만을 원하겠지만 그 분야의 전문가는 상세한 내용을 원할 것이다. 따라서 본 보고서는 간단명료하게 서술되어야 하나 부록으로 모든 자료가 상세하게 제시되어야 한다.

일반적으로 보고서의 목적은 보고서에서 제시된 대안이 최선의 대안이라는 것을 독자에게 확신시켜야 한다. 따라서 그 사업의 특징을 목차에 따라 간략히 요약하여야 하며 가능한 한 반복을 피하고 상세한 내용은 부록에 포함시켜야 한다. 부록에서는 이외에도 가능한 한 모든 자료가 제시되어야 하며 지도, 설계도, 도표 등이 제시되어야 한다.

다. 보고서의 개요

-요약-

여기에서는 계획사업의 성격과 목적을 간략하게 기술하고 계획사업이 수행되는 지역, 총비용, 차용자금의 총액, 수혜자는 어떤 계층이며 그 수가 얼마나 되는가, 자금의 원천과 자금규모, 외자와 내자의 필요량, 수행기관과 집행기관을 계획사업의 추정수익성과 함께 간략히 기술한다.

가) 서론

이 절에서는 사업의 일반적 목적과 범위, 주요 지원기관을 쓰고 종래의 주요 연구실적과 내용을 기술한다.

나) 배경

이 절에서는 사업계획과 관계있는 주요 국내외 경제자료와 현재의 구조를 간략히 서술하고 본 계

획사업으로 인한 경제지표의 변화 및 구조 변경가능성에 대해 간단히 기재한다.

특히 여러 대안 중에서 이 안을 택하게 된 이유와 그 사업과 관련 있는 계획, 정책문제들을 기술한다.

다) 사업

이 절에서는 사업을 정의하고 최고의사결정자가 앞으로 전개될 사업내용을 알 수 있게 하기 위한 것이다.

따라서 다음과 같은 순서로 하기의 내용이 포함되어져야 한다.

1) 사업의 성격과 목적

2) 계획사업이 수행되는 지역의 입지

3) 시장분석

3.1 계획사업으로 생산되는 산출물이 판매되는 지역의 최근 10년간의 인구, G.R.P(지역소득)과 향후 5년간의 예상 변동률

3.2 계획된 산출량이 상기지역에 판매된 양과 그 비율, 최근 5년간의 소비량과 소비액

3.3 계획사업의 상업적 운영으로 인한 향후 5년간의 예상소비량

3.4 지금까지의 시장공급자에 대한 분석-주요 국내외 생산자, 용량, 생산량, 지역별 판매량, 사장점유율, 생산품의 품질, 생산용량의 증가예정량

3.5 계획사업과 관련되는 예상경쟁자

3.6 계획사업이 경쟁의 경우 유리점-가격, 품질, 사장적응성, 시장계약, 신용, 위치 등

3.7 계획사업이 시장가격체계에 미치는 영향

3.8 관세-해외수출국과 수입품의 국내관세, 수출시 보조금 등

3.9 시장점유정책-판매기구, 선전, 기타 판매촉진방안 등

3.10 수출시 국제가격의 예상추세

3.11 계획사업 생산제품의 예상시장점유율

4) 계획사업의 수행으로 수혜되는 지역의 주요 지표

4.1 시장공급량에 주로 영향을 미치는 지역, 지역별 생산량(사육두수)

4.2 생산비를 구성하는 주요 항목-투입물의 비용, 기계화의 정도, 노동의 구성요소 등

4.3 토지소유 형태별 토지소유면적, 농가규모, 소작인의 분배분

4.4 농민에게 제공되는 용역-기술지도, 교육, 농업시설물 등

4.5 농민의 구조-협동조합이나 단체, 자체기금, 자신들의 개발계획 등

5) 저장과 구입

5.1 생산물을 구입하는 기구 또는 회사의 형태와 성격

5.2 주요 회사(기구, 개인)별 시장점유율

5.3 등급화 및 표준화의 정도

5.4 가공

5.5 포장

5.6「커미션」

6) 농산물 가공설비 및 기술

6.1 기존설비-입지, 시장범위, 주요 설비 및 장비, 생산개시일자

6.2 전력, 수도, 연료의 공급과 쓰레기, 하수 등 폐기물 처리설비

6.3 수송설비

6.4 공장의 용량 및 예상 이용률

6.5 주요 생산「라인」

7) 판매

7.1 판매방법

7.2 판매에 참여하는 개인 및 단체

7.3 도매상, 소매상의 수 및「마진」

7.4 제품의 등급화, 표준화 및 포장

8) 수송, 통신

8.1 통신설비

8.2 생산지와 공장, 시장을 연결하는 현 수송체계와 예상수송체계

8.3 수송용량

8.4 수송수단별 요금

8.5 취급비용

9) 저장

9.1 창고의 수, 성격, 용량

9.2 포장공장의 저장설비

9.3 이용되는 비율

9.4 생산지역에서의 저장설비 및 입지

9.5 부족시 추정투자비

9.6 작동비

9.7 현 사용료

10) 정보

10.1 생산자 또는 소비자에게 제공되는 시장정보의 종류와 성격

10.2 시장정보를 제공하는 기관과 요금

11) 계절별 생산비

11.1 계절별 농산품 생산량

11.2 계절별 가동률

12) 유통정책

12.1 계획사업에 대한 공식적태도

12.2 본 계획사업에 따라 생산될 경우 받은 이익-면세, 보조금 등

12.3 본 계획사업과 관련되는 법령

12.4 계획사업의 진해에 필요한 정부인가, 허가

12.5 계획사업에 영향을 미칠 현재 연구중인 조치

12.6 수출입제한정책, 확대정책

13) 주요 작업내용

13.1 건설 및 시설

a. 목적

b. 입지

c. 계획과 명세서

d. 시설물과 보조 장비

e. 예산과 비용

13.2 기계, 장비, 차량

a. 도입이유

b. 사용방법

c. 예산

14) 인원 및 인력

14.1 집행기관의 일반사무처리를 위해 필요한 인원 및 임금

14.2 계획사업체의 운영

a. 비 고용자수, 분류(사업직, 생산직, 정직, 임시직 등), 평균급료 및 임금

b. 노동자 및 관리자의 복지

c. 노동공급정황과 조합화 정도

d. 노동과 관계되는 법규

15) 작동과 운영계획

16) 추정비용(작동전)

17) 기술적 타당성

18) 비용

18.1 기계, 거물, 토지, 공공시설, 특허, 면허, 보험료 등

18.2 비용추정기금

18.3 내외자로 기부 가능한 비용

18.4 예상되는 원재비용의 증가와 기타 가격상승

18.5 가격인상을 제외한 우발적사고 발생시를 대비한 계산기준

18.6 유지비용과 예비비

18.7 예상되는 확장계획의 일자 및 추정비용

18.8 기타 직접 · 간접비용

19) 수혜자

19.1 직접 수혜자의 성격, 수, 생활수준, 평균소득을 기술하고 현재와 계획수업 진행 후 어떻게 변하는 가를 비교하라.

19.2 수혜자가 계획수업에서 진행해야 할 업무

19.3 간접 수혜자의 성격과 종류

20) 기술지원

기술지원이 필요하다면 어떤 종류이며 추정비용은 얼마인가.

라. 조직 및 운영

이 절에서는 조직, 자금, 인원 및 훈련계획 등이 제시된다.

1) 차용자금

1.1 차용자금의 신청기간

1.2 외자차용의 법적근거

2) 집행기관의 구성 및 기능

2.1 집행기관의 구성근거, 예를 들어 법령, 정책 등

2.2 지휘체계의 구성, 사업조직의 구성, 예를 들어 부, 실, 과, 계의 수 및 인원구성

2.3 사업조직의 업무분담

3) 인적구성

3.1 총고용원수 및 분류, 사무직과 기능직 등

3.2 채용, 선발, 승급 및 승진기준

3.3 다른 공공기관이나 개인회사와 비교하여 전문성이나 기술성이 비슷한 인원을 채용할 때 총급료 수준 및 후생수준, 전문성 또는 기술성에 따른 차이

3.4 동종회사의 인적안전성-이직률 등

4) 훈련계획

4.1 신규채용자의 훈련계획

4.2 전문기능인의 훈련계획

4.3 훈련비용

4.4 훈련평가방법

5) 재무구조

재무구조는 본 계획사업의 수행자 또는 기관이 공공기관이 아닐 경우에만 제시한다. 특히 기존 사업체가 본 계획사업을 수행할 경우 꼭 필요한 자금이다.

5.1 회계절차 및 감사절차

5.2 구매, 입찰, 계약절차

5.3 외부감사로부터 기업의 최근 3개년간의 회계보고서

5.4 대차대조표, 손익계산서 등 최근 3개년 간의 자금의 출처 및 이용에 대한 상세한 보고서

5.5 예산집행의 상태를 예상액과 집행액과의 주요 차이에 대한 상세한 보고서

6) 관리

6.1 기업의 법적기준-공개, 비공개, 세금납부지 등

6.2 관계법령 및 시행세칙

6.3 주요 주주의 인적구성

6.4 주거래 은행, 주주수, 주주당 소유량

6.5 주식의 종류 및 구성비(보통주, 우선주 및 그 성격)

마. 편익과 타당성

이 절에서는 사업의 재무적, 경제적 타당성을 분석하여야 한다. 농수산물 유통사업은 개별경영자가 회사의 설립이나 공장의 확장에 대한 연구가 많으므로 재무적 타당성분석 또한 경제적 타당성분석에 못지않게 중요하다.

1) 국가의 경제 · 사회개발계획 중 이 계획사업이 차지하는 우선순위는?

2) 농가소득의 증대

2.1 감손분의 감소

2.2 생산물의 최종가격에서 농민이 차지하는 비율

2.3 수혜자의 농가 계층별 분포

2.4 총 농가수입의 증대

3) 간접효과

3.1 유통과정에서 생산성이 증가하고 유통참여자가 받는 편익을 생산성과 이익면에서 유통단계별로 추정하라.

3.2 정부의 조세증가 추정액

3.3 가격하락의 가능성과 그에 따른 소비자 편익을 계량화하라.

4) 외국무역

4.1 수입대체량과 가격

4.2 수출증가량과 가격

4.3 수입대체 또는 수출증가와 관련하여 파생되는 이익과 손실

5) 사회경제적 효과

5.1 주요 식품의 공급증가로 인한 농민영양수준의 개선

5.2 농촌의 구조변화, 작부체계의 변화, 농민의식수준의 변화

5.3 이 계획사업으로 인한 원재료 공급증대의 결과로 야기되는 기업의 성장, 기업의 종류 및 주요

지수 증가

5.4 수송물량의 증가와 수송액

5.5 고용증가

6) 재무적, 경제적 타당성 분석

6.1 비용 · 편익 분석

6.2 투자내부수익률 분석

6.3 투자에 대한 순수익 분석

7) 감응도 분석

7.1 주요 기자재 가격의 변동

7.2 생산물 가격의 변동

7.3 이자율의 변동

7.4 공정기간의 변동

바. 계획 및 집행

이 절에서는 최종계획과 관련되는 하부계획사업의 집행에 관계되는 것을 작성한다.

1) 최종계획

1.1 저당물의 평가

1.2 부채별 이자

2) 집행

2.1 차관의 신청, 승인 절차

2.2 하부계획사업의 집행계획

2.3 작업장의 건축 및 장비, 비품의 구매에 대한 계약의 계획과 절차

3) 고문

3.1 고문 선정방법

3.2 관련조건

3.3 용역비용

4) 계획사업의 관리와 유지

사. 부가자료

타당성 보고서는 간략히 작성되어야 한 보고서 개별항목에 대한 상세한 자료는 이 절에서 제시된다. 따라서 보고서에 제시된 결론, 제안, 수익과 비용추정, 기타 사항을 정당화하는 데 필요한 모든 분석 및 계산을 할 수 있도록 하기 위해 계속 보완, 검토되어야 한다.

특히 부록은 전문가가 평가할 수 있도록 상세한 전문용어로 작성되어야 하며 지도, 설계도, 사진 등이 제공되어야 한다.

일반적으로 이 절에서 제시되어야 할 자료에 대해서는 보고서의 개요를 읽어나가면 알 수 있으므로 여기서는 그 밖의 자료만을 제시하고자 한다.

1) 정관

2) 사업과 관련되는 연구보고서 또는 정기간행물

3) 이사급 이상의 임원에 대한 전문적, 기술적 경험

2. 도살장

가. 개요

도살은 가축을 육류로 전환시키는 단순가공의 대표적인 한 형태이다. 따라서 제분 등은 이와 비슷한 방법으로 점검할 수 있다.

나. 요약

(1) 자금을 누가 공급하는가? 자금제공자의 요구조건이 무엇인가? 즉, 어떤 형태로 된 얼마만한 규모의 도살장을 요구하는가?

(2) 본 계획사업은 보다 더 큰 개발계획의 일부분인가? 그렇다면 나머지 자금은 누가 공급하며, 본 계획사업은 개발계획에 영향을 받는가? 개발계획의 일정은 어떻게 되며 도살장의 입지는?

(3) 도살장 건축에 필요한 운영은 누가 담당하는가?

계획의 집행자는 누구인가? 건축수행일정과 운영계획을 약술하라. 숙련공 공급은 가능한가?

(4) 계획사업의 총비용은 얼마이며 외화는 얼마나 필요한가? 자금의 원천과 조건을 밝혀라.

(5) 도살장의 상업적 수익성은 있는가? 공중위생의 증가와 오물감소와 같은 추가적 편익은 기대되는가?

(6) 생산자 비용, 소비자가격, 유통비용에 각각 미치는 영향과 생산과 소비에 미치는 영향을 서술하라.

다. 배경

ㄱ. 공급

1) 국가 또는 지역의 가축종류별 수와 구성은? 과거실적과 미래전망은? 가축개발계획 등 특별히 참조하여야 할 사항도 기술하라.

2) 가축생산의 지역적 분배는? 수 및 토지단위당 사육량, 사육인구당 사육량, 소유, 생산방법 등을 서술하라.

3) 생산성-재생산율, 병에 따른 감소, 물 및 사료의 저장능력 등 매년 몇 %가 도살되며 최근 몇 년간의 가축수의 증가 또는 감소를 종류별로 기재하라. 연령분포를 서술하라.

4) 서술된 가축이 도시와 농촌으로 공급되는 비율을 쓰라.

5) 판매되는 가축의 평균 품질과 중량은?

6) 생산의 계절변동과 주변동의 원인과 크기를 쓰라.
7) 가축공급의 주요 제약요인은 무엇인가? 이런 제약요인을 제외할 수 있는 현실적 조치가 제시될 수 있는가? 주요 질병과 해결방법은?
8) 가축소유주의 가축판매에 대한 태도는?
9) 자문, 지도 사업의 구조와 효율은?

ㄴ. 가격
10) 가축소유주가 가축의 품질과 계절에 따라 받는 정상가격은? 최근 다른 가격과 비교해 볼 때 가축가격의 변동은? 돈은 어떻게 지불되는가? (현금, 외상, 선불 등)

ㄷ. 수요
11) 육류의 종류별 수요 및 수요전망은? 주요 소비지는? 수요의 계절성과 가격이 수요에 미치는 영향을 서술하라. 특정육류를 선호 또는 금기하는 인구의 정도는?
12) 수요 중 국내공급과 수입의 비율은? 계획 도살장은 육류수입이 가능한가?
13) 어류 등 다른 고단백 육류의 수요에 어느 정도 영향을 미치는가? 수입육이 국내생산육의 수요에 미치는 영향은?
14) 「햄」, 「베이컨」 등 가공육의 예상수요는?

ㄹ. 시장구조
15) 농민과 도살장간의 주요 유통경로는? 도살장과 장내 대리인의 유통 참여는? 구입 및 구매방법과 평균 「마진」은?
16) 가축수송의 주요방법은? 비용 및 손실을 고려하여 다른 방법을 이용할 가능성과 기존방법의 개량가능성은?
17) 도살장의 현 상황
a) 수, 형태, 시설능력, 능력의 계절별 이용률, 위치, 판매지(국내, 해외)
b) 소유권과 통제
c) 경영효율
d) 저장시설의 존재와 이용, 부가생산물의 가공시설
e) 도살비용, 조세, 사용료, 이윤과 손실
f) 현시설과 기재의 부족
18) 육류, 도소매의 전형적 형태는? 효율과 시설부족, 「마진」은?
19) 도살장 및 육류, 가축의 현시장체계에서 주요 결점과 개발계획의 개관을 쓰고 가능하면 손실과 이익을 밝혀라.

라. 계획사업

ㄱ. 타당성

20) 신도살장 건설의 필요성은 있는가? 현 시설을 개선, 확장하는 것보다 신도살장 건설이 경제적으로 유리한 이유를 쓰라.

ㄴ. 개관

21) 계획사업내용의 일반적 사항을 기재한다.

a) 시설능력~가축종류별 일, 주, 월, 년 간 기대이용률, 계절변동을 추정하라.

b) 입지

i) 도살장의 계획입지는?

ii) 생산 및 소비지역과 관련하여 계획되는 입지, 입지선택에 영향을 미치는 요인, 입지 선정에 가축과 육류의 수송방법의 변동이나 경제성이 고려되었는가?

iii) 도살장의 계획입지에 도로, 철도, 상수도, 하수도, 전기, 전화 등의 시설은 공급되는가? 생물로서 수송될 경우 충분한 물과 사료가 공급되는가? 격리지가 필요한가? 그렇다면 있는가?

c) 기구구성

i) 도살장은 누가 소유하며, 운영하는가? 필요한 경우 경영훈련을 위한 준비가 되어 있는가?

ii) 주요 공급시장은 국내인가, 해외인가?

iii) 도살장의 운영은 요금을 받고 도살자와 상인에게 시설을 제공하는가? 아니면 가축을 구입하여 도살한 후 도매가격으로 육류를 판매하는가? 어느 것을 선택했는지 그 이유를 쓰라.

iv) 도살방법을 간단하게 쓰고 그 「시스템」을 채택한 이유를 쓰라.

d) 부가물~부가물의 이용을 위하여 필요한 장비와 부가물을 어느 정도 가공하는 것이 경제적으로 유리하는가? 원료, 장비의 이용에 따른 여러 정도의 가공비율과 피, 뼈, 지방 등 가공된 부가물의 육류시장 출하기구를 이용하여 판매할 수 있는지의 가능성을 적으라.

e) 냉장~냉장을 위해 필요한 시설과 예상되는 용량은? 냉동육과 비 냉동육의 소비자선호를 고려하여 냉동육의 이익과 손실은 어떻게 되는가?

f) 추가적 장비~계획된 또는 필요한 추가 장비는 얼마나 필요한가? 예를 들어 가축수송에 필요한 차량, 육류수송에 필요한 냉동차량 등으로 구분하여 제시하라.

g) 인선~도살장을 운영하기 위하여 몇 명이 필요하며 어떤 훈련을 쌓아야 하는가?

h) 분배~육류의 예상되는 분배체계와 현 방법과의 차이를 비용 등에 대해 비교 서술하라. 또 다른 방법이 있으면 제시하고 비교 검토하라. 시장에 영향을 미치는 내용들을

예를 들어 검열, 도시에서의 규제 등을 기재하라. 신도살장과 구도살장시설과의 관련은 어떻게 되는가? 육류공급원으로서 경쟁에 직면한다면 경쟁의 정도는?

i) 정부나 지방행정기관의 참여~중앙 정부와 시 · 군 등 지방행정기관이 계획에 어느 정도 참여하는지를 명백히 밝혀라. 자금제공 등 직접 공적 지원은 어느 정도 기대되며 등급, 가격결정, 시장정보의 제공 등에 기여하는 정도는 신규법의 제정 또는 법의 개정이 어느 정도 요구되는가?

ㄷ. 비용과 수익

22) 계획사업의 비용과 수익

a) 자본비용(capital cost)~외자와 내자로 구분하여 추정되는 투자비를 상세히 쓰고 그 근거를 밝혀라. 운영자본(working capital)은 어느 정도 필요한가?

b) 운영비용(operating cost)과 편익~예상되는 운영비용과 편익을 (ⅰ) 완전히 가동, (ⅱ) 2/3가동, (ⅲ) 1/3가동으로 구분하여 상세히 밝혀라. 예상되는 연간 현금기출과 수익을 차용자본에 대한 상환을 포함하여 총누적적 비용이 보조금 등을 포함한 총누적적 수익과 같을 때까지 요약 예산서를 작성하라.

감가상각비, 이자부담이 변할 경우를 고려하려 몇 가지로 구분하라. 예상요금이 현실적인지의 여부를 밝히고 근거를 제시하며 타도살장의 현재요금과 차이가 있으면 얼마인지 밝히고 그 이유를 쓰라.

23) 다른 문제점이 있으면 제시하라.

마. 재무(financing)

ㄱ. 자금

24) 이 계획사업에 드는 총비용은 얼마인가? 내자조달은 공채로 구분하고 외자는 얼마인가를 밝혀라.

25) 내자조달원은 확실한가? 또 그 조건은? 이 계획사업 수행을 위해 다른 자금조달 방법이 있으며 제시하고 위의 것이 더욱 유리한 이유를 쓰라.

26) 투자의 단계적 실행은 어떻게 이루어지며 부채원리금 및 이자 상환계획을 밝혀라.

ㄴ. 이익과 합리성

27) 본 계획사업이 개발된 도살기법과 취급, 수송, 품질개선 등 유통에 기여하는 데 대한 예상되는 경제적 상업적 수익성을 가능한 한 계량화 하라. 본 계획사업이 소비자 가격, 생산자가격 및 유통「마진」(marketing margin)에 미치는 영향을 서술하라. 다른 간접적 편익, 예를 들어 교통혼잡의 감소, 타 지역 개발에 대한 전시효과(demonstration effect), 수지균형(balance payment) 상태 등을 나열 하라. 수송비용의 증가 등 다른 가능한 비경제성이 있으면 모두 언급하라. 신도살장과 기존도살장의 관계를 요약하고 이들이 대체, 보완, 경쟁의 어느 단계인지를 지적하고 앞으로의 전망을 서술하라.

3. 유가공 공장

가. 개요

우유의 가공은 까다로운 가공기술과 설비를 요구하나 높은 수익성과 많은 수요를 확보할 수 있고 새로운 기술과 가공형태에 따라 새로운 수요를 창출할 수도 있다. 따라서 이 부문의 사업은 다음과 같은 내용으로 그 타당성 및 재무에 대해 점검할 수 있다.

나. 요약

(1) 이 사업의 자금은 누가, 어떤 목적 하에 어떠한 조건으로 제공하는가? 즉, 어떤 형태, 어떤 규모의 유가공 공장을 요구하는가?

(2) 이 사업은 다른 큰 계획사업의 일부문으로 계획되어졌는가? 만일, 그렇다면 나머지 부문의 사업에 대한 자금은 누가 공급하는가?

(3) 공장건설과 공장 가동에 필요한 기구는 무엇이며 건설작업은 어떻게 시행될 것인가?

(4) 계획사업의 총비용은 얼마이며 내외자 비율은 어떠하며, 외자의 분담금은 얼마인가? 자금의 원천과 조건을 밝혀라.

(5) 공장의 상업적수익성은 어느 정도인가? 또 공중위생의 증가와 품질 향상 등의 추가적 편익은 어느 정도인가?

(6) 생산자가격, 소비자가격, 유통비용에 각각 미치는 효과는 어느 정도이며 생산과 소비에 미치는 영향을 서술하라.

다. 배경

ㄱ. 공급

(1) 젖소의 분포와 입지는?

젖소, 양, 염소 및 그 밖의 유생산 동물의 수는 얼마인가?

연령과 성별 분포는 어떠하며 사육두수의 경향은 어떠한가?

그리고 가장 일반적인 사료는 어떤 종류인가?

(2) 우유 생산량의 형태는 어떠한가?

즉, 젖 짜는 기술의 전문화 정도, 사육두수의 평균규모, 총농업 생산물과의 관련도와 우유의 상대적인 경제적 중요성, 그리고 평균농가의 사료 자급도를 설명하시오.

(3) 우유의 생산량(유당 분기별, 평균 생산량)과 생산량의 계절성을 검토하라. 만일 계절성이 있다면 어느 정도인가?

(4) 생산되는 우유의 평균 버터 지방함양은 어느 정도인가?

(5) 가축 단위당 유생산을 제약하는 주요한 사료문제와 농가문제를 들고 그 해결방안을 서술하라. 사료 생산형태, 축사개량, 젖 짜는 기계 등의 개발계획이 있으면 제시하고 현재 추진하고 있는 계획이 있으면 제시하라.

(6) 젖소의 분포에 따른 지역적 주요 질병은 무엇이며 고정 사육량의 증대방법은 무엇인가? 그리고 질병발생이나 인공수정, 검역통제 등과 관련한 수의 서비스 혜택에 대해 서술하고 성축당 수유하는 송아지나 새끼양의 평균 수량을 쓰라.

(7) 자급사료와 구입사료를 구분하여 사양형태를 분석, 서술하고 구입사료의 종류 및 가격을 설명하라. 또 토지 단위당 사료 생산량을 쓰라.

(8) 우유 생산량 중 소비의 형태를 설명하시오.

ㄴ. 가격과 비용

(9) 젖소 사육자의 주요 비용은 어떠한가? 즉 축사, 사료, 수의, 노동 등에 배분되는 주요 비용의 가축수, 계절, 지역별로 어떻게 변화하는가를 설명하라.

(10) 젖소의 사육자가 품질, 지역, 계절별로 받는 평균가격은 어떠한가?

(11) 젖소의 성우 및 송아지 가격은 어떠한가? 가축의 구성분포-과잉 숫 송아지, 숫 송아지의 급식량, 송아지에게 젖을 공급하기 위한암소의 양 등을 서술하라.

(12) 유외에 젖소로부터 얻은 편익은 어떠한가?(퇴비, 털 등)

ㄷ. 수요

(13) 우유와 유제품의 수요는 어떠하며 주요 소비지역은 어떻게 분포하고 있고 시장에서 특별한 선호품은 어떤 것인가? 그리고 계절적 수요의 변화는 어떠하며 가격포장, 배달방법 등이 수요에 미치는 영향은 어떠한가?

(14) 현재 우유가 소비되는 형태를 점검하라. 즉, 선유,「요구르트」「치즈」「커어드(의유)」등의 시장점유율을 서술하라. 또 버터 생산에 소요되는 과지방의 정도는 어느 정도인가? 그리고 최근의 소비자의 기호는 어떠하며 그 성향은 어떻게 변화하고 있고 미래에 대한 우유와 유제품의 수요 예측은 어떠한가?

(15) 현존 우유 및 유제품 공급자의 수요 만족도는 어느 정도인가?

(16) 유제품, 수출의 가능성은 어느 정도인가?

(17) 유제품의 수입 의존도는 어느 정도인가?

ㄹ. 시장기구

(18) 젖소 소유자가 생산한 우유를 누구에게 판매하는가? 또, 판매방법에 있어서 계약에 의한 판매냐, 아니면 산발적인 판매인가를 구분하고 주요 유통경로는 어떠하면 일반적으로 생산자에게 귀속되는「마진」은 어느 정도인가?

(19) 생산된 우유는 우유 판매점과 소비자 중 주로 어느 쪽에 공급되는가?

(20) 국내 현존하고 있는 유가공 시설은 어느 정도인가? 그 시설의 소유자는 누구이며 설치년도, 시설규모, 확장계획이나 가능성을 함께 제시하라.

(21) 현존 가동 중인 우유 공장에 대해 생유 처리와 수출비용을 상세히 분류 서술하라. 수집비용, 누설 등의 감소방법에 대한 가능성과 수집시설 이용도를 향상시킬 수 있는 방법을 쓰라.

(22) 현존 가공업자에 주어지는 가공마진은 어느 정도인가?

(23) 가공유나 다른 유제품 분배의 과거의 방법에 대해 만족스럽게 생각하고 있는가? 만일 그렇지 않으면 개선할 수 있는 방법을 제시하라.

라. 계획사업

ㄱ. 타당성

(24) 신 유가공 공장을 건설해야 할 필요성을 서술하라. 왜 현존의 공장시설을 증대시키든지 개선하지 않고 신 유가공공장의 건설이 필요한가의 이유를 밝혀라.

ㄴ. 개관

(25) 일반적 개관

(a) 시설능력 : 우유의 일, 주, 월, 년 간 기대생산량은 어떠하며, 계절 변동과 유제품의 변동에 따른 생산량의 변화추정과 미래경향을 써라.

(b) 입지

(i) 공장의 지리적 입지는?

(ii) 교통, 통신과 우유의 1.5~2배 이상의 물 공급이 가능한가?

(iii) 설비에 있어서 부착장비에 의존하는 저온화 : 냉장시설, 진공 「콘덴서」, 분무기 등의 시설은 어느 정도 가능한가?

(iv) 하수처리시설 및 전기「스팀」등의 시설과 다른 입지에 고려되어야 할 요인은 어떤 것이 있는가?

(c) 공급

(i) 유수집체계의 정비, 수집기관의 수, 수송수량과 방법, 냉장시설의 필요성과 품질검사에 대한 방안을 제시할 것.

(ii) 공급의 계절적 변화를 고려하였는가? 어느 곳으로부터 생유를 가장 저렴하게 제공 받을 수 있는가? 유지분 가격과 변동폭은 어느 정도이며 이 가격과 비교하면 어느 정도인가?

(d) 기구

(i) 유가공 공장은 누가 소유하며 운영은 누가 하는가? 필요한 경우 감독이나 경영훈련을 제공할 수 있는가?

(ii) 공정을 간단히 서술하고 그 공정 채택의 적합성을 검토하라.

(e) 공정한 계절변동이 있다면 고려하여 공장의 생산 제품배분(product mix)을 제시하시오. 우유의 농딤이 예상된나 하너라노「버터」용 우유찌끼의 공급이 가능한가? 특정 제품은 사회적 용역으로 분배될 수 있는가? 그렇다면 정부에서 보조금을 받을 수 있는가? 또 그때의 총 수입을 같게 하는 타 제품을 고가격으로 판매할 수 있는가?

(f) 우유가 아닌 제품 :「버터」「요구르트」「치즈」와 같은 유제품 생장비는 어느 정도 보유하고 있는가? 이들 제품을 얼마만큼 생산하는 것이 경제적으로 유리한가?

(g) 냉장 : 냉장의 필요성을 설명하고 얼마만큼의 시설용량이 필요한가를 제시하라.

(h) 추가적인 장비 : 예를 들면 생유, 수송이나 가공품 판매 등에 필요한 차량 등으로 구분 제시하시오. 추가적인 장비는 어떤 종류가 필요하며 계획은 어떠한가를 설명하라.

(i) 인선 : ① 수집「센타」, ② 수송설비, ③ 공장 등이 가동하기 위해 얼마만큼의 인원이 필요하며 또 어떤 형태의 훈련이 필요한가?

(j) 분배 : 분배방법을 간단히 서술하라. 우유, 타 유제품으로 각각 구분하여 현재의 방법과 가격과 그리고 가능한 신방법을 언급하라. 분배업자가 타 분배업자와 발생하게 되는 경쟁에 대해 그 정도를 서술하라.

(k) 정부나 지방행정기관의 참여 : 정부나 지방행정기관이 이 계획사업에 참여하는 정도를 밝히고 기대되는 공식적 지원의 정도를 제시하라. 신규법의 제정 또는 법규의 개정이 필요한가?

ㄷ. 비용과 수익

(26) 계획사업의 비용과 수익

(a) 자본비용(capital cost) : 외자와 내자로 구분하여 추정되는 투자비를 상세히 쓰고 그 근거를 밝혀라. 운전자본(working capital)은 어느 정도 필요한가?

(b) 운영비용(operating cost)과 편익 : 예상되는 운영비용과 편익을 ① 완전가동, ② 2/3가동, ③ 1/3가동으로 구분하여 상세히 밝혀라. 예상되는 연간 현금지출과 수익을 차용자본에 대한 상환을 포함하여 총 누적적 비용이 보조금 등을 포함한 총 누적적 수익과 같을 때까지 요약예산서를 작성하시오. 감가상각비, 이자부담이 변할 경우를 고려하여 몇 가지로 구분하라. 예상요금이 현실적인지의 여부를 밝히고 근거를 제시할 것이며 타 유가공 공장의 현재 요금과 차이가 있다면 얼마인지 밝히고 그 원인을 분석 제시하라.

(27) 그 밖의 문제점이 있으면 제시하라.

마. 재무(financing)

ㄱ. 자금

(28) 이 계획사업에 드는 총 비용은 얼마인가? 내자조달을 공사로 구분하고 총 비용 중 외자는 얼마인가를 밝혀라.

(29) 내자조달원은 확실한가? 또 어떤 조건으로 자금이 조달되어지고 있는가? 이 계획사업 수행에 따른 자금조달방법이 있으면 제시하고 이들 중 채택한 위의 방법이 가장 유리한 이유를 설명하라.

(30) 투자의 단계적 실행은 어떻게 이루어지며 부채, 원리금 및 이자상환계획을 밝혀라.

ㄴ. 이익과 합리성

(31) 본 계획사업에 의해 수송, 품질개선, 소비자가격, 생산자가격, 유통마진 등의 부문에 예상되는 순경제적 상업적수익성을 가능한 한계량화해서 제시하라. 또 수송비 및 유통의 비합리성에 의해 발생하는 비경제적 편익에 대해서도 언급하라. 신설되는 유가공 공장이 현존하는 시설과의 관계를 요약하고 이들 간의 대체, 보완, 경쟁의 정도를 밝혀라.

(32) 가능하다면 본 투자의 경제적 내부수익률(IRR: internal rate of return)을 제시하라.

4. 과일 및 채소 통조림 공장

가. 개요

과일 및 채소를 가공하여 소비자의 기호에 맞도록 제품을 생산함으로써 상품의 효용을 더욱 증가시키는 사업이다.

이 사업에 대한 타당성 분석방법은 청량음료나 천연과즙음료 생산사업에도 적용할 수 있다.

나. 요약

(1) 본 계획사업의 자금은 누가 공급하는가? 그때 자금 공급자의 요구 조건은 무엇인가? 어떤 형태의 통조림 공장을 요구하며 가공하고자 하는 과일과 채소의 형태와 양은 얼마이며 입지는 어느 곳에 결정하고 누가 이 공장을 작동시키는가?

(2) 이 계획사업은 보다 큰 사업의 부분으로서 계획되었는가? 만일 그렇다면 나머지 부분의 계획사업은 누가 자금을 공급하는가?

(3) 공장의 건설과 작동을 책임질 기구는? 건설의 수행은 어떻게 진행되는가? 공장은 어떻게 가동되며 숙련공이 필요하다면 공급은 가능한가?

(4) 시장에 출하된 통조림은 어떻게 시장을 구성하는가?

(5) 본 계획사업의 자본비용은 어느 정도인가? 총자본 중 외자의 비율은? 또 어떤 조건으로 외자가 공급되고 있는가?

(6) 공장에서 추정되는 상업적 수익성과 품질향상 작물 이용도 증가 등 추가적 편익은 기대되는가? 또 생산자와 소비자가격에 미치는 영향은 어떤가? 생산과 소비는 증가되는가?

다. 배경

ㄱ. 공급

(1) 가공하고자 하는 과일이나 채소의 주요 생산지와 단위당 생산량은?

(2) 계절별 각 생산물의 평균 취급량은?

(3) 과일과 채소의 총 생산량은? 지역별로 농가의 형태와 규모를 밝혀라. 이들 농가가 어떤 특정 시장에 집중 출하하는가? 그렇다면 그 시장을 밝혀라.

(4) 과일과 채소 생산의 예상개관은?

(5) 통조림이나 다른 가공을 위하여 생산되는 과일과 채소의 양은? 품종과 적응성을 밝혀라. 계약생산이 이루어지고 있는가? 만일 있다면 어떤 조건인가?

(6) 가공을 위하여 다른 품종을 고려해 보았는가? 어떤 품종이 더 적합한가? 그렇다면 적합성과 관련하여 시험해 보았는가? 이 품종의 도입과 생산은 가능한가?

(7) 관련되는 과일과 채소의 현재농가 수취가격은? 품질과 계절차 또는 인근시장 가공 공장에 판매하는데 따른 가격 변화의 가능성은 존재하는가? 가공공장의 통제 하에 직접 공장에 공급되는 양이 차지하는 비율은 어느 정도인가?

(8) 과일과 채소의 품종별 주요 생산비 차이는? 생산자와 소비자 사이의 주 경로를 통할 때 유통비용과 유통마진을 밝혀라.

(9) 품질에 따라 농가, 가공업자, 소비자 사이에 나타날 수 있는 가격차는 어느 정도인가?

(10) 설탕, 통조림, 깡통, 유리 등의 공급 현황은 어떠한가? 이런 원료의 국내공급이 가능한가 아니면 수입해야 하는가? 원료에 부과되는 세금은? 수출하기로 하면 세금이 철회될 수 있는가?

ㄴ. 수요

(11) 통조림 과일이나 채소 혹은 그 부산물의 현재 국내 소비는? 이들 소비의 공급원은 국내인가 수입인가? 그들 간의 비율은?

(12) 통조림 제품의 수요와 소비자 가격과의 관계는 어떠한가?

(13) 과일과 채소 통조림 제품의 수출 가능성은?

(14) 과일과 채소 통조림 제품을 국내시장이나 수출시장에서 판매를 확장시키는데 따른 주 제약조건을 현실적으로 극복할 수 있는가? 있다면 그 방법을 쓰라.

(15) 이들 통조림 제품의 계절적 수요를 신선제품, 냉동제품 계절적 공급을 고려하여 확정하라.

(16) 통조림 쥬스와 청량음료(softdrink)와의 경쟁의 정도를 밝혀라.

ㄷ. 시장구조

(17) 과일과 채소의 주요 유통경로는 어떠한가? 1년 중 계절별로 통조림 공장에 들어가는 생산물의 비율은 어느 정도인가?

(18) 생산물은 어떻게 포장되고 수송되어지는가?

(19) 현재 어떤 통조림 공장이 있는가? 전형적인 형태, 규모, 용량, 이용도, 효율성 등을 구분하여 서술하라. 그들이 목표로 하는 시장은? 소유권, 작동통제와 경영전문가를 밝혀라.

(20) 현재 통조림 공장의 수익성은 어떠한가? 또 평균비용(공장규모와 추정 이용률을 지적하고)과 고장률을 밝히고 가능하면 감가상각, 관리, 유지, 노동비, 전력, 원료, 물 등과 포장자재, 수집 및 분배, 세금, 현금상환 등과 관련하여 서술하라.

(21) 현재의 경제적, 재무적 문제점과 기존산업의 제약점을 분석 서술하라.

(22) 효율성, 등급화, 시장통제의 기술적 표준을 강요하기 위하여 존재하는 법령이나 공식적 규제는 있는가? 그들은 충분히 효력이 있으며 또 강제적인가?

(23) 조사, 연구, 지도, 신용 등에 있어서 정부 혹은 준 정부 용역이 존재하는가? 이들이 과일과 채소의 통조림사업을 지원하는가?

(24) 통조림이 공장출하후의 분배와 판매경로는? 그 개선방안이 있다면 상술하라.

라. 계획사업

ㄱ. 타당성

(25) 신 공장을 설립할 필요성은? 왜 기존공장을 확대시키거나 개선하지 않는가?

ㄴ. 개관

(26) 일반적 개관

(a) 시설용량 : 매년 가공되어야 할 과일과 채소의 예상량은? 생산물 형태에 따라 주 가공 계절은?

1일 몇 시간 가동이 예상되는가? 매년 예상되는 가공시설 작동계획과 가공량, 이용 혹은 유휴되는 공장시간을 제시하라. 예상되는 최종제품의 산출과 추출율(extracting rates)은 어느 정도인가? 채택할 가공방법과 공장설계도를 제시하라.

(b) 입지 : 생산과 소비의 중심지와 관련하여 통조림 공장의 위치는 어느 곳이 적당한가? 통신, 수력, 전력, 혹은 공급 가능성을 밝혀라. 다른 장소가 고려되었는가?

(c) 공급

(i) 농민과 포장자 사이에 예상되는 공급체계는?

(ii) 농민이 통조림 공장에 생산량을 파는 것이 유리한가?

(iii) 생산물은 어느 지역으로부터 생산되는가?

(iv) 농민에게 지불되는 가격은?(현재 추정되는 비용과 수익) 과거 가격과 산지 시장가격을 비교하라.

(v) 신품종과 품목 · 도입을 보장하고 공급 증대를 위해 농민에게 신용이 제공되는가?

(vi) 농민과 상인, 가공공장들 사이에 계약생산 형태가 존재하는가?

(vii) 공장의 경제적 운영 보장을 위해 여러 생산품이 충분한 기간에 걸쳐 충분한 양이 공급될 수 있는가?

(viii) 공장이 다른 판매자와의 경쟁에 직면하는가?

(d) 기구

(i) 통조림공장의 소유와 운영은 누가 하는가?

(ii) 포장에서 공장까지 과일과 채소의 포장과 수송방법은 어떠한가?

(iii) 농민과 공장 사이에 어떤 중개인이 있으며 이 중개인과 농민, 공장 사이의 관련성은 어떠한가?

(iv) 필요하다면 경영 훈련에 감독을 할 수 있는가?

(v) 계획공장의 성공과 실패를 가져다 줄 비슷한 성격의 공장이 있는가?

(e) 부산물 : 표준이하의 품목의 처리방법에 대한 계약은?

(f) 추가적 장비 : 계획되거나 요구되는 추가적 장비는 어떤 것이 있는가? 통조림용 깡통과 상자의 공급계약과 예상되는 포상에 대한 비용과 품질을 서술하라.

(g) 인선 : 필요한 정사원과 계절 고용원의 수와 성격은 어떠한가? 훈련의 필요성을 서술하라. 주택에 대한 특별한 계약 없이도 적당한 노동자의 조달이 가능한가?

(h) 분배 : 현존 예상되는 여러 제품에 대한 공장 판매가격과 출하가격, 소비자가격의 범위를 서술하라.

(i) 제품 품질 : 대체재와 비교하여 생산품의 품질은?

(i) 해외 시장 : 어떤 경로를 통해 수출되는가? 통조림 공장이 그 상표로 또는 해외상표로 판매해야 하는가? 수출시장을 위해 필요한 촉진행위는? 외국의 타 회사와 어떤 계약이 되어 있는가? 가격, 품질과 유사품의 존재, 해외시장에서의 경쟁 등에 관해 서술하라.

(ii) 국내 시장 : 국내배분 체계는? 최종 소비자나 기관에 공급할 예상경로는? 가격, 품질, 시장기

구와 관련하여 수입품이나 국내 타 제품과의 경쟁의 정도는? 통조림의 가격, 계절적 출하와 관련하여 신선제품과의 예상되는 경쟁의 정도는? 시장에 통조림 제품을 도입하기 위하여 예상되거나 필요한 판매 촉진행위는?

(j) 중앙 정부나 지방 행정기관의 참여 : 중앙정부나 지방행정기관이 이 계획사업에 어느 정도 참여할 것인지를 명백히 밝히고 어느 정도 공식적 지원이 가능한지를 서술하라. 신 법령이나 규제가 필요한가? 그렇다면 준비되어 있는가?

ㄹ. 비용과 수익

(27) (a) 자본비용 : 추정되는 투자비를 내 · 외자로 구분하여 항목별로 상술하시오. 추정액을 지원할 수 있는 모든 근거를 밝혀라. 어느 정도의 운영자금이 필요한가?

(b) 운영비용과 수익 : 추정되는 작동비용과 수익을, i) 완전가동, ii) 2/3가동, iii) 1/3가동에 따라 각각 구분하여 상술하라. 예상되는 연간 현금 지출과 수익은? 차용자본에 대한 상환을 포함한 총 누적비용이 보조금을 포함한 총 누적수익과 같을 때까지 요약예산서를 작성하라. 감가상각준비금과 자본 상환 및 이자 부담이 변할 때를 구분하여 서술하라.

마. 재무(financing)

(28) 이 계획사업에 사용되는 총 비용을 내자와 외자로 구분하고 내자를 정부와 개인으로 구분하라. 국내자금 조달은 확실한가?

(29) 투자의 단계적수행과 자본용역이나 부채상환의 계획을 밝혀라.

바. 편익과 타당성

(30) 가능하다면 본 계획사업으로부터 기대되는 경제적 편익(취급, 저장, 수송, 품질증진 등 유통비 절감)은? 소비자, 생산자 가격 및 유통마진에 미치는 영향은 어떠한가? 가격안정, 공급과 수요의 균형유지의 측면에서 계량화하라.

5. 냉장시설

가. 개요

농수산물의 냉장은 식품의 선도를 유지함으로써 소비자의 효용증대를 기하는데 그 목적이 있다.

냉장과 저온저장의 차이는 가정용 냉장고의 냉동실과 냉장실의 차이로 생각할 수 있으며 본장에서는 혼용해서 사용하였는데 계획사업의 담당자는 충분히 구분하여 작성할 수 있으리라 믿는다.

나. 요약

냉장시설의 경제성은 냉장 수송시설과 냉장 저장시설로 구분할 수 있으며 두 시설은 밀접한 관계가 있다. 본 장에서도 수송에 많은 고려를 하였으나 어디까지나 냉장 저장시설의 경제성 분석방법임을 밝혀둔다.

(1) 본 계획사업의 자금은 누가 공급하며, 어떤 목적 하에 어떠한 조건으로 제공되는가? 즉, 냉장설비의 형태, 규모와 어떤 제품을 취급하는가를 밝혀라.
(2) 본 사업은 보다 큰 계획사업의 일부분인가? 그렇다면 나머지 계획은 누가 자금을 공급하며 이 사업은 나머지 계획사업에 어떠한 영향을 받는가?
(3) 이 계획사업은 냉장 설비건설 이외에 다른 면을 포함하는가? 유통의 다른 단계에서 취급, 수송, 저장 등 관계되는 유통기능에 대한 준비가 있는가?
(4) 창고건설과 이 계획사업 운영을 책임질 기관은? 건설작업은 어떻게 수행되는가? 창고는 어떻게 운영되며 숙련공의 조달은 가능한가?
(5) 이 계획사업의 총비용은 얼마이며 외자본은 어느 정도인가? 내자의 공급원은 어디이며 충분히 공급될 수 있는가?
(6) 창고의 추정된 상업적 수익성과 공중위생 증진, 쓰레기 감소 등 추가적인 이익은 기대되는가?

다. 배경

ㄱ. 공급

(1) 국가경제에 있어서 중요한 생산물의 형태 : 육류, 유제품, 어류, 과실, 채소 등에 따라 어떤 형태의 설비가 필요한가? 이들 제품의 총 공급과 비교하여 냉장에 필요한 양과 냉장의 중요성을 서술하라.
(2) (a) 생산개발, 기술, 규모, 입지, 밀도, 계절적 산출량의 상태를 서술하라.
(b) 냉동 창고로부터 공급되는 것 중 수입의 비율은? 이 공급의 신뢰성을 검토하라.
(3) 냉장창고에 도착하였을 때 생산물의 상태는?
(4) 계절적 공급의 변동과 주간 공급의 변동은 어떠하며 이 변동의 원인은 무엇인가?
(5) 냉동 창고로 수송하는 방법은?

ㄴ. 수요와 가격

(6) 생산물의 종류에 따라 냉동 창고 운영에 일반적으로 부과되는 율은 어느 정도인가? 이율은 계절적으로 변하는가?
(7) 가격정보나 가격변동에 미치는 기존 냉동 창고의 영향을 서술하라.
(8) 신선, 저온, 냉동 제품의 가격차는 어느 정도인가? 국내 냉장 시설의 부족으로 판매확장에 어느 정도 제약이 되는가?
(9) 이 계획사업에서 각 제품에 따라 소요되는 냉장창고의 면적은? 주요 소비지역은? 육류, 어류, 유제품, 과실이나 과채 등의 수요증대 전망은? 냉동저장에 영향을 미칠 만한 인구가 특별히 좋아하거나 싫어하는가? 냉동제품 수요는 계절적으로 변하는가? 가격 변동의 계절적 경향을 서술하라.
(10) 수출제품에 사용되는 냉동 창고의 면적은 어느 정도인가?
(11) 통조림 공장, 도시근교의 신선 과일 및 야채 생산 등 다른 면에 미치는 영향이 냉동창고 면적

의 예측 면적에 영향을 미치는가?

ㄷ. 현재 시장구조

(12) 냉장된 제품이 경과하는 주요 유통경로는? 구입 및 구매방법은? 저장비용을 제외하고 부과되는 유통마진은?

(13) 냉동 창고에 출입하는 수송 수단은? 감손을 포함한 비용은? 제약 조건 및 개선 가능성은?

(14) 기존 냉동 창고 설비를 쓰라.

(a) 수, 형태, 용량, 계절적 이용률, 입지

(b) 소유주와 통제

(c) 냉동 창고 계획의 운영 효율과 제약점, 수익성

(15) 현재 부패성 식품에 대해 이 설비들이 유통시장에서 하는 역할은?

(16) 부패성 식품에 대한 현재시장체계의 주요한 속성을 요약하고 냉동 설비를 통하여 증진되는 면을 밝혀라.

라. 계획사업

ㄱ. 타당성

(17) 신 냉동 창고 건설의 필요성은? 왜 기존 창고를 확장, 개선하는 것보다 신 창고를 건설하는 것이 더 유리한지 그 이유를 밝혀라.

(18) 신 냉동저장설비는 어떤 부문에서 역할을 하며 직면하는 문제점은 무엇인가? 쓰레기 및 폐기물의 감소, 시장성 상품의 증대공급과 가격의 일, 주, 계절적변동의 감소, 수출시장의 증대 등과 관련하여 서술하라.

ㄴ. 개관

(19) 투자가 계획되었다면 기존시설의 개선이나 확장, 신 창고의 건설이나 장비장착, 냉동설비가 되는 차량이나 열차준비, 사전 저온설비, 부수장비, 취급 기자재, 컨테이너, 건축 작업, 도로 등 주요내용과 인원 훈련계획을 서술하라.

(20) 이 계획사업의 목적과 시장체계에 미치는 영향을 서술하라.

(21) (a) 용량 : 일, 주, 연간 생산물의 형태별 예상되는 취급량, 저장계획을 계절적 시장변동과 예상되는 변화를 고려하여 밝혀라.

(b) 입지

(i) 냉동 창고의 계획입지는?

(ii) 생산지, 수입 · 수출항과 소비지를 고려하여 제시된 입지는 어디인가? 다른 사항도 고려하였는가?

(iii) 계획 입지는 도로, 철도, 수도, 전기, 전화 등이 가능하며 저해요인은 없는가?

(c) 공급 : 창고에 들어있는 생산품은 어떤 곳에서 구입되는가? 어떤 유통 공급체계가 이용되는가? 이 계획의 수행을 위한 제약 조건이 있는가? 누가 설비를 소유하며, 누가 냉동 창고를

어떤 조건으로 운영하는가? 냉동 창고 소유주는 단지 창고를 임대하는가 아니면 냉동제품을 구매하는가?

(d) 기구 : 경영 훈련을 위한 준비가 되어 있는가? 이 계획사업이 계획대로 효율적으로 운영될 수 있다는 근거는? 예를 들어 이 계획사업의 운영은 생산이나 유통의 다른 단계와 연계되어 있는가? 관련 구조와 정부기관과의 관계는 만족할만한가? 재정통제, 창고물건(재고)에 대한 통제 냉동제품의 물적 이동 등에 대해서 적절한 조치가 있는가? 다른 냉동 창고와 어떤 경쟁이 예상되는가?

(e) 인선 : 냉동 창고 운영을 위한 숙련공은 있는가? 없다면 어떤 훈련이 어느 정도 필요한가?

(f) 분배 : 부패성 식품의 예상분배체제를 약술하고 기존 방법이나 가격과 비교하여 차이점을 서술하라. 연간 판매기간과 더 냉동된 제품의 판매를 서술하라. 신 냉동창고와 기존 냉동창고와의 관계는 어떠한가?

(g) 중앙정부 및 지방행정기관의 참여 : 어떤 점에서 중앙이나 지방행정기관이 이 계획사업에 참여할 것인가를 명백히 밝혀라. 어느 정도 공식적 지원이 예상되는가? 법령의 갱신이 어느 정도 요구되는가?

ㄷ. 비용과 수익

(22) (a) 자본비용 : 추정되는 투자비를 내자와 외자로 구분하여 항목별로 상세히 밝혀라. 추정액을 지원할 수 있는 모든 근거를 밝혀라. 어떤 운영자본이 필요한가?

(b) 작동비용과 수익 : 추정되는 작동비용과 수익을 ⅰ) 완전가동, ⅱ) 2/3가동, ⅲ) 1/3가동 시설이용을 각각 구분하여 상세히 밝히고 계절변동을 서술하라. 예상되는 연간 현금 지출과 수익을 차용자본에 대한 상환을 포함한 총 누적비용이 보조금을 포함한 총 누적수익과 같을 때까지 요약예산서를 작성하라. 감가상각 준비금과 자본상환 및 이자부담이 변할 때를 구분하여 작성하라.

(c) 예정 사용료가 현실적으로 가능한 근거를 밝히고 이것이 기존 냉동 창고의 현존 사용료와 차이를 밝히고 원인을 제시하라.

(23) 다른 면과 문제점이 있으면 설명하라.

마. 재무(financing)

ㄱ. 자금

(24) 이 계획사업의 총비용은? 내자는 얼마이며 이를 공적과 사적으로 구분하고 외자는 얼마나 필요한가?

(25) 내자재원은 확실하며 어떤 조건인가? 이 계획사업은 다른 자금 조달방법과 비교하여 합리적인가?

(26) 투자의 단계적 실행과 자본 용역과 부채상환의 계획은?

ㄴ. 편익과 타당성

(27) 가능하다면 이 계획으로부터 기대되는 편익을 수송 및 유통증진에 기여할 면과 소비자 및 생산과 가격, 유통마진에 미치는 영향을 계량화하여 제시하라. 반면, 다른 비효율(수송비 증가, 가격상승, 소비자 수용도 하락 등)에 대해서도 언급하라. 신 냉동 창고와 기존설비와의 관계를 요약하고 대체, 보완, 경쟁의 정도를 구분 설명하라.

(28) 가능하다면 투자의 내부 수익률을 밝혀라.

------------------------- 부록 ---------------------------

(이 계획사업에 관련되는 통계 및 기술적 정보와 자료를 상세히 제시하라.)

A. 현존 냉동 창고 설비와 이용도

B. 최근 몇 년 동안의 월, 주간 시장 공급량과 저장하고자 하는 생산물의 종류와 양

C. 최근 몇 년간의 저장된 품목에 대한 월, 주간 가격

D. 계획 냉동 창고, 프로젝트에 저장하게 될 생산물의 양과 종류, 저장기에 요구되는 온도

E. 투자비용의 계획은? 외자분을 구분하여 투자 계획을 수집하라.

F. 인선의 계획

G. 월, 연간 기준으로 냉동 창고 계획사업의 수익

H. 월, 연간 기준으로 이용도의 변화에 따라 냉동 창고비용의 변화

I. 연간 예산, 비용의 흐름에 대한 계획은?

J. 이 계획사업을 수행할 회사나 기관에 대하여 약술하라.

6. 곡물창고시설

가. 개요

곡물은 반 부패성 식품이며 부피가 크고 가격이 낮으므로 냉장설비와 같은 완전한 저장설비는 필요 없고 풍우에 의한 피해를 방지할 수 있는 시설이면 족하다고 할 수 있다. 따라서 설비가 별 필요 없는 저장사업은 본 계획사업 작성지침에 준한다.

나. 요약

(1) 이 자금은 누가 공급하는가? 자금공급자의 요구조건은 무엇인가? 즉 어떤 형태의 곡물창고를 얼마만한 크기로 요구하는가?

(2) 이 계획사업은 다른 큰 사업의 일부분인가? 그렇다면 나머지 사업의 자금은 누가 공급하며 이 사업은 나머지 사업에 어떤 영향을 받는가?

(3) 이 계획사업은 곡물창고 건설외의 다른 면을 포함하는가? 관련되는 유통, 취급, 수송, 저장, 병충해 방지 시설과 같은 준비는 되어 있는가?

(4) 창고의 건설과 운영에 책임 있는 기관은 누구이며 시동훈련이 예정되어 있는가?

(5) 저장계획의 추정, 상업적수익성은 어떠하며 가격안정, 농민의 생산 증대 유인의 증가 등의 추가적 이익은 기대되는가? 생산자와 소비자 가격에 미치는 영향은?

다. 배경

ㄱ. 공급

(1) 국가 경제에 있어서 곡물산업의 중요성은? 주요 공급지역과 시장공급량은?

(2) 최근 10년간, 지역별 계절별 공급실태와 연간 변화, 시장공급의 전망에 대해 서술하라.

(3) 시장 공급량 중 몇 %가 수출되는가?

(4) 시장에 공급되는 곡물의 질은 어느 정도인가?

ㄴ. 수요

(5) 곡물의 형태에 따른 주요한 유통경로를 쓰고 각 유통경로에 따른 공급량의 비율을 제시하라.

(6) 곡물은 보통 어떻게 수송되고 포장되는가?

(7) 기업 : 어떤 종류의 기업, 사기업, 협동조합, 정부가 곡물 유통에 관계되어 있는가?

(8) 저장시설 : 현재 곡물 저장설비를 서술하라.

(a) 수, 형태, 용량 및 계절별 이용량, 입지

(b) 소유권 및 통제기관

(c) 경영 효율 및 제약점, 수익성

(9) 손실 : 현재의 저장 및 취급방법으로 추정되는 손실(곤충, 곰팡이, 열병균)은? 저장형태에 따른 계절별 손실은?

(10) 표본조사에 의해 이러한 감손이 얼마이며 감손량과 감손한 대책에 대한 조사가 행해졌는가?

(11) 수송 및 기타에서의 비효율적인 취급체계와 부적합한 재고관리로 인하여 발생하는 손실은?

(12) 제분공장 구조와 저장계획에 대한 적합성의 정도는?

(13) 정부 정책 : 정부 곡물유통정책의 주안점은? 가격정책, 가격수준, 지역별, 계절별, 지구별, 품질별 차이 등은 어떠한가?

(14) 최근 및 연간 정부 저장계획을 구분하고 주제약점과 개선방향을 제시하라.

(15) 정부기관 행동의 효율성을 분석하고 유통정책과 저장계획에 대한 분석결과를 서술하라.

(16) 수출입정책을 분석하라.

(17) 유통비용 : 곡물별 평균비용을 생산자 및 수입가격, 수송, 저장, 가공, 소비자 가격의 단계에 따라 각각 분석하라.

라. 계획사업

ㄱ. 타당성

(18) 곡물창고 건설의 필요성은? 왜 기존 창고시설을 개선하거나 확장하지 않고 신 창고를 건설하는지에 대한 이유를 설명하라.

ㄴ. 개요

(19) 이 계획의 주 내용을 간단히 설명하라.

(a) 기존 창고시설의 개선

(b) 신 창고시설의 건설

(c) 부대장비, 예)건조기 설치

(20) 용량 : 곡물형태에 따른 예상 연간 취급량, 저장계획을 공급, 가격 변동, 미래변화를 고려하여 약술하라.

(21) 입지 : 곡물창고의 계획입지는? 공급지역, 수출입항, 소비지역이 어떻게 고려되어 입지가 계획되었는가? 계획된 입지가 도로, 철도, 전기, 전화, 설비 등의 제공을 받을 수 있는가? 어떤 유통공급체계가 이용되는가? 이 계획의 집행을 위한 세부시행계획을 제시하라.

(22) 기구 구성 : 이 계획사업이 계획대로 효과적으로 집행된다는 근거는? 예를 들어 곡물시장과 가격정책 저장평가와 어떤 관련이 있으며 운영자본으로서 충분한 신용이 공급되는가에 대해 분석 서술하라. 예상 매매가격을 작성하고 관련기관 및 정부와의 연계가 만족한가에 대해 서술하라. 재정통제, 재고통제, 물적 이동 등 적절한 조치가 되어 있는가? 다른 창고와 예상되는 경쟁의 정도는?

(23) 인선 : 저장계획을 운영하기 위하여 숙련공 공급이 가능한가? 그렇지 않다면 어떤 종류의 훈련이 필요하며 이를 위한 준비는 되어 있는가?

(24) 판매 및 분배 : 곡물의 계획된 판매와 분배체계는 어떠한가? 정부 시장과 가격정책과 관련하여 연간, 계절별 판매가격을 쓰라.

(25) 정부참여 : 어떤 점에서 정부가 이 계획사업에 참여하는지를 명백히 밝혀라. 공식적 지원이 어느 정도 기대되는가?

ㄷ. 비용과 수익

(26) (a) 자본비용 : 추정투자비를 상세히 밝혀라. 내자와 외자를 구분하고 추정액에 대한 최대한 근거를 밝혀라. 운영비용에 대해서도 내 · 외자로 구분하고 그 근거를 밝혀라.

(b) 운영비용과 수익 : 시설용량의 이용에 따라 운영비용과 수익의 추정액을 밝혀라. 차용자본에 대한 상환을 포함하여 총 누적비용이 가능한 한 보조금을 포함한 총누적수익과 같을 때까지에 대한 요약명세서를 작성하라. 예상 판매가격이 시장조건과 관련하여 현실적임을 밝혀라. 감가상각 준비금과 자본상환과 이자부담이 가능함을 밝혀라.

(27) 그 밖의 문제점이 있으면 설명하라.

마. 재무

ㄱ. 자금

(28) 본 계획사업에 드는 비용은 어떻게 조달되는가? 내자와 외자로 구분하라. 내자조달원은 확실하며 어떤 조건인가? 이 계획사업의 재정이 다른 방법과 비교하여 더 합리적임을 밝히시오.

ㄴ. 편익과 타당성

(29) 이 계획사업에서 기대되는 경제적, 상업적 편익을 개선된 저장 및 유통에 대한 기여, 소비자, 생산자, 유통마진에 대한 영향으로 구분하여 가능한 한 계량화하여 밝혀라. 고가격판매, 기존 저장설비의 유휴화, 소비자가격의 상승 등의 경제적 불리점이 존재하면 그것도 언급하라. 신 곡물창고와 기존 설비와의 관계를 요약하고 그들의 대체, 보완, 경쟁의 관계를 서술하라.

(30) 가능하면 이 계획사업의 내부 수익률을 밝히고 가정을 서술하라.

------------------------ 부 록 --------------------------

A. 최근 및 연간 형태별, 지역별 곡물생산

B. 지역별, 형태별, 계절별 곡물의 추정, 시장 공급량

C. 소비경향

D. 최근 및 연간의 곡물수입, 수출량(형태별, 가능하면 항구별)

E. 형태별, 지역별 기존창고 면적과 이용률

F. 최근 몇 년간 월별 곡물가격의 변화

G. 곡물형태 및 등급별 추정, 평균곡물 산출액

H. 요구 설비에 대한 기구와 저장계획

I. 이 계획의 자본비용, 외자 요구액 및 투자계획

J. 인선요구

K. 평균 운영비용, 용량 이용의 정도별 단위당 비용

L. 현금유동표

7. 도매시장과 도시 식량공급기지

가. 개요

도매시장의 학문적 성격은 각 생산지에서 수집된 생산물을 분배시장에 재배치할 목적으로 집중하는 생산물 중개역할과 함께 가격형성에 주요한 기능을 한다. 도시 식량공급기지는 식량작물의 도매기능을 수행할 목적으로 도시외곽에 건설하는 것으로 도시의 교통체증을 방지하고 효과적인 식량의 분배체계를 확립하는 것이 그 목적이다. 대규모 도매시장의 건설 등의 타당성 분석방법은 아래에 준한다.

나. 요약

(1) 필요한 자금을 누가 공급하는가? 공급 시 요구조건의 목적은 무엇인가? 간단히 말해서 어떤 시장의 형태와 규모가 포함되며 생산물의 형태는 어떠한가? 소매시설이 포함되거나 관련되는가? 이 사업의 입지는 어느 곳이 적합한가?

(2) 이 계획사업은 도매시장의 건설이외의 다른 측면을 내포하고 있는가? 냉장저장시설은 필요한가? 도로건설이나 기존 건축물의 철거나 이에 대한 보상 문제는 포함되는가? 시장계약, 취급, 처리, 수송, 저장 등 유통의 다른 단계와 관련되는 제반대책이 준비되어 있는가?

(3) 이 계획사업을 집행하는 기관은? 건설작업은 어떻게 진행되며 시장의 통제와 운영은 누가 하는가? 숙련공의 조달은 가능한가?

(4) 이 계획의 총비용은 얼마이며 내 · 외자의 분할 비율은? 이 사업을 추진함에 있어서 획득할 수 있는 자금의 원천은 어디인가?

(5) 이 계획사업이 가져다 줄 편익을 유통비용과 유통효율의 측면과 쓰레기장 등 공중위생의 증진, 편익, 외관 등 사회적 편익의 측면에서 서술하라. 수요, 공급을 잘 조절할 수 있는가? 생산자, 소매상, 소비자 가격에 미치는 영향은 어떠하며 생산과 소비를 촉진시킬 수 있는가?

다. 배경

ㄱ. 공급

(1) 시장에서 취급되는 생산품의 양은? 생산과 소비에서 국내생산품의 중요성과 수입품의 형태와 중요성을 서술하시오.

(2) (a) 주요 공급지역의 생산증가, 기술, 입지밀도 및 계절적 산출량의 상태를 약술하라.

(b) 농가수준에서의 구성, 즉 토지소유제도, 농가경영규모 유통과 관련되는 협동조합의 존재 및 주요 독립적인 상업농의 존재, 각 집단의 시장공급에 대한 참여 등 생산과 시장의 주요 특징은 어떠한가?

(3) 시장에 공급을 제약하는 가장 중요한 요인은 무엇인가? 이 계획사업의 목적을 위해 이러한 제약요인을 극복할 수 있는 현실적조치가 시행될 수 있는가?

(4) 도시지역에서 조달되는 생산물의 조건(선도 등)과 종류와 이들의 수송에 이용되는 수송수단에 대해서 기술하라.

ㄴ. 가격과 비용

(5) 기존 시장에서 요구되는 가능한 변화를 고려하여 일반적인 가격형태를 약술하라. 시장신용 설비는 무엇이 존재하며 시험판매의 범위는 어느 정도인가?

ㄷ. 수요

(6) 고객의 구매습관, 선호, 관습 등이 시장의 성격에 어떤 영향을 미치는가?

(7) 소비의 어떤 변화가 기대되는가? 형태, 규모, 시장의 성격에 어떤 영향을 미치는가? 변화되는 주요한 형태가 이 계획사업에 관련되어 도시지역에 미치는 영향을 고려하여 서술하라.

ㄹ. 시장구조

(8) 도시지역에서 생산자로부터 소비자까지의 시장조직과 사용되는 운송, 취급 및 저장 설비를 포함한 기업적 관심사를 서술하라. 현재 시장체계의 효율성에 대해서 언급하라.

(9) 현존시장 : 현재 몇 개의 시장이 있으며 그들의 기능은 무엇인가? (전문화된 도매상인가? 도소

매가능을 포함한 도매상 또는 소매상인가?) 위치와 주요한 설비, 소유권을 상세히 서술하라.

(10) 취급품목

(a) 과일과 채소, 유제품, 육류, 가금, 어류, 잡화 등 취급품목에 따라 전문화된 시장은 얼마나 떨어져 있는가?

(b) 이 시장에서 다른 시장이나 다른 도시로 재수송되는 상품의 양은 어느 정도인가?

(11) 시장을 회피하는 상품 : 시장을 회피하는 재화, 즉, 직접 소매상 또는 소비자에게 공급되는 재화의 양과 형태는? 시장을 경유하지 않는 물량이 생기는 이유는? 즉, 정상 유통경로에서 벗어나는 주요한 요인은 무엇인가? 만약 직접유통이 바람직하다면 어느 정도 도매시장의 기능을 줄여야 하는가?

(12) 운영

(a) 도매상, 거간, 수입상, 생산자 등의 형태에 따라 얼마나 많은 판매자가 시장에 있는가와 일평균 또는 월간 취급량과 변화폭을 서술하라.

(b) 얼마나 많은 구입자가 매일 시장을 이용하는가? 또 변동폭은?

(c) 현존 도매상의 판매방법은 어떠한가? : 조사, 점검, 샘플링, 물품명세서, 사적 구판행위와 공적 경매 등, 외상 또는 현금거래도매상의 미수확물 구매, 수행하는 기능과 주요 기능의 추정비용(포장, 수송, 저장) 등에 대해 상술하라.

(13) 시장시간 : 1주 중 개설되는 시장일수는? 하루 중 언제 개설되며 출입상품의 양과 개설시간을 쓰라.

(14) 수송 : 시장에 공급하는 상인의 형태에 따라 어떤 수송수단이 이용되는가? 주차와 하역 면적은 충분한가? 미래의 예상 수송경향은? 도매시장에서 소매상에게 어떤 경로를 통하여 생산물이 수송되는가?

(15) 포장과 등급화 : 생산물이 적절히 포장되고 등급화 되었는가? 유통단계에서 이러한 기능이 진행되는가? 상 · 중 · 하 등급의 비율과 나쁜 포장으로 말미암아 발생하는 손실을 사정하고 등급화를 하지 않아 가격차익에서 발생하는 손실을 상세히 적어라.

(16) 시장관리

(a) 시장설비의 이용에 대해 부과되는 사용료와 시장처리비용 및 다른 비용 등 그 수준이 타당한가? 요금으로부터 나오는 연간 총수익은?

(b) 시장의 연간 운영비용은 어느 정도인가? 주요항목(관리비, 운임, 이자, 보험료 등)을 서술하고 이익인가 손실인가를 밝혀라.

(c) 정부에서 제공되는 용역의 타당성을 점검하라 : 일반냉장면적, 창고면적, 가격 및 시장정보 등

(17) 정부정책과 용역 : 시장운영의 개선을 위한 정부의 정책은? 공공 위생, 품질, 등급화, 가격 등에 존재하는 「서비스」와 통제는 어떠하며 만족할만한가에 대해 서술하라.

(18) 유통의 다른 단계 생산지역에서 포장기지 건설, 생산지역에서 수송, 저장설비개선 등과 관련하여 이 시장에서의 주요 기능을 서술하라.

(19) 제약점 : 현존시장과 그 시장운영에 있어서 주요 제약점은 무엇인가?

(a) 경제적제약점, 예를 들어 물리적 부적합성, 비사용품, 작동비용이 높은 것과

(b) 기타 제약점, 즉 공중위생감소, 도시의 교통체증, 주거개발방해 등에 대해 가능한 한 화폐적 방법으로 표현하고 비용, 편익의 관점에서 개선방안을 논하라.

라. 계획사업

ㄱ. 타당성

(20) 신 시장건설의 필요성은? 기존시장을 확장 또는 개선하는 것보다 신 시장건설이 더욱 유리한 이유를 밝혀라.

(a) 주요기능 : 종점시장(terminal market), 수송시장 등에 따라 필요한 시장의 형태는 무엇인가? 중앙도매시장이 여러 개의 종합된 도매, 소매시장보다 유리한 이유를 밝혀라.

(b) 도시에서 미래 식량수요, 다음 10년 동안 식량 소비지수와 식량소비의 예상증가량은? 경제발전에 따라 소매상 체인과 대규모 「셀프 서비스」 소매상의 증가로 생산의 대부분이 시장을 회피하고 공급이 소매상에서 직접 공급되는 것에 대한 가능성은 어느 정도인가?

(c) 다른 도매시장이나 다른 도시에 운반되는 생산물의 양은?

ㄴ. 개관

(21) (a) 주요 구성성분을 서술하라.

(i) 기존 설비의 개선

(ii) 신설비의 건조

(iii) 보조설비와 「서비스」

(iv) 기존설비의 폐기와 재개발, 보상계약

(v) 시장시설의 보완적 변경

(vi) 구조, 인선, 인원훈련

(b) 입지 : 시장의 입지는? 도로, 철도, 수로의 획득에 적절한 신 도매시장에 적합한 지역이 있는가?

(c) 공급 : 주간, 월간, 연간, 시장에서 취급이 예상되는 재화의 형태와 양은? 변동폭과 미래의 변화를 서술하라.

(d) 판매자의 수 : 시장에서 하루에 몇 명의 판매자와 구매자가 교역을 할 것이라고 예상되는가? 계절성으로 인원이 어떻게 변하며 각 판매자의 취급물량은 얼마 정도인가?

(e) 영역

(i) 시장이 획득 가능한 총면적은 각 판매자당 얼마의 장소가 제공되어져야 하며 변동폭은 어느 정도인가?

(ii) 신 시장을 미래에 확장할 때 필요한 추가적인 면적은?

(f) 형태 : 시장을 어떤 형태로 지으며 창고에 대해 자동 승강기의 설치여부와 상차장, 하차장,

플랫폼 건조계획에 대해 서술하라.

(g) 재화의 흐름 : 생산물의 반입과 반출에 문제점은 없는가? 반입, 반출을 동시에 할 수 있는가? 또는 다른 시간으로 정해야 하는가?

(h) 부속시설

(i) 고역설비 외에 다른 설비, 예를 들어 저장고, 냉장저장, 경매고, 관리사무실 등과 등급화, 포장상자에 넣은 것, 차고, 매점 등 부대설비가 필요한가? 총 시장면적이 건설, 주차장, 도로, 사무실 및 다른 시설에 어떻게 분배되는가? 설계도를 첨부하라.

(ii) 인선 · 시장경영, 재정통제, 중앙에서 제공되는 용역 등 인원의 인선과 특히 경영 기술적 인원이 조달가능한가에 대해 서술하라. 국가의 계획으로 훈련이나 외국인 채용계획이 있는가?

(j) 관련되는 유통발전 : 이 계획사업은 유통설비의 변동이나 개설을 포함하는가? 계획사업이 유통발전에 영향을 미치는가? 신 도매시장의 장래운영과 정부정책이나 특정농업, 지역개발이 도시 도매상 수준에 미치는 영향을 설명하라.

(k) 중앙정부나 지방자치단체의 참여

(i) 어느 면에서 중앙정부나 지방정부가 이 계획에 참여하고 있는가를 명백히 밝혀라. 어느 정도 정부의 지원이 기대되며 요구되는 법령의 개정은 어느 정도인가?

(ii) 시의 계획 : 이 계획사업이 지역계획, 고속도로나 철도 건설 등의 계획과 어떤 관련이 있는가를 밝혀라. 직접, 간접으로 관계되는 다른 기관이 이 계획사업을 지원하거나 현재 지원 중인가를 밝혀라.

(iii) 법령 : 신시장의 운영을 쉽게 하기 위해서 신 법령의 제정이나 기존법령의 개정이 필요한가?

(l) 소유권과 기구 : 이 계획사업의 집행을 위한 특별한 조치는 무엇이며 다른 시설 제공을 위한 제약은 어떻게 행해지는가? 임차인이 어떻게 선정되며 어떤 조건인가? 중앙기관에서 제공되는 용역과 감독에 대해 상세히 밝혀라.

ㄷ. 비용과 편익

(22) (a) 자본 : 외자와 내자를 구분하여 투자비의 세목을 추정하고 추정치를 지지할 근거를 제시하라.

(b) 운영비용과 수익 : 운영비용을 상세히 추정하라. 수익을 보장할 수 있는 방법을 제시된 요금률과 수집방법과 함께 설명하라. 몇 년간의 운영계획을 적당한 세목과 함께 예산서를 준비하라. 감가상각에는 어떤 준비가 필요하며 자본상환과 이자부담을 가능하게 하는 수지균형을 제시하라. 부과예정 사용료가 현실적이며 비용을 초과함을 밝히고 이것이 현재 사용료와 어떻게 다른가를 서술하라.

(23) 다른 면과 문제점이 있으면 밝혀라.

마. 재무

ㄱ. 임금

(24) 이 계획사업에는 총비용이 얼마나 소요되나? 내 · 외자를 구분하여 각각 밝혀라.

(25) 내외조달원은 확실하며 어떤 조건으로 공급되고 있는가? 이 사업의 재정계획이 다른 사업의 재정계획과 비교하여 합리적인 사업 계 획인가를 검토하라.

(26) 투자의 단계적실행과 자본용역이나 부채상환의 계획을 설명하라.

ㄴ. 이익과 합리성

(27) 가능하면 이 계획사업으로부터 기대되는 경제적 편익을 취급, 저장, 수송, 개선, 품질 향상 등 유통비용감소 측면과 생산자 및 소비자 가격과 유통마진에 미치는 영향과 효과를 서술하되, 가격안정과 수요 공급균형향상의 측면에서 계량화하며 제시하라.

(28) 예상되는 간접적, 비경제적편익, 예를 들어 건물신축에 더 가치있는 지역을 자유화하고 교통체증을 완화하며 취급품목의 고도품질 기준을 유지하고 공중위생을 개선하며 다른 지역의 개발에 대한 전시효과 제공 등 관련되는 제반사항에 대해 상세히 설명하라.

(29) 이 계획사업의 투자내부수익률을 경제성과 재무적 수익률로 구분하여 제시하라.

----------------------- 부록 ---------------------------

(이 계획과 관련되는 통계 및 기술정보의 상세한 내역을 제시하라.)

A. 일간, 주간, 월간 자료를 도시지역이나 이 계획사업과 관계되는 지역의 연간시장에 나온 제품의 종류와 수량이 적힌 자료를 제시하라. 이 자료 내에서는 계절 변동폭이 표시되어야 한다.

B. 일평균 차량별 반입량과 차량수, 계절적 공급의 최성기에 시장에 공급되는 차량수와 반입량을 차종에 따라 구분하여(대형트럭, 소형트럭, 마차, 철도, 자동차 등) 제시하라. 수송수단의 종류별로 예상되는 변화들을 계측하여 제출하라.

C. 현재 시장에서 사용되고 있는 유통경로와 신 시장에서 앞으로 사용이 예상되는 새로운 유통경로를 제시하라.

D. 시장가격이 변동됨에 따라 어떠한 변화를 가져오는 지를 서술하라.

E. 현 체계에 고용된 구매자, 판매자, 상인의 수를 보여주는 자료 및 수

F. 이 계획의 입지를 보여주는 도시계획이나 지도

G. 제안된 새로운 설비계획이나 개선방안

H. 제안된 설비의 명세나 기술적 명세에 대한 자료

I. 내자와 외자로 구분하여 투자계획을 보여주는 투자비내역

J. 연 운영비용과 감가상각비, 예상되는 수익

K. 제안된 투자재원, 차입금상환계획을 나타내는 현금유동표의 추정치
L. 필요한 인원선정과 비용계획
M. 이 계획사업을 운영할 회사나 기구에 대한 간략한 설명

8. 과실 및 채소 포장소

가. 개요

채소 및 과일의 포장은 선도를 유지한 채 수송의 편리를 도모함으로써 이들 제품의 시간적 효용(time utility)과 형태적효용(form utility)을 증대시킴으로써 제품의 보다 원활한 유통과 소비를 유도할 수 있다. 이제 이런 포장소에 대한 분석을 통하여 본 사업의 타당성을 검토해 보자.

나. 요약

(1) 본 계획사업의 비용은 누가 공급하며 어떤 목적 하에 어떠한 조건으로 제공되는가? 즉, 어떤 형태의 포장소가 제시되며 어떤 유형의 제품이 생산되고 포장소의 계획입지는 어느 곳에 선정되는가?
(2) 본 계획사업은 다른 큰 사업의 일부분인가? 만일 그렇다면 전체사업의 나머지 부분에 대한 자금은 누가 공급하는가? 이 사업은 주 계획사업으로부터 어떠한 영향을 받는가?
(3) 포장소 건설 이외에 고려해야 할 다른 문제점은 무엇인가?
(4) 포장공장의 건설과 운영에 관련되는 책임 있는 기구는 무엇이며, 어떤 방법으로 건설이 수행되는가? 또 숙련공의 조달은 가능한가?
(5) 본 계획사업의 총비용은 얼마이며 내 · 외자의 비율은 어떠한가? 자금의 원천과 그 조건을 밝혀라.
(6) 포장공장은 상품적 수익성이 있는가? 과일 및 채소의 생산증가와 농가소득향상, 수출시장의 개척 등의 다른 편익은 기대되는가?

다. 배경

ㄱ. 공급

(1) 주요 과일 및 채소의 생산량과 판매량을 밝히고 그 지역적 분포와 점유율을 밝혀라. 그리고 과일과 채소의 계절성을 서술하라. 또 이들의 주요한 생산형태와 시장공급 형태를 제시하라.
(2) 과일과 채소에 대한 미래전망은 어떠한가를 각각 구분하여 설명하라.
(a) 과실 : 과수목의 연령분포, 신품종 개발계획 등을 제시하라.
(b) 채소 : 관개상태와 관련하여 새로이 재배되는 지역을 밝히고 기대되는 산출고의 증가량과 그 때 작부체계를 밝혀라.
(3) 증산을 막는 주요 제약요인은 무엇인가?
(4) 주요 과일 및 채소의 비율은 (a) 농가소득, (b) 신선품으로 국내시장에 판매, (c) 국내 소비를 위한 가공, (d) 수출품으로 구분하여 설명하라.

ㄴ. 비용과 가격

(5) 가격이 유통기술수준이나 계절에 따라 어떻게 변화하며 대농과 소농에서는 각각 어떻게 변하는가?

(6) 과일과 채소의 생산에 있어서 주요 생산비는 어떤 것이 있는가? 또 무엇이 생산자와 소비자사이의 유통비용과 마진을 형성하는가?

(7) 농가산출가격과 소매가격이 품질에 따라 각각 어떻게 결정되며 범위는 어느 정도인가?

(8) 현존 포장소의 유리성을 무엇이며 견적내역, 행정, 유지, 노동, 동력, 물, 포장자재 등에 따른 비용(포장에서 부과되는 비용)과 포장, 등급화, 냉장, 세척 등은 어떻게 평가되는가?

(9) 포장공장에서 행해지는 과일 및 채소의 등급화와 포장의 기계화는 시장에서 하는 것보다 얼마나 더 높은 가격을 받을 수 있는가? 또 시장에서는 직접 기계화된 포장 및 등급화처리가 비경제적인가를 분석하라.

ㄷ. 수요

(10) 특정과일과 채소의 주소비지와 계절에 따른 현재수요와 예상되는 미래의 수요는 어떠한가? 인구변화와 그에 따른 수요변화와 1인당 소비변화 추세를 상품별로 제시하라.

(11) 가공 또는 미가공 수입과일과 채소의 국내소비를 상세히 밝혀라.

(12) 더 좋은 등급, 더 좋은 포장의 과일과 채소에 대한 소비자의 선호도는 어느 정도인가?

ㄹ. 시장기구

(13) 과일과 채소의 주요 유통경로는 어떠한가? 형태별로 생산에서부터 주요 수집시장, 수출지, 가공공장에까지 흐름을 서술하라. 각 유통 경로와 거리별로 물량과 계절적 변동을 서술하라.

(14) 현존하는 포장소는 형태, 총량, 용량의 사용분, 입지면에 있어서 어떠한가? 현존하는 각 포장소별로 취급되는 과일과 채소의 연간형태는 어떠한가? 정상가동 스케줄을 제시하고 소유권조정, 기술적 효율성의 정도를 제시하라.

(15) 어느 정도의 과일과 채소가 기계시설 없이 시장에서 포장되고 등급화 되는가? 포장소에서 포장되는 양은 얼마이고 체계적 포장이나 등급화 되지 않고 팔리는 양은 어느 정도인가?

(16) 어느 쪽 시장에서 등급화가 체계적으로 진행되며 국내시장의 기계적 등급화를 하는 생산물은 어느 정도인가? 수출과 국내시장에 적용되는 공식적 등급 및 포장기준은 무엇인가? 기준의 세부사항(specification)을 정확히 쓰라. 기준이나 등급이 변하면 생산의 감소가 어느 정도 예상되는가?

(17) 과일과 채소의 종류에 따라 각각 어떠한 방법으로 (a) 포장소, (b) 청과물, (c) 수출시장까지 수송되는가?

(18) 유통마진은 어떠한가?

(19) 현재 청과물의 포장과 등급화의 주된 제약요인은 무엇인가를 (a) 포장공장에서의 법령, 입지, 포장장비, 경영, 공급 등과 관련된 측면과, (b) 시장에서 수확방법, 시장요구조건의 환류, 수확과 능력이용과 조정 등으로 구분하여 서술하고 개선 가능성을 약술하라.

(20) 포장산업을 지원할 정부나 반관반민기관이 있는가?

라. 계획사업

ㄱ. 타당성

(21) 신포장공장의 설립의 필요성은 무엇인가? 왜 현존공장을 확장 또는 개선하는 것보다 신포장공장의 건설이 경제적으로 더 효율적인지를 설명하라.

ㄴ. 개관

(22) (a) 시설용량 : 요구되는 시설용량은 어느 정도인가? 제안된 설계도를 제시하고 취급대상품목의 형태에 따라 계절적 변동을 제시하고 계절적 품목이 있다면 생산 개발품목도 써라.

(b) 포장공장 : 생산품이 어떻게 수집, 저장, 세척, 등급화, 포장되어지는가? 제안된 주요기기의 품목을 서술하고 취급대상품목의 관점에서 기계화의 정도를 타당화하고 작업방법과 비용을 비교하라.

(c) 입지 : 생산지와 소비지를 고려해서 포장소는 어디에 설립하는가? 통신, 수자원 동력공급 등이 가능한가를 서술하고 다른 지역과 비교하여 가장 적합한 입지를 보어라.

(d) 공급 : 농민과 포장자 사이에서 원재료의 공급체계는 어떠한가? 농민이 생산물을 공급소에 제공할 경우에 따르는 유인은 어떤 것이 있는가? 주로 어떤 지역으로부터 생산물이 공급되어지는가? 농민에게 지불되는 가격의 범위와 포장소에 공급되는 가격과 다른 시장출하경로를 사용할 시의 가격을 비교하라. 공급증대를 위해 농민에게 생산신용자금이 지원되는가? 등급화 된 품목의 수송에 대한 시도가 있었는가?

(e) 시장 : 시장에 공급되는 품목과 양은?

(f) 기구

(i) 포장소는 누가 소유하고 운영하는가?

(ii) 구매자, 도매상, 수출상이 포장소를 이용할 어떤 유인이 있는가?

(iii) 등급화과정 및 포장과정을 간략히 서술하라. 어떤 등급수준이 적용되며 어떤 근거로 등급이 결정되는가?

(iv) 필요하다면 경영훈련 및 감독이 가능한가?

(v) 사용료기준(fee base)에 의해 운영되는가? 원재료를 구매하고 등급화 된 제품을 판매할 때의 운영은 어떠한가? 유통을 포함하여 효과적 가동기술은 어느 정도이며 이는 가능한가?

(vi) 공장출하 후 등급화에 의해 예상, 기대되는 가격변동의 정도는 어느 정도인가? 등급에 분산되는 원재료구입의 예상 비율은?

(g) 부산물 : 등급 외 품목과 표준 이하의 품목은 어느 정도인가?

(h) 냉장 : 냉장이 필요한가? 필요하다면 감독이 가능한가? 냉장 설비의 형태와 냉장 저장의 정도, 냉장수송과의 관련성을 서술하라.

(i) 추가적 장비 : 추가적 장비가 계획되거나 요구되는가? 어떤 형태의 포장원료가 필요한가?

(예를 들면 나무상자, 종이상자, 철사상자 등 소매를 위한 사전 포장재료)

(j) 인선 : 정사원과 임시사원으로 구분하여 필요한 사무원수와 종류를 서술하라. 훈련할 필요가 있는가? 있다면 언제라도 가능한가?

(k) 분배: 포장되고 등급화 된 과일 및 채소에 대하여 제안된 분배체계는 어떠한가? 현존방법과 비교하여 볼 때 가격에 어떠한 차이가 있는가? 신포장소와 현존시설과의 관계는 어떠한가? 경쟁의 가능성은 어느 정도인가?

(l) 정부나 지방자치단체의 참여 : 정부나 지방자치단체가 이 계획 사업에 어느 정도 참여하며 공식적지원의 가능성은 어느 정도인가? 특히 등급화의 기준 등의 법령의 개정 및 신규법의 제정은 가능한가?

ㄷ. 비용과 수익

(23) (a) 자본비용(capital cost) : 추정투자비를 외자와 내자로 구분하여 상술하라. 국내포장의 가능성, 예비품목과 용역을 검토하라. 어떤 형태의 운영자본이 필요한가?

(b) 가동비용과 수익 : 예상되는 운영비용과 편익을 ⅰ) 완전가동, ⅱ) 2/3가동, ⅲ) 1/3가동으로 각각 구분하여 상세히 설명하라. 예상되는 연간현금지출과 수익을 차용자본에 대한 상환을 포함한 총 누적비용이 보조금을 포함한 총 누적수익과 같을 때까지의 요약예산서를 작성하라.

(c) 어느 곳에서 포장자재가 생산되며 또 이것의 비용은 어느 정도인가? 사용되는 포장재의 종류에 따라 외자부문이 차지하는 비율이 얼마인가?

바. 재무(financing)

ㄱ. 자금

(24) 이 계획사업에 드는 총비용은 얼마인가? 내자조달을 공 · 사로 구분하고 총비용중 외자는 얼마인가 밝혀라.

(25) 내자조달은 확실하며 어떤 조건으로 조달되어 지는가? 이 조달방안이 다른 조달방안과 비교하여 합리적인가?

(26) 투자의 단계적 실행방안은 어떠하며 자본용역과 부채상환계획은 어떠한가?

ㄴ. 편익과 합리성

(27) 본 계획사업에 의해 예상되는 순경제적 상업적 편익 : 생산증가, 등급화, 포장으로 인한 유통촉진, 효용증대와 소비자 및 생산가격, 유통마진 등에 미치는 영향을 가능한 한 계량화하여 제시하라. 또 본 계획사업에 의한 비경제적인 면을 서술하라. 현존시설과 신포장공장과의 관계를 서술하고 대체, 보완, 경쟁관계의 정도를 밝혀라.

------------- 포장소 계획분석에 대한 부록 -----------

(포장소 사업계획을 작성하고자 하는 자는 본 부록에서 제시되는 자료를 제출하여야 한다.)

A. 관련되는 과일 및 채소의 경지면적, 단위당생산량, 현존생산량과 계획 생산량, 현재와 계획된 수출 및 국내시장구조

B. 관련되는 과일 및 채소의 생산지와 소비지, 수출 및 수송방법, 현존포장공장과 제안된 포장공장의 위치 등을 생산과 소비지역으로 구분하여 그 지역에 관련된 하부구조 (infrastructure)와 관련해서 작성된 지도

C. 계절별 · 형태별 제품의 품질별 기존포장시설이 용량과 이용도

D. 기존포장시설의 포장과 등급화비용

E. 기술 장비와 생산물의 흐름을 나타내기 위해 제시된 포장공장의 설계도

F. 포장공장에서 포장되고 등급화 되는 양과 연간 운영계획

G. 본 계획의 자본비용, 외자필요분과 투자계획

H. 인선 · 품질 · 해외 · 국내에서 채용된 경영자와 노동자의 임금

I. 예상되는 연간 운영비용과 제품에 대한 단위당 비용명세서와 기대되는 연간수익

J. 현금유동표(cashflow sheet)

K. 본 계획사업을 운영하는 회사나 기관의 간략한 설명.

부록 II

환경 기준표

다음 표 〈II-1〉는 우리나라 환경부가 작성한 대기, 수질, 소음, 토양에 대한 환경기준치를 나타낸 표이다. 환경영향평가 시 참고기준으로 이용 될 수 있다.

<표 II-1> 대기환경기준

Air Quality Standards

항 목 Item		기 준 Standards	측 정 방 법 Method of Measurement
아황산가스(SO2) Sulfur Dioxide		•연간평균치 0.03ppm이하 •24시간평균치 0.14ppm이하 •1시간평균치 0.25ppm이하	자외선형광법 (Pulse U.V. Fluorescence Method)
일산화탄소(CO) Carbon Monoxide		•8시간평균치 9ppm이하 •1시간평균치 25ppm이하	비분산적외선분석법 (Non-Dispersive Infrared Method)
이산화질소(NO2) Nitrogen Dioxide		•연간평균치 0.05ppm이하 •24시간평균치 0.08ppm이하 •1시간평균치 0.15ppm이하	화학발광법 (Chemiluminescent Method)
먼지	총먼지 (TSP)	•연간평균치 150$\mu g/m^3$이하 •24시간평균치 300$\mu g/m^3$이하	베타선흡수법 (β-Ray Absorption Method), 고용량공기포집법 (High Volume Air Sampler Method)
	미세먼지 (PM-10)	•연간평균치 80$\mu g/m^3$이하 •24시간평균치150$\mu g/m^3$이하	베타선흡수법 (β-Ray Absorption Method)
오존(O3) (Ozone)		•8시간평균치 0.06ppm이하 •1시간평균치 0.1ppm이하	자외선광도법 (U.V. Photometric Method)
납(Lead)		•3개월평균치 1.5$\mu g/m^3$이하	원자흡광도법 (Atomic Absorption Spectrophotometry)

*주 : 1. 1시간 및 24시간 평균치는 연간 3회 이상 그 기준을 초과하여서는 아니 된다.
2. 미세먼지는 입자의 크기가 10μm이하인 먼지를 말한다.

*자료 : 환경부, 대기보전국 대기정책과

<표 II- 2> 수질환경기준

Water Quality Standard

가. 하 천(River)

구 분	등급	이용목적별 적용대상	기 준				
			수소이온 농도(pH)	생물화학적 산소요구량 (BOD)(mg/ l)	부유물질량 (SS)(mg/ l)	용존산소량 (DO)(mg/ l)	대장균군수 (MPN/100ml)
생활환경	I	상수원수1급 자연환경보전	6.5~8.5	1이하	25이하	7.5이상	50이하
	II	상수원수2급 수산용수1급 수 영 용 수	6.5~8.5	3이하	25이하	5이상	1,000이하
	III	상수원수3급 수산용수2급 공업용수1급	6.5~8.5	6이하	25이하	5이상	5,000이하
	IV	공업용수2급 농 업 용 수	6.0~8.5	8이하	100이하	2이상	–
	V	공업용수3급 생활환경보전	6.0~8.5	10이하	쓰레기 등이 떠있지 아니할 것	2이상	–
사람의 건강 보호	전수역	카드뮴(Cd) : 0.01mg/ l 이하, 비소(As) : 0.05mg/ l 이하, 시안(CN) : 검출되어서는 안 됨. 수은(Hg) : 검출되어서는 안 됨. 유기인 : 검출되어서는 안 됨. 납(Pb) : 0.1mg/ l 이하, 6가크롬(Cr+6) : 0.05mg/ l 이하, 폴리크로리네이티드비페닐(PCB) : 검출되어서는 안 됨. 음이온(ABS) 계면활성제 : 0.5mg/ l 이하					

비고 : 1. 수산용수1급 : 빈부수성수역의 수산생물용
2. 수산용수2급 : 중부수성수역의 수산생물용
3. 자연환경보전 : 자연경관 등의 환경보전
4. 상수원수1급 : 여과 등에 의한 간이정수처리 후 사용
5. 상수원수2급 : 침전여과 등에 의한 일반적 정수처리 후 사용
6. 상수원수3급 : 전처리 등을 거친 고도의 정수처리 후 사용
7. 공업용수1급 : 침전 등에 의한 통상의 정수처리 후 사용
8. 공업용수2급 : 약품처리 등 고도의 정수처리 후 사용
9. 공업용수3급 : 특수한 정수처리 후 사용
10. 생활환경보전 : 국민의 일상생활에 불쾌감을 주지 아니할 정도

나. 호 소(Lakes)

구 분	등급	이용목적별 적용대상	기 준						
			수소이온 농도 (pH)	화학 산소 요구량 (COD)(mg/ l)	부유 물질량 (SS)(mg/ l)	용존 산소량 (DO)(mg/ l)	대장균군수 (MPN/100ml)	총인 T-P (mg/ l)	총질소 T-N (mg/ l)
생활환경	I	상수원수1급 자연환경보전	6.5~8.5	1이하	1이하	7.5이상	50이하	0.010 이하	0.200 이하
	II	상수원수2급 수산용수1급 수 영 용 수	6.5~8.5	3이하	5이하	5이상	1,000이하	0.030 이하	0.400 이하
	III	상수원수3급 수산용수2급 공업용수1급	6.5~8.5	6이하	15이하	5이상	5,000이하	0.050 이하	0.600 이하
	IV	공업용수2급 농 업 용 수	6.0~8.5	8이하	15이하	2이상	–	0.100 이하	1.0 이하
	V	공업용수3급 생활환경보전	6.0~8.5	10이하	쓰레기 등이 떠있지 않을 것	2이상	–	0.150 이하	1.5 이하
사람의 건강 보호	전 수역	카드뮴(Cd) : 0.01mg/ l 이하, 비소(As) : 0.05mg/ l 이하, 시안(CN) : 검출되어서는 안 됨. 수은(Hg) : 검출되어서는 안 됨. 유기인 : 검출되어서는 안 됨. 납(Pb) : 0.1mg/ l 이하, 6가크롬(Cr+6) : 0.05mg/ l 이하, 폴리크로리네이티드비페닐(PCB) : 검출되어서는 안 됨. 음이온(ABS) 계면활성제 : 0.5mg/ l 이하							

비고 : 1. 총인, 총질소의 경우 총인에 대한 총질소의 농도비율이 7미만일 경우에는 총인의 기준은 적용하지 아니하며, 그 비율이 16이상일 경우에는 총질소의 기준을 적용하지 아니한다.
2. 수산용수1급 : 빈부수성수역의 수산생물용
3. 수산용수2급 : 중부수성수역의 수산생물용
4. 자연환경보전 : 자연경관 등의 환경보전
5. 상수원수1급 : 여과 등에 의한 간이정수처리 후 사용
6. 상수원수2급 : 침전여과 등에 의한 일반적 정수처리 후 사용
7. 상수원수3급 : 전처리 등을 거친 고도의 정수처리 후 사용
8. 공업용수1급 : 침전 등에 의한 통상의 정수처리 후 사용
9. 공업용수2급 : 약품처리 등 고도의 정수처리 후 사용
10. 공업요수3급 : 특수한 정수처리 후 사용
11. 생활환경보전 : 국민의 일상생활에 불쾌감을 주지 아니할 정도

* 자료 : 환경부, 수질보전국 수질정책과

다. 지하수(Groundwater)

항 목	이용목적별	기 준		
		생활용수	농업용수	공업용수
일 반 오염물질 (5개)	수소이온농도(pH)	5.8~8.5	6.0~8.5	5.0~9.0
	화학적 산소요구량(COD)(mg/ l)	6이하	8이하	10이하
	대장균군수(MPN/100ml)	5,000이하	–	–
	질산성질소(mg/ l)	20이하	20이하	40이하
	염소이온(mg/ l)	250이하	250이하	500이하
특 정 유해물질 (10개)	카드뮴(mg/ l)	0.01이하	0.01이하	0.02이하
	비소(mg/ l)	0.05이하	0.05이하	0.1이하
	시안(mg/ l)	불검출	불검출	0.2이하
	수은(mg/ l)	불검출	불검출	불검출
	유기인(mg/ l)	불검출	불검출	0.2이하
	페놀(mg/ l)	0.005이하	0.005이하	0.01이하
	납(mg/ l)	0.1이하	0.1이하	0.2이하
	6가크롬(mg/ l)	0.05이하	0.05이하	0.1이하
	트리클로로에틸렌(mg/ l)	0.03이하	0.03이하	0.06이하
	테트라클로로에틸렌(mg/ l)	0.01이하	0.01이하	0.02이하

비고 : 1. 생활용수 : 가정용 및 가정용에 준하는 목적으로 이용되는 경우로서 음용수·농업용수·공업용수 이외의 모든 용수를 포함한다.

2. 농업용수 : 농작물의 재배·경작 목적으로 이용되는 경우에 한한다.

3. 공업용수 : 수질환경보전법 제2조제5호의 규정에 의한 폐수배출시설을 설치한 사업장에서 사업 활동 목적으로 이용되는 경우에 한한다.

4. 지하수의 이용목적상 염소이온의 농도가 인체에 해가 되지 아니하는 것으로 환경부장관이 인정하는 용도로 지하수를 이용하는 경우 염소 이온의 기준을 적용하지 아니 한다

※ 공통사항 : 농업용수·공업용수일지라도 생활용수의 목적으로도 함께 이용되는 경우에는 생활용수 기준을 적용한다.

라. 해 역(Sea Area)

<table>
<tr><th rowspan="2">등급</th><th colspan="9">기 준</th></tr>
<tr><th>수소이온농도 (pH))</th><th>화학적산소요구량 (COD) (mg/ l)</th><th>용 존 산소량 (DO) (%)</th><th>부 유 물질량 (SS) (mg/ l)</th><th>대장균군수 (MPN/ 100ml)</th><th>노말핵산추출물질 (유분) (mg/ l)</th><th>총질소 (T-N) (mg/ l)</th><th>총인 (T-P) (mg/ l)</th><th>무기물질 등 (mg/ l)</th></tr>
<tr><td>I</td><td>7.8~8.3</td><td>1이하</td><td>포화율 95이상</td><td>10이하</td><td>200이하</td><td>검출되어서는안됨</td><td>0.05이하</td><td>0.007 이하</td><td rowspan="3">6가크롬(Cr+6) : 0.05이하
비소(As) : 0.05이하
카드뮴(Cd) : 0.01이하
납(Pb) : 0.1이하
아연(Zn) : 0.1이하
구리(Cu) : 0.02이하
시안(CN)·유기안수은(Hg)·폴리크로리네이티드비페닐(PCB) : 검출되어서는 안 됨</td></tr>
<tr><td>II</td><td>6.5~8.5</td><td>2이하</td><td>포화율 85이상</td><td>25이하</td><td>1,000이하</td><td>검출되어서는안됨</td><td>0.1이하</td><td>0.015 이하</td></tr>
<tr><td>III</td><td>6.5~8.5</td><td>4이하</td><td>포화율 80이상</td><td>–</td><td>–</td><td>–</td><td>0.2이하</td><td>0.03 이하</td></tr>
</table>

비고 : 1. DO를 농도로 표시하는 경우에는 등급 I 은 6mg/ l , 등급 II와 등급 III은 5mg/ l 이상이어야 한다.
2. 등급 I 은 수산생물의 서식, 양식 및 산란에 적합한 수질을 말한다.
3. 등급 II는 해수욕 등 해양에서의 관광 및 여가선용과 등급 I 외의 수산생물에 적합한 수질을 말한다.
4. 등급 III은 공업용수, 선박의 정박 등 기타 용도로 이용되는 수질을 말한다.
5. 총질소는 NO2 -N, NO3 -N, NH3 -N의 합계를 말한다.
6. 총인은 PO4 -P의 형태를 말한다.

자료 : 환경부, 수질보전국, 수질정책과

<표 II- 3> 소음환경기준

Noise Level Standards

(단위 : Leq db(A))

지역구분 Area Classification	적용대상지역 Subject Area	기준 Standards	
		낮 Day (06:00~22:00)	밤 Night (22:00~06:00)
일반지역 General Area	"가"지역	50	40
	"나"지역	55	45
	"다"지역	65	55
	"라"지역	70	65
도로변지역 Roadside Area	"가" 및 "나"지역	65	55
	"다"지역	70	60
	"라"지역	75	70

비고 :

1. 지역구분별 적용대상지역의 구분은 다음과 같다

가. "가"지역

(1) 국토이용관리법 제6조의 규정에 의한 자연환경보전지역, 관광휴양지역 및 취락지역 중 주거지구

(2) 도시계획법 제17조의 규정에 의한 녹지지역

(3) 도시계획법시행령 제15조의 규정에 의한 전용주거지역

(4) 의료법 제3조의 규정에 의한 종합병원의 부지경계에서 50미터 이내의 지역

(5) 교육법 제81조의 규정에 의한 학교의 부지경계에서 50미터 이내의 지역

나. "나"지역

(1) 국토이용관리법 제6조의 규정에 의한 취락지역중 주거지역의 지구

(2) 도시계획법시행령 제15조의 규정에 의한 일반주거지역 및 준주거지역

다. "다"지역

(1) 도시계획법 제17조의 규정에 의한 상업지역

(2) 도시계획법시행령 제15조의 규정에 의한 준공업지역

라. "라"지역

(1) 도시계획법시행령 제15조의 규정에 의한 일반공업지역 및 전용공업지역

(2) 국토이용관리법 제6조의 규정에 의한 공업지역

2. 도로라 함은 1종렬의 자동차(2륜자동차를 제외한다)가 안전하고 원활하게 주행하기 위하여 필요한 일정폭의 차선을 가진 2차선 이상의 도로를 말한다.

3. 이 소음환경기준은 항공기소음, 철도소음 및 건설작업 소음에는 적용하지 아니한다.

* 자료 : 환경부, 대기보전국 생활 공해과

<표 II-4> 토양오염 우려기준 및 대책기준

Soil Contamination Warning & Countermeasure Standards

(단위 : mg/kg)

물 질	가지역(제19조 관련)		나지역(제21조 관련)	
	우려기준	대책기준	우려기준	대책기준
카드뮴(Cd)	1.5	4	12	30
구리(Cu)	50	125	200	500
비소(As)	6	15	20	50
수은(Hg)	4	10	16	40
납(Pb)	100	300	400	1,000
6가크롬(Cr+6)	4	10	12	30
유기인화합물(Organic Phosphorus Compound)	10	-	30	-
폴리클로리네이티드폐비닐(PCB)	-	-	12	30
시안(CN)	2	5	120	300
페놀(Phenol)	4	10	20	50
유류(동 · 식물성 제외)(Oil)				
- 벤젠·톨루엔·에틸벤젠·크실렌(BTEX)	-	-	80	200
- 석유계 총탄화수소(TPH)	-	-	2,000	5,000

비고 : 1. 가 지역 : 지적법 제5조제1항의 규정에 의한 전·답·과수원·목장용지·임야·학교용지·하천·수도용지·공원·체육용지(수목·잔디 식생지에 한한다)·유원지·종교용지 및 사적지

2. 나 지역 : 지적법 제5조제1항의 규정에 의한 공장용지·도로·철도용지 및 잡종지

3. 다음 각목의 1에 해당하는 경우에는 지목 구분에 관계없이 나지역의 토양오염우려(대책)기준을 적용한다.

가. 토양오염유발시설이 설치된 경우

나. 가 지역에서 폴리클로리네이티드비페닐 또는 유류에 의한 토양오염사고가 발생한 경우

다. 가 지역을 제외한 지역에서 토양오염사고가 발생한 경우

자료 : 환경부 자연보전국 토양보전과.

부록 III

[가쉬] 이자율 표

1% Compound Interest Factors

n	SINGLE PAYMENT Compound Amount Factor caf'	 Present Worth Factor pwf'	UNIFORM SERIES Sinking Fund Factor sff	 Capital Recovery Factor crf	 Compound Amount Factor caf	 Present Worth Factor pwf	n
	Given P To find S (1+i)^n	Given S To find P 1/(1+i)^n	Given S To find R i/{(1+i)^n-1}	Given P To find R i(1+i)^n/{(1+i)^n-1}	Given R To find S {(1+i)^n-1}/i	Given R To find P {(1+i)^n-1}/{i(1+i)^n}	
1	1.010	0.9901	1.00000	1.01000	1.000	0.990	1
2	1.020	0.9803	0.49751	0.50751	2.010	1.970	2
3	1.030	0.9706	0.33002	0.34002	3.030	2.941	3
4	1.041	0.9610	0.24628	0.25628	4.060	3.902	4
5	1.051	0.9515	0.19604	0.20604	5.101	4.853	5
6	1.062	0.9420	0.16255	0.17255	6.152	5.795	6
7	1.072	0.9327	0.13863	0.14863	7.214	6.728	7
8	1.083	0.9235	0.12069	0.13069	8.286	7.652	8
9	1.094	0.9143	0.10674	0.11674	9.369	8.566	9
10	1.105	0.9053	0.09558	0.10558	10.462	9.471	10
11	1.116	0.8963	0.08645	0.09645	11.567	10.368	11
12	1.127	0.8874	0.07885	0.08885	12.683	11.255	12
13	1.138	0.8787	0.07241	0.08241	13.809	12.134	13
14	1.149	0.8700	0.06690	0.07690	14.947	13.004	14
15	1.161	0.8613	0.06212	0.07212	16.097	13.865	15
16	1.173	0.8528	0.05794	0.06794	17.258	14.718	16
17	1.184	0.8444	0.05426	0.06426	18.430	15.562	17
18	1.196	0.8360	0.05098	0.06098	19.615	16.398	18
19	1.208	0.8277	0.04805	0.05805	20.811	17.226	19
20	1.220	0.8195	0.04542	0.05542	22.019	18.046	20
21	1.232	0.8114	0.04303	0.05303	23.239	18.857	21
22	1.245	0.8034	0.04086	0.05086	24.472	19.660	22
23	1.257	0.7954	0.03889	0.04889	25.716	20.456	23
24	1.270	0.7876	0.03707	0.04707	26.973	21.243	24
25	1.282	0.7798	0.03541	0.04541	28.243	22.023	25
26	1.295	0.7720	0.03387	0.04387	29.526	22.795	26
27	1.308	0.7644	0.03245	0.04245	30.821	23.560	27
28	1.321	0.7568	0.03112	0.04112	32.129	24.316	28
29	1.335	0.7493	0.02990	0.03990	33.450	25.066	29
30	1.348	0.7419	0.02875	0.03875	34.785	25.808	30
31	1.361	0.7346	0.02768	0.03768	36.133	26.542	31
32	1.375	0.7273	0.02667	0.03667	37.494	27.270	32
33	1.389	0.7201	0.02573	0.03573	38.869	27.990	33
34	1.403	0.7130	0.02484	0.03484	40.258	28.703	34
35	1.417	0.7059	0.02400	0.03400	41.660	29.409	35
36	1.431	0.6989	0.02321	0.03321	43.077	30.108	36
37	1.445	0.6920	0.02247	0.03247	44.508	30.800	37
38	1.460	0.6852	0.02176	0.03176	45.953	31.485	38
39	1.474	0.6784	0.02109	0.03109	47.412	32.163	39
40	1.489	0.6717	0.02046	0.03046	48.886	32.835	40
41	1.504	0.6650	0.01985	0.02985	50.375	33.500	41
42	1.519	0.6584	0.01928	0.02928	51.879	34.158	42
43	1.534	0.6519	0.01873	0.02873	53.398	34.810	43
44	1.549	0.6454	0.01820	0.02820	54.932	35.455	44
45	1.565	0.6391	0.01771	0.02771	56.481	36.095	45
46	1.580	0.6327	0.01723	0.02723	58.046	36.727	46
47	1.596	0.6265	0.01677	0.02677	59.626	37.354	47
48	1.612	0.6203	0.01633	0.02633	61.223	37.974	48

1% Compound Interest Factors

n	SINGLE PAYMENT		UNIFORM SERIES				n
	Compound Amount Factor caf'	Present Worth Factor pwf'	Sinking Fund Factor sff	Capital Recovery Factor crf	Compound Amount Factor caf	Present Worth Factor pwf	
	Given P To find S (1+i)^n	Given S To find P 1/(1+i)^n	Given S To find R i/{(1+i)^n-1}	Given P To find R i(1+i)^n/{(1+i)^n-1}	Given R To find S {(1+i)^n-1}/i	Given R To find P {(1+i)^n-1}/{i(1+i)^n}	
49	1.628	0.6141	0.01591	0.02591	62.835	38.588	49
50	1.645	0.6080	0.01551	0.02551	64.463	39.196	50
51	1.661	0.6020	0.01513	0.02513	66.108	39.798	51
52	1.678	0.5961	0.01476	0.02476	67.769	40.394	52
53	1.694	0.5902	0.01440	0.02440	69.447	40.984	53
54	1.711	0.5843	0.01406	0.02406	71.141	41.569	54
55	1.729	0.5785	0.01373	0.02373	72.852	42.147	55
56	1.746	0.5728	0.01341	0.02341	74.581	42.720	56
57	1.763	0.5671	0.01310	0.02310	76.327	43.287	57
58	1.781	0.5615	0.01281	0.02281	78.090	43.849	58
59	1.799	0.5560	0.01252	0.02252	79.871	44.405	59
60	1.817	0.5504	0.01224	0.02224	81.670	44.955	60
61	1.835	0.5450	0.01198	0.02198	83.486	45.500	61
62	1.853	0.5396	0.01172	0.02172	85.321	46.040	62
63	1.872	0.5343	0.01147	0.02147	87.174	46.574	63
64	1.890	0.5290	0.01123	0.02123	89.046	47.103	64
65	1.909	0.5237	0.01100	0.02100	90.937	47.627	65
66	1.928	0.5185	0.01077	0.02077	92.846	48.145	66
67	1.948	0.5134	0.01055	0.02055	94.774	48.659	67
68	1.967	0.5083	0.01034	0.02034	96.722	49.167	68
69	1.987	0.5033	0.01013	0.02013	98.689	49.670	69
70	2.007	0.4983	0.00993	0.01993	100.676	50.169	70
71	2.027	0.4934	0.00974	0.01974	102.683	50.662	71
72	2.047	0.4885	0.00955	0.01955	104.710	51.150	72
73	2.068	0.4837	0.00937	0.01937	106.757	51.634	73
74	2.088	0.4789	0.00919	0.01919	108.825	52.113	74
75	2.109	0.4741	0.00902	0.01902	110.913	52.587	75
76	2.130	0.4694	0.00885	0.01885	113.022	53.056	76
77	2.152	0.4648	0.00868	0.01868	115.152	53.521	77
78	2.173	0.4602	0.00852	0.01852	117.304	53.981	78
79	2.195	0.4556	0.00837	0.01837	119.477	54.437	79
80	2.217	0.4511	0.00822	0.01822	121.672	54.888	80
81	2.239	0.4467	0.00807	0.01807	123.888	55.335	81
82	2.261	0.4422	0.00793	0.01793	126.127	55.777	82
83	2.284	0.4379	0.00779	0.01779	128.388	56.215	83
84	2.307	0.4335	0.00765	0.01765	130.672	56.648	84
85	2.330	0.4292	0.00752	0.01752	132.979	57.078	85
86	2.353	0.4250	0.00739	0.01739	135.309	57.503	86
87	2.377	0.4208	0.00726	0.01726	137.662	57.923	87
88	2.400	0.4166	0.00714	0.01714	140.038	58.340	88
89	2.424	0.4125	0.00702	0.01702	142.439	58.752	89
90	2.449	0.4084	0.00690	0.01690	144.863	59.161	90
91	2.473	0.4043	0.00679	0.01679	147.312	59.565	91
92	2.498	0.4003	0.00668	0.01668	149.785	59.966	92
93	2.523	0.3964	0.00657	0.01657	152.283	60.362	93
94	2.548	0.3925	0.00646	0.01646	154.806	60.754	94
95	2.574	0.3886	0.00636	0.01636	157.354	61.143	95
96	2.599	0.3847	0.00625	0.01625	159.927	61.528	96
97	2.625	0.3809	0.00615	0.01615	162.527	61.909	97
98	2.652	0.3771	0.00606	0.01606	165.152	62.286	98
99	2.678	0.3734	0.00596	0.01596	167.803	62.659	99
100	2.705	0.3697	0.00587	0.01587	170.481	63.029	100

1.5% Compound Interest Factors

n	SINGLE PAYMENT		UNIFORM SERIES				n
	Compound Amount Factor caf'	Present Worth Factor pwf'	Sinking Fund Factor sff	Capital Recovery Factor crf	Compound Amount Factor caf	Present Worth Factor pwf	
	Given P To find S	Given S To find P	Given S To find R	Given P To find R	Given R To find S	Given R To find P	
	(1+i)^n	1/(1+i)^n	i/{(1+i)^n-1}	i(1+i)^n/{(1+i)^n-1}	{(1+i)^n-1}/i	{(1+i)^n-1}/{i(1+i)^n}	
1	1.015	0.9852	1.00000	1.01500	1.000	0.985	1
2	1.030	0.9707	0.49628	0.51128	2.015	1.956	2
3	1.046	0.9563	0.32838	0.34338	3.045	2.912	3
4	1.061	0.9422	0.24444	0.25944	4.091	3.854	4
5	1.077	0.9283	0.19409	0.20909	5.152	4.783	5
6	1.093	0.9145	0.16053	0.17553	6.230	5.697	6
7	1.110	0.9010	0.13656	0.15156	7.323	6.598	7
8	1.126	0.8877	0.11858	0.13358	8.433	7.486	8
9	1.143	0.8746	0.10461	0.11961	9.559	8.361	9
10	1.161	0.8617	0.09343	0.10843	10.703	9.222	10
11	1.178	0.8489	0.08429	0.09929	11.863	10.071	11
12	1.196	0.8364	0.07668	0.09168	13.041	10.908	12
13	1.214	0.8240	0.07024	0.08524	14.237	11.732	13
14	1.232	0.8118	0.06472	0.07972	15.450	12.543	14
15	1.250	0.7999	0.05994	0.07494	16.682	13.343	15
16	1.269	0.7880	0.05577	0.07077	17.932	14.131	16
17	1.288	0.7764	0.05208	0.06708	19.201	14.908	17
18	1.307	0.7649	0.04881	0.06381	20.489	15.673	18
19	1.327	0.7536	0.04588	0.06088	21.797	16.426	19
20	1.347	0.7425	0.04325	0.05825	23.124	17.169	20
21	1.367	0.7315	0.04087	0.05587	24.471	17.900	21
22	1.388	0.7207	0.03870	0.05370	25.838	18.621	22
23	1.408	0.7100	0.03673	0.05173	27.225	19.331	23
24	1.430	0.6995	0.03492	0.04992	28.634	20.030	24
25	1.451	0.6892	0.03326	0.04826	30.063	20.720	25
26	1.473	0.6790	0.03173	0.04673	31.514	21.399	26
27	1.495	0.6690	0.03032	0.04532	32.987	22.068	27
28	1.517	0.6591	0.02900	0.04400	34.481	22.727	28
29	1.540	0.6494	0.02778	0.04278	35.999	23.376	29
30	1.563	0.6398	0.02664	0.04164	37.539	24.016	30
31	1.587	0.6303	0.02557	0.04057	39.102	24.646	31
32	1.610	0.6210	0.02458	0.03958	40.688	25.267	32
33	1.634	0.6118	0.02364	0.03864	42.299	25.879	33
34	1.659	0.6028	0.02276	0.03776	43.933	26.482	34
35	1.684	0.5939	0.02193	0.03693	45.592	27.076	35
36	1.709	0.5851	0.02115	0.03615	47.276	27.661	36
37	1.735	0.5764	0.02041	0.03541	48.985	28.237	37
38	1.761	0.5679	0.01972	0.03472	50.720	28.805	38
39	1.787	0.5595	0.01905	0.03405	52.481	29.365	39
40	1.814	0.5513	0.01843	0.03343	54.268	29.916	40
41	1.841	0.5431	0.01783	0.03283	56.082	30.459	41
42	1.869	0.5351	0.01726	0.03226	57.923	30.994	42
43	1.897	0.5272	0.01672	0.03172	59.792	31.521	43
44	1.925	0.5194	0.01621	0.03121	61.689	32.041	44
45	1.954	0.5117	0.01572	0.03072	63.614	32.552	45
46	1.984	0.5042	0.01525	0.03025	65.568	33.056	46
47	2.013	0.4967	0.01480	0.02980	67.552	33.553	47
48	2.043	0.4894	0.01437	0.02937	69.565	34.043	48
49	2.074	0.4821	0.01396	0.02896	71.609	34.525	49
50	2.105	0.4750	0.01357	0.02857	73.683	35.000	50

1.5% Compound Interest Factors

n	SINGLE PAYMENT Compound Amount Factor caf' Given P To find S (1+i)^n	Present Worth Factor pwf' Given S To find P 1/(1+i)^n	UNIFORM SERIES Sinking Fund Factor sff Given S To find R i/[(1+i)^n-1]	Capital Recovery Factor crf Given P To find R i(1+i)^n/[(1+i)^n-1]	Compound Amount Factor caf Given R To find S [(1+i)^n-1]/i	Present Worth Factor pwf Given R To find P [(1+i)^n-1]/[i(1+i)^n]	n
51	2.137	0.4680	0.01319	0.02819	75.788	35.468	51
52	2.169	0.4611	0.01283	0.02783	77.925	35.929	52
53	2.201	0.4543	0.01249	0.02749	80.094	36.383	53
54	2.234	0.4475	0.01215	0.02715	82.295	36.831	54
55	2.268	0.4409	0.01183	0.02683	84.530	37.271	55
56	2.302	0.4344	0.01152	0.02652	86.798	37.706	56
57	2.336	0.4280	0.01122	0.02622	89.100	38.134	57
58	2.372	0.4217	0.01094	0.02594	91.436	38.556	58
59	2.407	0.4154	0.01066	0.02566	93.808	38.971	59
60	2.443	0.4093	0.01039	0.02539	96.215	39.380	60
61	2.480	0.4032	0.01014	0.02514	98.658	39.784	61
62	2.517	0.3973	0.00989	0.02489	101.138	40.181	62
63	2.555	0.3914	0.00965	0.02465	103.655	40.572	63
64	2.593	0.3856	0.00942	0.02442	106.210	40.958	64
65	2.632	0.3799	0.00919	0.02419	108.803	41.338	65
66	2.672	0.3743	0.00897	0.02397	111.435	41.712	66
67	2.712	0.3688	0.00876	0.02376	114.106	42.081	67
68	2.752	0.3633	0.00856	0.02356	116.818	42.444	68
69	2.794	0.3580	0.00836	0.02336	119.570	42.802	69
70	2.835	0.3527	0.00817	0.02317	122.364	43.155	70
71	2.878	0.3475	0.00799	0.02299	125.199	43.502	71
72	2.921	0.3423	0.00781	0.02281	128.077	43.845	72
73	2.965	0.3373	0.00763	0.02263	130.998	44.182	73
74	3.009	0.3323	0.00746	0.02246	133.963	44.514	74
75	3.055	0.3274	0.00730	0.02230	136.973	44.842	75
76	3.100	0.3225	0.00714	0.02214	140.027	45.164	76
77	3.147	0.3178	0.00699	0.02199	143.128	45.482	77
78	3.194	0.3131	0.00684	0.02184	146.275	45.795	78
79	3.242	0.3084	0.00669	0.02169	149.469	46.103	79
80	3.291	0.3039	0.00655	0.02155	152.711	46.407	80
81	3.340	0.2994	0.00641	0.02141	156.002	46.707	81
82	3.390	0.2950	0.00628	0.02128	159.342	47.002	82
83	3.441	0.2906	0.00615	0.02115	162.732	47.292	83
84	3.493	0.2863	0.00602	0.02102	166.173	47.579	84
85	3.545	0.2821	0.00589	0.02089	169.665	47.861	85
86	3.598	0.2779	0.00577	0.02077	173.210	48.139	86
87	3.652	0.2738	0.00566	0.02066	176.808	48.412	87
88	3.707	0.2698	0.00554	0.02054	180.460	48.682	88
89	3.763	0.2658	0.00543	0.02043	184.167	48.948	89
90	3.819	0.2619	0.00532	0.02032	187.930	49.210	90
91	3.876	0.2580	0.00522	0.02022	191.749	49.468	91
92	3.934	0.2542	0.00511	0.02011	195.625	49.722	92
93	3.993	0.2504	0.00501	0.02001	199.559	49.972	93
94	4.053	0.2467	0.00491	0.01991	203.553	50.219	94
95	4.114	0.2431	0.00482	0.01982	207.606	50.462	95
96	4.176	0.2395	0.00472	0.01972	211.720	50.702	96
97	4.238	0.2359	0.00463	0.01963	215.896	50.938	97
98	4.302	0.2324	0.00454	0.01954	220.134	51.170	98
99	4.367	0.2290	0.00446	0.01946	224.436	51.399	99
100	4.432	0.2256	0.00437	0.01937	228.803	51.625	100

1.75% Compound Interest Factors

n	SINGLE PAYMENT		UNIFORM SERIES				n
	Compound Amount Factor caf'	Present Worth Factor pwf'	Sinking Fund Factor sff	Capital Recovery Factor crf	Compound Amount Factor caf	Present Worth Factor pwf	
	Given P To find S (1+i)^n	Given S To find P 1/(1+i)^n	Given S To find R i/{(1+i)^n-1}	Given P To find R i(1+i)^n/{(1+i)^n-1}	Given R To find S {(1+i)^n-1}/i	Given R To find P {(1+i)^n-	
1	1.018	0.9828	1.00000	1.01750	1.000	0.983	1
2	1.035	0.9659	0.49566	0.51316	2.018	1.949	2
3	1.053	0.9493	0.32757	0.34507	3.053	2.898	3
4	1.072	0.9330	0.24353	0.26103	4.106	3.831	4
5	1.091	0.9169	0.19312	0.21062	5.178	4.748	5
6	1.110	0.9011	0.15952	0.17702	6.269	5.649	6
7	1.129	0.8856	0.13553	0.15303	7.378	6.535	7
8	1.149	0.8704	0.11754	0.13504	8.508	7.405	8
9	1.169	0.8554	0.10356	0.12106	9.656	8.260	9
10	1.189	0.8407	0.09238	0.10988	10.825	9.101	10
11	1.210	0.8263	0.08323	0.10073	12.015	9.927	11
12	1.231	0.8121	0.07561	0.09311	13.225	10.740	12
13	1.253	0.7981	0.06917	0.08667	14.457	11.538	13
14	1.275	0.7844	0.06366	0.08116	15.710	12.322	14
15	1.297	0.7709	0.05888	0.07638	16.984	13.093	15
16	1.320	0.7576	0.05470	0.07220	18.282	13.850	16
17	1.343	0.7446	0.05102	0.06852	19.602	14.595	17
18	1.367	0.7318	0.04774	0.06524	20.945	15.327	18
19	1.390	0.7192	0.04482	0.06232	22.311	16.046	19
20	1.415	0.7068	0.04219	0.05969	23.702	16.753	20
21	1.440	0.6947	0.03981	0.05731	25.116	17.448	21
22	1.465	0.6827	0.03766	0.05516	26.556	18.130	22
23	1.490	0.6710	0.03569	0.05319	28.021	18.801	23
24	1.516	0.6594	0.03389	0.05139	29.511	19.461	24
25	1.543	0.6481	0.03223	0.04973	31.027	20.109	25
26	1.570	0.6369	0.03070	0.04820	32.570	20.746	26
27	1.597	0.6260	0.02929	0.04679	34.140	21.372	27
28	1.625	0.6152	0.02798	0.04548	35.738	21.987	28
29	1.654	0.6046	0.02676	0.04426	37.363	22.592	29
30	1.683	0.5942	0.02563	0.04313	39.017	23.186	30
31	1.712	0.5840	0.02457	0.04207	40.700	23.770	31
32	1.742	0.5740	0.02358	0.04108	42.412	24.344	32
33	1.773	0.5641	0.02265	0.04015	44.154	24.908	33
34	1.804	0.5544	0.02177	0.03927	45.927	25.462	34
35	1.835	0.5449	0.02095	0.03845	47.731	26.007	35
36	1.867	0.5355	0.02018	0.03768	49.566	26.543	36
37	1.900	0.5263	0.01944	0.03694	51.434	27.069	37
38	1.933	0.5172	0.01875	0.03625	53.334	27.586	38
39	1.967	0.5083	0.01809	0.03559	55.267	28.095	39
40	2.002	0.4996	0.01747	0.03497	57.234	28.594	40
41	2.037	0.4910	0.01688	0.03438	59.236	29.085	41
42	2.072	0.4826	0.01632	0.03382	61.272	29.568	42
43	2.109	0.4743	0.01579	0.03329	63.345	30.042	43
44	2.145	0.4661	0.01528	0.03278	65.453	30.508	44
45	2.183	0.4581	0.01479	0.03229	67.599	30.966	45
46	2.221	0.4502	0.01433	0.03183	69.782	31.416	46
47	2.260	0.4425	0.01389	0.03139	72.003	31.859	47
48	2.300	0.4349	0.01347	0.03097	74.263	32.294	48
49	2.340	0.4274	0.01306	0.03056	76.562	32.721	49
50	2.381	0.4200	0.01267	0.03017	78.902	33.141	50

1.75% Compound Interest Factors

n	SINGLE PAYMENT		UNIFORM SERIES				n
	Compound Amount Factor caf'	Present Worth Factor pwf'	Sinking Fund Factor sff	Capital Recovery Factor crf	Compound Amount Factor caf	Present Worth Factor pwf	
	Given P To find S (1+i)^n	Given S To find P 1/(1+i)^n	Given S To find R i/{(1+i)^n-1}	Given P To find R i(1+i)^n/{(1+i)^n-1}	Given R To find S {(1+i)^n-1}/i	Given R To find P {(1+i)^n-	
51	2.422	0.4128	0.01230	0.02980	81.283	33.554	51
52	2.465	0.4057	0.01195	0.02945	83.705	33.960	52
53	2.508	0.3987	0.01160	0.02910	86.170	34.358	53
54	2.552	0.3919	0.01128	0.02878	88.678	34.750	54
55	2.597	0.3851	0.01096	0.02846	91.230	35.135	55
56	2.642	0.3785	0.01066	0.02816	93.827	35.514	56
57	2.688	0.3720	0.01037	0.02787	96.469	35.886	57
58	2.735	0.3656	0.01009	0.02759	99.157	36.252	58
59	2.783	0.3593	0.00981	0.02731	101.892	36.611	59
60	2.832	0.3531	0.00955	0.02705	104.675	36.964	60
61	2.881	0.3471	0.00930	0.02680	107.507	37.311	61
62	2.932	0.3411	0.00906	0.02656	110.388	37.652	62
63	2.983	0.3352	0.00882	0.02632	113.320	37.987	63
64	3.035	0.3295	0.00860	0.02610	116.303	38.317	64
65	3.088	0.3238	0.00838	0.02588	119.339	38.641	65
66	3.142	0.3182	0.00817	0.02567	122.427	38.959	66
67	3.197	0.3127	0.00796	0.02546	125.570	39.272	67
68	3.253	0.3074	0.00777	0.02527	128.767	39.579	68
69	3.310	0.3021	0.00757	0.02507	132.020	39.881	69
70	3.368	0.2969	0.00739	0.02489	135.331	40.178	70
71	3.427	0.2918	0.00721	0.02471	138.699	40.470	71
72	3.487	0.2868	0.00704	0.02454	142.126	40.756	72
73	3.548	0.2818	0.00687	0.02437	145.613	41.038	73
74	3.610	0.2770	0.00670	0.02420	149.162	41.315	74
75	3.674	0.2722	0.00655	0.02405	152.772	41.587	75
76	3.738	0.2675	0.00639	0.02389	156.446	41.855	76
77	3.803	0.2629	0.00624	0.02374	160.183	42.118	77
78	3.870	0.2584	0.00610	0.02360	163.987	42.376	78
79	3.937	0.2540	0.00596	0.02346	167.856	42.630	79
80	4.006	0.2496	0.00582	0.02332	171.794	42.880	80
81	4.077	0.2453	0.00569	0.02319	175.800	43.125	81
82	4.148	0.2411	0.00556	0.02306	179.877	43.366	82
83	4.220	0.2369	0.00543	0.02293	184.025	43.603	83
84	4.294	0.2329	0.00531	0.02281	188.245	43.836	84
85	4.369	0.2289	0.00519	0.02269	192.539	44.065	85
86	4.446	0.2249	0.00508	0.02258	196.909	44.290	86
87	4.524	0.2211	0.00497	0.02247	201.355	44.511	87
88	4.603	0.2173	0.00486	0.02236	205.878	44.728	88
89	4.683	0.2135	0.00475	0.02225	210.481	44.942	89
90	4.765	0.2098	0.00465	0.02215	215.165	45.152	90
91	4.849	0.2062	0.00455	0.02205	219.930	45.358	91
92	4.934	0.2027	0.00445	0.02195	224.779	45.561	92
93	5.020	0.1992	0.00435	0.02185	229.712	45.760	93
94	5.108	0.1958	0.00426	0.02176	234.732	45.956	94
95	5.197	0.1924	0.00417	0.02167	239.840	46.148	95
96	5.288	0.1891	0.00408	0.02158	245.037	46.337	96
97	5.381	0.1858	0.00399	0.02149	250.326	46.523	97
98	5.475	0.1827	0.00391	0.02141	255.706	46.706	98
99	5.571	0.1795	0.00383	0.02133	261.181	46.885	99
100	5.668	0.1764	0.00375	0.02125	266.752	47.061	100

2% Compound Interest Factors

n	SINGLE PAYMENT		UNIFORM SERIES				n
	Compound Amount Factor caf'	Present Worth Factor pwf'	Sinking Fund Factor sff	Capital Recovery Factor crf	Compound Amount Factor caf	Present Worth Factor pwf	
	Given P To find S (1+i)^n	Given S To find P 1/(1+i)^n	Given S To find R i/{(1+i)^n-1}	Given P To find R i(1+i)^n/{(1+i)^n-1}	Given R To find S {(1+i)^n-1}/i	Given R To find P {(1+i)^n-1}/{i(1+i)^n}	
1	1.020	0.9804	1.00000	1.02000	1.000	0.980	1
2	1.040	0.9612	0.49505	0.51505	2.020	1.942	2
3	1.061	0.9423	0.32675	0.34675	3.060	2.884	3
4	1.082	0.9238	0.24262	0.26262	4.122	3.808	4
5	1.104	0.9057	0.19216	0.21216	5.204	4.713	5
6	1.126	0.8880	0.15853	0.17853	6.308	5.601	6
7	1.149	0.8706	0.13451	0.15451	7.434	6.472	7
8	1.172	0.8535	0.11651	0.13651	8.583	7.325	8
9	1.195	0.8368	0.10252	0.12252	9.755	8.162	9
10	1.219	0.8203	0.09133	0.11133	10.950	8.983	10
11	1.243	0.8043	0.08218	0.10218	12.169	9.787	11
12	1.268	0.7885	0.07456	0.09456	13.412	10.575	12
13	1.294	0.7730	0.06812	0.08812	14.680	11.348	13
14	1.319	0.7579	0.06260	0.08260	15.974	12.106	14
15	1.346	0.7430	0.05783	0.07783	17.293	12.849	15
16	1.373	0.7284	0.05365	0.07365	18.639	13.578	16
17	1.400	0.7142	0.04997	0.06997	20.012	14.292	17
18	1.428	0.7002	0.04670	0.06670	21.412	14.992	18
19	1.457	0.6864	0.04378	0.06378	22.841	15.678	19
20	1.486	0.6730	0.04116	0.06116	24.297	16.351	20
21	1.516	0.6598	0.03878	0.05878	25.783	17.011	21
22	1.546	0.6468	0.03663	0.05663	27.299	17.658	22
23	1.577	0.6342	0.03467	0.05467	28.845	18.292	23
24	1.608	0.6217	0.03287	0.05287	30.422	18.914	24
25	1.641	0.6095	0.03122	0.05122	32.030	19.523	25
26	1.673	0.5976	0.02970	0.04970	33.671	20.121	26
27	1.707	0.5859	0.02829	0.04829	35.344	20.707	27
28	1.741	0.5744	0.02699	0.04699	37.051	21.281	28
29	1.776	0.5631	0.02578	0.04578	38.792	21.844	29
30	1.811	0.5521	0.02465	0.04465	40.568	22.396	30
31	1.848	0.5412	0.02360	0.04360	42.379	22.938	31
32	1.885	0.5306	0.02261	0.04261	44.227	23.468	32
33	1.922	0.5202	0.02169	0.04169	46.112	23.989	33
34	1.961	0.5100	0.02082	0.04082	48.034	24.499	34
35	2.000	0.5000	0.02000	0.04000	49.994	24.999	35
36	2.040	0.4902	0.01923	0.03923	51.994	25.489	36
37	2.081	0.4806	0.01851	0.03851	54.034	25.969	37
38	2.122	0.4712	0.01782	0.03782	56.115	26.441	38
39	2.165	0.4619	0.01717	0.03717	58.237	26.903	39
40	2.208	0.4529	0.01656	0.03656	60.402	27.355	40
41	2.252	0.4440	0.01597	0.03597	62.610	27.799	41
42	2.297	0.4353	0.01542	0.03542	64.862	28.235	42
43	2.343	0.4268	0.01489	0.03489	67.159	28.662	43
44	2.390	0.4184	0.01439	0.03439	69.503	29.080	44
45	2.438	0.4102	0.01391	0.03391	71.893	29.490	45
46	2.487	0.4022	0.01345	0.03345	74.331	29.892	46
47	2.536	0.3943	0.01302	0.03302	76.817	30.287	47
48	2.587	0.3865	0.01260	0.03260	79.354	30.673	48
49	2.639	0.3790	0.01220	0.03220	81.941	31.052	49
50	2.692	0.3715	0.01182	0.03182	84.579	31.424	50

2% Compound Interest Factors

n	SINGLE PAYMENT		UNIFORM SERIES				n
	Compound Amount Factor caf'	Present Worth Factor pwf'	Sinking Fund Factor sff	Capital Recovery Factor crf	Compound Amount Factor caf	Present Worth Factor pwf	
	Given P To find S (1+i)^n	Given S To find P 1/(1+i)^n	Given S To find R i/{(1+i)^n-1}	Given P To find R i(1+i)^n/{(1+i)^n-1}	Given R To find S {(1+i)^n-1}/i	Given R To find P {(1+i)^n-1}/{i(1+i)^n}	
51	2.745	0.3642	0.01146	0.03146	87.271	31.788	51
52	2.800	0.3571	0.01111	0.03111	90.016	32.145	52
53	2.856	0.3501	0.01077	0.03077	92.817	32.495	53
54	2.913	0.3432	0.01045	0.03045	95.673	32.838	54
55	2.972	0.3365	0.01014	0.03014	98.587	33.175	55
56	3.031	0.3299	0.00985	0.02985	101.558	33.505	56
57	3.092	0.3234	0.00956	0.02956	104.589	33.828	57
58	3.154	0.3171	0.00929	0.02929	107.681	34.145	58
59	3.217	0.3109	0.00902	0.02902	110.835	34.456	59
60	3.281	0.3048	0.00877	0.02877	114.052	34.761	60
61	3.347	0.2988	0.00852	0.02852	117.333	35.060	61
62	3.414	0.2929	0.00829	0.02829	120.679	35.353	62
63	3.482	0.2872	0.00806	0.02806	124.093	35.640	63
64	3.551	0.2816	0.00784	0.02784	127.575	35.921	64
65	3.623	0.2761	0.00763	0.02763	131.126	36.197	65
66	3.695	0.2706	0.00742	0.02742	134.749	36.468	66
67	3.769	0.2653	0.00722	0.02722	138.444	36.733	67
68	3.844	0.2601	0.00703	0.02703	142.213	36.994	68
69	3.921	0.2550	0.00685	0.02685	146.057	37.249	69
70	4.000	0.2500	0.00667	0.02667	149.978	37.499	70
71	4.080	0.2451	0.00649	0.02649	153.977	37.744	71
72	4.161	0.2403	0.00633	0.02633	158.057	37.984	72
73	4.244	0.2356	0.00616	0.02616	162.218	38.220	73
74	4.329	0.2310	0.00601	0.02601	166.463	38.451	74
75	4.416	0.2265	0.00586	0.02586	170.792	38.677	75
76	4.504	0.2220	0.00571	0.02571	175.208	38.899	76
77	4.594	0.2177	0.00556	0.02556	179.712	39.117	77
78	4.686	0.2134	0.00543	0.02543	184.306	39.330	78
79	4.780	0.2092	0.00529	0.02529	188.992	39.539	79
80	4.875	0.2051	0.00516	0.02516	193.772	39.745	80
81	4.973	0.2011	0.00503	0.02503	198.647	39.946	81
82	5.072	0.1971	0.00491	0.02491	203.620	40.143	82
83	5.174	0.1933	0.00479	0.02479	208.693	40.336	83
84	5.277	0.1895	0.00468	0.02468	213.867	40.526	84
85	5.383	0.1858	0.00456	0.02456	219.144	40.711	85
86	5.491	0.1821	0.00445	0.02445	224.527	40.893	86
87	5.600	0.1786	0.00435	0.02435	230.017	41.072	87
88	5.712	0.1751	0.00424	0.02424	235.618	41.247	88
89	5.827	0.1716	0.00414	0.02414	241.330	41.419	89
90	5.943	0.1683	0.00405	0.02405	247.157	41.587	90
91	6.062	0.1650	0.00395	0.02395	253.100	41.752	91
92	6.183	0.1617	0.00386	0.02386	259.162	41.914	92
93	6.307	0.1586	0.00377	0.02377	265.345	42.072	93
94	6.433	0.1554	0.00368	0.02368	271.652	42.228	94
95	6.562	0.1524	0.00360	0.02360	278.085	42.380	95
96	6.693	0.1494	0.00351	0.02351	284.647	42.529	96
97	6.827	0.1465	0.00343	0.02343	291.340	42.676	97
98	6.963	0.1436	0.00335	0.02335	298.166	42.820	98
99	7.103	0.1408	0.00328	0.02328	305.130	42.960	99
100	7.245	0.1380	0.00320	0.02320	312.232	43.098	100

2.5% Compound Interest Factors

n	SINGLE PAYMENT		UNIFORM SERIES				n
	Compound Amount Factor caf'	Present Worth Factor pwf'	Sinking Fund Factor sff	Capital Recovery Factor crf	Compound Amount Factor caf	Present Worth Factor pwf	
	Given P To find S (1+i)^n	Given S To find P 1/(1+i)^n	Given S To find R i/{(1+i)^n-1}	Given P To find R i(1+i)^n/{(1+i)^n-1}	Given R To find S {(1+i)^n-1}/i	Given R To find P {(1+i)^n-1}/{i(1+i)^n}	
1	1.025	0.9756	1.00000	1.02500	1.000	0.976	1
2	1.051	0.9518	0.49383	0.51883	2.025	1.927	2
3	1.077	0.9286	0.32514	0.35014	3.076	2.856	3
4	1.104	0.9060	0.24082	0.26582	4.153	3.762	4
5	1.131	0.8839	0.19025	0.21525	5.256	4.646	5
6	1.160	0.8623	0.15655	0.18155	6.388	5.508	6
7	1.189	0.8413	0.13250	0.15750	7.547	6.349	7
8	1.218	0.8207	0.11447	0.13947	8.736	7.170	8
9	1.249	0.8007	0.10046	0.12546	9.955	7.971	9
10	1.280	0.7812	0.08926	0.11426	11.203	8.752	10
11	1.312	0.7621	0.08011	0.10511	12.483	9.514	11
12	1.345	0.7436	0.07249	0.09749	13.796	10.258	12
13	1.379	0.7254	0.06605	0.09105	15.140	10.983	13
14	1.413	0.7077	0.06054	0.08554	16.519	11.691	14
15	1.448	0.6905	0.05577	0.08077	17.932	12.381	15
16	1.485	0.6736	0.05160	0.07660	19.380	13.055	16
17	1.522	0.6572	0.04793	0.07293	20.865	13.712	17
18	1.560	0.6412	0.04467	0.06967	22.386	14.353	18
19	1.599	0.6255	0.04176	0.06676	23.946	14.979	19
20	1.639	0.6103	0.03915	0.06415	25.545	15.589	20
21	1.680	0.5954	0.03679	0.06179	27.183	16.185	21
22	1.722	0.5809	0.03465	0.05965	28.863	16.765	22
23	1.765	0.5667	0.03270	0.05770	30.584	17.332	23
24	1.809	0.5529	0.03091	0.05591	32.349	17.885	24
25	1.854	0.5394	0.02928	0.05428	34.158	18.424	25
26	1.900	0.5262	0.02777	0.05277	36.012	18.951	26
27	1.948	0.5134	0.02638	0.05138	37.912	19.464	27
28	1.996	0.5009	0.02509	0.05009	39.860	19.965	28
29	2.046	0.4887	0.02389	0.04889	41.856	20.454	29
30	2.098	0.4767	0.02278	0.04778	43.903	20.930	30
31	2.150	0.4651	0.02174	0.04674	46.000	21.395	31
32	2.204	0.4538	0.02077	0.04577	48.150	21.849	32
33	2.259	0.4427	0.01986	0.04486	50.354	22.292	33
34	2.315	0.4319	0.01901	0.04401	52.613	22.724	34
35	2.373	0.4214	0.01821	0.04321	54.928	23.145	35
36	2.433	0.4111	0.01745	0.04245	57.301	23.556	36
37	2.493	0.4011	0.01674	0.04174	59.734	23.957	37
38	2.556	0.3913	0.01607	0.04107	62.227	24.349	38
30	2.620	0.3817	0.01544	0.04044	64.783	24.730	39
40	2.685	0.3724	0.01484	0.03984	67.403	25.103	40
41	2.752	0.3633	0.01427	0.03927	70.088	25.466	41
42	2.821	0.3545	0.01373	0.03873	72.840	25.821	42
43	2.892	0.3458	0.01322	0.03822	75.661	26.166	43
44	2.964	0.3374	0.01273	0.03773	78.552	26.504	44
45	3.038	0.3292	0.01227	0.03727	81.516	26.833	45
46	3.114	0.3211	0.01183	0.03683	84.554	27.154	46
47	3.192	0.3133	0.01141	0.03641	87.668	27.467	47
48	3.271	0.3057	0.01101	0.03601	90.860	27.773	48
49	3.353	0.2982	0.01062	0.03562	94.131	28.071	49
50	3.437	0.2909	0.01026	0.03526	97.484	28.362	50

2.5% Compound Interest Factors

n	SINGLE PAYMENT		UNIFORM SERIES				n
	Compound Amount Factor caf'	Present Worth Factor pwf'	Sinking Fund Factor sff	Capital Recovery Factor crf	Compound Amount Factor caf	Present Worth Factor pwf	
	Given P To find S (1+i)^n	Given S To find P 1/(1+i)^n	Given S To find R i/{(1+i)^n-1}	Given P To find R i(1+i)^n/{(1+i)^n-1}	Given R To find S {(1+i)^n-1}/i	Given R To find P {(1+i)^n-1}/{i(1+i)^n}	
51	3.523	0.2838	0.00991	0.03491	100.921	28.646	51
52	3.611	0.2769	0.00957	0.03457	104.444	28.923	52
53	3.701	0.2702	0.00925	0.03425	108.056	29.193	53
54	3.794	0.2636	0.00895	0.03395	111.757	29.457	54
55	3.889	0.2572	0.00865	0.03365	115.551	29.714	55
56	3.986	0.2509	0.00837	0.03337	119.440	29.965	56
57	4.086	0.2448	0.00810	0.03310	123.426	30.210	57
58	4.188	0.2388	0.00784	0.03284	127.511	30.448	58
59	4.292	0.2330	0.00759	0.03259	131.699	30.681	59
60	4.400	0.2273	0.00735	0.03235	135.992	30.909	60
61	4.510	0.2217	0.00712	0.03212	140.391	31.130	61
62	4.623	0.2163	0.00690	0.03190	144.901	31.347	62
63	4.738	0.2111	0.00669	0.03169	149.524	31.558	63
64	4.857	0.2059	0.00648	0.03148	154.262	31.764	64
65	4.978	0.2009	0.00628	0.03128	159.118	31.965	65
66	5.102	0.1960	0.00609	0.03109	164.096	32.161	66
67	5.230	0.1912	0.00591	0.03091	169.199	32.352	67
68	5.361	0.1865	0.00573	0.03073	174.429	32.538	68
69	5.495	0.1820	0.00556	0.03056	179.789	32.720	69
70	5.632	0.1776	0.00540	0.03040	185.284	32.898	70
71	5.773	0.1732	0.00524	0.03024	190.916	33.071	71
72	5.917	0.1690	0.00508	0.03008	196.689	33.240	72
73	6.065	0.1649	0.00494	0.02994	202.606	33.405	73
74	6.217	0.1609	0.00479	0.02979	208.672	33.566	74
75	6.372	0.1569	0.00465	0.02965	214.888	33.723	75
76	6.532	0.1531	0.00452	0.02952	221.261	33.876	76
77	6.695	0.1494	0.00439	0.02939	227.792	34.025	77
78	6.862	0.1457	0.00426	0.02926	234.487	34.171	78
79	7.034	0.1422	0.00414	0.02914	241.349	34.313	79
80	7.210	0.1387	0.00403	0.02903	248.383	34.452	80
81	7.390	0.1353	0.00391	0.02891	255.592	34.587	81
82	7.575	0.1320	0.00380	0.02880	262.982	34.719	82
83	7.764	0.1288	0.00370	0.02870	270.557	34.848	83
84	7.958	0.1257	0.00359	0.02859	278.321	34.974	84
85	8.157	0.1226	0.00349	0.02849	286.279	35.096	85
86	8.361	0.1196	0.00340	0.02840	294.436	35.216	86
87	8.570	0.1167	0.00330	0.02830	302.796	35.333	87
88	8.784	0.1138	0.00321	0.02821	311.366	35.446	88
89	9.004	0.1111	0.00312	0.02812	320.150	35.557	89
90	9.229	0.1084	0.00304	0.02804	329.154	35.666	90
91	9.460	0.1057	0.00296	0.02796	338.383	35.771	91
92	9.696	0.1031	0.00287	0.02787	347.843	35.875	92
93	9.938	0.1006	0.00280	0.02780	357.539	35.975	93
94	10.187	0.0982	0.00272	0.02772	367.477	36.073	94
95	10.442	0.0958	0.00265	0.02765	377.664	36.169	95
96	10.703	0.0934	0.00258	0.02758	388.106	36.263	96
97	10.970	0.0912	0.00251	0.02751	398.808	36.354	97
98	11.244	0.0889	0.00244	0.02744	409.779	36.443	98
99	11.526	0.0868	0.00238	0.02738	421.023	36.529	99
100	11.814	0.0846	0.00231	0.02731	432.549	36.614	100

3% Compound Interest Factors

n	SINGLE PAYMENT		UNIFORM SERIES				n
	Compound Amount Factor caf'	Present Worth Factor pwf'	Sinking Fund Factor sff	Capital Recovery Factor crf	Compound Amount Factor caf	Present Worth Factor pwf	
	Given P To find S (1+i)^n	Given S To find P 1/(1+i)^n	Given S To find R i/{(1+i)^n-1}	Given P To find R i(1+i)^n/{(1+i)^n-1}	Given R To find S {(1+i)^n-1}/i	Given R To find P {(1+i)^n-1}/{i(1+i)^n}	
1	1.030	0.9709	1.00000	1.03000	1.000	0.971	1
2	1.061	0.9426	0.49261	0.52261	2.030	1.913	2
3	1.093	0.9151	0.32353	0.35353	3.091	2.829	3
4	1.126	0.8885	0.23903	0.26903	4.184	3.717	4
5	1.159	0.8626	0.18835	0.21835	5.309	4.580	5
6	1.194	0.8375	0.15460	0.18460	6.468	5.417	6
7	1.230	0.8131	0.13051	0.16051	7.662	6.230	7
8	1.267	0.7894	0.11246	0.14246	8.892	7.020	8
9	1.305	0.7664	0.09843	0.12843	10.159	7.786	9
10	1.344	0.7441	0.08723	0.11723	11.464	8.530	10
11	1.384	0.7224	0.07808	0.10808	12.808	9.253	11
12	1.426	0.7014	0.07046	0.10046	14.192	9.954	12
13	1.469	0.6810	0.06403	0.09403	15.618	10.635	13
14	1.513	0.6611	0.05853	0.08853	17.086	11.296	14
15	1.558	0.6419	0.05377	0.08377	18.599	11.938	15
16	1.605	0.6232	0.04961	0.07961	20.157	12.561	16
17	1.653	0.6050	0.04595	0.07595	21.762	13.100	17
18	1.702	0.5874	0.04271	0.07271	23.414	13.754	18
19	1.754	0.5703	0.03981	0.06981	25.117	14.324	19
20	1.806	0.5537	0.03722	0.06722	26.870	14.877	20
21	1.860	0.5375	0.03487	0.06487	28.676	15.415	21
22	1.916	0.5219	0.03275	0.06275	30.537	15.937	22
23	1.974	0.5067	0.03081	0.06081	32.453	16.444	23
24	2.033	0.4919	0.02905	0.05905	34.426	16.936	24
25	2.094	0.4776	0.02743	0.05743	36.459	17.413	25
26	2.157	0.4637	0.02594	0.05594	30.553	17.877	26
27	2.221	0.4502	0.02456	0.05456	40.710	18.327	27
28	2.288	0.4371	0.02329	0.05329	42.931	18.764	28
29	2.357	0.4243	0.02211	0.05211	45.219	19.188	29
30	2.427	0.4120	0.02102	0.05102	47.575	19.600	30
31	2.500	0.4000	0.02000	0.05000	50.003	20.000	31
32	2.575	0.3883	0.01905	0.04905	52.503	20.389	32
33	2.652	0.3770	0.01816	0.04816	55.078	20.766	33
34	2.732	0.3660	0.01732	0.04732	57.730	21.132	34
35	2.814	0.3554	0.01654	0.04654	60.462	21.487	35
36	2.898	0.3450	0.01580	0.04580	63.276	21.832	36
37	2.985	0.3350	0.01511	0.04511	66.174	22.167	37
38	3.075	0.3252	0.01446	0.04446	69.159	22.492	38
39	3.167	0.3158	0.01384	0.04384	72.234	22.000	30
40	3.262	0.3066	0.01326	0.04326	75.401	23.115	40
41	3.360	0.2976	0.01271	0.04271	78.663	23.412	41
42	3.461	0.2890	0.01219	0.04219	82.023	23.701	42
43	3.565	0.2805	0.01170	0.04170	85.484	23.982	43
44	3.671	0.2724	0.01123	0.04123	89.048	24.254	44
45	3.782	0.2644	0.01079	0.04079	92.720	24.519	45
46	3.895	0.2567	0.01036	0.04036	96.501	24.775	46
47	4.012	0.2493	0.00996	0.03996	100.397	25.025	47
48	4.132	0.2420	0.00958	0.03958	104.408	25.267	48
49	4.256	0.2350	0.00921	0.03921	108.541	25.502	49
50	4.384	0.2281	0.00887	0.03887	112.797	25.730	50

3% Compound Interest Factors

n	SINGLE PAYMENT		UNIFORM SERIES				n
	Compound Amount Factor caf'	Present Worth Factor pwf'	Sinking Fund Factor sff	Capital Recovery Factor crf	Compound Amount Factor caf	Present Worth Factor pwf	
	Given P To find S (1+i)^n	Given S To find P 1/(1+i)^n	Given S To find R i/[(1+i)^n-1]	Given P To find R i(1+i)^n/[(1+i)^n-1]	Given R To find S [(1+i)^n-1]/i	Given R To find P [(1+i)^n-1]/[i(1+i)^n]	
51	4.515	0.2215	0.00853	0.03853	117.181	25.951	51
52	4.651	0.2150	0.00822	0.03822	121.696	26.166	52
53	4.790	0.2088	0.00791	0.03791	126.347	26.375	53
54	4.934	0.2027	0.00763	0.03763	131.137	26.578	54
55	5.082	0.1968	0.00735	0.03735	136.072	26.774	55
56	5.235	0.1910	0.00708	0.03708	141.154	26.965	56
57	5.392	0.1855	0.00683	0.03683	146.388	27.151	57
58	5.553	0.1801	0.00659	0.03659	151.780	27.331	58
59	5.720	0.1748	0.00636	0.03636	157.333	27.506	59
60	5.892	0.1697	0.00613	0.03613	163.053	27.676	60
61	6.068	0.1648	0.00592	0.03592	168.945	27.840	61
62	6.250	0.1600	0.00571	0.03571	175.013	28.000	62
63	6.438	0.1553	0.00552	0.03552	181.264	28.156	63
64	6.631	0.1508	0.00533	0.03533	187.702	28.306	64
65	6.830	0.1464	0.00515	0.03515	194.333	28.453	65
66	7.035	0.1421	0.00497	0.03497	201.163	28.595	66
67	7.246	0.1380	0.00480	0.03480	208.198	28.733	67
68	7.463	0.1340	0.00464	0.03464	215.444	28.867	68
69	7.687	0.1301	0.00449	0.03449	222.907	28.997	69
70	7.918	0.1263	0.00434	0.03434	230.594	29.123	70
71	8.155	0.1226	0.00419	0.03419	238.512	29.246	71
72	8.400	0.1190	0.00405	0.03405	246.667	29.365	72
73	8.652	0.1156	0.00392	0.03392	255.067	29.481	73
74	8.912	0.1122	0.00379	0.03379	263.719	29.593	74
75	9.179	0.1089	0.00367	0.03367	272.631	29.702	75
76	9.454	0.1058	0.00355	0.03355	281.810	29.808	76
77	9.738	0.1027	0.00343	0.03343	291.264	29.910	77
78	10.030	0.0997	0.00332	0.03332	301.002	30.010	78
79	10.331	0.0968	0.00322	0.03322	311.032	30.107	79
80	10.641	0.0940	0.00311	0.03311	321.363	30.201	80
81	10.960	0.0912	0.00301	0.03301	332.004	30.292	81
82	11.289	0.0886	0.00292	0.03292	342.964	30.381	82
83	11.628	0.0860	0.00282	0.03282	354.253	30.467	83
84	11.976	0.0835	0.00273	0.03273	365.881	30.550	84
85	12.336	0.0811	0.00265	0.03265	377.857	30.631	85
86	12.706	0.0787	0.00256	0.03256	390.193	30.710	86
87	13.087	0.0764	0.00248	0.03248	402.898	30.786	87
88	13.480	0.0742	0.00240	0.03240	415.985	30.860	88
89	13.884	0.0720	0.00233	0.03233	429.465	30.932	89
90	14.300	0.0699	0.00226	0.03226	443.349	31.002	90
91	14.729	0.0679	0.00219	0.03219	457.649	31.070	91
92	15.171	0.0659	0.00212	0.03212	472.379	31.136	92
93	15.627	0.0640	0.00205	0.03205	487.550	31.200	93
94	16.095	0.0621	0.00199	0.03199	503.177	31.262	94
95	16.578	0.0603	0.00193	0.03193	519.272	31.323	95
96	17.076	0.0586	0.00187	0.03187	535.850	31.381	96
97	17.588	0.0569	0.00181	0.03181	552.926	31.438	97
98	18.115	0.0552	0.00175	0.03175	570.513	31.493	98
99	18.659	0.0536	0.00170	0.03170	588.629	31.547	99
100	19.219	0.0520	0.00165	0.03165	607.288	31.599	100

3.5% Compound Interest Factors

n	SINGLE PAYMENT		UNIFORM SERIES				n
	Compound Amount Factor caf'	Present Worth Factor pwf'	Sinking Fund Factor sff	Capital Recovery Factor crf	Compound Amount Factor caf	Present Worth Factor pwf	
	Given P To find S (1+i)^n	Given S To find P 1/(1+i)^n	Given S To find R i/{(1+i)^n-1}	Given P To find R i(1+i)^n/{(1+i)^n-1}	Given R To find S {(1+i)^n-1}/i	Given R To find P {(1+i)^n-1}/{i(1+i)^n}	
1	1.035	0.9662	1.00000	1.03500	1.000	0.966	1
2	1.071	0.9335	0.49140	0.52640	2.035	1.900	2
3	1.109	0.9019	0.32193	0.35693	3.106	2.802	3
4	1.148	0.8714	0.23725	0.27225	4.215	3.673	4
5	1.188	0.8420	0.18648	0.22148	5.362	4.515	5
6	1.229	0.8135	0.15267	0.18767	6.550	5.329	6
7	1.272	0.7860	0.12854	0.16354	7.779	6.115	7
8	1.317	0.7594	0.11048	0.14548	9.052	6.874	8
9	1.363	0.7337	0.09645	0.13145	10.368	7.608	9
10	1.411	0.7089	0.08524	0.12024	11.731	8.317	10
11	1.460	0.6849	0.07609	0.11109	13.142	9.002	11
12	1.511	0.6618	0.06848	0.10348	14.602	9.663	12
13	1.564	0.6394	0.06206	0.09706	16.113	10.303	13
14	1.619	0.6178	0.05657	0.09157	17.677	10.921	14
15	1.675	0.5969	0.05183	0.08683	19.296	11.517	15
16	1.734	0.5767	0.04768	0.08268	20.971	12.094	16
17	1.795	0.5572	0.04404	0.07904	22.705	12.651	17
18	1.857	0.5384	0.04082	0.07582	24.500	13.190	18
19	1.923	0.5202	0.03794	0.07294	26.357	13.710	19
20	1.990	0.5026	0.03536	0.07036	28.280	14.212	20
21	2.059	0.4856	0.03304	0.06804	30.269	14.698	21
22	2.132	0.4692	0.03093	0.06593	32.329	15.167	22
23	2.206	0.4533	0.02902	0.06402	34.460	15.620	23
24	2.283	0.4380	0.02727	0.06227	36.667	16.058	24
25	2.363	0.4231	0.02567	0.06067	38.950	16.482	25
26	2.446	0.4000	0.02421	0.05921	41.313	16.890	26
27	2.532	0.3950	0.02285	0.05785	43.759	17.285	27
28	2.620	0.3817	0.02160	0.05660	46.291	17.667	28
29	2.712	0.3687	0.02045	0.05545	48.911	18.036	29
30	2.807	0.3563	0.01937	0.05437	51.623	18.392	30
31	2.905	0.3442	0.01837	0.05337	54.429	18.736	31
32	3.007	0.3326	0.01744	0.05244	57.335	19.069	32
33	3.112	0.3213	0.01657	0.05157	60.341	19.390	33
34	3.221	0.3105	0.01576	0.05076	63.453	19.701	34
35	3.334	0.3000	0.01500	0.05000	66.674	20.001	35
36	3.450	0.2898	0.01428	0.04928	70.008	20.290	36
37	3.571	0.2800	0.01361	0.04861	73.458	20.571	37
38	3.696	0.2706	0.01298	0.04798	77.029	20.841	38
39	3.825	0.2014	0.01230	0.04730	80.725	21.102	39
40	3.959	0.2526	0.01183	0.04683	84.550	21.355	40
41	4.098	0.2440	0.01130	0.04630	88.510	21.599	41
42	4.241	0.2358	0.01080	0.04580	92.607	21.835	42
43	4.390	0.2278	0.01033	0.04533	96.849	22.063	43
44	4.543	0.2201	0.00988	0.04488	101.238	22.283	44
45	4.702	0.2127	0.00945	0.04445	105.782	22.495	45
46	4.867	0.2055	0.00905	0.04405	110.484	22.701	46
47	5.037	0.1985	0.00867	0.04367	115.351	22.899	47
48	5.214	0.1918	0.00831	0.04331	120.388	23.091	48
49	5.396	0.1853	0.00796	0.04296	125.602	23.277	49
50	5.585	0.1791	0.00763	0.04263	130.998	23.456	50

3.5% Compound Interest Factors

n	SINGLE PAYMENT		UNIFORM SERIES				n
	Compound Amount Factor caf'	Present Worth Factor pwf'	Sinking Fund Factor sff	Capital Recovery Factor crf	Compound Amount Factor caf	Present Worth Factor pwf	
	Given P To find S (1+i)^n	Given S To find P 1/(1+i)^n	Given S To find R i/{(1+i)^n-1}	Given P To find R i(1+i)^n/{(1+i)^n-1}	Given R To find S {(1+i)^n-1}/i	Given R To find P {(1+i)^n-1}/{i(1+i)^n}	
51	5.780	0.1730	0.00732	0.04232	136.583	23.629	51
52	5.983	0.1671	0.00702	0.04202	142.363	23.796	52
53	6.192	0.1615	0.00674	0.04174	148.346	23.957	53
54	6.409	0.1560	0.00647	0.04147	154.538	24.113	54
55	6.633	0.1508	0.00621	0.04121	160.947	24.264	55
56	6.865	0.1457	0.00597	0.04097	167.580	24.410	56
57	7.106	0.1407	0.00573	0.04073	174.445	24.550	57
58	7.354	0.1360	0.00551	0.04051	181.551	24.686	58
59	7.612	0.1314	0.00529	0.04029	188.905	24.818	59
60	7.878	0.1269	0.00509	0.04009	196.517	24.945	60
61	8.154	0.1226	0.00489	0.03989	204.395	25.067	61
62	8.439	0.1185	0.00470	0.03970	212.549	25.186	62
63	8.735	0.1145	0.00453	0.03953	220.988	25.300	63
64	9.040	0.1106	0.00435	0.03935	229.723	25.411	64
65	9.357	0.1069	0.00419	0.03919	238.763	25.518	65
66	9.684	0.1033	0.00403	0.03903	248.120	25.621	66
67	10.023	0.0998	0.00388	0.03888	257.804	25.721	67
68	10.374	0.0964	0.00373	0.03873	267.827	25.817	68
69	10.737	0.0931	0.00359	0.03859	278.201	25.910	69
70	11.113	0.0900	0.00346	0.03846	288.938	26.000	70
71	11.502	0.0869	0.00333	0.03833	300.051	26.087	71
72	11.904	0.0840	0.00321	0.03821	311.552	26.171	72
73	12.321	0.0812	0.00309	0.03809	323.457	26.253	73
74	12.752	0.0784	0.00298	0.03798	335.778	26.331	74
75	13.199	0.0758	0.00287	0.03787	348.530	26.407	75
76	13.660	0.0732	0.00276	0.03776	361.729	26.480	76
77	14.139	0.0707	0.00266	0.03766	375.389	26.551	77
78	14.633	0.0683	0.00257	0.03757	389.528	26.619	78
79	15.146	0.0660	0.00247	0.03747	404.161	26.685	79
80	15.676	0.0638	0.00238	0.03738	419.307	26.749	80
81	16.224	0.0616	0.00230	0.03730	434.983	26.810	81
82	16.792	0.0596	0.00222	0.03722	451.207	26.870	82
83	17.380	0.0575	0.00214	0.03714	467.999	26.928	83
84	17.988	0.0556	0.00206	0.03706	485.379	26.983	84
85	18.618	0.0537	0.00199	0.03699	503.367	27.037	85
86	19.269	0.0519	0.00192	0.03692	521.985	27.089	86
87	19.944	0.0501	0.00185	0.03685	541.255	27.139	87
88	20.642	0.0484	0.00178	0.03678	561.199	27.187	88
89	21.364	0.0468	0.00172	0.03672	581.841	27.234	89
90	22.112	0.0452	0.00166	0.03666	603.205	27.279	90
91	22.886	0.0437	0.00160	0.03660	625.317	27.323	91
92	23.687	0.0422	0.00154	0.03654	648.203	27.365	92
93	24.516	0.0408	0.00149	0.03649	671.890	27.406	93
94	25.374	0.0394	0.00144	0.03644	696.407	27.445	94
95	26.262	0.0381	0.00139	0.03639	721.781	27.484	95
96	27.182	0.0368	0.00134	0.03634	748.043	27.520	96
97	28.133	0.0355	0.00129	0.03629	775.225	27.556	97
98	29.118	0.0343	0.00124	0.03624	803.358	27.590	98
99	30.137	0.0332	0.00120	0.03620	832.475	27.623	99
100	31.191	0.0321	0.00116	0.03616	862.612	27.655	100

4% Compound Interest Factors

n	SINGLE PAYMENT		UNIFORM SERIES				n
	Compound Amount Factor caf'	Present Worth Factor pwf'	Sinking Fund Factor sff	Capital Recovery Factor crf	Compound Amount Factor caf	Present Worth Factor pwf	
	Given P To find S (1+i)^n	Given S To find P 1/(1+i)^n	Given S To find R i/{(1+i)^n-1}	Given P To find R i(1+i)^n/{(1+i)^n-1}	Given R To find S {(1+i)^n-1}/i	Given R To find P {(1+i)^n-1}/{i(1+i)^n}	
1	1.040	0.9615	1.00000	1.04000	1.000	0.962	1
2	1.082	0.9246	0.49020	0.53020	2.040	1.886	2
3	1.125	0.8890	0.32035	0.36035	3.122	2.775	3
4	1.170	0.8548	0.23549	0.27549	4.246	3.630	4
5	1.217	0.8219	0.18463	0.22463	5.416	4.452	5
6	1.265	0.7903	0.15076	0.19076	6.633	5.242	6
7	1.316	0.7599	0.12661	0.16661	7.898	6.002	7
8	1.369	0.7307	0.10853	0.14853	9.214	6.733	8
9	1.423	0.7026	0.09449	0.13449	10.583	7.435	9
10	1.480	0.6756	0.08329	0.12329	12.006	8.111	10
11	1.539	0.6496	0.07415	0.11415	13.486	8.760	11
12	1.601	0.6246	0.06655	0.10655	15.026	9.385	12
13	1.665	0.6006	0.06014	0.10014	16.627	9.986	13
14	1.732	0.5775	0.05467	0.09467	18.292	10.563	14
15	1.801	0.5553	0.04994	0.08994	20.024	11.118	15
16	1.873	0.5339	0.04582	0.08582	21.825	11.652	16
17	1.948	0.5134	0.04220	0.08220	23.698	12.166	17
18	2.026	0.4936	0.03899	0.07899	25.645	12.659	18
19	2.107	0.4746	0.03614	0.07614	27.671	13.134	19
20	2.191	0.4564	0.03358	0.07358	29.778	13.590	20
21	2.279	0.4388	0.03128	0.07128	31.969	14.029	21
22	2.370	0.4220	0.02920	0.06920	34.248	14.451	22
23	2.465	0.4057	0.02731	0.06731	36.618	14.857	23
24	2.563	0.3901	0.02559	0.06559	39.083	15.247	24
25	2.666	0.3751	0.02401	0.06401	41.646	15.622	25
26	2.772	0.3607	0.02257	0.06257	44.312	15.983	26
27	2.883	0.3468	0.02124	0.06124	47.084	16.330	27
28	2.999	0.3335	0.02001	0.06001	49.968	16.663	28
29	3.119	0.3207	0.01888	0.05888	52.966	16.984	29
30	3.243	0.3083	0.01783	0.05783	56.085	17.292	30
31	3.373	0.2965	0.01686	0.05686	59.328	17.588	31
32	3.508	0.2851	0.01595	0.05595	62.701	17.874	32
33	3.648	0.2741	0.01510	0.05510	66.210	18.148	33
34	3.794	0.2636	0.01431	0.05431	69.858	18.411	34
35	3.946	0.2534	0.01358	0.05358	73.652	18.665	35
36	4.104	0.2437	0.01289	0.05289	77.598	18.908	36
37	4.268	0.2343	0.01224	0.05224	81.702	19.143	37
38	4.439	0.2253	0.01163	0.05163	85.970	19.368	38
39	4.616	0.2166	0.01106	0.05106	90.409	19.584	39
40	4.801	0.2083	0.01052	0.05052	95.026	19.793	40
41	4.993	0.2003	0.01002	0.05002	99.827	19.993	41
42	5.193	0.1926	0.00954	0.04954	104.820	20.186	42
43	5.400	0.1852	0.00909	0.04909	110.012	20.371	43
44	5.617	0.1780	0.00866	0.04866	115.413	20.549	44
45	5.841	0.1712	0.00826	0.04826	121.029	20.720	45
46	6.075	0.1646	0.00788	0.04788	126.871	20.885	46
47	6.318	0.1583	0.00752	0.04752	132.945	21.043	47
48	6.571	0.1522	0.00718	0.04718	139.263	21.195	48
49	6.833	0.1463	0.00686	0.04686	145.834	21.341	49
50	7.107	0.1407	0.00655	0.04655	152.667	21.482	50

4% Compound Interest Factors

n	SINGLE PAYMENT		UNIFORM SERIES				n
	Compound Amount Factor caf'	Present Worth Factor pwf'	Sinking Fund Factor sff	Capital Recovery Factor crf	Compound Amount Factor caf	Present Worth Factor pwf	
	Given P To find S (1+i)^n	Given S To find P 1/(1+i)^n	Given S To find R i/{(1+i)^n-1}	Given P To find R i(1+i)^n/{(1+i)^n-1}	Given R To find S {(1+i)^n-1}/i	Given R To find P {(1+i)^n-1}/{i(1+i)^n}	
51	7.391	0.1353	0.00626	0.04626	159.774	21.617	51
52	7.687	0.1301	0.00598	0.04598	167.165	21.748	52
53	7.994	0.1251	0.00572	0.04572	174.851	21.873	53
54	8.314	0.1203	0.00547	0.04547	182.845	21.993	54
55	8.646	0.1157	0.00523	0.04523	191.159	22.109	55
56	8.992	0.1112	0.00500	0.04500	199.806	22.220	56
57	9.352	0.1069	0.00479	0.04479	208.798	22.327	57
58	9.726	0.1028	0.00458	0.04458	218.150	22.430	58
59	10.115	0.0989	0.00439	0.04439	227.876	22.528	59
60	10.520	0.0951	0.00420	0.04420	237.991	22.623	60
61	10.940	0.0914	0.00402	0.04402	248.510	22.715	61
62	11.378	0.0879	0.00385	0.04385	259.451	22.803	62
63	11.833	0.0845	0.00369	0.04369	270.829	22.887	63
64	12.306	0.0813	0.00354	0.04354	282.662	22.969	64
65	12.799	0.0781	0.00339	0.04339	294.968	23.047	65
66	13.311	0.0751	0.00325	0.04325	307.767	23.122	66
67	13.843	0.0722	0.00311	0.04311	321.078	23.194	67
68	14.397	0.0695	0.00299	0.04299	334.921	23.264	68
69	14.973	0.0668	0.00286	0.04286	349.318	23.330	69
70	15.572	0.0642	0.00275	0.04275	364.290	23.395	70
71	16.194	0.0617	0.00263	0.04263	379.862	23.456	71
72	16.842	0.0594	0.00252	0.04252	396.057	23.516	72
73	17.516	0.0571	0.00242	0.04242	412.899	23.573	73
74	18.217	0.0549	0.00232	0.04232	430.415	23.628	74
75	18.945	0.0528	0.00223	0.04223	448.631	23.680	75
76	19.703	0.0508	0.00214	0.04214	467.577	23.731	76
77	20.491	0.0488	0.00205	0.04205	487.280	23.780	77
78	21.311	0.0469	0.00197	0.04197	507.771	23.827	78
79	22.163	0.0451	0.00189	0.04189	529.082	23.872	79
80	23.050	0.0434	0.00181	0.04181	551.245	23.915	80
81	23.972	0.0417	0.00174	0.04174	574.295	23.957	81
82	24.931	0.0401	0.00167	0.04167	598.267	23.997	82
83	25.928	0.0386	0.00160	0.04160	623.197	24.036	83
84	26.965	0.0371	0.00154	0.04154	649.125	24.073	84
85	28.044	0.0357	0.00148	0.04148	676.090	24.109	85
86	29.165	0.0343	0.00142	0.04142	704.134	24.143	86
87	30.332	0.0330	0.00136	0.04136	733.299	24.176	87
88	31.545	0.0317	0.00131	0.04131	763.631	24.207	88
89	32.807	0.0305	0.00126	0.04126	795.176	24.238	89
90	34.119	0.0293	0.00121	0.04121	827.983	24.267	90
91	35.484	0.0282	0.00116	0.04116	862.103	24.295	91
92	36.903	0.0271	0.00111	0.04111	897.587	24.323	92
93	38.380	0.0261	0.00107	0.04107	934.490	24.349	93
94	39.915	0.0251	0.00103	0.04103	972.870	24.374	94
95	41.511	0.0241	0.00099	0.04099	1012.785	24.398	95
96	43.172	0.0232	0.00095	0.04095	1054.296	24.421	96
97	44.899	0.0223	0.00091	0.04091	1097.468	24.443	97
98	46.695	0.0214	0.00088	0.04088	1142.367	24.465	98
99	48.562	0.0206	0.00084	0.04084	1189.061	24.485	99
100	50.505	0.0198	0.00081	0.04081	1237.624	24.505	100

4.5% Compound Interest Factors

n	SINGLE PAYMENT		UNIFORM SERIES				n
	Compound Amount Factor caf'	Present Worth Factor pwf'	Sinking Fund Factor sff	Capital Recovery Factor crf	Compound Amount Factor caf	Present Worth Factor pwf	
	Given P To find S (1+i)^n	Given S To find P 1/(1+i)^n	Given S To find R i/{(1+i)^n-1}	Given P To find R i(1+i)^n/{(1+i)^n-1}	Given R To find S {(1+i)^n-1}/i	Given R To find P {(1+i)^n-1}/{i(1+i)^n}	
1	1.045	0.9569	1.00000	1.04500	1.000	0.957	1
2	1.092	0.9157	0.48900	0.53400	2.045	1.873	2
3	1.141	0.8763	0.31877	0.36377	3.137	2.749	3
4	1.193	0.8386	0.23374	0.27874	4.278	3.588	4
5	1.246	0.8025	0.18279	0.22779	5.471	4.390	5
6	1.302	0.7679	0.14888	0.19388	6.717	5.158	6
7	1.361	0.7348	0.12470	0.16970	8.019	5.893	7
8	1.422	0.7032	0.10661	0.15161	9.380	6.596	8
9	1.486	0.6729	0.09257	0.13757	10.802	7.269	9
10	1.553	0.6439	0.08138	0.12638	12.288	7.913	10
11	1.623	0.6162	0.07225	0.11725	13.841	8.529	11
12	1.696	0.5897	0.06467	0.10967	15.464	9.119	12
13	1.772	0.5643	0.05828	0.10328	17.160	9.683	13
14	1.852	0.5400	0.05282	0.09782	18.932	10.223	14
15	1.935	0.5167	0.04811	0.09311	20.784	10.740	15
16	2.022	0.4945	0.04402	0.08902	22.719	11.234	16
17	2.113	0.4732	0.04042	0.08542	24.742	11.707	17
18	2.208	0.4528	0.03724	0.08224	26.855	12.160	18
19	2.308	0.4333	0.03441	0.07941	29.064	12.593	19
20	2.412	0.4146	0.03188	0.07688	31.371	13.008	20
21	2.520	0.3968	0.02960	0.07460	33.783	13.405	21
22	2.634	0.3797	0.02755	0.07255	36.303	13.784	22
23	2.752	0.3634	0.02568	0.07068	38.937	14.148	23
24	2.876	0.3477	0.02399	0.06899	41.689	14.495	24
25	3.005	0.3327	0.02244	0.06744	44.565	14.828	25
26	3.141	0.3184	0.02102	0.06602	47.571	15.147	26
27	3.282	0.3047	0.01972	0.06472	50.711	15.451	27
28	3.430	0.2916	0.01852	0.06352	53.993	15.743	28
29	3.584	0.2790	0.01741	0.06241	57.423	16.022	29
30	3.745	0.2670	0.01639	0.06139	61.007	16.289	30
31	3.914	0.2555	0.01544	0.06044	64.752	16.544	31
32	4.090	0.2445	0.01456	0.05956	68.666	16.789	32
33	4.274	0.2340	0.01374	0.05874	72.756	17.023	33
34	4.466	0.2239	0.01298	0.05798	77.030	17.247	34
35	4.667	0.2143	0.01227	0.05727	81.497	17.461	35
36	4.877	0.2050	0.01161	0.05661	86.164	17.666	36
37	5.097	0.1962	0.01098	0.05598	91.041	17.862	37
38	5.326	0.1878	0.01040	0.05540	96.138	18.050	38
39	5.566	0.1797	0.00986	0.05486	101.464	18.230	39
40	5.816	0.1719	0.00934	0.05434	107.030	18.402	40
41	6.078	0.1645	0.00886	0.05386	112.847	18.566	41
42	6.352	0.1574	0.00841	0.05341	118.925	18.724	42
43	6.637	0.1507	0.00798	0.05298	125.276	18.874	43
44	6.936	0.1442	0.00758	0.05258	131.914	19.018	44
45	7.248	0.1380	0.00720	0.05220	138.850	19.156	45
46	7.574	0.1320	0.00684	0.05184	146.098	19.288	46
47	7.915	0.1263	0.00651	0.05151	153.673	19.415	47
48	8.271	0.1209	0.00619	0.05119	161.588	19.536	48
49	8.644	0.1157	0.00589	0.05089	169.859	19.651	49
50	9.033	0.1107	0.00560	0.05060	178.503	19.762	50

4.5% Compound Interest Factors

n	SINGLE PAYMENT		UNIFORM SERIES				n
	Compound Amount Factor caf'	Present Worth Factor pwf'	Sinking Fund Factor sff	Capital Recovery Factor crf	Compound Amount Factor caf	Present Worth Factor pwf	
	Given P To find S (1+i)^n	Given S To find P 1/(1+i)^n	Given S To find R i/{(1+i)^n-1}	Given P To find R i(1+i)^n/{(1+i)^n-1}	Given R To find S {(1+i)^n-1}/i	Given R To find P {(1+i)^n-1}/{i(1+i)^n}	
51	9.439	0.1059	0.00533	0.05033	187.536	19.868	51
52	9.864	0.1014	0.00508	0.05008	196.975	19.969	52
53	10.308	0.0970	0.00483	0.04983	206.839	20.066	53
54	10.772	0.0928	0.00461	0.04961	217.146	20.159	54
55	11.256	0.0888	0.00439	0.04939	227.918	20.248	55
56	11.763	0.0850	0.00418	0.04918	239.174	20.333	56
57	12.292	0.0814	0.00399	0.04899	250.937	20.414	57
58	12.845	0.0778	0.00380	0.04880	263.229	20.492	58
59	13.423	0.0745	0.00362	0.04862	276.075	20.567	59
60	14.027	0.0713	0.00345	0.04845	289.498	20.638	60
61	14.659	0.0682	0.00329	0.04829	303.525	20.706	61
62	15.318	0.0653	0.00314	0.04814	318.184	20.772	62
63	16.008	0.0625	0.00300	0.04800	333.502	20.834	63
64	16.728	0.0598	0.00286	0.04786	349.510	20.894	64
65	17.481	0.0572	0.00273	0.04773	366.238	20.951	65
66	18.267	0.0547	0.00261	0.04761	383.719	21.006	66
67	19.089	0.0524	0.00249	0.04749	401.986	21.058	67
68	19.948	0.0501	0.00237	0.04737	421.075	21.108	68
69	20.846	0.0480	0.00227	0.04727	441.024	21.156	69
70	21.784	0.0459	0.00217	0.04717	461.870	21.202	70
71	22.764	0.0439	0.00207	0.04707	483.654	21.246	71
72	23.789	0.0420	0.00197	0.04697	506.418	21.288	72
73	24.859	0.0402	0.00189	0.04689	530.207	21.328	73
74	25.978	0.0385	0.00180	0.04680	555.066	21.367	74
75	27.147	0.0368	0.00172	0.04672	581.044	21.404	75
76	28.369	0.0353	0.00164	0.04664	608.191	21.439	76
77	29.645	0.0337	0.00157	0.04657	636.560	21.473	77
78	30.979	0.0323	0.00150	0.04650	666.205	21.505	78
79	32.373	0.0309	0.00143	0.04643	697.184	21.536	79
80	33.830	0.0296	0.00137	0.04637	729.558	21.565	80
81	35.352	0.0283	0.00131	0.04631	763.388	21.594	81
82	36.943	0.0271	0.00125	0.04625	798.740	21.621	82
83	38.606	0.0259	0.00120	0.04620	835.684	21.647	83
84	40.343	0.0248	0.00114	0.04614	874.289	21.671	84
85	42.158	0.0237	0.00109	0.04609	914.632	21.695	85
86	44.056	0.0227	0.00105	0.04605	956.791	21.718	86
87	46.038	0.0217	0.00100	0.04600	1000.846	21.740	87
88	48.110	0.0208	0.00096	0.04596	1046.884	21.760	88
89	50.275	0.0199	0.00091	0.04591	1094.994	21.780	89
90	52.537	0.0190	0.00087	0.04587	1145.269	21.799	90
91	54.901	0.0182	0.00083	0.04583	1197.806	21.817	91
92	57.372	0.0174	0.00080	0.04580	1252.707	21.835	92
93	59.954	0.0167	0.00076	0.04576	1310.079	21.852	93
94	62.651	0.0160	0.00073	0.04573	1370.033	21.868	94
95	65.471	0.0153	0.00070	0.04570	1432.684	21.883	95
96	68.417	0.0146	0.00067	0.04567	1498.155	21.897	96
97	71.496	0.0140	0.00064	0.04564	1566.572	21.911	97
98	74.713	0.0134	0.00061	0.04561	1638.068	21.925	98
99	78.075	0.0128	0.00058	0.04558	1712.781	21.938	99
100	81.589	0.0123	0.00056	0.04556	1790.856	21.950	100

5% Compound Interest Factors

n	SINGLE PAYMENT		UNIFORM SERIES				n
	Compound Amount Factor caf'	Present Worth Factor pwf'	Sinking Fund Factor sff	Capital Recovery Factor crf	Compound Amount Factor caf	Present Worth Factor pwf	
	Given P To find S (1+i)^n	Given S To find P 1/(1+i)^n	Given S To find R i/{(1+i)^n-1}	Given P To find R i(1+i)^n/{(1+i)^n-1}	Given R To find S {(1+i)^n-1}/i	Given R To find P [(1+i)^n-	
1	1.050	0.9524	1.00000	1.05000	1.000	0.952	1
2	1.103	0.9070	0.48780	0.53780	2.050	1.859	2
3	1.158	0.8638	0.31721	0.36721	3.153	2.723	3
4	1.216	0.8227	0.23201	0.28201	4.310	3.546	4
5	1.276	0.7835	0.18097	0.23097	5.526	4.329	5
6	1.340	0.7462	0.14702	0.19702	6.802	5.076	6
7	1.407	0.7107	0.12282	0.17282	8.142	5.786	7
8	1.477	0.6768	0.10472	0.15472	9.549	6.463	8
9	1.551	0.6446	0.09069	0.14069	11.027	7.108	9
10	1.629	0.6139	0.07950	0.12950	12.578	7.722	10
11	1.710	0.5847	0.07039	0.12039	14.207	8.306	11
12	1.796	0.5568	0.06283	0.11283	15.917	8.863	12
13	1.886	0.5303	0.05646	0.10646	17.713	9.394	13
14	1.980	0.5051	0.05102	0.10102	19.599	9.899	14
15	2.079	0.4810	0.04634	0.09634	21.579	10.380	15
16	2.183	0.4581	0.04227	0.09227	23.657	10.838	16
17	2.292	0.4363	0.03870	0.08870	25.840	11.274	17
18	2.407	0.4155	0.03555	0.08555	28.132	11.690	18
19	2.527	0.3957	0.03275	0.08275	30.539	12.085	19
20	2.653	0.3769	0.03024	0.08024	33.066	12.462	20
21	2.786	0.3589	0.02800	0.07800	35.719	12.821	21
22	2.925	0.3418	0.02597	0.07597	38.505	13.163	22
23	3.072	0.3256	0.02414	0.07414	41.430	13.489	23
24	3.225	0.3101	0.02247	0.07247	44.502	13.799	24
25	3.386	0.2953	0.02095	0.07095	47.727	14.094	25
26	3.556	0.2812	0.01956	0.06956	51.113	14.375	26
27	3.733	0.2678	0.01829	0.06829	54.669	14.643	27
28	3.920	0.2551	0.01712	0.06712	58.403	14.898	28
29	4.116	0.2429	0.01605	0.06605	62.323	15.141	29
30	4.322	0.2314	0.01505	0.06505	66.439	15.372	30
31	4.538	0.2204	0.01413	0.06413	70.761	15.593	31
32	4.765	0.2099	0.01328	0.06328	75.299	15.803	32
33	5.003	0.1999	0.01249	0.06249	80.064	16.003	33
34	5.253	0.1904	0.01176	0.06176	85.067	16.193	34
35	5.516	0.1813	0.01107	0.06107	90.320	16.374	35
36	5.792	0.1727	0.01043	0.06043	95.836	16.547	36
37	6.081	0.1644	0.00984	0.05984	101.628	16.711	37
38	6.385	0.1566	0.00928	0.05928	107.710	16.868	38
39	6.705	0.1491	0.00876	0.05876	114.095	17.017	39
40	7.040	0.1420	0.00828	0.05828	120.800	17.159	40
41	7.392	0.1353	0.00782	0.05782	127.840	17.294	41
42	7.762	0.1288	0.00739	0.05739	135.232	17.423	42
43	8.150	0.1227	0.00699	0.05699	142.993	17.546	43
44	8.557	0.1169	0.00662	0.05662	151.143	17.663	44
45	8.985	0.1113	0.00626	0.05626	159.700	17.774	45
46	9.434	0.1060	0.00593	0.05593	168.685	17.880	46
47	9.906	0.1009	0.00561	0.05561	178.119	17.981	47
48	10.401	0.0961	0.00532	0.05532	188.025	18.077	48
49	10.921	0.0916	0.00504	0.05504	198.427	18.169	49
50	11.467	0.0872	0.00478	0.05478	209.348	18.256	50

5% Compound Interest Factors

n	SINGLE PAYMENT		UNIFORM SERIES				n
	Compound Amount Factor caf'	Present Worth Factor pwf'	Sinking Fund Factor sff	Capital Recovery Factor crf	Compound Amount Factor caf	Present Worth Factor pwf	
	Given P To find S (1+i)^n	Given S To find P 1/(1+i)^n	Given S To find R i/{(1+i)^n-1}	Given P To find R i(1+i)^n/{(1+i)^n-1}	Given R To find S {(1+i)^n-1}/i	Given R To find P {(1+i)^n-	
51	12.041	0.0831	0.00453	0.05453	220.815	18.339	51
52	12.643	0.0791	0.00429	0.05429	232.856	18.418	52
53	13.275	0.0753	0.00407	0.05407	245.499	18.493	53
54	13.939	0.0717	0.00386	0.05386	258.774	18.565	54
55	14.636	0.0683	0.00367	0.05367	272.713	18.633	55
56	15.367	0.0651	0.00348	0.05348	287.348	18.699	56
57	16.136	0.0620	0.00330	0.05330	302.716	18.761	57
58	16.943	0.0590	0.00314	0.05314	318.851	18.820	58
59	17.790	0.0562	0.00298	0.05298	335.794	18.876	59
60	18.679	0.0535	0.00283	0.05283	353.584	18.929	60
61	19.613	0.0510	0.00269	0.05269	372.263	18.980	61
62	20.594	0.0486	0.00255	0.05255	391.876	19.029	62
63	21.623	0.0462	0.00242	0.05242	412.470	19.075	63
64	22.705	0.0440	0.00230	0.05230	434.093	19.119	64
65	23.840	0.0419	0.00219	0.05219	456.798	19.161	65
66	25.032	0.0399	0.00208	0.05208	480.638	19.201	66
67	26.283	0.0380	0.00198	0.05198	505.670	19.239	67
68	27.598	0.0362	0.00188	0.05188	531.953	19.275	68
69	28.978	0.0345	0.00179	0.05179	559.551	19.310	69
70	30.426	0.0329	0.00170	0.05170	588.529	19.343	70
71	31.948	0.0313	0.00162	0.05162	618.955	19.374	71
72	33.545	0.0298	0.00154	0.05154	650.903	19.404	72
73	35.222	0.0284	0.00146	0.05146	684.448	19.432	73
74	36.984	0.0270	0.00139	0.05139	719.670	19.459	74
75	38.833	0.0258	0.00132	0.05132	756.654	19.485	75
76	40.774	0.0245	0.00126	0.05126	795.486	19.509	76
77	42.813	0.0234	0.00120	0.05120	836.261	19.533	77
78	44.954	0.0222	0.00114	0.05114	879.074	19.555	78
79	47.201	0.0212	0.00108	0.05108	924.027	19.576	79
80	49.561	0.0202	0.00103	0.05103	971.229	19.596	80
81	52.040	0.0192	0.00098	0.05098	1020.790	19.616	81
82	54.641	0.0183	0.00093	0.05093	1072.830	19.634	82
83	57.374	0.0174	0.00089	0.05089	1127.471	19.651	83
84	60.242	0.0166	0.00084	0.05084	1184.845	19.668	84
85	63.254	0.0158	0.00080	0.05080	1245.087	19.684	85
86	66.417	0.0151	0.00076	0.05076	1308.341	19.699	86
87	69.738	0.0143	0.00073	0.05073	1374.758	19.713	87
88	73.225	0.0137	0.00069	0.05069	1444.496	19.727	88
89	76.886	0.0130	0.00066	0.05066	1517.721	19.740	89
90	80.730	0.0124	0.00063	0.05063	1594.607	19.752	90
91	84.767	0.0118	0.00060	0.05060	1675.338	19.764	91
92	89.005	0.0112	0.00057	0.05057	1760.105	19.775	92
93	93.455	0.0107	0.00054	0.05054	1849.110	19.786	93
94	98.128	0.0102	0.00051	0.05051	1942.565	19.796	94
95	103.035	0.0097	0.00049	0.05049	2040.694	19.806	95
96	108.186	0.0092	0.00047	0.05047	2143.728	19.815	96
97	113.596	0.0088	0.00044	0.05044	2251.915	19.824	97
98	119.276	0.0084	0.00042	0.05042	2365.510	19.832	98
99	125.239	0.0080	0.00040	0.05040	2484.786	19.840	99
100	131.501	0.0076	0.00038	0.05038	2610.025	19.848	100

5.5% Compound Interest Factors

n	SINGLE PAYMENT		UNIFORM SERIES				n
	Compound Amount Factor caf'	Present Worth Factor pwf'	Sinking Fund Factor sff	Capital Recovery Factor crf	Compound Amount Factor caf	Present Worth Factor pwf	
	Given P To find S (1+i)^n	Given S To find P 1/(1+i)^n	Given S To find R i/{(1+i)^n-1}	Given P To find R i(1+i)^n/{(1+i)^n-1}	Given R To find S {(1+i)^n-1}/i	Given R To find P {(1+i)^n-	
1	1.055	0.9479	1.00000	1.05500	1.000	0.948	1
2	1.113	0.8985	0.48662	0.54162	2.055	1.846	2
3	1.174	0.8516	0.31565	0.37065	3.168	2.698	3
4	1.239	0.8072	0.23029	0.28529	4.342	3.505	4
5	1.307	0.7651	0.17918	0.23418	5.581	4.270	5
6	1.379	0.7252	0.14518	0.20018	6.888	4.996	6
7	1.455	0.6874	0.12096	0.17596	8.267	5.683	7
8	1.535	0.6516	0.10286	0.15786	9.722	6.335	8
9	1.619	0.6176	0.08884	0.14384	11.256	6.952	9
10	1.708	0.5854	0.07767	0.13267	12.875	7.538	10
11	1.802	0.5549	0.06857	0.12357	14.583	8.093	11
12	1.901	0.5260	0.06103	0.11603	16.386	8.619	12
13	2.006	0.4986	0.05468	0.10968	18.287	9.117	13
14	2.116	0.4726	0.04928	0.10428	20.293	9.590	14
15	2.232	0.4479	0.04463	0.09963	22.409	10.038	15
16	2.355	0.4246	0.04058	0.09558	24.641	10.462	16
17	2.485	0.4024	0.03704	0.09204	26.996	10.865	17
18	2.621	0.3815	0.03392	0.08892	29.481	11.246	18
19	2.766	0.3616	0.03115	0.08615	32.103	11.608	19
20	2.918	0.3427	0.02868	0.08368	34.868	11.950	20
21	3.078	0.3249	0.02646	0.08146	37.786	12.275	21
22	3.248	0.3079	0.02447	0.07947	40.864	12.583	22
23	3.426	0.2919	0.02267	0.07767	44.112	12.875	23
24	3.615	0.2767	0.02104	0.07604	47.538	13.152	24
25	3.813	0.2622	0.01955	0.07455	51.153	13.414	25
26	4.023	0.2480	0.01019	0.07319	54.966	13.662	26
27	4.244	0.2356	0.01695	0.07195	58.989	13.898	27
28	4.478	0.2233	0.01581	0.07081	63.234	14.121	28
29	4.724	0.2117	0.01477	0.06977	67.711	14.333	29
30	4.984	0.2006	0.01381	0.06881	72.435	14.534	30
31	5.258	0.1902	0.01292	0.06792	77.419	14.724	31
32	5.547	0.1803	0.01210	0.06710	82.677	14.904	32
33	5.852	0.1709	0.01133	0.06633	88.225	15.075	33
34	6.174	0.1620	0.01063	0.06563	94.077	15.237	34
35	6.514	0.1535	0.00997	0.06497	100.251	15.391	35
36	6.872	0.1455	0.00937	0.06437	106.765	15.536	36
37	7.250	0.1379	0.00880	0.06380	113.637	15.674	37
38	7.649	0.1307	0.00827	0.06327	120.887	15.805	38
39	8.069	0.1239	0.00770	0.06278	128.536	15.929	39
40	8.513	0.1175	0.00732	0.06232	136.606	16.046	40
41	8.982	0.1113	0.00689	0.06189	145.119	16.157	41
42	9.476	0.1055	0.00649	0.06149	154.100	16.263	42
43	9.997	0.1000	0.00611	0.06111	163.576	16.363	43
44	10.546	0.0948	0.00576	0.06076	173.573	16.458	44
45	11.127	0.0899	0.00543	0.06043	184.119	16.548	45
46	11.739	0.0852	0.00512	0.06012	195.246	16.633	46
47	12.384	0.0807	0.00483	0.05983	206.984	16.714	47
48	13.065	0.0765	0.00456	0.05956	219.368	16.790	48
49	13.784	0.0725	0.00430	0.05930	232.434	16.863	49
50	14.542	0.0688	0.00406	0.05906	246.217	16.932	50

5.5% Compound Interest Factors

n	SINGLE PAYMENT		UNIFORM SERIES				n
	Compound Amount Factor caf'	Present Worth Factor pwf'	Sinking Fund Factor sff	Capital Recovery Factor crf	Compound Amount Factor caf	Present Worth Factor pwf	
	Given P To find S (1+i)^n	Given S To find P 1/(1+i)^n	Given S To find R i/{(1+i)^n-1}	Given P To find R i(1+i)^n/{(1+i)^n-1}	Given R To find S {(1+i)^n-1}/i	Given R To find P {(1+i)^n-	
51	15.342	0.0652	0.00383	0.05883	260.759	16.997	51
52	16.186	0.0618	0.00362	0.05862	276.101	17.058	52
53	17.076	0.0586	0.00342	0.05842	292.287	17.117	53
54	18.015	0.0555	0.00323	0.05823	309.363	17.173	54
55	19.006	0.0526	0.00305	0.05805	327.377	17.225	55
56	20.051	0.0499	0.00289	0.05789	346.383	17.275	56
57	21.154	0.0473	0.00273	0.05773	366.434	17.322	57
58	22.317	0.0448	0.00258	0.05758	387.588	17.367	58
59	23.545	0.0425	0.00244	0.05744	409.906	17.410	59
60	24.840	0.0403	0.00231	0.05731	433.450	17.450	60
61	26.206	0.0382	0.00218	0.05718	458.290	17.488	61
62	27.647	0.0362	0.00206	0.05706	484.496	17.524	62
63	29.168	0.0343	0.00195	0.05695	512.143	17.558	63
64	30.772	0.0325	0.00185	0.05685	541.311	17.591	64
65	32.465	0.0308	0.00175	0.05675	572.083	17.622	65
66	34.250	0.0292	0.00165	0.05665	604.548	17.651	66
67	36.134	0.0277	0.00157	0.05657	638.798	17.679	67
68	38.121	0.0262	0.00148	0.05648	674.932	17.705	68
69	40.218	0.0249	0.00140	0.05640	713.053	17.730	69
70	42.430	0.0236	0.00133	0.05633	753.271	17.753	70
71	44.764	0.0223	0.00126	0.05626	795.701	17.776	71
72	47.226	0.0212	0.00119	0.05619	840.465	17.797	72
73	49.823	0.0201	0.00113	0.05613	887.690	17.817	73
74	52.563	0.0190	0.00107	0.05607	937.513	17.836	74
75	55.454	0.0180	0.00101	0.05601	990.076	17.854	75
76	58.504	0.0171	0.00096	0.05596	1045.531	17.871	76
77	61.722	0.0162	0.00091	0.05591	1104.035	17.887	77
78	65.117	0.0154	0.00086	0.05586	1165.757	17.903	78
79	68.698	0.0146	0.00081	0.05581	1230.873	17.917	79
80	72.476	0.0138	0.00077	0.05577	1299.571	17.931	80
81	76.463	0.0131	0.00073	0.05573	1372.048	17.944	81
82	80.668	0.0124	0.00069	0.05569	1448.510	17.956	82
83	85.105	0.0118	0.00065	0.05565	1529.179	17.968	83
84	89.786	0.0111	0.00062	0.05562	1614.283	17.979	84
85	94.724	0.0106	0.00059	0.05559	1704.069	17.990	85
86	99.934	0.0100	0.00056	0.05556	1798.793	18.000	86
87	105.430	0.0095	0.00053	0.05553	1898.726	18.009	87
88	111.229	0.0090	0.00050	0.05550	2004.156	18.018	88
89	117.346	0.0085	0.00047	0.05547	2115.385	18.027	89
90	123.800	0.0081	0.00045	0.05545	2232.731	18.035	90
91	130.609	0.0077	0.00042	0.05542	2356.531	18.043	91
92	137.793	0.0073	0.00040	0.05540	2487.140	18.050	92
93	145.371	0.0069	0.00038	0.05538	2624.933	18.057	93
94	153.367	0.0065	0.00036	0.05536	2770.304	18.063	94
95	161.802	0.0062	0.00034	0.05534	2923.671	18.069	95
96	170.701	0.0059	0.00032	0.05532	3085.473	18.075	96
97	180.090	0.0056	0.00031	0.05531	3256.174	18.081	97
98	189.995	0.0053	0.00029	0.05529	3436.264	18.086	98
99	200.444	0.0050	0.00028	0.05528	3626.258	18.091	99
100	211.469	0.0047	0.00026	0.05526	3826.702	18.096	100

6% Compound Interest Factors

n	SINGLE PAYMENT		UNIFORM SERIES				n
	Compound Amount Factor caf'	Present Worth Factor pwf'	Sinking Fund Factor sff	Capital Recovery Factor crf	Compound Amount Factor caf	Present Worth Factor pwf	
	Given P To find S (1+i)^n	Given S To find P 1/(1+i)^n	Given S To find R i/{(1+i)^n-1}	Given P To find R i(1+i)^n/{(1+i)^n-1}	Given R To find S {(1+i)^n-1}/i	Given R To find P {(1+i)^n-1}/{i(1+i)^n}	
1	1.060	0.9434	1.00000	1.06000	1.000	0.943	1
2	1.124	0.8900	0.48544	0.54544	2.060	1.833	2
3	1.191	0.8396	0.31411	0.37411	3.184	2.673	3
4	1.262	0.7921	0.22859	0.28859	4.375	3.465	4
5	1.338	0.7473	0.17740	0.23740	5.637	4.212	5
6	1.419	0.7050	0.14336	0.20336	6.975	4.917	6
7	1.504	0.6651	0.11914	0.17914	8.394	5.582	7
8	1.594	0.6274	0.10104	0.16104	9.897	6.210	8
9	1.689	0.5919	0.08702	0.14702	11.491	6.802	9
10	1.791	0.5584	0.07587	0.13587	13.181	7.360	10
11	1.898	0.5268	0.06679	0.12679	14.972	7.887	11
12	2.012	0.4970	0.05928	0.11928	16.870	8.384	12
13	2.133	0.4688	0.05296	0.11296	18.882	8.853	13
14	2.261	0.4423	0.04758	0.10758	21.015	9.295	14
15	2.397	0.4173	0.04296	0.10296	23.276	9.712	15
16	2.540	0.3936	0.03895	0.09895	25.673	10.106	16
17	2.693	0.3714	0.03544	0.09544	28.213	10.477	17
18	2.854	0.3503	0.03236	0.09236	30.906	10.828	18
19	3.026	0.3305	0.02962	0.08962	33.760	11.158	19
20	3.207	0.3118	0.02718	0.08718	36.786	11.470	20
21	3.400	0.2942	0.02500	0.08500	39.993	11.764	21
22	3.604	0.2775	0.02305	0.08305	43.392	12.042	22
23	3.820	0.2618	0.02128	0.08128	46.996	12.303	23
24	4.049	0.2470	0.01968	0.07968	50.816	12.550	24
25	4.292	0.2330	0.01823	0.07823	54.865	12.783	25
26	4.549	0.2198	0.01690	0.07690	59.156	13.003	26
27	4.822	0.2074	0.01570	0.07570	63.706	13.211	27
28	5.112	0.1956	0.01459	0.07459	68.528	13.406	28
29	5.418	0.1846	0.01358	0.07358	73.640	13.591	29
30	5.743	0.1741	0.01265	0.07265	79.058	13.765	30
31	6.088	0.1643	0.01179	0.07179	84.802	13.929	31
32	6.453	0.1550	0.01100	0.07100	90.890	14.084	32
33	6.841	0.1462	0.01027	0.07027	97.343	14.230	33
34	7.251	0.1379	0.00960	0.06960	104.184	14.368	34
35	7.686	0.1301	0.00897	0.06897	111.435	14.498	35
36	8.147	0.1227	0.00839	0.06839	119.121	14.621	36
37	8.636	0.1158	0.00786	0.06786	127.268	14.737	37
38	9.154	0.1092	0.00736	0.06736	135.904	14.846	38
39	9.704	0.1031	0.00689	0.06689	145.058	14.949	39
40	10.286	0.0972	0.00646	0.06646	154.762	15.046	40
41	10.903	0.0917	0.00606	0.06606	165.048	15.138	41
42	11.557	0.0865	0.00568	0.06568	175.951	15.225	42
43	12.250	0.0816	0.00533	0.06533	187.508	15.306	43
44	12.985	0.0770	0.00501	0.06501	199.758	15.383	44
45	13.765	0.0727	0.00470	0.06470	212.744	15.456	45
46	14.590	0.0685	0.00441	0.06441	226.508	15.524	46
47	15.466	0.0647	0.00415	0.06415	241.099	15.589	47
48	16.394	0.0610	0.00390	0.06390	256.565	15.650	48
49	17.378	0.0575	0.00366	0.06366	272.958	15.708	49
50	18.420	0.0543	0.00344	0.06344	290.336	15.762	50

6% Compound Interest Factors

n	SINGLE PAYMENT		UNIFORM SERIES				n
	Compound Amount Factor caf'	Present Worth Factor pwf'	Sinking Fund Factor sff	Capital Recovery Factor crf	Compound Amount Factor caf	Present Worth Factor pwf	
	Given P To find S (1+i)^n	Given S To find P 1/(1+i)^n	Given S To find R i/{(1+i)^n-1}	Given P To find R i(1+i)^n/{(1+i)^n-1}	Given R To find S {(1+i)^n-1}/i	Given R To find P {(1+i)^n-1}/{i(1+i)^n}	
51	19.525	0.0512	0.00324	0.06324	308.756	15.813	51
52	20.697	0.0483	0.00305	0.06305	328.281	15.861	52
53	21.939	0.0456	0.00287	0.06287	348.978	15.907	53
54	23.255	0.0430	0.00270	0.06270	370.917	15.950	54
55	24.650	0.0406	0.00254	0.06254	394.172	15.991	55
56	26.129	0.0383	0.00239	0.06239	418.822	16.029	56
57	27.697	0.0361	0.00225	0.06225	444.952	16.065	57
58	29.359	0.0341	0.00212	0.06212	472.649	16.099	58
59	31.120	0.0321	0.00199	0.06199	502.008	16.131	59
60	32.988	0.0303	0.00188	0.06188	533.128	16.161	60
61	34.967	0.0286	0.00177	0.06177	566.116	16.190	61
62	37.065	0.0270	0.00166	0.06166	601.083	16.217	62
63	39.289	0.0255	0.00157	0.06157	638.148	16.242	63
64	41.646	0.0240	0.00148	0.06148	677.437	16.266	64
65	44.145	0.0227	0.00139	0.06139	719.083	16.289	65
66	46.794	0.0214	0.00131	0.06131	763.228	16.310	66
67	49.601	0.0202	0.00123	0.06123	810.022	16.331	67
68	52.577	0.0190	0.00116	0.06116	859.623	16.350	68
69	55.732	0.0179	0.00110	0.06110	912.200	16.368	69
70	59.076	0.0169	0.00103	0.06103	967.932	16.385	70
71	62.620	0.0160	0.00097	0.06097	1027.008	16.401	71
72	66.378	0.0151	0.00092	0.06092	1089.629	16.416	72
73	70.360	0.0142	0.00087	0.06087	1156.006	16.430	73
74	74.582	0.0134	0.00082	0.06082	1226.367	16.443	74
75	79.057	0.0126	0.00077	0.06077	1300.949	16.456	75
76	83.800	0.0119	0.00072	0.06072	1380.006	16.468	76
77	88.828	0.0113	0.00068	0.06068	1463.806	16.479	77
78	94.158	0.0106	0.00064	0.06064	1552.634	16.490	78
79	99.808	0.0100	0.00061	0.06061	1646.792	16.500	79
80	105.796	0.0095	0.00057	0.06057	1746.600	16.509	80
81	112.144	0.0089	0.00054	0.06054	1852.396	16.518	81
82	118.872	0.0084	0.00051	0.06051	1964.540	16.526	82
83	126.005	0.0079	0.00048	0.06048	2083.412	16.534	83
84	133.565	0.0075	0.00045	0.06045	2209.417	16.542	84
85	141.579	0.0071	0.00043	0.06043	2342.982	16.549	85
86	150.074	0.0067	0.00040	0.06040	2484.561	16.556	86
87	159.078	0.0063	0.00038	0.06038	2634.634	16.562	87
88	168.623	0.0059	0.00036	0.06036	2793.712	16.568	88
89	178.740	0.0056	0.00034	0.06034	2962.335	16.573	89
90	189.465	0.0053	0.00032	0.06032	3141.075	16.579	90
91	200.832	0.0050	0.00030	0.06030	3330.540	16.584	91
92	212.882	0.0047	0.00028	0.06028	3531.372	16.588	92
93	225.655	0.0044	0.00027	0.06027	3744.254	16.593	93
94	239.195	0.0042	0.00025	0.06025	3969.910	16.597	94
95	253.546	0.0039	0.00024	0.06024	4209.104	16.601	95
96	268.759	0.0037	0.00022	0.06022	4462.651	16.605	96
97	284.885	0.0035	0.00021	0.06021	4731.410	16.608	97
98	301.978	0.0033	0.00020	0.06020	5016.294	16.611	98
99	320.096	0.0031	0.00019	0.06019	5318.272	16.615	99
100	339.302	0.0029	0.00018	0.06018	5638.368	16.618	100

7% Compound Interest Factors

n	SINGLE PAYMENT		UNIFORM SERIES				n
	Compound Amount Factor caf'	Present Worth Factor pwf'	Sinking Fund Factor sff	Capital Recovery Factor crf	Compound Amount Factor caf	Present Worth Factor pwf	
	Given P To find S (1+i)^n	Given S To find P 1/(1+i)^n	Given S To find R i/{(1+i)^n-1}	Given P To find R i(1+i)^n/{(1+i)^n-	Given R To find S {(1+i)^n-1}/i	Given R To find P {(1+i)^n-1}/{i(1+i)^n}	
1	1.070	0.9346	1.00000	1.07000	1.000	0.935	1
2	1.145	0.8734	0.48309	0.55309	2.070	1.808	2
3	1.225	0.8163	0.31105	0.38105	3.215	2.624	3
4	1.311	0.7629	0.22523	0.29523	4.440	3.387	4
5	1.403	0.7130	0.17389	0.24389	5.751	4.100	5
6	1.501	0.6663	0.13980	0.20980	7.153	4.767	6
7	1.606	0.6227	0.11555	0.18555	8.654	5.389	7
8	1.718	0.5820	0.09747	0.16747	10.260	5.971	8
9	1.838	0.5439	0.08349	0.15349	11.978	6.515	9
10	1.967	0.5083	0.07238	0.14238	13.816	7.024	10
11	2.105	0.4751	0.06336	0.13336	15.784	7.499	11
12	2.252	0.4440	0.05590	0.12590	17.888	7.943	12
13	2.410	0.4150	0.04965	0.11965	20.141	8.358	13
14	2.579	0.3878	0.04434	0.11434	22.550	8.745	14
15	2.759	0.3624	0.03979	0.10979	25.129	9.108	15
16	2.952	0.3387	0.03586	0.10586	27.888	9.447	16
17	3.159	0.3166	0.03243	0.10243	30.840	9.763	17
18	3.380	0.2959	0.02941	0.09941	33.999	10.059	18
19	3.617	0.2765	0.02675	0.09675	37.379	10.336	19
20	3.870	0.2584	0.02439	0.09439	40.995	10.594	20
21	4.141	0.2415	0.02229	0.09229	44.865	10.836	21
22	4.430	0.2257	0.02041	0.09041	49.006	11.061	22
23	4.741	0.2109	0.01871	0.08871	53.436	11.272	23
24	5.072	0.1971	0.01719	0.08719	58.177	11.469	24
25	5.427	0.1842	0.01581	0.08581	63.249	11.654	25
26	5.807	0.1722	0.01456	0.08456	68.676	11.826	26
27	6.214	0.1609	0.01343	0.08343	74.484	11.987	27
28	6.649	0.1504	0.01239	0.08239	80.698	12.137	28
29	7.114	0.1406	0.01145	0.08145	87.347	12.278	29
30	7.612	0.1314	0.01059	0.08059	94.461	12.409	30
31	8.145	0.1228	0.00980	0.07980	102.073	12.532	31
32	8.715	0.1147	0.00907	0.07907	110.218	12.647	32
33	9.325	0.1072	0.00841	0.07841	118.933	12.754	33
34	9.978	0.1002	0.00780	0.07780	128.259	12.854	34
35	10.677	0.0937	0.00723	0.07723	138.237	12.948	35
36	11.424	0.0875	0.00672	0.07672	148.913	13.035	36
37	12.224	0.0818	0.00624	0.07624	160.337	13.117	37
38	13.079	0.0765	0.00580	0.07580	172.561	13.193	38
39	13.995	0.0715	0.00530	0.07539	185.640	13.265	39
40	14.974	0.0668	0.00501	0.07501	199.635	13.332	40
41	16.023	0.0624	0.00466	0.07466	214.610	13.394	41
42	17.144	0.0583	0.00434	0.07434	230.632	13.452	42
43	18.344	0.0545	0.00404	0.07404	247.776	13.507	43
44	19.628	0.0509	0.00376	0.07376	266.121	13.558	44
45	21.002	0.0476	0.00350	0.07350	285.749	13.606	45
46	22.473	0.0445	0.00326	0.07326	306.752	13.650	46
47	24.046	0.0416	0.00304	0.07304	329.224	13.692	47
48	25.729	0.0389	0.00283	0.07283	353.270	13.730	48
49	27.530	0.0363	0.00264	0.07264	378.999	13.767	49
50	29.457	0.0339	0.00246	0.07246	406.529	13.801	50

7% Compound Interest Factors

n	SINGLE PAYMENT		UNIFORM SERIES				n
	Compound Amount Factor caf'	Present Worth Factor pwf'	Sinking Fund Factor sff	Capital Recovery Factor crf	Compound Amount Factor caf	Present Worth Factor pwf	
	Given P To find S (1+i)^n	Given S To find P 1/(1+i)^n	Given S To find R i/{(1+i)^n-1}	Given P To find R i(1+i)^n/{(1+i)^n-	Given R To find S {(1+i)^n-1}/i	Given R To find P {(1+i)^n-1}/{i(1+i)^n}	
51	31.519	0.0317	0.00229	0.07229	435.986	13.832	51
52	33.725	0.0297	0.00214	0.07214	467.505	13.862	52
53	36.086	0.0277	0.00200	0.07200	501.230	13.890	53
54	38.612	0.0259	0.00186	0.07186	537.316	13.916	54
55	41.315	0.0242	0.00174	0.07174	575.929	13.940	55
56	44.207	0.0226	0.00162	0.07162	617.244	13.963	56
57	47.302	0.0211	0.00151	0.07151	661.451	13.984	57
58	50.613	0.0198	0.00141	0.07141	708.752	14.003	58
59	54.156	0.0185	0.00132	0.07132	759.365	14.022	59
60	57.946	0.0173	0.00123	0.07123	813.520	14.039	60
61	62.003	0.0161	0.00115	0.07115	871.467	14.055	61
62	66.343	0.0151	0.00107	0.07107	933.469	14.070	62
63	70.987	0.0141	0.00100	0.07100	999.812	14.084	63
64	75.956	0.0132	0.00093	0.07093	1070.799	14.098	64
65	81.273	0.0123	0.00087	0.07087	1146.755	14.110	65
66	86.962	0.0115	0.00081	0.07081	1228.028	14.121	66
67	93.049	0.0107	0.00076	0.07076	1314.990	14.132	67
68	99.563	0.0100	0.00071	0.07071	1408.039	14.142	68
69	106.532	0.0094	0.00066	0.07066	1507.602	14.152	69
70	113.989	0.0088	0.00062	0.07062	1614.134	14.160	70
71	121.969	0.0082	0.00058	0.07058	1728.124	14.169	71
72	130.506	0.0077	0.00054	0.07054	1850.092	14.176	72
73	139.642	0.0072	0.00050	0.07050	1980.599	14.183	73
74	149.417	0.0067	0.00047	0.07047	2120.241	14.190	74
75	159.876	0.0063	0.00044	0.07044	2269.657	14.196	75
76	171.067	0.0058	0.00041	0.07041	2429.533	14.202	76
77	183.042	0.0055	0.00038	0.07038	2600.601	14.208	77
78	195.855	0.0051	0.00036	0.07036	2783.643	14.213	78
79	209.565	0.0048	0.00034	0.07034	2979.498	14.218	79
80	224.234	0.0045	0.00031	0.07031	3189.063	14.222	80
81	239.931	0.0042	0.00029	0.07029	3413.297	14.226	81
82	256.726	0.0039	0.00027	0.07027	3653.228	14.230	82
83	274.697	0.0036	0.00026	0.07026	3909.954	14.234	83
84	293.926	0.0034	0.00024	0.07024	4184.651	14.237	84
85	314.500	0.0032	0.00022	0.07022	4478.576	14.240	85
86	336.515	0.0030	0.00021	0.07021	4793.076	14.243	86
87	360.071	0.0028	0.00019	0.07019	5129.592	14.246	87
88	385.276	0.0026	0.00018	0.07018	5489.663	14.249	88
89	412.246	0.0024	0.00017	0.07017	5874.940	14.251	89
90	441.103	0.0023	0.00016	0.07016	6287.185	14.253	90
91	471.980	0.0021	0.00015	0.07015	6728.288	14.255	91
92	505.019	0.0020	0.00014	0.07014	7200.269	14.257	92
93	540.370	0.0019	0.00013	0.07013	7705.287	14.259	93
94	578.196	0.0017	0.00012	0.07012	8245.658	14.261	94
95	618.670	0.0016	0.00011	0.07011	8823.854	14.263	95
96	661.977	0.0015	0.00011	0.07011	9442.523	14.264	96
97	708.315	0.0014	0.00010	0.07010	10104.500	14.266	97
98	757.897	0.0013	0.00009	0.07009	10812.815	14.267	98
99	810.950	0.0012	0.00009	0.07009	11570.712	14.268	99
100	867.716	0.0012	0.00008	0.07008	12381.662	14.269	100

8% Compound Interest Factors

n	SINGLE PAYMENT		UNIFORM SERIES				n
	Compound Amount Factor caf'	Present Worth Factor pwf'	Sinking Fund Factor sff	Capital Recovery Factor crf	Compound Amount Factor caf	Present Worth Factor pwf	
	Given P To find S (1+i)^n	Given S To find P 1/(1+i)^n	Given S To find R i/{(1+i)^n-1}	Given P To find R i(1+i)^n/{(1+i)^n-1}	Given R To find S {(1+i)^n-1}/i	Given R To find P {(1+i)^n-1}/{i(1+i)^n}	
1	1.080	0.9259	1.00000	1.08000	1.000	0.926	1
2	1.166	0.8573	0.48077	0.56077	2.080	1.783	2
3	1.260	0.7938	0.30803	0.38803	3.246	2.577	3
4	1.360	0.7350	0.22192	0.30192	4.506	3.312	4
5	1.469	0.6806	0.17046	0.25046	5.867	3.993	5
6	1.587	0.6302	0.13632	0.21632	7.336	4.623	6
7	1.714	0.5835	0.11207	0.19207	8.923	5.206	7
8	1.851	0.5403	0.09401	0.17401	10.637	5.747	8
9	1.999	0.5002	0.08008	0.16008	12.488	6.247	9
10	2.159	0.4632	0.06903	0.14903	14.487	6.710	10
11	2.332	0.4289	0.06008	0.14008	16.645	7.139	11
12	2.518	0.3971	0.05270	0.13270	18.977	7.536	12
13	2.720	0.3677	0.04652	0.12652	21.495	7.904	13
14	2.937	0.3405	0.04130	0.12130	24.215	8.244	14
15	3.172	0.3152	0.03683	0.11683	27.152	8.559	15
16	3.426	0.2919	0.03298	0.11298	30.324	8.851	16
17	3.700	0.2703	0.02963	0.10963	33.750	9.122	17
18	3.996	0.2502	0.02670	0.10670	37.450	9.372	18
19	4.316	0.2317	0.02413	0.10413	41.446	9.604	19
20	4.661	0.2145	0.02185	0.10185	45.762	9.818	20
21	5.034	0.1987	0.01983	0.09983	50.423	10.017	21
22	5.437	0.1839	0.01803	0.09803	55.457	10.201	22
23	5.871	0.1703	0.01642	0.09642	60.893	10.371	23
24	6.341	0.1577	0.01498	0.09498	66.765	10.529	24
25	6.848	0.1460	0.01368	0.09368	73.106	10.675	25
26	7.396	0.1352	0.01251	0.09251	79.954	10.810	26
27	7.988	0.1252	0.01145	0.09145	87.351	10.935	27
28	8.627	0.1159	0.01049	0.09049	95.339	11.051	28
29	9.317	0.1073	0.00962	0.08962	103.966	11.158	29
30	10.063	0.0994	0.00883	0.08883	113.283	11.258	30
31	10.868	0.0920	0.00811	0.08811	123.346	11.350	31
32	11.737	0.0852	0.00745	0.08745	134.214	11.435	32
33	12.676	0.0789	0.00685	0.08685	145.951	11.514	33
34	13.690	0.0730	0.00630	0.08630	158.627	11.587	34
35	14.785	0.0676	0.00580	0.08580	172.317	11.655	35
36	15.968	0.0626	0.00534	0.08534	187.102	11.717	36
37	17.246	0.0580	0.00492	0.08492	203.070	11.775	37
38	18.625	0.0537	0.00454	0.08454	220.316	11.829	38
39	20.115	0.0497	0.00419	0.08419	238.941	11.879	39
40	21.725	0.0460	0.00386	0.08386	259.057	11.925	40
41	23.462	0.0426	0.00356	0.08356	280.781	11.967	41
42	25.339	0.0395	0.00329	0.08329	304.244	12.007	42
43	27.367	0.0365	0.00303	0.08303	329.583	12.043	43
44	29.556	0.0338	0.00280	0.08280	356.950	12.077	44
45	31.920	0.0313	0.00259	0.08259	386.506	12.108	45
46	34.474	0.0290	0.00239	0.08239	418.426	12.137	46
47	37.232	0.0269	0.00221	0.08221	452.900	12.164	47
48	40.211	0.0249	0.00204	0.08204	490.132	12.189	48
49	43.427	0.0230	0.00189	0.08189	530.343	12.212	49
50	46.902	0.0213	0.00174	0.08174	573.770	12.233	50

8% Compound Interest Factors

n	SINGLE PAYMENT		UNIFORM SERIES				n
	Compound Amount Factor caf'	Present Worth Factor pwf'	Sinking Fund Factor sff	Capital Recovery Factor crf	Compound Amount Factor caf	Present Worth Factor pwf	
	Given P To find S (1+i)^n	Given S To find P 1/(1+i)^n	Given S To find R i/[(1+i)^n-1]	Given P To find R i(1+i)^n/[(1+i)^n-1]	Given R To find S [(1+i)^n-1]/i	Given R To find P [(1+i)^n-1]/[i(1+i)^n]	
51	50.654	0.0197	0.00161	0.08161	620.672	12.253	51
52	54.706	0.0183	0.00149	0.08149	671.326	12.272	52
53	59.083	0.0169	0.00138	0.08138	726.032	12.288	53
54	63.809	0.0157	0.00127	0.08127	785.114	12.304	54
55	68.914	0.0145	0.00118	0.08118	848.923	12.319	55
56	74.427	0.0134	0.00109	0.08109	917.837	12.332	56
57	80.381	0.0124	0.00101	0.08101	992.264	12.344	57
58	86.812	0.0115	0.00093	0.08093	1072.645	12.356	58
59	93.757	0.0107	0.00086	0.08086	1159.457	12.367	59
60	101.257	0.0099	0.00080	0.08080	1253.213	12.377	60
61	109.358	0.0091	0.00074	0.08074	1354.470	12.386	61
62	118.106	0.0085	0.00068	0.08068	1463.828	12.394	62
63	127.555	0.0078	0.00063	0.08063	1581.934	12.402	63
64	137.759	0.0073	0.00058	0.08058	1709.489	12.409	64
65	148.780	0.0067	0.00054	0.08054	1847.248	12.416	65
66	160.682	0.0062	0.00050	0.08050	1996.028	12.422	66
67	173.537	0.0058	0.00046	0.08046	2156.710	12.428	67
68	187.420	0.0053	0.00043	0.08043	2330.247	12.433	68
69	202.413	0.0049	0.00040	0.08040	2517.667	12.438	69
70	218.606	0.0046	0.00037	0.08037	2720.080	12.443	70
71	236.095	0.0042	0.00034	0.08034	2938.686	12.447	71
72	254.983	0.0039	0.00031	0.08031	3174.781	12.451	72
73	275.381	0.0036	0.00029	0.08029	3429.764	12.455	73
74	297.412	0.0034	0.00027	0.08027	3705.145	12.458	74
75	321.205	0.0031	0.00025	0.08025	4002.557	12.461	75
76	346.901	0.0029	0.00023	0.08023	4323.761	12.464	76
77	374.653	0.0027	0.00021	0.08021	4670.662	12.467	77
78	404.625	0.0025	0.00020	0.08020	5045.315	12.469	78
79	436.995	0.0023	0.00018	0.08018	5449.940	12.471	79
80	471.955	0.0021	0.00017	0.08017	5886.935	12.474	80
81	509.711	0.0020	0.00016	0.08016	6358.890	12.475	81
82	550.488	0.0018	0.00015	0.08015	6868.601	12.477	82
83	594.527	0.0017	0.00013	0.08013	7419.090	12.479	83
84	642.089	0.0016	0.00012	0.08012	8013.617	12.481	84
85	693.456	0.0014	0.00012	0.08012	8655.706	12.482	85
86	748.933	0.0013	0.00011	0.08011	9349.163	12.483	86
87	808.848	0.0012	0.00010	0.08010	10098.096	12.485	87
88	873.555	0.0011	0.00009	.0.08009	10906.943	12.486	88
89	943.440	0.0011	0.00008	0.08008	11780.499	12.487	89
90	1018.915	0.0010	0.00008	0.08008	12723.939	12.488	90
91	1100.428	0.0009	0.00007	0.08007	13742.854	12.489	91
92	1188.463	0.0008	0.00007	0.08007	14843.282	12.489	92
93	1283.540	0.0008	0.00006	0.08006	16031.745	12.490	93
94	1386.223	0.0007	0.00006	0.08006	17315.284	12.491	94
95	1497.121	0.0007	0.00005	0.08005	18701.507	12.492	95
96	1616.890	0.0006	0.00005	0.08005	20198.627	12.492	96
97	1746.241	0.0006	0.00005	0.08005	21815.518	12.493	97
98	1885.941	0.0005	0.00004	0.08004	23561.759	12.493	98
99	2036.816	0.0005	0.00004	0.08004	25447.700	12.494	99
100	2199.761	0.0005	0.00004	0.08004	27484.516	12.494	100

10% Compound Interest Factors

n	SINGLE PAYMENT		UNIFORM SERIES				n
	Compound Amount Factor caf'	Present Worth Factor pwf'	Sinking Fund Factor sff	Capital Recovery Factor crf	Compound Amount Factor caf	Present Worth Factor pwf	
	Given P To find S (1+i)^n	Given S To find P 1/(1+i)^n	Given S To find R i/{(1+i)^n-1}	Given P To find R i(1+i)^n/{(1+i)^n-1}	Given R To find S {(1+i)^n-1}/i	Given R To find P {(1+i)^n-	
1	1.100	0.9091	1.00000	1.10000	1.000	0.909	1
2	1.210	0.8264	0.47619	0.57619	2.100	1.736	2
3	1.331	0.7513	0.30211	0.40211	3.310	2.487	3
4	1.464	0.6830	0.21547	0.31547	4.641	3.170	4
5	1.611	0.6209	0.16380	0.26380	6.105	3.791	5
6	1.772	0.5645	0.12961	0.22961	7.716	4.355	6
7	1.949	0.5132	0.10541	0.20541	9.487	4.868	7
8	2.144	0.4665	0.08744	0.18744	11.436	5.335	8
9	2.358	0.4241	0.07364	0.17364	13.579	5.759	9
10	2.594	0.3855	0.06275	0.16275	15.937	6.145	10
11	2.853	0.3505	0.05396	0.15396	18.531	6.495	11
12	3.138	0.3186	0.04676	0.14676	21.384	6.814	12
13	3.452	0.2897	0.04078	0.14078	24.523	7.103	13
14	3.797	0.2633	0.03575	0.13575	27.975	7.367	14
15	4.177	0.2394	0.03147	0.13147	31.772	7.606	15
16	4.595	0.2176	0.02782	0.12782	35.950	7.824	16
17	5.054	0.1970	0.02466	0.12466	40.545	8.022	17
18	5.560	0.1799	0.02193	0.12193	45.599	8.201	18
19	6.116	0.1635	0.01955	0.11955	51.159	8.365	19
20	6.727	0.1486	0.01746	0.11746	57.275	8.514	20
21	7.400	0.1351	0.01562	0.11562	64.002	8.649	21
22	8.140	0.1228	0.01401	0.11401	71.403	8.772	22
23	8.954	0.1117	0.01257	0.11257	79.543	8.883	23
24	9.850	0.1015	0.01130	0.11130	88.497	8.985	24
25	10.835	0.0923	0.01017	0.11017	98.347	9.077	25
26	11.910	0.0830	0.00916	0.10916	109.182	9.161	26
27	13.110	0.0763	0.00826	0.10826	121.100	9.237	27
28	14.421	0.0693	0.00745	0.10745	134.210	9.307	28
29	15.863	0.0630	0.00673	0.10673	148.631	9.370	29
30	17.449	0.0573	0.00608	0.10608	164.494	9.427	30
31	19.194	0.0521	0.00550	0.10550	181.943	9.479	31
32	21.114	0.0474	0.00497	0.10497	201.138	9.526	32
33	23.225	0.0431	0.00450	0.10450	222.252	9.569	33
34	25.548	0.0391	0.00407	0.10407	245.477	9.609	34
35	28.102	0.0356	0.00369	0.10369	271.024	9.644	35
36	30.913	0.0323	0.00334	0.10334	299.127	9.677	36
37	34.004	0.0294	0.00303	0.10303	330.039	9.706	37
38	37.404	0.0267	0.00275	0.10275	364.043	9.733	38
39	41.145	0.0243	0.00249	0.10249	401.448	9.757	39
40	45.259	0.0221	0.00226	0.10226	442.593	9.779	40
41	49.785	0.0201	0.00205	0.10205	487.852	9.799	41
42	54.764	0.0183	0.00186	0.10186	537.637	9.817	42
43	60.240	0.0166	0.00169	0.10169	592.401	9.834	43
44	66.264	0.0151	0.00153	0.10153	652.641	9.849	44
45	72.890	0.0137	0.00139	0.10139	718.905	9.863	45
46	80.180	0.0125	0.00126	0.10126	791.795	9.875	46
47	88.197	0.0113	0.00115	0.10115	871.975	9.887	47
48	97.017	0.0103	0.00104	0.10104	960.172	9.897	48
49	106.719	0.0094	0.00095	0.10095	1057.190	9.906	49
50	117.391	0.0085	0.00086	0.10086	1163.909	9.915	50

10% Compound Interest Factors

n	SINGLE PAYMENT		UNIFORM SERIES				n
	Compound Amount Factor caf'	Present Worth Factor pwf'	Sinking Fund Factor sff	Capital Recovery Factor crf	Compound Amount Factor caf	Present Worth Factor pwf	
	Given P To find S (1+i)^n	Given S To find P 1/(1+i)^n	Given S To find R i/{(1+i)^n-1}	Given P To find R i(1+i)^n/{(1+i)^n-1}	Given R To find S {(1+i)^n-1}/i	Given R To find P {(1+i)^n-	
51	129.130	0.0077	0.00078	0.10078	1281.299	9.923	51
52	142.043	0.0070	0.00071	0.10071	1410.429	9.930	52
53	156.247	0.0064	0.00064	0.10064	1552.472	9.936	53
54	171.872	0.0058	0.00059	0.10059	1708.719	9.942	54
55	189.059	0.0053	0.00053	0.10053	1880.591	9.947	55
56	207.965	0.0048	0.00048	0.10048	2069.651	9.952	56
57	228.762	0.0044	0.00044	0.10044	2277.616	9.956	57
58	251.638	0.0040	0.00040	0.10040	2506.377	9.960	58
59	276.801	0.0036	0.00036	0.10036	2758.015	9.964	59
60	304.482	0.0033	0.00033	0.10033	3034.816	9.967	60
61	334.930	0.0030	0.00030	0.10030	3339.298	9.970	61
62	368.423	0.0027	0.00027	0.10027	3674.228	9.973	62
63	405.265	0.0025	0.00025	0.10025	4042.651	9.975	63
64	445.792	0.0022	0.00022	0.10022	4447.916	9.978	64
65	490.371	0.0020	0.00020	0.10020	4893.707	9.980	65
66	539.408	0.0019	0.00019	0.10019	5384.078	9.981	66
67	593.349	0.0017	0.00017	0.10017	5923.486	9.983	67
68	652.683	0.0015	0.00015	0.10015	6516.834	9.985	68
69	717.952	0.0014	0.00014	0.10014	7169.518	9.986	69
70	789.747	0.0013	0.00013	0.10013	7887.470	9.987	70
71	868.722	0.0012	0.00012	0.10012	8677.217	9.988	71
72	955.594	0.0010	0.00010	0.10010	9545.938	9.990	72
73	1051.153	0.0010	0.00010	0.10010	10501.532	9.990	73
74	1156.269	0.0009	0.00009	0.10009	11552.685	9.991	74
75	1271.895	0.0008	0.00008	0.10008	12708.954	9.992	75
76	1399.085	0.0007	0.00007	0.10007	13980.849	9.993	76
77	1538.993	0.0006	0.00007	0.10007	15379.934	9.994	77
78	1692.893	0.0006	0.00006	0.10006	16918.927	9.994	78
79	1862.182	0.0005	0.00005	0.10005	18611.820	9.995	79
80	2048.400	0.0005	0.00005	0.10005	20474.002	9.995	80
81	2253.240	0.0004	0.00004	0.10004	22522.402	9.996	81
82	2478.564	0.0004	0.00004	0.10004	24775.643	9.996	82
83	2726.421	0.0004	0.00004	0.10004	27254.207	9.996	83
84	2999.063	0.0003	0.00003	0.10003	29980.628	9.997	84
85	3298.969	0.0003	0.00003	0.10003	32979.690	9.997	85
86	3628.866	0.0003	0.00003	0.10003	36278.659	9.997	86
87	3991.753	0.0003	0.00003	0.10003	39907.525	9.997	87
88	4390.928	0.0002	0.00002	0.10002	43899.278	9.998	88
89	4830.021	0.0002	0.00002	0.10002	48290.206	9.998	89
90	5313.023	0.0002	0.00002	0.10002	53120.226	9.998	90
91	5844.325	0.0002	0.00002	0.10002	58433.249	9.998	91
92	6428.757	0.0002	0.00002	0.10002	64277.574	9.998	92
93	7071.633	0.0001	0.00001	0.10001	70706.331	9.999	93
94	7778.796	0.0001	0.00001	0.10001	77777.964	9.999	94
95	8556.676	0.0001	0.00001	0.10001	85556.760	9.999	95
96	9412.344	0.0001	0.00001	0.10001	94113.437	9.999	96
97	10353.578	0.0001	0.00001	0.10001	103525.780	9.999	97
98	11388.936	0.0001	0.00001	0.10001	113879.358	9.999	98
99	12527.829	0.0001	0.00001	0.10001	125268.294	9.999	99
100	13780.612	0.0001	0.00001	0.10001	137796.123	9.999	100

12% Compound Interest Factors

n	SINGLE PAYMENT		UNIFORM SERIES				n
	Compound Amount Factor caf'	Present Worth Factor pwf'	Sinking Fund Factor sff	Capital Recovery Factor crf	Compound Amount Factor caf	Present Worth Factor pwf	
	Given P To find S (1+i)^n	Given S To find P 1/(1+i)^n	Given S To find R i/{(1+i)^n-	Given P To find R i(1+i)^n/{(1+i)^n-1}	Given R To find S {(1+i)^n-1}/i	Given R To find P {(1+i)^n-1}/{i(1+i)^n}	
1	1.120	0.8929	1.00000	1.12000	1.000	0.893	1
2	1.254	0.7972	0.47170	0.59170	2.120	1.690	2
3	1.405	0.7118	0.29635	0.41635	3.374	2.402	3
4	1.574	0.6355	0.20923	0.32923	4.779	3.037	4
5	1.762	0.5674	0.15741	0.27741	6.353	3.605	5
6	1.974	0.5066	0.12323	0.24323	8.115	4.111	6
7	2.211	0.4523	0.09912	0.21912	10.089	4.564	7
8	2.476	0.4039	0.08130	0.20130	12.300	4.968	8
9	2.773	0.3606	0.06768	0.18768	14.776	5.328	9
10	3.106	0.3220	0.05698	0.17698	17.549	5.650	10
11	3.479	0.2875	0.04842	0.16842	20.655	5.938	11
12	3.896	0.2567	0.04144	0.16144	24.133	6.194	12
13	4.363	0.2292	0.03568	0.15568	28.029	6.424	13
14	4.887	0.2046	0.03087	0.15087	32.393	6.628	14
15	5.474	0.1827	0.02682	0.14682	37.280	6.811	15
16	6.130	0.1631	0.02339	0.14339	42.753	6.974	16
17	6.866	0.1456	0.02046	0.14046	48.884	7.120	17
18	7.690	0.1300	0.01794	0.13794	55.750	7.250	18
19	8.613	0.1161	0.01576	0.13576	63.440	7.366	19
20	9.646	0.1037	0.01388	0.13388	72.052	7.469	20
21	10.804	0.0926	0.01224	0.13224	81.699	7.562	21
22	12.100	0.0826	0.01081	0.13081	92.503	7.645	22
23	13.552	0.0738	0.00956	0.12956	104.603	7.718	23
24	15.179	0.0659	0.00846	0.12846	118.155	7.784	24
25	17.000	0.0588	0.00750	0.12750	133.334	7.843	25
26	19.040	0.0525	0.00665	0.12665	150.334	7.896	26
27	21.325	0.0469	0.00590	0.12590	169.374	7.943	27
28	23.884	0.0419	0.00524	0.12524	190.699	7.984	28
29	26.750	0.0374	0.00466	0.12466	214.583	8.022	29
30	29.960	0.0334	0.00414	0.12414	241.333	8.055	30
31	33.555	0.0298	0.00369	0.12369	271.293	8.085	31
32	37.582	0.0266	0.00328	0.12328	304.848	8.112	32
33	42.092	0.0238	0.00292	0.12292	342.429	8.135	33
34	47.143	0.0212	0.00260	0.12260	384.521	8.157	34
35	52.800	0.0189	0.00232	0.12232	431.663	8.176	35
36	59.136	0.0169	0.00206	0.12206	484.463	8.192	36
37	66.232	0.0151	0.00184	0.12184	543.599	8.208	37
38	74.180	0.0135	0.00164	0.12164	609.831	8.221	38
39	83.081	0.0120	0.00146	0.12140	684.010	8.233	39
40	93.051	0.0107	0.00130	0.12130	767.091	8.244	40
41	104.217	0.0096	0.00116	0.12116	860.142	8.253	41
42	116.723	0.0086	0.00104	0.12104	964.359	8.262	42
43	130.730	0.0076	0.00092	0.12092	1081.083	8.270	43
44	146.418	0.0068	0.00083	0.12083	1211.813	8.276	44
45	163.988	0.0061	0.00074	0.12074	1358.230	8.283	45
46	183.666	0.0054	0.00066	0.12066	1522.218	8.288	46
47	205.706	0.0049	0.00059	0.12059	1705.884	8.293	47
48	230.391	0.0043	0.00052	0.12052	1911.590	8.297	48
49	258.038	0.0039	0.00047	0.12047	2141.981	8.301	49
50	289.002	0.0035	0.00042	0.12042	2400.018	8.304	50

n	SINGLE PAYMENT		UNIFORM SERIES				n
	Compound Amount Factor caf'	Present Worth Factor pwf'	Sinking Fund Factor sff	Capital Recovery Factor crf	Compound Amount Factor caf	Present Worth Factor pwf	
	Given P To find S (1+i)^n	Given S To find P 1/(1+i)^n	Given S To find R i/{(1+i)^n-	Given P To find R i(1+i)^n/{(1+i)^n-1}	Given R To find S {(1+i)^n-1}/i	Given R To find P {(1+i)^n-1}/{i(1+i)^n}	
51	323.682	0.0031	0.00037	0.12037	2689.020	8.308	51
52	362.524	0.0028	0.00033	0.12033	3012.703	8.310	52
53	406.027	0.0025	0.00030	0.12030	3375.227	8.313	53
54	454.751	0.0022	0.00026	0.12026	3781.255	8.315	54
55	509.321	0.0020	0.00024	0.12024	4236.005	8.317	55
56	570.439	0.0018	0.00021	0.12021	4745.326	8.319	56
57	638.892	0.0016	0.00019	0.12019	5315.765	8.320	57
58	715.559	0.0014	0.00017	0.12017	5954.656	8.322	58
59	801.426	0.0012	0.00015	0.12015	6670.215	8.323	59
60	897.597	0.0011	0.00013	0.12013	7471.641	8.324	60
61	1005.309	0.0010	0.00012	0.12012	8369.238	8.325	61
62	1125.946	0.0009	0.00011	0.12011	9374.547	8.326	62
63	1261.059	0.0008	0.00010	0.12010	10500.492	8.327	63
64	1412.386	0.0007	0.00009	0.12009	11761.551	8.327	64
65	1581.872	0.0006	0.00008	0.12008	13173.937	8.328	65
66	1771.697	0.0006	0.00007	0.12007	14755.810	8.329	66
67	1984.301	0.0005	0.00006	0.12006	16527.507	8.329	67
68	2222.417	0.0004	0.00005	0.12005	18511.808	8.330	68
69	2489.107	0.0004	0.00005	0.12005	20734.225	8.330	69
70	2787.800	0.0004	0.00004	0.12004	23223.332	8.330	70
71	3122.336	0.0003	0.00004	0.12004	26011.132	8.331	71
72	3497.016	0.0003	0.00003	0.12003	29133.468	8.331	72
73	3916.658	0.0003	0.00003	0.12003	32630.484	8.331	73
74	4386.657	0.0002	0.00003	0.12003	36547.142	8.331	74
75	4913.056	0.0002	0.00002	0.12002	40933.799	8.332	75
76	5502.623	0.0002	0.00002	0.12002	45846.855	8.332	76
77	6162.937	0.0002	0.00002	0.12002	51349.477	8.332	77
78	6902.490	0.0001	0.00002	0.12002	57512.414	8.332	78
79	7730.788	0.0001	0.00002	0.12002	64414.904	8.332	79
80	8658.483	0.0001	0.00001	0.12001	72145.693	8.332	80
81	9697.501	0.0001	0.00001	0.12001	80804.176	8.332	81
82	10861.201	0.0001	0.00001	0.12001	90501.677	8.333	82
83	12164.545	0.0001	0.00001	0.12001	101362.878	8.333	83
84	13624.291	0.0001	0.00001	0.12001	113527.423	8.333	84
85	15259.206	0.0001	0.00001	0.12001	127151.714	8.333	85
86	17090.310	0.0001	0.00001	0.12001	142410.920	8.333	86
87	19141.148	0.0001	0.00001	0.12001	159501.230	8.333	87
88	21438.085	0.0000	0.00001	0.12001	178642.378	8.333	88
89	24010.656	0.0000	0.00000	0.12000	200080.463	8.333	89
90	26891.934	0.0000	0.00000	0.12000	224091.119	8.333	90
91	30118.966	0.0000	0.00000	0.12000	250983.053	8.333	91
92	33733.242	0.0000	0.00000	0.12000	281102.019	8.333	92
93	37781.231	0.0000	0.00000	0.12000	314835.261	8.333	93
94	42314.979	0.0000	0.00000	0.12000	352616.493	8.333	94
95	47392.777	0.0000	0.00000	0.12000	394931.472	8.333	95
96	53079.910	0.0000	0.00000	0.12000	442324.248	8.333	96
97	59449.499	0.0000	0.00000	0.12000	495404.158	8.333	97
98	66583.439	0.0000	0.00000	0.12000	554853.657	8.333	98
99	74573.452	0.0000	0.00000	0.12000	621437.096	8.333	99
100	83522.266	0.0000	0.00000	0.12000	696010.548	8.333	100

15% Compound Interest Factors

n	SINGLE PAYMENT		UNIFORM SERIES				n
	Compound Amount Factor caf'	Present Worth Factor pwf'	Sinking Fund Factor sff	Capital Recovery Factor crf	Compound Amount Factor caf	Present Worth Factor pwf	
	Given P To find S (1+i)^n	Given S To find P 1/(1+i)^n	Given S To find R i/{(1+i)^n-1}	Given P To find R i(1+i)^n/{(1+i)^n-	Given R To find S {(1+i)^n-1}/i	Given R To find P {(1+i)^n-1}/{i(1+i)^n}	
1	1.150	0.8696	1.00000	1.15000	1.000	0.870	1
2	1.323	0.7561	0.46512	0.61512	2.150	1.626	2
3	1.521	0.6575	0.28798	0.43798	3.473	2.283	3
4	1.749	0.5718	0.20027	0.35027	4.993	2.855	4
5	2.011	0.4972	0.14832	0.29832	6.742	3.352	5
6	2.313	0.4323	0.11424	0.26424	8.754	3.784	6
7	2.660	0.3759	0.09036	0.24036	11.067	4.160	7
8	3.059	0.3269	0.07285	0.22285	13.727	4.487	8
9	3.518	0.2843	0.05957	0.20957	16.786	4.772	9
10	4.046	0.2472	0.04925	0.19925	20.304	5.019	10
11	4.652	0.2149	0.04107	0.19107	24.349	5.234	11
12	5.350	0.1869	0.03448	0.18448	29.002	5.421	12
13	6.153	0.1625	0.02911	0.17911	34.352	5.583	13
14	7.076	0.1413	0.02469	0.17469	40.505	5.724	14
15	8.137	0.1229	0.02102	0.17102	47.580	5.847	15
16	9.358	0.1069	0.01795	0.16795	55.717	5.954	16
17	10.761	0.0929	0.01537	0.16537	65.075	6.047	17
18	12.375	0.0808	0.01319	0.16319	75.836	6.128	18
19	14.232	0.0703	0.01134	0.16134	88.212	6.198	19
20	16.367	0.0611	0.00976	0.15976	102.444	6.259	20
21	18.822	0.0531	0.00842	0.15842	118.810	6.312	21
22	21.645	0.0462	0.00727	0.15727	137.632	6.359	22
23	24.891	0.0402	0.00628	0.15628	159.276	6.399	23
24	28.625	0.0349	0.00543	0.15543	184.168	6.434	24
25	32.919	0.0304	0.00470	0.15470	212.793	6.464	25
26	37.857	0.0264	0.00407	0.15407	245.712	6.491	26
27	43.535	0.0230	0.00353	0.15353	283.569	6.514	27
28	50.066	0.0200	0.00306	0.15306	327.104	6.534	28
29	57.575	0.0174	0.00265	0.15265	377.170	6.551	29
30	66.212	0.0151	0.00230	0.15230	434.745	6.566	30
31	76.144	0.0131	0.00200	0.15200	500.957	6.579	31
32	87.565	0.0114	0.00173	0.15173	577.100	6.591	32
33	100.700	0.0099	0.00150	0.15150	664.666	6.600	33
34	115.805	0.0086	0.00131	0.15131	765.365	6.609	34
35	133.176	0.0075	0.00113	0.15113	881.170	6.617	35
36	153.152	0.0065	0.00099	0.15099	1014.346	6.623	36
37	176.125	0.0057	0.00086	0.15086	1167.498	6.629	37
38	202.543	0.0049	0.00074	0.15074	1343.622	6.634	38
39	232.925	0.0043	0.00065	0.15065	1546.165	6.638	39
40	267.864	0.0037	0.00056	0.15056	1779.090	6.642	40
41	308.043	0.0032	0.00049	0.15049	2046.954	6.645	41
42	354.250	0.0028	0.00042	0.15042	2354.997	6.648	42
43	407.387	0.0025	0.00037	0.15037	2709.246	6.650	43
44	468.495	0.0021	0.00032	0.15032	3116.633	6.652	44
45	538.769	0.0019	0.00028	0.15028	3585.128	6.654	45
46	619.585	0.0016	0.00024	0.15024	4123.898	6.656	46
47	712.522	0.0014	0.00021	0.15021	4743.482	6.657	47
48	819.401	0.0012	0.00018	0.15018	5456.005	6.659	48
49	942.311	0.0011	0.00016	0.15016	6275.405	6.660	49
50	1083.657	0.0009	0.00014	0.15014	7217.716	6.661	50

15% Compound Interest Factors

n	SINGLE PAYMENT		UNIFORM SERIES				n
	Compound Amount Factor caf'	Present Worth Factor pwf'	Sinking Fund Factor sff	Capital Recovery Factor crf	Compound Amount Factor caf	Present Worth Factor pwf	
	Given P To find S (1+i)^n	Given S To find P 1/(1+i)^n	Given S To find R i/{(1+i)^n-1}	Given P To find R i(1+i)^n/{(1+i)^n-	Given R To find S {(1+i)^n-1}/i	Given R To find P {(1+i)^n-1}/{i(1+i)^n}	
1	1.150	0.8696	1.00000	1.15000	1.000	0.870	1
2	1.323	0.7561	0.46512	0.61512	2.150	1.626	2
3	1.521	0.6575	0.28798	0.43798	3.473	2.283	3
4	1.749	0.5718	0.20027	0.35027	4.993	2.855	4
5	2.011	0.4972	0.14832	0.29832	6.742	3.352	5
6	2.313	0.4323	0.11424	0.26424	8.754	3.784	6
7	2.660	0.3759	0.09036	0.24036	11.067	4.160	7
8	3.059	0.3269	0.07285	0.22285	13.727	4.487	8
9	3.518	0.2843	0.05957	0.20957	16.786	4.772	9
10	4.046	0.2472	0.04925	0.19925	20.304	5.019	10
11	4.652	0.2149	0.04107	0.19107	24.349	5.234	11
12	5.350	0.1869	0.03448	0.18448	29.002	5.421	12
13	6.153	0.1625	0.02911	0.17911	34.352	5.583	13
14	7.076	0.1413	0.02469	0.17469	40.505	5.724	14
15	8.137	0.1229	0.02102	0.17102	47.580	5.847	15
16	9.358	0.1069	0.01795	0.16795	55.717	5.954	16
17	10.761	0.0929	0.01537	0.16537	65.075	6.047	17
18	12.375	0.0808	0.01319	0.16319	75.836	6.128	18
19	14.232	0.0703	0.01134	0.16134	88.212	6.198	19
20	16.367	0.0611	0.00976	0.15976	102.444	6.259	20
21	18.822	0.0531	0.00842	0.15842	118.810	6.312	21
22	21.645	0.0462	0.00727	0.15727	137.632	6.359	22
23	24.891	0.0402	0.00628	0.15628	159.276	6.399	23
24	28.625	0.0349	0.00543	0.15543	184.168	6.434	24
25	32.919	0.0304	0.00470	0.15470	212.793	6.464	25
26	37.857	0.0264	0.00407	0.15407	245.712	6.491	26
27	43.535	0.0230	0.00353	0.15353	283.569	6.514	27
28	50.066	0.0200	0.00306	0.15306	327.104	6.534	28
29	57.575	0.0174	0.00265	0.15265	377.170	6.551	29
30	66.212	0.0151	0.00230	0.15230	434.745	6.566	30
31	76.144	0.0131	0.00200	0.15200	500.957	6.579	31
32	87.565	0.0114	0.00173	0.15173	577.100	6.591	32
33	100.700	0.0099	0.00150	0.15150	664.666	6.600	33
34	115.805	0.0086	0.00131	0.15131	765.365	6.609	34
35	133.176	0.0075	0.00113	0.15113	881.170	6.617	35
36	153.152	0.0065	0.00099	0.15099	1014.346	6.623	36
37	176.125	0.0057	0.00086	0.15086	1167.498	6.629	37
38	202.543	0.0049	0.00074	0.15074	1343.622	6.634	38
39	232.925	0.0043	0.00065	0.15065	1546.165	6.638	39
40	267.864	0.0037	0.00056	0.15056	1779.090	6.642	40
41	308.043	0.0032	0.00049	0.15049	2046.954	6.645	41
42	354.250	0.0028	0.00042	0.15042	2354.997	6.648	42
43	407.387	0.0025	0.00037	0.15037	2709.246	6.650	43
44	468.495	0.0021	0.00032	0.15032	3116.633	6.652	44
45	538.769	0.0019	0.00028	0.15028	3585.128	6.654	45
46	619.585	0.0016	0.00024	0.15024	4123.898	6.656	46
47	712.522	0.0014	0.00021	0.15021	4743.482	6.657	47
48	819.401	0.0012	0.00018	0.15018	5456.005	6.659	48
49	942.311	0.0011	0.00016	0.15016	6275.405	6.660	49
50	1083.657	0.0009	0.00014	0.15014	7217.716	6.661	50

20% Compound Interest Factors

n	SINGLE PAYMENT		UNIFORM SERIES				n
	Compound Amount Factor caf'	Present Worth Factor pwf'	Sinking Fund Factor sff	Capital Recovery Factor crf	Compound Amount Factor caf	Present Worth Factor pwf	
	Given P To find S (1+i)^n	Given S To find P 1/(1+i)^n	Given S To find R i/[(1+i)^n-	Given P To find R i(1+i)^n/{(1+i)^n-1}	Given R To find S {(1+i)^n-1}/i	Given R To find P {(1+i)^n-1}/[i(1+i)^n}	
1	1.200	0.8333	1.00000	1.20000	1.000	0.833	1
2	1.440	0.6944	0.45455	0.65455	2.200	1.528	2
3	1.728	0.5787	0.27473	0.47473	3.640	2.106	3
4	2.074	0.4823	0.18629	0.38629	5.368	2.589	4
5	2.488	0.4019	0.13438	0.33438	7.442	2.991	5
6	2.986	0.3349	0.10071	0.30071	9.930	3.326	6
7	3.583	0.2791	0.07742	0.27742	12.916	3.605	7
8	4.300	0.2326	0.06061	0.26061	16.499	3.837	8
9	5.160	0.1938	0.04808	0.24808	20.799	4.031	9
10	6.192	0.1615	0.03852	0.23852	25.959	4.192	10
11	7.430	0.1346	0.03110	0.23110	32.150	4.327	11
12	8.916	0.1122	0.02526	0.22526	39.581	4.439	12
13	10.699	0.0935	0.02062	0.22062	48.497	4.533	13
14	12.839	0.0779	0.01689	0.21689	59.196	4.611	14
15	15.407	0.0649	0.01388	0.21388	72.035	4.675	15
16	18.488	0.0541	0.01144	0.21144	87.442	4.730	16
17	22.186	0.0451	0.00944	0.20944	105.931	4.775	17
18	26.623	0.0376	0.00781	0.20781	128.117	4.812	18
19	31.948	0.0313	0.00646	0.20646	154.740	4.843	19
20	38.338	0.0261	0.00536	0.20536	186.688	4.870	20
21	46.005	0.0217	0.00444	0.20444	225.026	4.891	21
22	55.206	0.0181	0.00369	0.20369	271.031	4.909	22
23	66.247	0.0151	0.00307	0.20307	326.237	4.925	23
24	79.497	0.0126	0.00255	0.20255	392.484	4.937	24
25	95.396	0.0105	0.00212	0.20212	471.981	4.948	25
26	114.475	0.0087	0.00176	0.20176	567.377	4.956	26
27	137.371	0.0073	0.00147	0.20147	681.853	4.964	27
28	164.845	0.0061	0.00122	0.20122	819.223	4.970	28
29	197.814	0.0051	0.00102	0.20102	984.068	4.975	29
30	237.376	0.0042	0.00085	0.20085	1181.882	4.979	30
31	284.852	0.0035	0.00070	0.20070	1419.258	4.982	31
32	341.822	0.0029	0.00059	0.20059	1704.109	4.985	32
33	410.186	0.0024	0.00049	0.20049	2045.931	4.988	33
34	492.224	0.0020	0.00041	0.20041	2456.118	4.990	34
35	590.668	0.0017	0.00034	0.20034	2948.341	4.992	35
36	708.802	0.0014	0.00028	0.20028	3539.009	4.993	36
37	850.562	0.0012	0.00024	0.20024	4247.811	4.994	37
38	1020.675	0.0010	0.00020	0.20020	5098.373	4.995	38
39	1224.810	0.0008	0.00016	0.20016	6119.040	4.996	39
40	1469.772	0.0007	0.00014	0.20014	7343.858	4.997	40
41	1763.726	0.0006	0.00011	0.20011	8813.629	4.997	41
42	2116.471	0.0005	0.00009	0.20009	10577.355	4.998	42
43	2539.765	0.0004	0.00008	0.20008	12693.826	4.998	43
44	3047.718	0.0003	0.00007	0.20007	15233.592	4.998	44
45	3657.262	0.0003	0.00005	0.20005	18281.310	4.999	45
46	4388.714	0.0002	0.00005	0.20005	21938.572	4.999	46
47	5266.457	0.0002	0.00004	0.20004	26327.286	4.999	47
48	6319.749	0.0002	0.00003	0.20003	31593.744	4.999	48
49	7583.698	0.0001	0.00003	0.20003	37913.492	4.999	49
50	9100.438	0.0001	0.00002	0.20002	45497.191	4.999	50

20% Compound Interest Factors

n	SINGLE PAYMENT		UNIFORM SERIES				n
	Compound Amount Factor caf'	Present Worth Factor pwf'	Sinking Fund Factor sff	Capital Recovery Factor crf	Compound Amount Factor caf	Present Worth Factor pwf	
	Given P To find S (1+i)^n	Given S To find P 1/(1+i)^n	Given S To find R i/{(1+i)^n-	Given P To find R i(1+i)^n/{(1+i)^n-1}	Given R To find S {(1+i)^n-1}/i	Given R To find P {(1+i)^n-1}/{i(1+i)^n}	
51	10920.526	0.0001	0.00002	0.20002	54597.629	5.000	51
52	13104.631	0.0001	0.00002	0.20002	65518.155	5.000	52
53	15725.557	0.0001	0.00001	0.20001	78622.786	5.000	53
54	18870.669	0.0001	0.00001	0.20001	94348.343	5.000	54
55	22644.802	0.0000	0.00001	0.20001	113219.011	5.000	55
56	27173.763	0.0000	0.00001	0.20001	135863.814	5.000	56
57	32608.515	0.0000	0.00001	0.20001	163037.576	5.000	57
58	39130.218	0.0000	0.00001	0.20001	195646.092	5.000	58
59	46956.262	0.0000	0.00000	0.20000	234776.310	5.000	59
60	56347.514	0.0000	0.00000	0.20000	281732.572	5.000	60
61	67617.017	0.0000	0.00000	0.20000	338080.086	5.000	61
62	81140.421	0.0000	0.00000	0.20000	405697.103	5.000	62
63	97368.505	0.0000	0.00000	0.20000	486837.524	5.000	63
64	116842.206	0.0000	0.00000	0.20000	584206.029	5.000	64
65	140210.647	0.0000	0.00000	0.20000	701048.235	5.000	65
66	168252.776	0.0000	0.00000	0.20000	841258.881	5.000	66
67	201903.332	0.0000	0.00000	0.20000	1009511.658	5.000	67
68	242283.998	0.0000	0.00000	0.20000	1211414.989	5.000	68
69	290740.797	0.0000	0.00000	0.20000	1453698.987	5.000	69
70	348888.957	0.0000	0.00000	0.20000	1744439.785	5.000	70
71	418666.748	0.0000	0.00000	0.20000	2093328.742	5.000	71
72	502400.098	0.0000	0.00000	0.20000	2511995.490	5.000	72
73	602880.118	0.0000	0.00000	0.20000	3014395.588	5.000	73
74	723456.141	0.0000	0.00000	0.20000	3617275.705	5.000	74
75	868147.369	0.0000	0.00000	0.20000	4340731.847	5.000	75
76	1041776.843	0.0000	0.00000	0.20000	5208879.216	5.000	76
77	1250132.212	0.0000	0.00000	0.20000	6250656.059	5.000	77
78	1500158.654	0.0000	0.00000	0.20000	7500788.271	5.000	78
79	1800190.385	0.0000	0.00000	0.20000	9000946.925	5.000	79
80	2160228.462	0.0000	0.00000	0.20000	10801137.310	5.000	80
81	2592274.154	0.0000	0.00000	0.20000	12961365.772	5.000	81
82	3110728.985	0.0000	0.00000	0.20000	15553639.926	5.000	82
83	3732874.782	0.0000	0.00000	0.20000	18664368.912	5.000	83
84	4479449.739	0.0000	0.00000	0.20000	22397243.694	5.000	84
85	5375339.687	0.0000	0.00000	0.20000	26876693.433	5.000	85
86	6450407.624	0.0000	0.00000	0.20000	32252033.120	5.000	86
87	7740489.149	0.0000	0.00000	0.20000	38702440.743	5.000	87
88	9288586.978	0.0000	0.00000	0.20000	46442929.892	5.000	88
89	11146304.374	0.0000	0.00000	0.20000	55731516.871	5.000	89
90	13375565.249	0.0000	0.00000	0.20000	66877821.245	5.000	90
91	16050678.299	0.0000	0.00000	0.20000	80253386.494	5.000	91
92	19260813.958	0.0000	0.00000	0.20000	96304064.792	5.000	92
93	23112976.750	0.0000	0.00000	0.20000	115564878.751	5.000	93
94	27735572.100	0.0000	0.00000	0.20000	138677855.501	5.000	94
95	33282686.520	0.0000	0.00000	0.20000	166413427.601	5.000	95
96	39939223.824	0.0000	0.00000	0.20000	199696114.121	5.000	96
97	47927068.589	0.0000	0.00000	0.20000	239635337.946	5.000	97
98	57512482.307	0.0000	0.00000	0.20000	287562406.535	5.000	98
99	69014978.768	0.0000	0.00000	0.20000	345074888.842	5.000	99
100	82817974.522	0.0000	0.00000	0.20000	414089867.610	5.000	100

Capital Recovery Factors for Interest Rates from 25% to 50%

n	25%	30%	35%	40%	45%	50%	n
1	1.25000	1.30000	1.35000	1.40000	1.45000	1.50000	1
2	0.69444	0.73478	0.77553	0.81667	0.85816	0.90000	2
3	0.51230	0.55063	0.58966	0.62936	0.66966	0.71053	3
4	0.42344	0.46163	0.50076	0.54077	0.58156	0.62308	4
5	0.37185	0.41058	0.45046	0.49136	0.53318	0.57583	5
6	0.33882	0.37839	0.41926	0.46126	0.50426	0.54812	6
7	0.31634	0.35687	0.39880	0.44192	0.48607	0.53108	7
8	0.30040	0.34192	0.38489	0.42907	0.47427	0.52030	8
9	0.28876	0.33124	0.37519	0.42034	0.46646	0.51335	9
10	0.28007	0.32346	0.36832	0.41432	0.46123	0.50882	10
11	0.27349	0.31773	0.36339	0.41013	0.45768	0.50585	11
12	0.26845	0.31345	0.35982	0.40718	0.45527	0.50388	12
13	0.26454	0.31024	0.35722	0.40510	0.45362	0.50258	13
14	0.26150	0.30782	0.35532	0.40363	0.45249	0.50172	14
15	0.25912	0.30598	0.35393	0.40259	0.45172	0.50114	15
16	0.25724	0.30458	0.35290	0.40185	0.45118	0.50076	16
17	0.25576	0.30351	0.35214	0.40132	0.45081	0.50051	17
18	0.25459	0.30269	0.35158	0.40094	0.45056	0.50034	18
19	0.25366	0.30207	0.35117	0.40067	0.45039	0.50023	19
20	0.25292	0.30159	0.35087	0.40048	0.45027	0.50015	20
21	0.25233	0.30122	0.35064	0.40034	0.45018	0.50010	21
22	0.25186	0.30094	0.35048	0.40024	0.45013	0.50007	22
23	0.25148	0.30072	0.35035	0.40017	0.45009	0.50004	23
24	0.25119	0.30055	0.35026	0.40012	0.45006	0.50003	24
25	0.25095	0.30043	0.35019	0.40009	0.45004	0.50002	25
26	0.25076	0.30033	0.35014	0.40006	0.45003	0.50001	26
27	0.25061	0.30025	0.35011	0.40005	0.45002	0.50001	27
28	0.25048	0.30019	0.35008	0.40003	0.45001	0.50001	28
29	0.25039	0.30015	0.35006	0.40002	0.45001	0.50000	29
30	0.25031	0.30011	0.35004	0.40002	0.45001	0.50000	30
31	0.25025	0.30009	0.35003	0.40001	0.45000	0.50000	31
32	0.25020	0.30007	0.35002	0.40001	0.45000	0.50000	32
33	0.25016	0.30005	0.35002	0.40001	0.45000	0.50000	33
34	0.25013	0.30004	0.35001	0.40000	0.45000	0.50000	34
35	0.25010	0.30003	0.35001	0.40000	0.45000	0.50000	35
무한대	0.25000	0.30000	0.35000	0.40000	0.45000	0.50000	무한대

Single Payment Present Worth Factors for Interest Rates from 25% to 50%

n	25%	30%	35%	40%	45%	50%	n
1	0.8000	0.7692	0.7407	0.7143	0.6897	0.6667	1
2	0.6400	0.5917	0.5487	0.5102	0.4756	0.4444	2
3	0.5120	0.4552	0.4064	0.3644	0.3280	0.2963	3
4	0.4096	0.3501	0.3011	0.2603	0.2262	0.1975	4
5	0.3277	0.2693	0.2230	0.1859	0.1560	0.1317	5
6	0.2621	0.2072	0.1652	0.1328	0.1076	0.0878	6
7	0.2097	0.1594	0.1224	0.0949	0.0742	0.0585	7
8	0.1678	0.1226	0.0906	0.0678	0.0512	0.0390	8
9	0.1342	0.0943	0.0671	0.0484	0.0353	0.0260	9
10	0.1074	0.0725	0.0497	0.0346	0.0243	0.0173	10
11	0.0859	0.0558	0.0368	0.0247	0.0168	0.0116	11
12	0.0687	0.0429	0.0273	0.0176	0.0116	0.0077	12
13	0.0550	0.0330	0.0202	0.0126	0.0080	0.0051	13
14	0.0440	0.0254	0.0150	0.0090	0.0055	0.0034	14
15	0.0352	0.0195	0.0111	0.0064	0.0038	0.0023	15
16	0.0281	0.0150	0.0082	0.0046	0.0026	0.0015	16
17	0.0225	0.0116	0.0061	0.0033	0.0018	0.0010	17
18	0.0180	0.0089	0.0045	0.0023	0.0012	0.0007	18
19	0.0144	0.0068	0.0033	0.0017	0.0009	0.0005	19
20	0.0115	0.0053	0.0025	0.0012	0.0006	0.0003	20
21	0.0092	0.0040	0.0018	0.0009	0.0004	0.0002	21
22	0.0074	0.0031	0.0014	0.0006	0.0003	0.0001	22
23	0.0059	0.0024	0.0010	0.0004	0.0002	0.0001	23
24	0.0047	0.0018	0.0007	0.0003	0.0001	0.0001	24
25	0.0038	0.0014	0.0006	0.0002	0.0001	0.0000	25
26	0.0030	0.0011	0.0004	0.0002	0.0001	0.0000	26
27	0.0024	0.0008	0.0003	0.0001	0.0000	0.0000	27
28	0.0019	0.0006	0.0002	0.0001	0.0000	0.0000	28
29	0.0015	0.0005	0.0002	0.0001	0.0000	0.0000	29
30	0.0012	0.0004	0.0001	0.0000	0.0000	0.0000	30
31	0.0010	0.0003	0.0001	0.0000	0.0000	0.0000	31
32	0.0008	0.0002	0.0001	0.0000	0.0000	0.0000	32
33	0.0006	0.0002	0.0001	0.0000	0.0000	0.0000	33
34	0.0005	0.0001	0.0000	0.0000	0.0000	0.0000	34
35	0.0004	0.0001	0.0000	0.0000	0.0000	0.0000	35

Series Present Worth Factors for Interest Rates from 25% to 50%

n	25%	30%	35%	40%	45%	50%	n
1	0.800	0.769	0.741	0.714	0.690	0.667	1
2	1.440	1.361	1.289	1.224	1.165	1.111	2
3	1.952	1.816	1.696	1.589	1.493	1.407	3
4	2.362	2.166	1.997	1.849	1.720	1.605	4
5	2.689	2.436	2.220	2.035	1.876	1.737	5
6	2.951	2.643	2.385	2.168	1.983	1.824	6
7	3.161	2.802	2.508	2.263	2.057	1.883	7
8	3.329	2.925	2.598	2.331	2.109	1.922	8
9	3.463	3.019	2.665	2.379	2.144	1.948	9
10	3.571	3.092	2.715	2.414	2.168	1.965	10
11	3.656	3.147	2.752	2.438	2.185	1.977	11
12	3.725	3.190	2.779	2.456	2.196	1.985	12
13	3.780	3.223	2.799	2.469	2.204	1.990	13
14	3.824	3.249	2.814	2.478	2.210	1.993	14
15	3.859	3.268	2.825	2.484	2.214	1.995	15
16	3.887	3.283	2.834	2.489	2.216	1.997	16
17	3.910	3.295	2.840	2.492	2.218	1.998	17
18	3.928	3.304	2.844	2.494	2.219	1.999	18
19	3.942	3.311	2.848	2.496	2.220	1.999	19
20	3.954	3.316	2.850	2.497	2.221	1.999	20
21	3.963	3.320	2.852	2.498	2.221	2.000	21
22	3.970	3.323	2.853	2.498	2.222	2.000	22
23	3.976	3.325	2.854	2.499	2.222	2.000	23
24	3.981	3.327	2.855	2.499	2.222	2.000	24
25	3.985	3.329	2.856	2.499	2.222	2.000	25
26	3.988	3.330	2.856	2.500	2.222	2.000	26
27	3.990	3.331	2.856	2.500	2.222	2.000	27
28	3.992	3.331	2.857	2.500	2.222	2.000	28
29	3.994	3.332	2.857	2.500	2.222	2.000	29
30	3.995	3.332	2.857	2.500	2.222	2.000	30
31	3.996	3.332	2.857	2.500	2.222	2.000	31
32	3.997	3.333	2.857	2.500	2.222	2.000	32
33	3.997	3.333	2.857	2.500	2.222	2.000	33
34	3.998	3.333	2.857	2.500	2.222	2.000	34
35	3.998	3.333	2.857	2.500	2.222	2.000	35
무한대	4.000	3.333	2.857	2.500	2.222	2.000	무한대

찾아보기